高等学校人工智能通识教育系列教材

大学计算机教程

——计算与人工智能导论

（第4版）

顾彦慧　吉根林　主编

王必友　陈　燚　郑爱彬　郑智超　编

中国教育出版传媒集团

高等教育出版社·北京

内容简介

　　本书作为计算机与人工智能通识课教材，主要内容包括：绪论，计算机系统的组成和工作原理，算法和数据结构，互联网与物联网，数据库与信息系统，知识表示与知识图谱，机器学习与深度学习，计算机视觉，自然语言处理，云计算与大数据等领域的基础知识、基本原理和应用技术。

　　本书按照科学性、先进性和实用性的原则精心组织教学内容，力求做到条理清晰、概念准确、原理简明扼要、知识新颖实用，体现计算机和人工智能新技术的发展，并注重应用性。

　　本书适合作为普通高等学校大学计算机与人工智能通识课的教材，也可作为计算机爱好者的自学参考书。

图书在版编目（CIP）数据

　　大学计算机教程：计算与人工智能导论／顾彦慧，吉根林主编；王必友等编 . --4 版 . --北京：高等教育出版社，2025.7 . --（高等学校人工智能通识教育系列教材）. --ISBN 978-7-04-064780-8

　　Ⅰ . TP3

　　中国国家版本馆 CIP 数据核字第 2025FV2171 号

Daxue Jisuanji Jiaocheng——Jisuan yu Rengong Zhineng Daolun

策划编辑　唐德凯	责任编辑　唐德凯	封面设计　张　志	版式设计　童　丹
责任绘图　李沛蓉	责任校对　吕红颖	责任印制　赵　佳	

出版发行	高等教育出版社	网　　址	http://www.hep.edu.cn
社　　址	北京市西城区德外大街4号		http://www.hep.com.cn
邮政编码	100120	网上订购	http://www.hepmall.com.cn
印　　刷	天津市银博印刷集团有限公司		http://www.hepmall.com
开　　本	787 mm×1092 mm　1/16		http://www.hepmall.cn
印　　张	20.25	版　　次	2015年8月第1版
字　　数	480 千字		2025年7月第4版
购书热线	010-58581118	印　　次	2025年7月第1次印刷
咨询电话	400-810-0598	定　　价	41.00 元

本书如有缺页、倒页、脱页等质量问题，请到所购图书销售部门联系调换

版权所有　侵权必究

物　料　号　64780-00

○ 前　言

　　人工智能的迅速发展将深刻改变人类社会。随着互联网、大数据、云计算和物联网等技术的不断发展，人工智能正引发可产生链式反应的科学突破，催生一批颠覆性技术。2018年教育部发布了《高等学校人工智能创新行动计划》，引导高校进一步提升人工智能领域科技创新、人才培养和服务国家需求的能力，推动人工智能的课程和教材建设，并将人工智能纳入大学计算机基础教学内容。在这样的背景下，我们对"大学计算机"通识课进行教学内容的改革，将人工智能基础知识与原课程内容进行融合，为此我们对《大学计算机教程》（第3版）进行了修订，编写了本书。

　　全书共分为10章。第1章介绍计算机的基础知识、计算思维以及人工智能的发展与应用；第2章讲解计算机系统的组成和工作原理；第3章讲解常用的算法和数据结构；第4章介绍计算机网络、互联网与物联网的组成、基本原理和应用，以及网络安全技术；第5章讲解数据库基础知识、关系数据库和新型数据库以及信息系统的开发；第6章介绍知识表示的方法、知识图谱的构建与应用；第7章讲解机器学习算法与应用、神经网络与深度学习的架构、大模型与生成式人工智能；第8章介绍计算机视觉的基本任务和实现方法；第9章讲解自然语言处理的基本方法、基本任务和应用；第10章介绍大数据的处理过程和应用以及云计算平台。每章都配有大量实例和习题，且提供PPT教学课件。

　　本书按照科学性、先进性和实用性的原则精心组织教学内容，力争做到条理清晰、层次分明、概念准确、原理简明扼要、知识新颖实用、语言通顺流畅，体现计算机和人工智能新技术的发展，并注重应用性。

　　本书由南京师范大学大学计算机和人工智能教学团队组织编写，由顾彦慧教授和吉根林教授担任主编。第1章由吉根林编写，第2、3章由郑爱彬编写，第4、5章由王必友编写，第6、7章由陈燚编写，第8、10章由郑智超编写，第9章由顾彦慧编写。全书由吉根林和王必友统稿。

　　限于编者水平，书中难免存在不足之处，敬请读者批评指正。作者邮箱：glji@njnu.edu.cn。

编　者

2024年12月

目　录

第 1 章　绪　　论

第 2 章　计算机系统的组成和工作原理

第 3 章　算法和数据结构

第4章 互联网与物联网

第5章 数据库与信息系统

第6章 知识表示与知识图谱

第7章 机器学习与深度学习

第8章 计算机视觉

第9章 自然语言处理

第10章 云计算与大数据

第 1 章
绪论

　　计算机是 20 世纪科学技术最卓越的成就之一，它的出现使人类生产、生活等领域发生巨大变化。计算机技术及其应用已渗透到科学技术、国民经济、社会生活等各个领域，各行各业都可以利用计算机来解决各自的问题。人工智能（artificial intelligence，AI）是新一轮科技革命和产业变革的重要驱动力量，是研究、开发用于模拟、延伸和扩展人类智能的理论、方法、技术及应用系统的一门新兴技术学科，它正在以惊人的速度发展并深刻地影响着我们的社会，它的广泛应用已经在政治、经济、科技、文化、教育、医疗、交通等多个领域带来了革命性的变革。人工智能的迅速发展必将深刻改变人类社会生活，改变世界。本章主要介绍计算机与人工智能的一些基本知识。通过本章的学习，了解计算机的发展、特点及应用领域，了解信息与信息的表示、信息技术和计算思维，了解人工智能的发展、研究内容和应用领域，以及人工智能面临的机遇和挑战。

1.1 计算机概述

1.1.1 计算机的发展历程

电子计算机又称电脑，是一种能够自动、高速、精确地完成各种信息存储、数据处理、数值计算、过程控制和数据传输的电子设备。1946 年 2 月，世界上第一台电子计算机在美国宾夕法尼亚大学问世，取名为 ENIAC（Electronic Numerical Integrator and Computer，电子数字积分计算机），它的运算速度为每秒 5 000 次（10 位十进制的加减操作）。ENIAC 共使用了 18 800 个真空管，重达 30 t。这台计算机的研制历时 3 年，是美国军方为适应第二次世界大战对新式火炮的需求，为解决在发射试验中的复杂弹道计算而研制的。从计算工具的意义上讲，电子计算机 ENIAC 不过是人类传统计算工具（算盘、计算尺及机械计算机等）在历史新时期的替代物。然而，它的问世开创了一个计算机时代，引发了一场由工业化社会发展到信息化社会的新技术产业革命浪潮，从此揭开了人类历史发展的新纪元。计算机问世以后，经过近 80 年的飞速发展，已由早期单纯的计算工具发展成为在信息社会中不可缺少的具有强大信息处理功能的现代化电子设备。如今，计算机的应用已渗透到人类社会活动的各个领域。计算机应用的广度和深度已成为衡量一个国家或部门现代化水平的重要指标。在这近 80 年中，构成计算机硬件的电子器件发生了几次重大的技术革命，正是由于这几次重大的技术革命，给计算机的发展进程留下了非常鲜明的标志。因此，人们根据计算机所使用的电子器件，将计算机的发展划分为四代。

第一代（1946 年到 20 世纪 50 年代中期）是电子管时代。这个时期计算机使用的主要逻辑元件是电子管。内存储器先采用延迟线，后采用磁鼓和磁芯，外存储器主要使用磁带。程序方面，用机器语言和汇编语言编写程序。这个时期计算机的特点是：体积庞大、运算速度慢（一般每秒几千次到几万次）、成本高、可靠性差、内存容量小。当时计算机主要用于科学计算，从事军事和科学研究方面的工作。其代表机型有：ENIAC、IBM650（小型机）、IBM709（大型机）等。

第二代（20 世纪 50 年代中期到 20 世纪 60 年代中期）是晶体管时代。这个时期计算机使用的主要逻辑元件是晶体管。主存储器采用磁芯，外存储器使用磁带和磁盘。软件方面开始使用管理程序，后期使用操作系统并出现了 FORTRAN、COBOL、ALGOL 等一系列高级程序设计语言。这个时期计算机的应用扩展到数据处理、自动控制等方面，计算机的运算速度已提高到每秒几十万次，体积已大大减小，可靠性和内存容量也有较大的提高。其代表机型有：IBM7090、IBM7094、CDC7600 等。

第三代（20 世纪 60 年代中期到 20 世纪 70 年代初期）是集成电路时代。这个时期的计算机用中小规模集成电路代替了分立元器件，用半导体存储器代替了磁芯存储器，外存储器使用磁盘。软件方面，操作系统进一步完善，高级语言数量增多，出现了并行处理、多处理机、虚拟存储系统以及面向用户的应用软件。计算机的运算速度也提高到每秒几十万次到几百万次，可靠性和存储容量进一步提高，外部设备种类繁多，计算机和通信密切结合起来，被广泛应用到科学计算、数据处理、事务管理、工业控制等领域。其代表机型有：IBM360 系列、富士通 F230 系列等。

第四代（20 世纪 70 年代初期至今）是大规模和超大规模集成电路时代。1967 年和 1977 年分别出现了大规模和超大规模集成电路。由大规模和超大规模集成电路组装成的计算机被称为第四代计算机。美国 ILLIAC-IV 计算机，是第一台全面使用大规模集成电路作为逻辑元件和存储器的计算机。1975 年，美国阿姆尔公司研制成 470V/6 型计算机，随后日本富士通公司生产出 M-190 机，是比较有代表性的第四代计算机。英国曼彻斯特大学 1968 年开始研制第四代机。1974 年研制成功 ICL2900 计算机，1976 年研制成功 DAP 系列机。第四代计算机的另一个重要分支是以大规模和超大规模集成电路为基础发展起来的微处理器和微型计算机，它们不但具有强大的计算能力、更快的运算速度和更好的图形处理能力，同时还具有更加丰富的外部设备和软件支持。代表机型包括 IBM PC 和 Macintosh 等，它们成为个人计算机的代表，带领着计算机走向了普及化和大众化。

目前新一代计算机正处在研制阶段，新一代计算机包括量子计算机、光子计算机、神经形态计算机等。新一代计算机是把信息采集、存储处理、通信和人工智能结合在一起的计算机系统。也就是说，新一代计算机从以处理数据信息为主转向以处理知识信息为主，如获取、表达、存储及应用知识等，并有推理、联想和学习（如理解能力、适应能力、思维能力）等人工智能方面的能力，能帮助人类开拓未知的领域和获取新的知识。新一代计算机的出现，为人工智能、大数据等技术的发展提供了巨大的助力。量子计算机、光子计算机、神经形态计算机等新型计算机结构都有着各自的优势和应用前景，未来还有可能涌现出更多的新型计算机。

"天河二号"是由国防科学技术大学研制的超级计算机。2010—2015 年，"天河二号"超级计算机连续六年在全球超级计算机 500 强榜单（以下排名均指在该榜单中的排名）中以每秒 3.386 亿亿次的浮点运算速度称雄。2018—2019 年，"天河二号"位列第四，2022 年"天河二号"位列第七。

2017 年，中国的"神威·太湖之光"超级计算机荣获冠军。2018 年，美国的 Summit 超级计算机的计算能力超过了"神威·太湖之光"，获得冠军。2020—2022 年，日本的"富岳"超级计算机实现"三连冠"。2023 年超级计算机排名中，美国 Frontier 超级计算机居于榜首，日本的"富岳"排名第二，而中国的"神威·太湖之光"排名第七。

1.1.2　计算机的特点

计算机作为一种通用的信息处理工具，具有极快的处理速度、巨大的数据存储容量、精确的计算和逻辑判断能力。

1. 运算速度快

当今中大型计算机的运算速度已达到每秒亿万次，微型机也可达每秒亿次以上，使大量复杂的科学计算问题得以解决。如卫星轨道的计算、大型水坝的计算、24 小时天气预报的计算等，过去人工计算需要花几年甚至几十年，而现在用计算机只需几天甚至几分钟即可完成。

2. 计算精度高

科学技术的发展特别是尖端科学技术的发展，需要高度精确的计算。计算机控制的导弹之所以能准确地击中预定的目标，是与计算机的精确计算分不开的。一般计算机可以有十几位甚至几十位（二进制）有效数字，计算精度可由千分之几到百万分之几，是其他任何计算工具所望尘莫及的。

3. 具有信息存储和逻辑判断能力

随着计算机存储容量的不断增大，可存储的信息越来越多。计算机不仅能进行数值计算，而且能把参加运算的数据、程序以及中间结果和最后结果保存起来，以供用户随时调用；还可以通过编码技术对其他各种信息（如符号、文字、图形、图像、视频、音频等）进行算术运算和逻辑运算，甚至进行推理和证明。

4. 具有自动控制能力

计算机内部操作是根据人们事先编好的程序自动控制进行的。用户根据实际需要，事先设计好运行步骤并编写出程序，计算机将十分严格地按程序规定的步骤操作，整个过程不需人工干预。

5. 采用二进制表示数据

计算机用电子器件的状态来表示数字信息，显然制造具有两种不同状态的电子器件要比制造具有 10 种不同状态的电子器件容易得多。如电气开关的接通与断开，晶体管的导通与截止等，都可以表示为二进制"0"和"1"两个符号。因此，计算机内部采用二进制计数系统，信息的表示形式是二进制数字编码。各种类型的信息（如数值、文字、图像、声音等）最终都必须转换成二进制编码形式，才能在计算机中进行处理。

1.1.3 计算机的分类

计算机发展到今天，可谓品种繁多、门类齐全、功能各异、争奇斗艳。通常人们从三个不同的角度对计算机进行分类。

1. 按工作原理分类

计算机处理的信息，在机内可用离散量或连续量两种不同的形式表示。离散量也称为断续量，即用二进制数字表示的量（如用断续的电脉冲来表示数字 0 或 1）。连续量则是用连续变化的物理量（如电压的振幅等）表示被运算量的大小。可用一个通俗的比喻来大致说明离散量和连续量的含义：在传统的计算工具中，用算盘运算时，是用一个个分离的算盘珠来代表被运算的数值，算盘珠可看成离散量；而用计算尺运算时，是通过拉动尺片，用计算尺上连续变化的长度来代表数值的大小，这即是连续量。根据计算机内信息表示形式和处理方式的不同，可将计算机分为以下两大类。

① 电子数字计算机（采用数字技术，处理离散量）。

② 电子模拟计算机（采用模拟技术，处理连续量）。

其中，使用最多的是电子数字计算机，而电子模拟计算机用得较少。由于当今使用的计算机绝大多数是电子数字计算机，故一般将其简称为电子计算机。

2. 按用途分类

根据计算机的用途可将其分为通用计算机和专用计算机。通用计算机的用途广泛，功能齐全，可适用于各个领域。专用计算机是为某一特定用途而设计的计算机，例如，专门用于控制生产过程的计算机。通用计算机数量最大，应用最广，目前市面上出售的计算机一般都是通用计算机。

3. 按规模分类

国内计算机界以前一般根据计算机的规模常把计算机分为巨型机、大型机、中型机、小型机、微型机五类。而目前国内外多数书刊中采用美国电气与电子工程师协会（IEEE）于1989 年 11 月提出的标准来划分，即把计算机分为巨型机、小巨型机、大型主机、小型机、工作站和个人计算机六类。其中，工作站和个人计算机就是人们常说的微型计算机，简称微型机或微机。

① 巨型机（supercomputer），也称为超级计算机。在所有计算机类型中其价格最贵，功能最强，运算速度最快，只有少数几个国家能够生产，目前多用于战略武器设计、空间技术、石油勘探、天气预报等领域。巨型机的研制水平、生产能力及其实用程度，已成为衡量一个国家经济实力与科技水平的重要标志。

② 小巨型机（minisupercomputer），又称小型超级计算机，出现于 20 世纪 80 年代中期。该机功能略低于巨型机，而价格只有巨型机的 1/10。

③ 大型主机（mainframe），就是国内常说的大、中型机。该机具有很强的处理和管理能力，主要用于大银行、大公司以及规模较大的高校和科研院所。

④ 小型机（minicomputer）。该机结构简单，可靠性高，成本较低。

⑤ 工作站（workstation）。这是介于个人计算机与小型机之间的一种高档微型计算机，它的运算速度比个人计算机快，且有较强的联网功能，主要用于特殊的专业领域，如图像处理、计算机辅助设计等。它与网络系统中的"工作站"在用词上相同，而含义不同。网络上的"工作站"是指联网用户的节点，以区别于网络服务器。此外，网络上的工作站常常只是一般的个人计算机。

⑥ 个人计算机（personal computer），简称 PC。它以设计先进、功能强大、软件丰富、价格便宜等优势占领计算机市场，从而大大推动了计算机的普及。

1.1.4　计算机的应用

计算机的应用已渗透到社会的各个领域，正在改变着人们的工作、学习和生活的方式，推动着社会的发展。计算机的应用归纳起来可分为以下几个方面。

1. 科学计算

科学计算也称数值计算。计算机最开始是为解决科学研究和工程设计中遇到的大量数学问题而研制的计算工具。随着现代科学技术的进一步发展，数值计算在现代科学研究中的地位不断提高，特别是在尖端科学领域中显得尤为重要。例如，人造卫星轨道的计算，房屋抗震强度的计算，火箭、宇宙飞船的研究设计都离不开计算机的精确计算。在人类社会的各领域中，计算机的应用都取得了许多重大突破，就连我们每天收听收看的天气预报都离不开计算机的科学计算。

2. 数据处理和信息管理

在科学研究和工程技术中，会得到大量的原始数据，其中包括图片、文字、声音等。数据处理就是对数据进行收集、分类、排序、存储、计算、传输等操作。目前计算机的信息管理应用已非常普遍，如人事管理、库存管理、财务管理、图书资料管理、商业数据交流、情报检索、办公自动化、车票预售、银行存取款等。信息管理已成为当代计算机的主要任务，是现代化管理的基础。据统计，全世界计算机用于数据处理和信息管理的工作量占全部计算机应用的80%以上，显著提高了工作效率和管理水平。

3. 自动控制

自动控制是指通过计算机对某一过程进行自动操作，不需人工干预，能按人预定的目标和预定的状态进行过程控制。所谓过程控制是指对操作数据进行实时采集、检测、处理和判断，按最佳值进行调节的过程。目前计算机被广泛用于操作复杂的钢铁工业、石油化工业、医药工业等生产中。使用计算机进行自动控制可大大提高控制的实时性和准确性，提高劳动效率和产品质量，降低成本，缩短生产周期。计算机自动控制还在国防和航空航天领域中起着决定性作用，例如，无人驾驶飞机、导弹、人造卫星和宇宙飞船等飞行器的控制，都是靠计算机实现的。可以说，计算机是现代国防和航空领域的神经中枢。

4. 计算机辅助功能

计算机辅助功能包括计算机辅助设计、辅助制造、辅助工程、辅助测试、计算机集成制造和计算机辅助教学（统称 CAX）。计算机辅助设计（computer aided design，CAD）是指借助计算机的帮助，人们可以自动或半自动地完成各类工程或产品的设计工作。目前 CAD 技术已广泛应用于飞机设计、船舶设计、建筑设计、机械设计、大规模集成电路设计等方面。在京九铁路的勘测设计中，使用计算机辅助设计系统绘制一张图纸仅需几个小时，而过去人工完成同样工作则要一周甚至更长时间。可见采用计算机辅助设计，可缩短设计时间，提高工作效率，节省人力、物力和财力，更重要的是提高了设计质量。目前，CAD 已得到各国工程技术人员的高度重视。有些国家已把计算机辅助设计、计算机辅助制造（computer aided manufacturing）、计算机辅助测试（computer aided testing）、计算机辅助工程（computer aided engineering）与计算机管理和加工系统组成了一个计算机集成制造系统（computer integrated manufacturing system，CIMS），使设计、制造、测试和管理有机地组成为一体，形成高度的自动化系统，因此产生了自动化生产线和"无人工厂"。计算机集成制造系统是集工程设计、生产过程控制、生产经营管理为一体的自动化、智能化的现代化生产大系统。计算机辅助教学（computer assisted instruction，CAI）是指用计算机来辅助完成教学过程或模拟某个实验过程。计算机可按不同要求，分别提供所需教材内容，还可以个别教学，及时指出该学生在学习中出现的错误，根据计算机对该生的测试成绩决定该生的学习从一个阶段进入另一个阶段。计算机辅助教学不仅能减轻教师的负担，还能激发学生的学习兴趣，提高教学质量，为培养现代化高质量人才提供有效的支持。

5. 人工智能

人工智能指用计算机来模拟人的智能，代替人的部分脑力劳动。人工智能既是计算机当前的重要应用领域，也是今后计算机发展的主要方向。人工智能应用中所要研究和解决的问题难度很大，均是需要进行判断及推理的智能性问题，因此，人工智能是计算机在更高层次上的应用。目前人工智能取得了突飞猛进的发展，其中包括机器学习、深度学习、机器人的研制与使用、定理证明、模式识别、专家系统、机器翻译、自然语言理解、智能检索、计算机视觉等。

6. 计算机通信与网络应用

　　计算机通信与网络应用是计算机技术与通信技术相结合的产物，其具有广阔的发展前景。企业信息化、电子商务、电子政务、办公自动化、信息的发布与检索、Internet 等就是其中典型的应用。政府部门和企事业单位可以通过计算机网络方便地实现资源共享与数据通信，收集各种信息资源，利用不同的计算机软件对信息进行处理，从事各项经营管理活动，完成从产品设计、生产、销售到财务的全面管理。Internet 改变了人与世界的联系，人们通过 Internet 浏览新闻、发布信息、检索信息、传输文件、收发电子邮件（E-mail）等。

1.2　信息与信息技术

1.2.1　什么是信息

　　信息是现代生活中一个非常流行的词语，但至今对信息这个概念还没有一个严格的定义。《辞源》中将信息定义为"信息就是收信者事先所不知道的报道"。人们已经认识到，信息是一种宝贵的资源，信息、材料（物质）、能源（能量）是组成社会物质文明的三大要素。世间一切事物都在运动，都有一定的运动状态，因而都在产生信息。哪里有运动的事物，哪里就存在信息。人们需要进行信息的收集、加工、存储、传递与利用。

　　在一般用语中，信息、数据、信号并不被严格区别，但从信息科学的角度看，它们是不能等同的。在用现代科技（计算机技术、电子技术等）采集、处理信息时，必须要将现实生活中的各类信息转换成智能机器能识别的符号（符号具体化即是数据，或者说信息的符号化就是数据），再加工处理成新的信息。数据可以是文字、数字、图像、视频或音频，是信息的具体表现形式，是信息的载体。而信号则是数据的电或光脉冲编码，是各种实际通信系统中适合信道传输的物理量。信号可以分为模拟信号（随时间而连续变化的信号）和数字信号（在时间上的一种离散信号）。

1.2.2　什么是信息技术

　　信息技术是用于获取信息、传递信息、处理并再生信息的一类技术。信息技术的发展历史源远流长，2000 多年前中国历史上著名的周幽王"烽火戏诸侯"的故事，讲的就是当时的烽火通信。至今人类历史上已经发生了四次信息技术革命。

　　第一次信息革命是文字的使用。文字既帮助了人类的记忆，又促进了人类智慧的交流，成为人类意识交流和信息传播的第二载体。文字的出现还使人类信息的保存与传播超越了时间和地域的局限。

　　第二次信息革命是印刷术的发明。大约在 11 世纪（北宋时期），中国人最早发明了活字印刷术。印刷技术的使用导致了信息和知识的大量生产、复制和更广泛的传播。在这一时期，书籍成为重要的信息存储和传播媒介，极大地推动了人类文明的进步。

第三次信息革命是电话、广播和电视的使用。电报、电话、无线电通信等一系列技术发明的广泛应用使人类进入了利用电磁波传播信息的时代。这时信息的交流和传播更为快捷，地域更加广大。传播的信息从文字扩展到声音、图像，先进的科学技术更快地成了人类共有的财富。

从 20 世纪中叶开始了第四次信息革命，这就是当今的电子计算机与通信相结合的现代信息技术。现代信息技术将信息的传递、处理和存储融为一体，人们可以通过计算机和计算机网络与其他地方的计算机用户交换信息，或者调用其他机器上的信息资源。

现代信息技术是应用信息科学的原理和方法有效地使用信息资源的技术体系，它以计算机技术、微电子技术和通信技术为特征。计算机是信息技术的核心，随着硬件和软件技术的不断发展，计算机的信息处理能力不断增强，离开了计算机，现代信息技术就无从谈起。微电子技术是信息技术的基础，集成电路芯片是微电子技术的结晶，是计算机的核心。而通信技术的发展加快了信息传递的速度和广度，从传统的电报、收音机、电视到移动电话、卫星通信都离不开通信技术，计算机网络也与通信技术密不可分。

1.2.3　计算机中信息的表示

由于二进制在电路上容易实现，而且运算简单，因此计算机中的信息均采用二进制表示。任何信息必须转换成二进制编码后才能由计算机进行处理、存储和传输。

1. 二进制数

人们习惯使用的十进制数由 0、1、2、3、4、5、6、7、8、9 十个不同的数字符号组成，其基数为 10，运算规则是逢十进一。每个符号处于十进制数中的不同位置时，它所代表的实际数值是不一样的。例如，5836 可表示成：

$$5×10^3+8×10^2+3×10^1+6×10^0$$

式中，每个数字符号的位置不同，它所代表的数值是不同的。这就是通常所说的个位、十位、百位、千位……

二进制数也是一种进位数制，它具有下列两个基本特性。

① 二进制数由 0 和 1 两个不同的数字符号组成。

② 逢二进一。

二进制数中 0 和 1 的位置不同，所代表的数值也不同。例如，二进制数 110110 可表示成：

$$1×2^5+1×2^4+0×2^3+1×2^2+1×2^1+0×2^0=32+16+4+2=54$$

一般人们用 $(\ )_{角标}$ 表示不同的进制数。例如，二进制数用 $(\ )_2$ 表示，十进制数用 $(\ )_{10}$ 表示。也可以在数字的后面用特定的字母表示该数的进制。例如：B——二进制，D——十进制，O——八进制，H——十六进制。

2. 八进制数

八进制具有 8 个不同的数字符号：0、1、2、3、4、5、6、7，其基数为 8，特点是逢八进一。例如：

$$(126)_8=1×8^2+2×8^1+6×8^0=86$$

3. 十六进制数

十六进制具有 16 个不同的数字符号：0、1、2、3、4、5、6、7、8、9、A、B、C、D、

E、F，其中 A、B、C、D、E、F 分别表示 10、11、12、13、14、15，其基数为 16，特点是逢十六进一。例如：

$$(28F)_{16} = 2 \times 16^2 + 8 \times 16^1 + 15 \times 16^0 = 655$$

四位二进制数与其对应的十进制数、八进制数、十六进制数的对照如表 1-1 所示。

表 1-1　四位二进制数与其他数制的对照

二进制	十进制	八进制	十六进制
0000	0	0	0
0001	1	1	1
0010	2	2	2
0011	3	3	3
0100	4	4	4
0101	5	5	5
0110	6	6	6
0111	7	7	7
1000	8	10	8
1001	9	11	9
1010	10	12	A
1011	11	13	B
1100	12	14	C
1101	13	15	D
1110	14	16	E
1111	15	17	F

4. 不同进制数之间的转换

（1）十进制整数转换为二进制整数

简单地说，把一个十进制整数转换为二进制整数的方法就是"除 2 取余法"，即把被转换的十进制数反复地除以 2，直到商为 0，所得的余数（从最后得到的余数读起）就是这个数的二进制表示。例如，将十进制整数 $(214)_{10}$ 转换成二进制整数，方法如下。

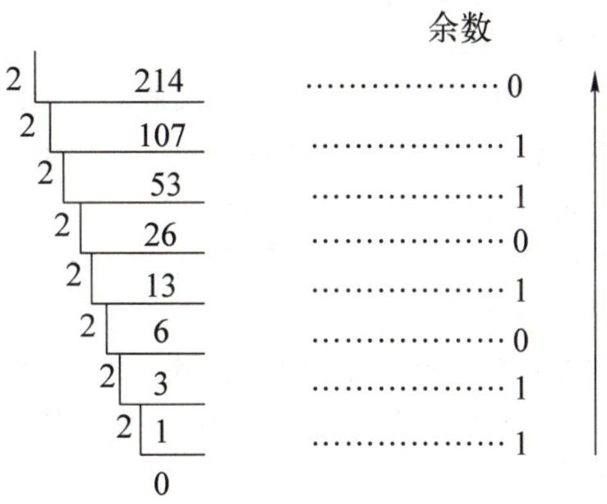

于是，$(214)_{10} = (11010110)_2$

理解了十进制整数转换成二进制整数的方法以后，对于十进制整数转换成八进制整数或十六进制整数就很容易了。十进制整数转换成八进制整数的方法是"除 8 取余法"，十进制整数转换成十六进制整数的方法是"除 16 取余法"。

（2）二进制数转换成十进制数

把二进制数转换成十进制数的方法是：将二进制数按权展开求和。例如：

$(10110011)_2 = 1\times2^7+0\times2^6+1\times2^5+1\times2^4+0\times2^3+0\times2^2+1\times2^1+1\times2^0 = 128+32+16+2+1 = 179$

同理，非十进制数转换成十进制数的方法是把各个非十进制数按权展开求和。

（3）二进制数转换成八进制数

由于二进制数和八进制数之间存在特殊关系，即 $8 = 2^3$，因此转换方法比较容易。具体转换方法是：将二进制数从小数点开始，整数部分从右向左每 3 位一组，小数部分从左向右每 3 位一组，不足 3 位用 0 补足。例如，将 $(10111101.1011)_2$ 转换成八进制数的方法如下：

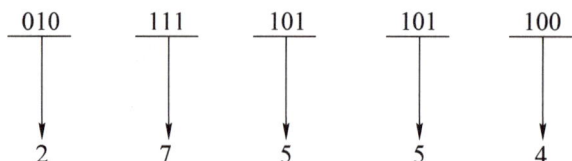

$$
\begin{array}{ccccc}
010 & 111 & 101 & 101 & 100 \\
\downarrow & \downarrow & \downarrow & \downarrow & \downarrow \\
2 & 7 & 5 & 5 & 4
\end{array}
$$

于是，$(10111101.1011)_2 = (275.54)_8$

（4）八进制数转换成二进制数

八进制数转换成二进制数的方法是：将每一位八进制数用相应的 3 位二进制数取代。例如，将 $(467.52)_8$ 转换成二进制数的方法如下：

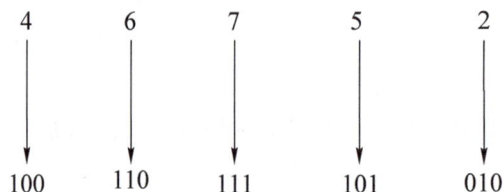

$$
\begin{array}{ccccc}
4 & 6 & 7 & 5 & 2 \\
\downarrow & \downarrow & \downarrow & \downarrow & \downarrow \\
100 & 110 & 111 & 101 & 010
\end{array}
$$

于是，$(467.52)_8 = (100110111.10101)_2$

（5）二进制数转换成十六进制数

由于 4 位二进制数刚好对应于 1 位十六进制数，因此，二进制数转换成十六进制数的方法是：将二进制数从小数点开始，整数部分从右向左每 4 位一组，小数部分从左向右每 4 位一组，不足 4 位用 0 补足，每组对应 1 位十六进制数。

例如，$(1010111101000111.101101)_2 = (AF47.B4)_{16}$

（6）十六进制数转换成二进制数

其方法是，每 1 位十六进制数用相应的 4 位二进制数取代。例如：

$(3DA9.68)_{16} = (0011110110101001.01101000)_2 = (11110110101001.01101)_2$

（7）N 进制整数转换为十进制整数

其方法是将 N 进制数按权展开求和，可参照二进制数转换为十进制数的方法，这里不再赘述。

5. 整数的原码、反码和补码

计算机中表示的数值分成整数和实数两大类。整数也称为"定点数"，实数也称为"浮点数"。计算机中的整数又分为两类：无符号整数和带符号整数。无符号整数也称为不带符号的整数，此类整数一定是正整数；带符号整数既可表示正整数，又可表示负整数，它用最高位表示正负，0 表示正，1 表示负。

所谓原码，就是用一个二进制数的最高位存放数值的符号（0 为正，1 为负），后续的其他位表示数值的绝对值。

在反码表示法中，正数的反码与原码相同，负数的反码，其最高位为 1，数值部分按位取反。

在补码表示法中，正数的补码与原码相同，负数的补码是在其原码的基础上，符号位不变，其余各位取反，最后加 1。整数在计算机中是以补码的形式存在的。

例如，如果是 8 位二进制数，那么得出以下结论。

97 和 -97 对应的二进制数分别是：1100001 和 -1100001。

97 对应的原码是：01100001；-97 对应的原码：11100001。

97 对应的反码是：01100001；-97 对应的反码：10011110。

97 对应的补码是：01100001；-97 对应的补码：10011111。

6. 西文字符的编码

在计算机系统中，有两种重要的西文字符编码方式：ASCII 码和 EBCDIC 码。ASCII 码主要用于微型机和小型机，EBCDIC 码主要用于 IBM 大型机。

目前计算机中普遍采用的是 ASCII（American Standard Code for Information Interchange）码，即美国信息交换标准代码。ASCII 码有 7 位版本和 8 位版本两种，国际上通用的是 7 位版本，7 位版本的 ASCII 码有 128 个元素，只需用 7 个二进制位（$2^7 = 128$）表示，基中控制字符 34 个，阿拉伯数字 10 个，大小写英文字母 52 个，各种标点符号和运算符号 32 个。在计算机中实际用 8 位表示一个字符，最高位为"0"。例如，数字 0 的 ASCII 码为 48，大写英文字母 A 的 ASCII 码为 65，空格的 ASCII 码为 32 等。有的计算机教材中的 ASCII 码用十六进制数表示，这样数字 0 的 ASCII 码为 30H，字母 A 的 ASCII 码为 41H……

EBCDIC（扩展的二—十进制交换码）是西文字符的另一种编码，采用 8 位二进制表示，共有 256 种不同的编码，可表示 256 个字符，在某些计算机中也经常使用。

7. 汉字编码

汉字也是字符，与西文字符相比，汉字数量大，字形复杂，同音字多。这就给汉字在计算机内部的存储、传输、交换、输入、输出等带来了一系列的问题。为了能直接使用西文标准键盘输入汉字，必须为汉字设计相应的编码，以适应计算机处理汉字的需要。

（1）GB2312 汉字编码

1980 年，我国颁布了《信息交换用汉字编码字符集　基本集》，代号为 GB2312—1980。该字符集中共收录了 6 763 个常用汉字和 682 个非汉字字符（图形、符号），其中一级汉字 3 755 个，以汉语拼音为序排列；二级汉字 3 008 个，以偏旁部首进行排列。

国标 GB2312—1980 规定，所有的国标汉字与符号组成一个 94×94 的矩阵，在此方阵中，每一行称为一个"区"（区号为 01~94），每一列称为一个"位"（位号为 01~94），该方阵实际组成了一个 94 个区，每个区内有 94 个位的汉字字符集，每一个汉字或符号在码表中都有一个唯一的位置编码，称为该字的区位码。

GB2312 的所有字符在计算机内部采用 2 个字节（16 个二进制位）来表示，每个字节的最高位均规定为 1。这种高位均为 1 的双字节汉字编码称为 GB2312 汉字的"机内码"（又称"内码"），以区别于西文字符的 ASCII 编码。例如，"南"字的 GB2312 内码是 11000100 11001111（用十六进制表示为 C4CF）。显然，它与 ASCII 字符的二进制表示有明显的区别，因而方便了计算机的处理。

（2）GBK 汉字内码扩充规范

GB2312 只有 6 763 个汉字，而且均为简体字，在人名、地名的处理上经常不够用，迫切需要一个包含繁体字在内的更多汉字的标准字符集。于是 1995 年，我国又发布了一个汉字编码标准，即《汉字内码扩展规范》，代号为 GBK。它一共有 21 003 个汉字和 883 个图形符号，除了 GB2312 中的全部汉字和符号之外，还收录了包括繁体字在内的大量汉字和符号，例如"計算機"等繁体汉字和"冃甪円冇鎀"等生僻的汉字。

GBK 汉字在计算机内部也使用双字节表示。由于 GBK 对 GB2312 保持向下兼容，因此所有与 GB2312 相同的字符，其编码也保持相同；新增加的符号和汉字则另外编码，它们的第 1 字节最高位必须为 1，第 2 字节的最高位可以是 1，也可以是 0。

（3）UCS/Unicode 与 GB18030 汉字编码标准

上述 ASCII 字符编码、GB2312 和 GBK 汉字编码都是面向一个国家使用的。为了实现全世界不同语言文字的统一编码，国际标准化组织（ISO）将全世界现代书面文字使用的所有字符和符号（包括中国、日本、韩国等使用的汉字大约 10 万字符）集中进行统一编码，称为 UCS 标准，对应的工业标准称为 Unicode，它的具体实现（如 UTF-8 和 UTF-16）已在 Windows、UNIX、Linux 操作系统中及许多因特网应用如网页、电子邮件中广泛使用。

进入 21 世纪后，我国发布并开始执行新的汉字编码国家标准 GB18030，它一方面与 GB2312 和 GBK 保持向下兼容，同时还扩充了 UCS/Unicode 中的其他字符。

（4）汉字的字形码

每一个汉字的字形都必须预先存放在计算机内，例如，GB2312 国标汉字字符集的所有字符的形状描述信息集合在一起，称为字形信息库，简称字库。通常分为点阵字库和矢量字库。目前汉字字形的产生方式大多是用点阵方式形成汉字，即用点阵表示汉字字形。根据汉字输出精度的要求，有不同密度的点阵。汉字字形点阵有 16×16 点阵、24×24 点阵、32×32 点阵等。汉字字形点阵中每个点的信息用一位二进制码来表示，"1"表示对应位置处是黑点，"0"表示对应位置处是空白。字形点阵的信息量很大，所占存储空间也很大。例如，16×16 点阵的汉字字形码要用 32 个字节（16×16÷8 = 32），24×24 点阵的汉字字形码要用 72 个字节（24×24÷8 = 72）。因此字形点阵只能用来构成"字库"，而不能用来替代机内码用于机内存储。字库中存储了每个汉字的字形点阵代码，不同的字体（如宋体、仿宋、楷体、黑体等）对应着不同的字库。在输出汉字时，计算机要先到字库中去找到它的字形描述信息，然后再把字形送去输出。

8. 图形图像的表示

图形（graphie）和图像（image）都是计算机系统中的可视元素，虽然它们很难区分，但确实不是一回事。在计算机中，图形是一种矢量图，它是根据几何特性来绘制的。图形的元素是一些点、线、面等。图形是用一系列的计算机指令来表示一幅图，即用数学方法描述一幅图，然后变成许许多多的数学表达式，再用编程语言来表达。图形文件所占存储空间较小，旋转、放大、缩小、倾斜等变换操作容易，且不变形、不失真。矢量图常用于框架结构的图形处理，应用非常广泛，如计算机辅助设计系统中常用矢量图来描述十分复杂的几何图形，适用于直线以及其他可以用角度、坐标和距离来表示的图。

图像是位图，它所包含的信息是用像素来表示的，像素是组成一幅图像的最小单元。图像把一幅图分成许许多多的像素，每个像素用若干二进制位来表示该像素的颜色和亮度，适合用来描述照片。相对矢量图形文件，位图图像文件占用存储空间比较大。对图像的描述与分辨率和色彩的颜色种数有关，分辨率与色彩位数越高，占用存储空间就越大，图像越清晰。

图像有许多种分类方法，按照图像的动态特性，可以分为静止图像和运动图像；按照图像的色彩，可以分为灰度图像和彩色图像；按照图像的维数，可分为二维图像、三维图像和多维图像。灰色图像是指每个像素都由灰度级别表示的图像。灰度级别通常在 0～255 之间。如果图像中的每个像素灰度值只有 0 和 1，其中 0 表示黑色，1 表示白色，那么这种灰度图像称为二值图像，也就是黑白图像。彩色图像是由红、绿、蓝三个颜色通道组合而成的图像。每个像素都有相应的红色、绿色和蓝色分量，通过这三个颜色不同强度的叠加来呈现多种颜色，每个颜色通道的强度范围是从 0～255。彩色图像通常具有更丰富的颜色信息，用于真实场景的图像表示和处理。

常见的图形图像文件格式有如下几种。

① BMP（bitmap picture）：是一种 PC 上最常用的位图图像格式，已成为 PC Windows 系统中事实上的工业标准，有压缩和不压缩两种形式，它在 Windows 环境下相当稳定，在文件大小没有限制的场合中运用极为广泛。

② JPEG（joint photographic experts group）：是一种可以大幅度压缩的图像格式。对于同一幅图像，JPEG 格式存储的文件是其他类型图像文件的 1/10 到 1/20，所以它被广泛应用于 Internet 上的页面或 Internet 上的图片库。

③ PNG（portable network graphic）：是一种无失真压缩图像格式，支持索引、灰度、RGB 三种颜色方案以及 Alpha 通道等特性，适合在网络传输中快速显示预览效果后再展示全貌，被广泛应用于互联网上。

④ GIF（graphics interchange format）：是在各种平台的图形处理软件上均可处理的经过压缩的图像格式。正因为它是经过压缩的图像文件格式，所以大多用在网络传输上，速度要比传输其他图像文件格式快得多。可以将数张图像存成一个文件，从而形成动画效果。缺点是存储色彩最高只能达到 256 种。

⑤ WMF（Windows metafile format）：是微软公司定义的一种 Windows 平台下的矢量图形格式，这种格式的图形文件具有文件短小、图案造型化的特点，整个图形常由各个独立的组成部分拼接而成。该类图形比较粗糙，并只能在 Microsoft Office 中调用编辑。

⑥ IFF（image file format）：是一种常用于大型超级图形（图像）处理平台的图形（图像）文件格式，比如，好莱坞的特技大片多采用该文件格式。该格式的图形（图像）效果（如色彩纹理等）更加逼真，当然，该格式耗用的内存、外存等计算机资源也十分可观。

9. 声音的处理与表示

（1）声音的数字化过程

声音是一种模拟信号，在计算机中要对其进行处理，首先需要将其数字化。声音的数字化过程包括三大步骤：采样、量化、编码。经过数字化处理后的声音信息以二进制数字的形式存储在计算机中。

① 采样：将连续的声音信号在时间轴上离散化，通过在特定时刻获取声音信号的幅值来实现。采样频率越高，声音的保真度越好。

② 量化：将模拟信号的幅度转换为数字值，这个过程称为模数转换（A/D 转换）。量化位数越多，噪声越小，音质越好。

③ 编码：将产生的数字信号按照规定的统一格式进行表示，便于存储和传输。常见的编码格式包括 WAV、MP3、AAC、OGG 等。

（2）声音的合成技术

计算机声音的产生还可以采用合成技术，它在音乐制作、电影制作、游戏开发、语言导航、电话助手、语音阅读等领域具有广泛的应用。计算机音频合成技术发展迅速，从简单的波形重复到复杂的物理模拟，再到通过人工智能生成声音，都取得了重大突破。

（3）常用的声音文件格式

计算机中常用的声音文件格式有很多，每种格式都有其各自的用途和优势。以下介绍一些常用的声音文件格式。

① **WAV 格式**：由微软开发，是最早的数字音频格式之一，被 Windows 平台及其应用程序广泛支持。WAV 格式支持多种压缩算法，采用 44.1 kHz 的采样频率和 16 位量化位数，与 CD 音质相同，因此对存储空间需求较大。

② **MP3 格式**：是一种有损压缩音频格式，通过频谱分析、过滤、量化和编码等步骤实现高压缩比，同时保持较好的音质，广泛应用于音乐、广播、电视等领域。与 WAV 格式相比，MP3 格式的文件容量更小，便于存储和传输。

③ **MIDI 格式**：MIDI（musical instrument digital interface）是一种数字音乐/电子合成乐器的统一国际标准。它定义了计算机音乐程序、数字合成器及其他电子设备之间交换音乐信号的方式，可以模拟多种乐器的声音。MIDI 文件存储的是一些指令，通过这些指令，声卡可合成出相应的声音。

④ **AAC 格式**：AAC（advanced audio coding）是一种有损音频格式，由 MPEG-2 标准定义。AAC 格式在音质和压缩比方面表现优秀，被广泛应用于音乐、广播、电影等领域。

⑤ **FLAC 格式**：FLAC（free lossless audio codec）是一种无损音频格式，由 Xiph. Org Foundation 开发。FLAC 格式具有较高的音质和较小的文件体积，支持多种音频编码和采样频率。由于 FLAC 格式是无损的，因此在音乐发烧友中颇受欢迎。

1.3　计算思维

1.3.1　什么是计算思维

关于计算思维，2006 年周以真（Jeannette M. Wing）教授在美国计算机权威期刊《ACM 通讯》发表文章，提出了计算思维（computational thinking）的概念，从而激发了学术界对于计算思维的关注和探讨。周以真教授认为，计算思维是运用计算机科学的基础概念进行问题求解、系统设计，以及人类行为理解等涵盖计算机科学的一系列思维活动。为了便于理解，也可以把计算思维概括为"用计算机求解问题的思维方法"。计算思维的目的是求解问题、设计系统和理解人类行为，而使用的方法是计算机科学的方法。计算思维是信息时代一种重要的思维方式，对科学的进步有着举足轻重的作用。

其实，计算思维古已有之，而且无处不在。从古代的算筹、算盘，到近代的机械式计算机，现代的电子计算机，直到现在风靡全球的网络和云计算，计算思维的内容不断拓展。然而，在计算机发明之前的相当长的时期内，计算思维研究缓慢，主要因为缺乏像计算机这样的快速计算工具。

科学研究具有三大科学思维方法，分别是理论思维、实验思维和计算思维，其中，理论思维强调推理，实验思维强调归纳，而计算思维希望能自动求解。它们以不同的方式推动着科学的发展和人类文明的进步。

① 理论思维。理论思维又称推理思维，以推理和演绎为特征，以数学学科为代表。

② 实验思维。实验思维又称实证思维，以观察和总结自然规律为特征，以物理学科为代表。

③ 计算思维。计算思维又称构造思维，以设计和构造为特征，以计算机学科为代表。

下面通过两个简单实例说明什么是计算思维。

【例 1-1】计算函数 $f(x)$ 在区间 $[a,b]$ 上的积分。

在高等数学中，计算积分的方法是使用牛顿–莱布尼茨公式，即首先求 $f(x)$ 的原函数 $F(x)$，然后计算 $F(b)-F(a)$，不用黎曼积分的原因是计算量太大。在计算机中，计算积分的方法是使用黎曼积分，即对区间 $[a,b]$ 进行 n 等分，然后计算各个小矩形的面积之和。不用牛顿–莱布尼茨公式的原因有两个：一是不同的 $f(x)$ 求原函数的方法是不同的；二是并不是所有的 $f(x)$ 都能找到原函数 $F(x)$。

【例 1-2】计算 n 的阶乘 $f(n)=n!$。

在计算机中，计算 $n!$ 可以采用下面两种方法。

一是递归方法，将计算 $f(n)$ 的问题分解成计算一个较小的问题 $f(n-1)$，再将计算 $f(n-1)$ 的问题分解成计算一个更小的问题 $f(n-2)$，……一直分解下去，直到 $f(1)=1$ 为止，然后从 $f(1)$ 逐步计算到 $f(n)$。

二是迭代方法，即 $f(1)=1$，根据 $f(1)$ 计算 $f(2)$，……最后根据 $f(n-1)$ 计算 $f(n)$。

1.3.2 计算思维的特征和基本方法

计算思维的本质是抽象（abstraction）和自动化（automation）。计算思维中的抽象完全超越物理的时空观，并完全用符号来表示，其中数字抽象只是一类特例。自动化就是机械地一步一步自动执行，其基础和前提是抽象。

1. 计算思维的特征

① 计算思维是人类求解问题的一条途径，是属于人的思维方式，不是计算机的思维方式。计算机之所以能求解问题，是因为人将计算思维赋予了计算机。例如，递归、迭代、黎曼积分的思想都是在计算机发明之前人类早已提出，人类将这些思想赋予计算机后计算机才能进行这些计算。

② 计算思维的过程可以由人执行，也可以由计算机执行。例如，不论是递归、迭代，还是黎曼积分，人和机器都可以计算，只不过人计算的速度很慢而已。借助拥有"超算"能力的计算机，人类就能用智慧去解决那些在计算时代之前不敢尝试的问题，达到"只有想不到，没有做不到"的境界。

③ 计算思维是一种思想。计算思维不是以物理形式到处呈现，并时时刻刻触及人们生活的软硬件等人造物，而是设计、制造软硬件中包含的思想，是计算这一概念用于求解问题，管理日常生活，以及与他人交流和互动的思想。

④ 计算思维是概念化，不是程序化。计算机科学并不仅仅是计算机编程。像计算机科学家那样去思维，不只是能进行计算机编程，更重要的是能够在抽象的多个层次上思维。

2. 计算思维的基本方法

从方法论的角度看，计算思维的核心是思维方法。总的来说，计算思维方法有两大类：一类是来自数学和工程的方法，如黎曼积分、迭代、递归，来自工程思维的大系统设计与评估的方法；另一类是计算机科学独有的方法，如操作系统中处理死锁的方法。

计算思维并不是一种新的发明，而是早已存在的思维活动，是每一个人都具有的一种技能。在日常生活中，计算思维的案例无所不在。例如，学生早晨去学校时，把当天需要的东西放进背包，这就是预置和缓存；某人弄丢钱包后，沿走过的路寻找，这就是回溯；为什么停电时电话仍然可用？这就是失败的无关性和设计的冗余性。

计算思维方法有很多，下面是周以真教授列举的 7 种方法。

① 约简、嵌入、转化和仿真方法，用来把一个看来困难的问题模拟成一个人们知道问题怎样解决的思维方法。

② 递归方法、并行计算方法。递归就是把一个大型复杂的问题转化为一个与原问题相似的规模较小的问题来求解；并行计算是指同时使用多种计算资源来解决同一个计算问题的过程。

③ 抽象思维方法、问题分解方法。抽象思维凭借科学的抽象概念对事物的本质和客观世界发展过程进行描述，使人们通过认识活动获得远远超出靠感觉器官直接感知的知识。问题分解是对某一问题从纵向、横向、时间和规模等方面进行分解。

④ 选择合适的方法对一个实际问题进行建模的思维方法。

⑤ 按照预防、保护及通过冗余、容错、纠错的方式，并从最坏情况进行系统恢复的一种思维方法。

⑥ 启发式推理，用于在不确定情况下的规划、学习和调度的思维方法。

⑦ 面向海量数据的快速计算，在时间和空间之间，在处理能力和存储容量之间进行折中的思维方法。

1.4　人工智能的发展

人工智能（artificial intelligence，AI）的发展是一个漫长且充满挑战与突破的历程，可以大致划分为以下几个关键阶段。

1. 学科诞生与初步发展（20 世纪 50 年代至 70 年代）

学科诞生：1956 年，在美国的达特茅斯学院，约翰·麦卡锡（John McCarthy）、马文·明斯基（Marvin Minsky）和纳撒尼尔·罗切斯特（Nathaniel Rochester）等人举行了为期两个月的学术研讨会，共同讨论了如何用机器模拟人类智能，标志着人工智能学科和"人工智能"这一概念的正式建立。

符号主义兴起：20 世纪 60 年代，符号主义成为人工智能的主流学派，认为人类的智能是由符号操作实现的，因此人工智能也应该通过符号操作来实现。这一时期，人工智能在机器定理证明、跳棋程序、人机对话等方面取得了一系列重要成果。

专家系统：尽管整体研究陷入低谷，但专家系统在这一时期逐渐成长并兴起，成为人工智能的发展方向。专家系统是指拥有大量专业知识并能利用这些专业知识去解决特定领域中本需要由人类专家才能解决的计算机程序。

2. 技术低谷与重新崛起（20 世纪 70 年代至 90 年代）

第一次寒冬：由于技术瓶颈、社会舆论压力以及科研人员与美国国家科技研究项目合作上的失败，人工智能研究在 20 世纪 70 年代进入了低谷期，被称为"第一次寒冬"。

连接主义兴起：20 世纪 80 年代，连接主义逐渐取代了符号主义成为人工智能的主流学派。连接主义认为人的智能是由神经元之间的连接实现的，因此人工智能也应该通过建立类似神经网络的模型来实现。

神经网络复兴：1981 年，美国数学家詹姆斯·莱特希尔（James Lighthill）提出了神经网络的概念，为神经网络的复兴奠定了基础。

3. 深度学习与应用（2000 年至今）

深度学习兴起：2006 年，加拿大计算机科学家杰弗里·辛顿（Geoffrey Hinton）提出了深度学习的概念，通过建立多层次的神经网络模型来实现高级的认知和决策能力。深度学习的出现标志着人工智能迎来了新的发展机遇。

技术突破：随着深度学习技术的迅速发展和计算机算力的提升，人工智能在图像识别、语音识别、自然语言处理等领域取得了突破性的进展。例如，2012 年谷歌的自动驾驶汽车在加利福尼亚州进行了测试，2016 年谷歌的 AlphaGo 围棋程序战胜了世界围棋冠军李世石九段。

大语言模型：2020 年以来，大语言模型（如 GPT 系列、BERT 等）通过训练包含数十亿甚至数千亿参数的模型，实现了对自然语言的深刻理解和生成能力，推动了 AI 技术的革新与发展。

4. 现状与发展趋势

目前 AI 技术已经渗透到各行各业，包括医疗健康、金融、制造业、教育、交通、农业等。全球范围内，人工智能领域的投资持续升温，尽管有经济学家警告可能存在泡沫，但投资者对 AI 技术的未来应用前景仍充满信心。

人工智能的发展趋势如下。

① 迈向通用人工智能：AI 技术将继续朝着更加通用和高级的方向发展。

② 智能手机与 AI 的深度融合：AI 技术将为智能手机市场带来新的活力。

③ 生成式 AI 的兴起：为用户提供更加丰富和真实的内容生成体验。

④ 个人 AI 助手的普及：AI 助手可能成为日常生活中不可或缺的一部分。

⑤ AI 立法与伦理：相关法律法规和伦理问题将受到更多关注。

⑥ 与其他技术的融合：AI 将与物联网、大数据、区块链等其他技术更深入地融合。

综上所述，人工智能的发展是一个不断演进、充满挑战与机遇的过程，随着技术的不断进步和应用领域的拓展，AI 的未来将充满无限可能。

1.5 人工智能的研究内容

人工智能是研究使计算机模拟人的思维过程和智能行为（如学习、推理、规划等）的一门学科。人工智能的发展史是和计算机科学技术的发展史联系在一起的。除了计算机科学以外，人工智能还涉及数理逻辑、信息论、控制论、自动化、仿生学、生物学、心理学、语言学和哲学等多门学科。人工智能的研究需要三要素，分别是算法、算力和数据。这三大要素相互依存、相互促进，共同推动了人工智能技术的不断进步和应用场景的不断拓展。

① 算法：算法是人工智能发展的基础，它是人工智能的"大脑"，决定了 AI 如何进行学习、推理和决策。算法种类繁多，包括决策树、支持向量机、朴素贝叶斯、逻辑斯谛回归等传统机器学习算法，以及卷积神经网络（CNN）、循环神经网络（RNN）、生成对抗网络（GAN）等深度学习算法。算法的创新是推动 AI 进步的关键因素之一，例如，深度学习算法在图像识别、语音识别、自然语言处理等领域取得了显著成就。

② 算力：算力即计算机的处理能力，是人工智能发展的"动力源泉"。随着 AI 算法的日益复杂和数据规模的不断扩大，对算力的需求也日益增长。强大的算力支持使得 AI 系统能够快速处理海量数据、执行复杂算法，从而完成各种智能任务。GPU 因其高度并行的计算能力在深度学习任务中得到了广泛应用。

③ 数据：人工智能系统必须通过大量的数据来"训练"自己，才能不断提升系统的性能和可靠性。数据的质量和数量直接影响 AI 模型的性能。高质量的数据集能够训练出更精准、更健壮的模型；而大规模的数据则有助于模型捕捉更细微的模式和特征，提高泛化能力。

人工智能学科研究的主要内容包括知识表示、自动推理、机器学习、自然语言理解、计算机视觉、智能机器人、自动程序设计、生成式人工智能等。

1. 知识表示

知识表示就是对知识的一种描述，或者说是对知识的一组约定，是一种计算机可以接收的用于描述知识的数据结构。目前使用的知识表示方法主要有逻辑表示法、产生式表示法、面向对象表示法、语义网络表示法、本体表示法等。

2. 自动推理

自动推理就是使用归纳、演绎等逻辑运算方法，针对目标对象进行演算生成结论。

3. 机器学习

机器学习是研究计算机获取新知识和新技能，模拟人类学习活动的一门技术，它利用数据或以往的经验自动改进优化计算机程序的性能。机器学习是人工智能的核心，是使计算机具有智能的根本途径。机器学习可以分为监督学习、无监督学习、半监督学习、增强学习、深度学习等。机器学习已经有了十分广泛的应用，如数据挖掘、计算机视觉、自然语言处理、生物特征识别、搜索引擎、医学诊断、检测信用卡欺诈、证券市场分析、DNA 序列测序、语音和手写识别、战略游戏和机器人应用等。

4. 自然语言理解

自然语言理解的研究目的是使计算机能理解自然语言的意义，研究使用计算机模拟人的语言交际过程，使计算机能理解和运用人类社会的自然语言，如汉语、英语等，实现人机之间的自然语言通信，以代替人的部分脑力劳动，包括查询资料、解答问题、摘录文献、汇编资料以及一切有关自然语言信息的加工处理。

5. 计算机视觉

计算机视觉是使用计算机及相关设备对生物视觉的一种模拟，它的主要任务就是通过对采集的图片或视频进行处理以获得相应场景的三维信息，就像人类和许多其他类生物具有的视觉器官那样。计算机视觉的挑战是要为计算机和机器人开发具有与人类水平相当的视觉能力。计算机视觉用各种成像系统代替视觉器官作为输入，由计算机来代替大脑完成处理和解释。计算机视觉的最终研究目标就是使计算机能像人那样通过视觉观察和理解世界，具有自主适应环境的能力。

6. 智能机器人

机器人是一种自动执行工作的机器装置。机器人既可以接受人类指挥，又可以运行预先编排的程序，它的任务是协助或取代人类工作，例如从事制造业、建筑业，或是从事一些危险的工作。智能机器人是一种具有智能的机器人，它至少要具备以下 3 个要素：一是感觉要素，用来认识周围环境状态；二是运动要素，对外界做出反应性动作；三是思考要素，根据感觉要素所得到的信息，思考采用什么样的动作。智能机器人根据其智能程度的不同，又可分为三种：传感型机器人、交互型机器人、自主型机器人。传感型机器人利用传感机构（包括视觉、听觉、触觉、接近觉、力觉、红外线、超声波及激光等）进行传感信息处理，实现控制与操作；交互型机器人通过计算机系统与操作员进行人机对话，实现对机器人的控制与操作；自主型机器人可以与人、与外部环境以及与其他机器人之间进行信息的交流，无须人的干预，能够在各种环境下自动完成各项拟人化任务。

7. 自动程序设计

自动程序设计简称软件自动化，是指采用自动化手段进行程序设计的技术和过程，它可以由形式化的软件功能规格说明自动生成可执行程序代码。从关键技术来看，自动程序设计的实现途径可归结为演绎综合、程序转换、实例推广以及过程实现4种。自动程序设计在软件工程领域具有广泛应用。

8. 生成式人工智能

生成式人工智能（artificial intelligence generated content，AIGC）是人工智能的一个分支，是基于算法、模型、规则生成文本、图片、声音、视频、代码等内容的技术。这种技术能够针对用户需求，依托事先训练好的多模态基础大模型等，利用用户输入的相关资料，生成具有一定逻辑性和连贯性的内容。与传统人工智能不同，生成式人工智能不仅能够对输入数据进行处理，更能学习和模拟事物内在规律，自主创造出新的内容。

2022年末，OpenAI推出的ChatGPT标志着这一技术在文本生成领域取得了显著进展，2023年被称为生成式人工智能的突破之年。截至2024年8月，中国已完成备案并上线的生成式人工智能服务大模型数量已超190个，注册用户超过6亿。

1.6 人工智能的应用

人工智能在模式识别（如人脸识别）、语音识别、自然语言处理、计算机视觉、医疗卫生、智能交通、智能驾驶、智能机器人、智能无人机、金融、教育、安防、环保等领域具有广泛的应用。智能时代到来、主客观条件成熟，正推动人工智能应用到社会产业发展中去，应用到人们社会生活的各个方面。下面列举几个人工智能的具体应用。

1. 人脸识别

人脸识别是基于人的脸部特征信息进行身份识别的一种生物识别技术，它所涉及的技术有图像处理和计算机视觉等。目前，人脸识别技术已广泛应用于多个领域，如金融、司法、公安、边检、航天、电力、教育、医疗等。人脸识别系统的研究始于20世纪60年代，之后，随着计算机技术和光学成像技术的发展，人脸识别技术水平在20世纪80年代得到不断提高。在20世纪90年代后期，人脸识别技术进入初级应用阶段。随着人脸识别技术的进一步成熟和社会认同度的提高，它将应用在更多领域，给人们的生活带来更多改变。

2. 自动驾驶汽车

自动驾驶是指让汽车自身拥有环境感知、路径规划并自主实现车辆控制的技术。自动驾驶汽车是智能汽车的一种，主要依靠车内以计算机系统为主的智能驾驶控制器来实现自动驾驶。自动驾驶汽车涉及计算机视觉、自动控制等多种技术。早在20世纪80年代，研究人员就开始探索自动驾驶的可能性。随着计算机技术、传感器技术和人工智能的发展，自动驾驶技术逐渐从理论走向实践，国内外许多公司都纷纷投入到自动驾驶的研究中，特斯拉、谷歌等科技公司在这一领域的投入推动了自动驾驶技术的快速进步。2006年，卡内基梅隆大学研发了无人驾驶汽车Boss，Boss能够按照交通规则安全地驾驶通过附近有空军基地的街道，并且会避让其他车辆和行人。目前谷歌、特斯拉、英伟达、百度、华为等公司都有自己的自动驾驶汽车品牌，并投入实际使用。

3. 机器翻译

机器翻译是利用计算机将一种自然语言转换为另一种自然语言的过程。机器翻译用到的技术主要是神经网络机器翻译技术，该技术当前在很多语言上的表现已经超过人类。随着经济全球化进程的加快及互联网的迅速发展，机器翻译技术在促进政治、经济、文化交流等方面的价值凸显，也给人们的生活带来了许多便利。例如，我们在阅读英文文献时，可以方便地通过百度翻译、Google 翻译等网站将英文转换为中文，免去了查字典的麻烦，提高了学习和工作的效率。

4. 智能客服机器人

智能客服机器人是一种利用机器模拟人类行为的人工智能实体形态，它能够实现语音识别和自然语义理解，具有业务推理、话术应答等能力。当用户访问网站并发出会话时，智能客服机器人会根据系统获取的访客地址、IP 和访问路径等，快速分析用户意图，回复用户的真实需求。同时，智能客服机器人拥有海量的行业背景知识库，能对用户咨询的常规问题进行标准回复，提高应答准确率。智能客服机器人广泛应用于商业服务与营销场景，为客户解决问题、提供决策依据。同时，智能客服机器人在应答过程中，可以结合丰富的对话语料进行自适应训练，因此其在应答话术上将变得越来越精确。

5. 智能外呼机器人

智能外呼机器人是人工智能在语音识别方面的典型应用，它能够自动发起电话外呼，以语音合成的自然人声形式，主动向用户群体介绍产品。在外呼期间，它可以利用语音识别和自然语言处理技术获取客户意图，而后采用针对性话术与用户进行多轮交互会话，最后对用户进行目标分类，并自动记录每次通话的关键点，以成功完成外呼工作。

6. 个性化推荐

个性化推荐是通过分析用户的历史行为建立推荐模型，主动给用户提供匹配他们需求与兴趣的信息，如商品推荐、新闻推荐等。个性化推荐系统广泛存在于各类网站和 App 中，本质上，它会根据用户的浏览信息、用户基本信息和对物品或内容的偏好程度等多个因素进行考量，依托推荐引擎算法进行指标分类，将与用户目标因素一致的信息内容进行聚类，经过协同过滤算法，实现精确的个性化推荐。

1.7　人工智能面临的挑战

随着人工智能技术的迅速发展和广泛应用，人工智能在带来巨大便利和效益的同时，也带来了一系列的挑战和问题。人工智能面临的主要挑战包括伦理挑战、技术挑战、治理挑战和社会挑战。

（1）伦理挑战。人工智能技术可能会对人类伦理和社会价值观产生冲击，如自动驾驶汽车在发生事故时的责任归属问题。此外，人工智能技术也可能会被用于网络攻击和犯罪活动，如黑客攻击、数据泄露、诈骗和监视等。人工智能是否应该拥有权利和责任，以及如何处理人工智能的道德伦理问题。

（2）技术挑战。人工智能系统需要大量的数据进行训练，存在数据质量、数据隐私、算法和模型的复杂性以及人工智能的可解释性等问题。不良数据可能导致模型的不准确和偏见，而深度学习等复杂模型难以解释，限制了在关键领域中的应用。人工智能算法的决策过程可能存在偏见和歧视，这可能源于数据本身的偏见，也可能源于算法的设计和实现。这种算法歧视可能会对人们工作和生活等方面的决策产生不良影响。

（3）治理挑战。人工智能治理是指通过制定规则、原则和标准，确保 AI 工具和系统保持安全并符合道德规范的一系列措施。它不仅关注技术层面的安全，还涉及法律、社会和道德等多个维度。有效的 AI 治理能够平衡技术创新与社会责任，促进 AI 技术的可持续发展，维护公众信任。人工智能治理规则往往落后于技术发展，导致治理真空。例如，国际电信联盟的报告指出，现有的人工智能治理原则过于抽象，难以转化为具体的治理方案，同时人工智能技术和工具不具备自我监控功能，导致治理难度增加。在人工智能治理方面，世界多个国家和地区正在进行关于人工智能的规则制定，构建"以人为本"的人工智能治理体系。美国 2023 年颁布的《关于安全、可靠、值得信赖地开发和使用人工智能的行政命令》，以及欧盟 2024 年通过的《人工智能法案》被认为是最具有代表性的先行案例。我国近年来不断加强对人工智能治理的要求，结合我国实际情况出台了《新一代人工智能伦理规范》《关于加强科技伦理治理的意见》《互联网信息服务算法推荐管理规定》等一系列政策规范，确立了我国人工智能伦理治理的核心目标和基本原则，创设并完善了人工智能影响评估、备案、分级分类等治理管理工具，引导科技企业评估人工智能技术研发应用风险，为社会提供更为安全、更负责任的人工智能产品服务。

（4）社会挑战。随着人工智能技术的普及，许多传统行业的工作岗位将面临被替代的风险，导致就业压力增大，同时技术的高昂成本也可能加大社会贫富的差距。

为了应对这些挑战，需要采取一系列措施。首先，加强国际合作和政策制定，确保治理原则能够跟上技术发展的步伐。其次，提高数据质量和隐私保护技术，确保数据的安全和隐私。此外，通过教育和培训帮助人们适应新的就业环境，减少失业带来的社会问题。最后，加强伦理研究和监管，确保技术的公平性和安全性。

1.8　集成电路简介

1. 集成电路的发展

集成电路（integrated circuit）是 20 世纪 50 年代后期发展起来的一种微型电子器件或部件。它是一种新型半导体器件，采用一定的工艺，把一个电路中所需的晶体管、二极管、电阻、电容和电感等元件以及布线互连在一起，制作在一小块或几小块半导体晶片或介质基片上，然后封装在一个管壳内，成为具有所需电路功能的微型结构。它在电路中用字母"IC"表示。集成电路发明者为杰克·基尔比（基于锗的集成电路）和罗伯特·诺伊思（基于硅的集成电路）。当今半导体工业大多使用的是基于硅的集成电路。集成电路技术包括芯片制造技术与设计技术，主要体现在加工设备、加工工艺、封装测试、批量生产及设计创新的能力上。集成电路的特点是体积小、重量轻、可靠性高。

单个集成电路所包含的电子元件数量称为集成度。集成电路按集成度大小可分为：小规模集成电路（SSI）、中规模集成电路（MSI）、大规模集成电路（LSI）、超大规模集成电路（VLSI）、特大规模集成电路（ULSI）。集成度小于 100 的集成电路称为小规模集成电路；集成度为 100~3 000 的集成电路称为中规模集成电路；集成度为 3 000~10 万的集成电路称为大规模集成电路；超大规模集成电路的集成度为 10 万~100 万个电子元件；特大规模集成电路的集成度超过 100 万个电子元件。

集成电路按导电类型可分为双极型集成电路和单极型集成电路。双极型集成电路的制作工艺复杂，功耗较大，其中有 TTL、ECL、HTL、LST-TL、STTL 等类型。单极型集成电路的制作工艺简单，功耗也较低，易于制作成大规模集成电路，其中有 CMOS、NMOS、PMOS 等类型。

集成电路芯片是微电子技术发展的结晶，它是计算机、通信和所有电子设备的硬件核心，是现代信息产业的基础。目前的计算机、电视机、手机、数码相机、摄像机、收音机、音响设备、电子玩具等电子产品均以集成电路作为硬件核心。集成电路产业的发展非常迅速，以集成电路为基础的电子信息产品成为世界第一大产业。集成电路按用途可分为计算机用集成电路、电视机用集成电路、手机用集成电路、音响用集成电路、影碟机用集成电路、录像机用集成电路、电子琴用集成电路、通信用集成电路、照相机用集成电路、遥控用集成电路、语言用集成电路、报警器用集成电路及各种专用集成电路。

2. IC 卡

IC 卡是集成电路卡的简称。它把集成电路芯片密封在塑料卡基片内部，使其能存储、处理和传输数据。与磁卡相比，IC 卡不受磁场影响，能可靠存储数据。

IC 卡按照卡中的集成电路芯片功能可分为两类：存储卡和 CPU 卡。存储卡封装的集成电路是存储器，其容量为几 KB 到几十 KB，数据可长期保存，也可以改写。存储卡结构简单，使用方便，读卡器不需联网就可工作。这种 IC 卡除了存储器外，还专门设有写入保护和加密电路，因此安全性好，主要用于电话卡、公交卡、水电卡、医疗卡等。CPU 卡也称智能卡，这种卡中集成了 CPU、程序存储器、数据存储器，还配有操作系统。这种 IC 卡处理能力强，保密性更好，常用于银行信用卡以及手机中的 SIM 卡等。

IC 卡按使用方式可分为两类：接触式 IC 卡和非接触式 IC 卡。接触式 IC 卡，如手机的 SIM 卡、金融 IC 卡，其表面有一个方形镀金接口，共有 8 个或 6 个镀金触点，使用时必须将 IC 卡插入读卡器卡口内，通过金属触点传输数据。接触式 IC 卡多用于存储信息量大、读写操作比较复杂的场合。这种 IC 卡易磨损、怕油污，寿命不长。非接触式 IC 卡又称为射频卡、感应卡，它采用电磁感应方式无线传输数据，操作方便。这种 IC 卡记录的信息简单，读写数据不多，常用于身份验证等场合。由于采用全密封胶固化，防水、防污，所以使用寿命很长。

IC 卡不但可以作为电子证件，用来记录持卡人的数据，作为身份识别之用（如身份证、图书证、医疗证、游泳证等），而且可以作为电子钱包使用（如电话卡、公交卡、校园卡、加油卡等），具有广阔的应用前景。我国的银行卡多年来一直使用磁条卡，磁条中记录了用户账户信息。由于磁条卡技术相对简单，信息容易读出和伪造，保密性差，安全性不易保证，因此中国人民银行决定，自 2015 年起，我国银行新发行的银行卡一律采用 IC 卡。银行 IC 卡不但安全性高，信息难以复制，而且还具备电子现金账户，支持脱机小额支付。

本章小结

本章主要介绍了计算机的发展历程、特点、分类以及应用领域；概述了信息与信息技术的基本概念，讨论了计算机中信息的表示方法，包括二进制数、原码、补码、反码、汉字编码、图形图像和声音的文件格式；论述了计算思维的概念，以及计算思维的特征和基本方法；介绍了人工智能的发展、研究内容和应用领域，以及人工智能面临的挑战；最后介绍了集成电路的发展和 IC 卡的应用。

习题 1

一、计算题

（1）将下列十进制数转换为二进制数。

27，89，129，153，203，254，390

（2）将下列二进制数转换为十进制数、八进制数、十六进制数。

$(11011011)_2$　$(10010110)_2$　$(10100101)_2$　$(1011011011)_2$

（3）分别计算 109 和 -109 所对应的原码、补码、反码。

二、名词解释

CPU，AI，RAM，ROM，CAD，CAI，IC 卡，机器学习，深度学习，生成式人工智能

三、问答题

（1）计算机的发展经历了哪些阶段？计算机主要有哪些应用领域？

（2）计算机通常分为哪几类？计算机有何特点？

（3）一个完整的计算机系统由哪些部分构成？各部分之间的关系如何？

（4）常见的图形图像文件格式有哪些？

（5）常用的声音文件格式有哪些？

（6）科学研究主要有哪些科学思维方法？

（7）如何理解计算思维？

（8）人工智能的发展经历了哪几个阶段？

（9）人工智能的三要素是指什么？

（10）人工智能学科研究的主要内容有哪些？

（11）人工智能有哪些应用？举例说明。

（12）谈谈人工智能面临的挑战。

第 2 章
计算机系统的组成和工作原理

　　计算机系统不仅包括人们通常看到的各种芯片、板卡、外部设备、电缆等，还包括各种程序及文档。前者称之为硬件（hardware），它是计算机系统中具体物理装置的总称，是计算机系统的物质基础。后者称之为软件（software），它是建构在计算机硬件上的各种程序、数据和文档，是计算机系统的灵魂。硬件与软件共同协作执行动作，处理和解决各类问题。通过本章的学习，应掌握计算机系统的软硬件组成、功能和工作原理，熟悉计算机主要硬件设备及互连，了解计算机软件等相关知识。

2.1 计算机系统的基本组成

从 1946 年第一台通用计算机 ENIAC 诞生至今，计算机系统得到了飞速发展，在性能、应用领域，甚至形态上都发生了翻天覆地的变化。无论是高性能的超级计算机，还是桌面上的个人计算机，又或是我们的手机、智能汽车上的车载计算机（电子控制单元）等，都能看到计算机系统的身影，计算机系统已经深入到人类信息化生活的方方面面。

通常意义上的计算机系统是一种能自动对数字化信息进行计算、存储和处理的系统，包括硬件和软件两个重要组成部分。计算机硬件是计算机系统中所有物理设备的总称，负责执行动作和处理数据，是计算机系统的物质基础。计算机硬件主要由主机和外部设备共同构成。人们通常观察到的计算机的各类集成电路芯片、板卡、设备、连线等都属于硬件。而计算机软件则由在计算机硬件上运行的程序、相关的数据以及文档构成，负责指挥和使用硬件完成特定任务，它是计算机的灵魂。通常把没有软件的硬件称为裸机。裸机无法工作，软件没有硬件的支持也不会产生任何作用。计算机软件和硬件相互协作，共同完成信息的处理。一个完整的计算机系统如图 2-1 所示。

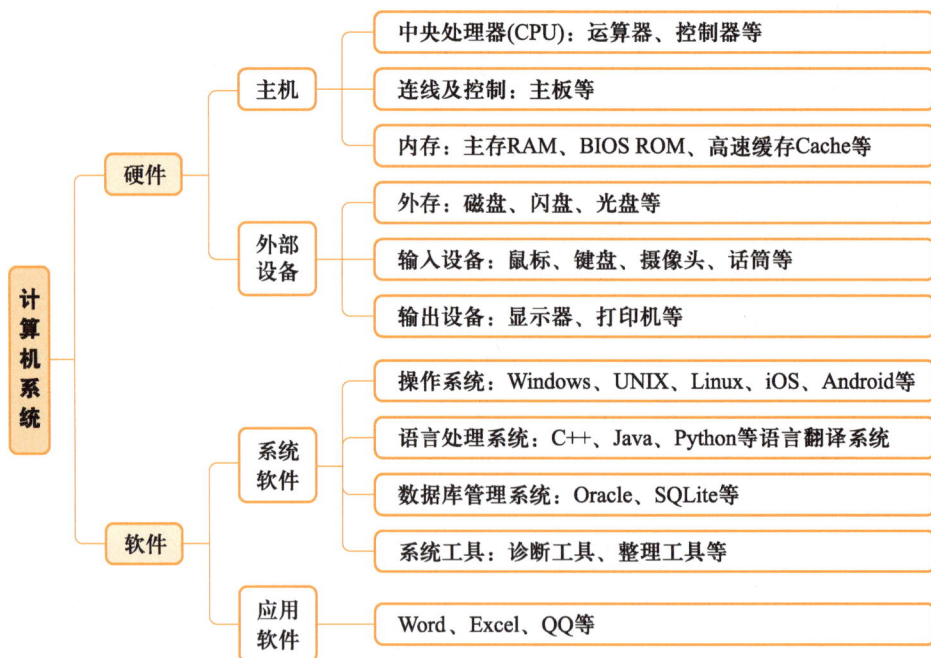

图 2-1 计算机系统的基本组成

冯·诺依曼结构是计算机诞生至今被广泛遵循使用的计算机硬件逻辑架构，符合这种设计的计算机通常被称为冯·诺依曼计算机。该结构由美籍匈牙利数学家冯·诺依曼（John von Neumann）于 1945 年 6 月在领导研制计算机 EDVAC 时的总结报告中提出，其核心思想有两个，分别是二进制表达和"存储程序控制"工作原理。具体来说，主要包括以下几个特征。

① 计算机指令和数据等所有信息都以二进制形式表示。指令由操作码和操作数或操作数地址组成。操作码表示指令的操作类型，用以区别对数据的具体操作，如指令执行的是加法运算还是除法运算。操作数地址则指出数据以及运算结果存放的具体位置。

② 计算机由五大逻辑功能部件组成，分别是运算器、控制器、存储器、输入设备和输出设备。

③ 计算机的工作采用"存储程序控制"原理。即根据问题解决方案设计程序并将其与数据一起存入存储器；计算机根据需要自动逐条读出程序指令并执行，直到程序结束。

典型的冯·诺依曼计算机结构及基本工作过程如图 2-2 所示。首先，各种数据与程序指令由输入设备传送到存储器中暂时保存。执行程序时，控制器从存储器中取出程序指令并翻译成控制信号，发送控制信号控制各部件协同工作。若需要进行数据运算，运算器从存储器中取出数据进行指定的运算，并把结果保存到存储器中。

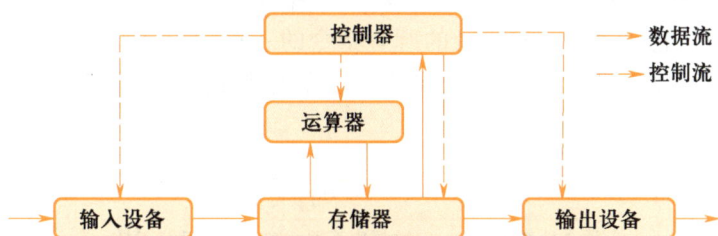

图 2-2 典型的冯·诺依曼计算机结构

在计算机各大部件中，控制器（control unit）犹如人类的大脑，是整个计算机系统的指挥中心。它负责将程序中的操作指令转换成特定的控制信号并传送给相应部件，进而协调各部件有序地工作。无论是信息的输入输出、存储器的数据存取、还是运算器的数据运算，都在控制器的统一指挥下进行。控制器的主要作用是根据程序要求控制指令的执行过程。

运算器（arithmetic logic unit，ALU）是计算机中的数据加工处理部件。几乎所有的信息处理任务最终都通过数据的算术逻辑运算来实现。运算器的主要作用是根据当前指令的要求对数据进行算术运算或逻辑运算。算术运算主要是指对数据进行的加、减、乘、除等基本的数学运算，而逻辑运算则是对数据的与、或、非等逻辑操作。运算器与控制器共同构成了中央处理器的内核。

存储器（memory）是计算机的记忆部件，其主要功能是存放各种程序与数据。当需要读写数据时，存储器能快速地完成数据的存取。存储器按功能可分为内存储器和外存储器，其核心元件是用来表达"0"和"1"的具有两种稳定状态的物理器件，即记忆元件。

输入设备（input device）和输出设备（output device）形式多样，主要负责向计算机输入信息和将计算机中的信息以人们熟悉的形式展现出来。常用的输入设备主要有鼠标、键盘、触摸屏、手写输入板、游戏杆、扫描仪、摄像头、数码相机、麦克风等。常用的输出设备主要有显示器、打印机、绘图仪、音箱等。由于计算机内的信息都是以二进制数的形式存储、处理或传送，输入输出设备的主要作用是实现人们可感知信息如声音、文字、图像、视频等与二进制数之间的转换。

与计算机硬件接触最紧密的软件是操作系统。它负责计算机中所有软硬件资源的调配与管理，是计算机系统中不可或缺的系统软件。操作系统是计算机硬件平台之上的基础设施，通常由内核（kernel）和附加的辅助配套程序组成。

为方便用户更好地使用计算机，操作系统向用户和其他软件提供了友好的操作接口。语言处理系统、数据库管理系统以及系统工具软件通过这些接口构建了一个支持复杂交互以及数据管理的功能更为强大的计算机。通常人们把操作系统、语言处理系统、数据库管理系统和系统工具软件称为系统软件，而把系统软件之外用于解决具体应用问题的软件称为应用软件。操作系统、扩展系统（语言处理系统、数据库管理系统、系统工具）、应用软件构成了计算机系统的多层次软件结构。

多层次的计算机系统如图 2-3 所示。由图中可以看出，计算机系统是一种由软件和硬件构成的多层次结构。在计算机系统中，软、硬件的分界是指令集结构（instruction set architecture，ISA），它是对计算机支持的所有指令的一种规定或结构规范。所有计算机软件最终都表达为指令集结构支持的指令序列。计算机硬件按顺序依次执行指令进而完成各种任务。

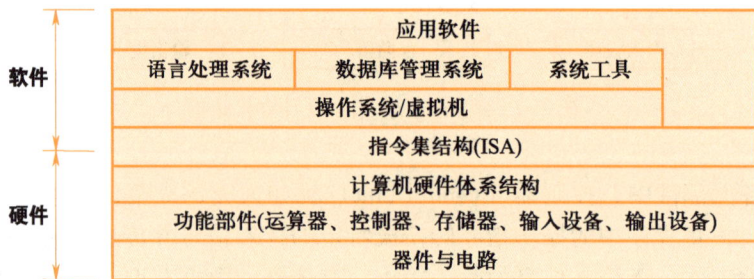

图 2-3　计算机系统层次结构图

2.2　微型计算机系统的组成

微型计算机简称微机，是以微处理器为基础，由大规模集成电路组成的、体积较小的电子计算机。微型计算机自诞生以来以其轻便小巧、高速精确、高性价比等特点被广泛应用于社会的各个领域。如面向网络服务的服务器、面向专业应用的工作站、面向工业检控的工业控制计算机、面向个人服务的个人计算机（PC）和面向专用设备的嵌入式计算机等大都属于微型计算机。

一个完整的微型计算机系统以微型计算机硬件为基础，配以软件系统组成。微型计算机的硬件系统采用"指令驱动"的方式工作，结构上仍采用冯·诺依曼结构，具体包含中央处理器、主存储器、主板、输入输出设备、外存储器等。微型计算机软件系统包括系统软件和应用软件。系统软件的核心是操作系统，应用软件在操作系统的支持下控制和使用微型计算机硬件完成特定任务。

2.2.1　微型计算机硬件组成

微型计算机的组成目前仍采用冯·诺依曼结构，其硬件系统在此基础上做了进一步改进。在微型计算机中，运算器和控制器被集成到一个芯片上以运行系统软件和应用软件，称之为中央处理器（central processing unit，CPU）。微型计算机的主要部件通常采用总线（bus）结构互连。计算机主板作为总线替代了部件连线，将各主要部件连接在一起。在微型计算机中，存储器分为内存储器和外存储器。内存储器（简称内存）能被 CPU 直接访问，暂时存放正要处理的程序和数据。外存储器（简称外存）用于程序和数据的长期存储。微型计算机的输入设备和输出设备通常配有专门的控制器，用以协调或统一各设备与计算机的通信。我们将这些控制器及其插座称为 I/O 接口。I/O 接口是外部设备和计算机内部总线连接的桥梁。一个典型的微型计算机硬件组成如图 2-4 所示。

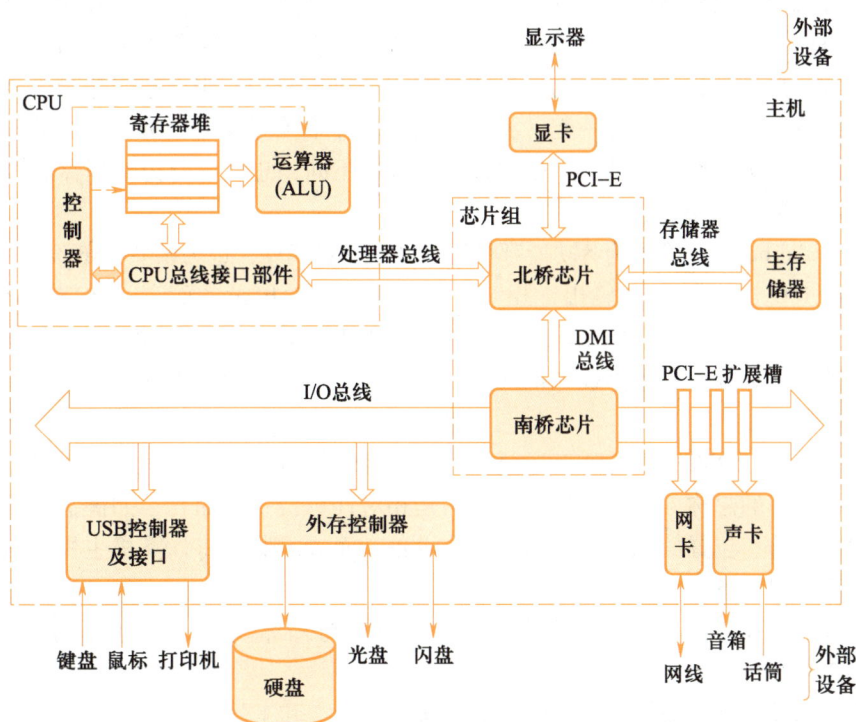

图 2-4　一个典型的微型计算机硬件组成

由图 2-4 可知，微型计算机硬件系统总体可分为主机和外部设备两部分。主机主要由中央处理器、主存储器和主板构成。外部设备简称外设，具体可分为输入设备、输出设备和外部存储设备。

中央处理器是计算机硬件的核心部件。计算机中的处理器很多，只有运行系统软件和应用软件的处理器才被称为中央处理器。中央处理器类似人类的大脑，负责计算机内部主要的数据处理。逻辑上，中央处理器由运算器、控制器、寄存器和 CPU 总线接口部件构成。其中，运算器又称为算术逻辑单元（arithmetic logic unit，ALU），负责数据的算术逻辑运算。控制器（control unit，CU）负责指令的解释与动作控制。寄存器堆（register file）用于当前指令数据或生成结果的暂时存放。CPU 总线接口部件主要负责 CPU 与内存之间的数据交换。随着集成电路的发展，更多地功能逻辑被集成到了 CPU 芯片中。为了提高处理速度，单个 CPU 芯片内甚至集成了多个处理器核。通常，人们把指令执行过程中数据所经过的路径以及路径上的部件如 ALU 等统称为数据通路（data path），而将其他控制数据通路和数据处理的部件称为控制部件，这样现代 CPU 也可看作由数据通路和控制部件组成。

主存储器主要指内存条，是一个临时存储设备。计算机运行时，主存储器用来临时存放 CPU 正在访问的程序和数据。如果需要长久存储，主存储器中的数据还要传输到外部存储器存放。由于 CPU 不能直接访问外存储器，外存储器上的数据如果要提供给 CPU 使用一般需要先调入主存储器。

微型计算机中主板的作用相当于总线，负责连接计算机的各个功能部件。总线（bus）是贯穿计算机硬件系统的一组共享的信息传输通道，提供了计算机部件之间数据交换的规范化方式。通常，总线包含一组共享的信息传输线和相应的控制逻辑。总线连接方式通过一组共享的传输线将多个部件连接在一起，相比早期各部件单独互连的分散连接方式，具有更低的成本、更好的可扩展性和灵活性。根据连接对象的不同，总线可分为处理器总线（前端总线）、存储器总线和 I/O 总线。

主板（motherboard）除了为各功能部件提供共享的总线外，也为某些外部设备提供了 I/O 接口。这里的 I/O 指的是输入/输出，相对于输入设备和输出设备而言，外部存储设备既可以看作是输入设备，也可以看作是输出设备。I/O 接口为外部的输入/输出设备提供了控制器和插座，规范了外部设备与计算机主机之间的信息交换，一定程度上屏蔽了外部设备之间较大的差异。

外部设备又称 I/O 设备，是所有通过 I/O 接口与计算机主机相连的输入设备、输出设备以及外部存储设备的总称。这里的输入和输出是相对计算机主机而言，如键盘和鼠标是向计算机主机输入字符和位置信息，因此属于输入设备。而显示器是将计算机主机的信息传送展现出来，属于输出设备。

中央处理器、存储器、主板（总线与 I/O 接口）与外部设备共同构成了一台能独立运行、完成特定功能的微型计算机，如图 2-5 所示。

下面将分别介绍这些部件和设备的功能、构成、分类和工作原理。

图 2-5　微型计算机硬件组成

2.2.2　中央处理器

自计算机诞生以来，中央处理器（CPU）结构发生了很大的变化。早期的计算机如冯·诺依曼设计的 EDVAC 计算机等，CPU 的各功能部件是分散连接的。由于结构松散，CPU 运行效率低，可维护性差。后来出现了基于总线的总线式 CPU 结构，其结构简洁明了、扩充性好、诊断方便，但性能较低。为进一步提高运行效率，人们随后设计了流水线式的 CPU 结构，甚至多核的 CPU 结构。无论 CPU 结构怎样复杂，其基本逻辑与工作原理是相通的。总体来看，CPU 可以看作是由数据通路和控制器组成的可顺序翻译执行指令的计算机的核心部件。

计算机能执行的所有指令的集合，称为计算机的指令系统。指令系统由 CPU 的指令集结构（ISA）所确定。它是计算机软件和硬件之间的桥梁。计算机软件通过指令系统控制和使用计算机硬件，计算机硬件的设计以指令系统为目标。

20 世纪 50—60 年代，计算机价格昂贵、体积庞大、硬件结构简单，指令系统只有少数几十条指令。后来随着计算机的不断发展，计算机硬件功能不断增强，指令系统也在不断发展壮大。

目前，CPU 的指令系统主要有两类，分别是复杂指令集（complex instruction set computer, CISC）和精简指令集（reduced instruction set computer, RISC）。Intel 公司和 AMD 公司主导的 x86 和 x86-64 体系属于典型的复杂指令集 CISC 处理器。而 RISC 处理器主要有 IBM 公司的 Power 系列、Sun 的 SPAC 系列、AT&T 的 CRISP、AMD 29000、Intel 的 i860 及 i960 和被广泛运用于手机及嵌入式系统的 ARM 处理器等。

对于不同的 CPU，如果它们具有相同的指令集结构，则称它们的指令系统是兼容的。指令集兼容意味着相同的程序指令序列可以相互通用，即在一个 CPU 上运行的可执行程序可以直接在兼容的另一个 CPU 上正确运行而无须重新编译修改。为保持软件的通用性，同一个厂商设计新 CPU 时，通常在原来 CPU 指令集的基础上扩充新的指令，以保持指令系统的向下兼容性。这样原来 CPU 上运行的可执行程序可以直接在新 CPU 上正确运行。如 Intel 公司生产的酷睿系列 CPU，采用 x86 指令集。酷睿 i9 在酷睿 i2 指令集上进行扩充，酷睿 i2 上运行的程序可以直接在酷睿 i9 上运行。反之，酷睿 i9 上的程序在酷睿 i2 上则不一定能正确运行。有时为了共享市场，不同公司生产的 CPU 可能采用相同的指令集。如 AMD 公司的 CPU 和 Intel 公司的 CPU 都使用相同的 x86 指令集。兼容的 CPU 可以使得计算机之间软件兼容。但由于大多手机上使用的 ARM 处理器使用 RISC 指令集，与 x86 结构的 CISC 指令集不兼容，因此手机上的应用程序 App 无法在使用 Intel 或 AMD 公司 CPU 的 PC 上直接运行。

CPU 的逻辑组成如图 2-6 所示，具体包括以下几个部分。

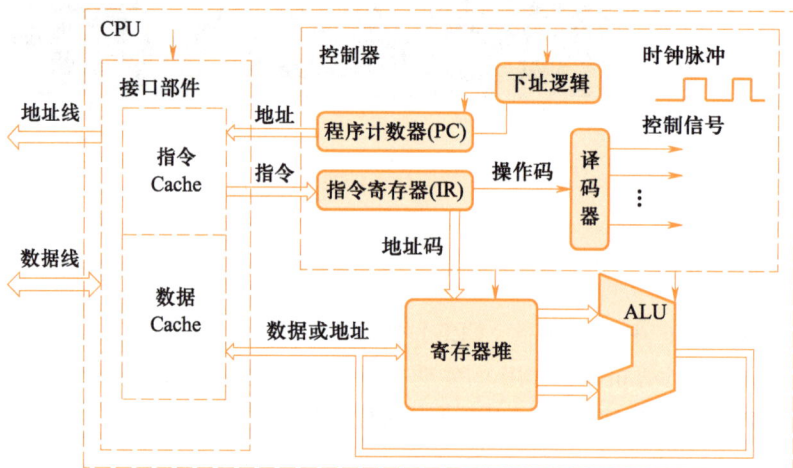

图 2-6　CPU 的逻辑组成

1. 控制器

控制器主要由程序计数器、译码器等组成。程序计数器（program counter, PC）用于存放下一条要执行的指令的内存地址。每次指令取出后，程序计数器根据下址逻辑自动更新。下址逻辑根据需要计算下条指令地址。如默认顺序执行，下址逻辑在当前地址基础上自动加一条指令的地址偏移。程序计数器将指令地址传输给接口部件，接口部件根据地址取出相应指令。取出的指令如果不能立即执行，将临时存放到指令寄存器（IR）中。译码器是控制信号生成部件，负责将指令翻译转换成控制信号，以控制 CPU 正确运行。所有的存储部件都需要在统一的时钟信号下进行读写操作。CPU 中的时钟基准信号由脉冲源按一定频率生成。

2. 算术逻辑单元

算术逻辑单元（arithmetic logic unit，ALU）是 CPU 中的运算器，负责执行二进制数的加、减等算术运算和与、或、非等逻辑运算。ALU 的核心是加法器与位运算逻辑。常见的整数加、减、乘、除等运算都可以由加法器结合移位寄存器操作来实现。

3. 寄存器

寄存器是 CPU 中的临时存储部件，由于采用基于半导体锁存的静态随机存取存储器（SRAM）技术，读写速度很快。根据存放内容的不同，CPU 中的寄存器又分为通用寄存器、程序计数器、状态寄存器、指令寄存器等。

通用寄存器用于临时存放当前指令操作所需要的数据或中间结果。通常多个通用寄存器一起构成通用寄存器堆。通用寄存器具有专门的读端口和写端口，能够根据给定的寄存器地址快速地读写数据。

状态寄存器用于存储当前操作的状态标识，可被特殊的指令读取。而程序计数器和指令寄存器分别存储下条指令的地址和读取的指令。

4. 接口部件

CPU 接口部件负责 CPU 与外部内存的通信，通过地址总线向内存发送地址，并通过数据总线接收来自内存的数据。

为减少 CPU 读写内存时的等待，在 CPU 接口部件中往往会设置高速缓冲存储器（cache）。高速缓冲存储器根据需要可以将指令和数据分开设立指令 Cache 和数据 Cache，也可以将指令和数据放到统一的 Cache 中。

CPU 接口部件对内存数据的读写以块为单位进行，读写数据时同时实现 Cache 块与内存块之间的交换。由于后面访问的数据很可能在 Cache 中，Cache 的设立有效地减少了内存的访问次数。

目前 CPU 产品主要有 Intel 公司的酷睿系列 CPU（如图 2-7 所示）、AMD 公司的速龙锐龙系列 CPU、国产龙芯系列 CPU 和苹果、华为公司的手机 CPU 等。

图 2-7　Intel 酷睿 i9 CPU 及插座

2.2.3　存储器

微型计算机的存储器由 CPU 内部的寄存器、CPU 接口部件内的高速缓冲存储器、主板上的内存条和计算机主机外的辅助存储器、后备存储器等共同构成。它们按不同的速度、容量、位价格构成了微型计算机的层次化存储结构，如图 2-8 所示。

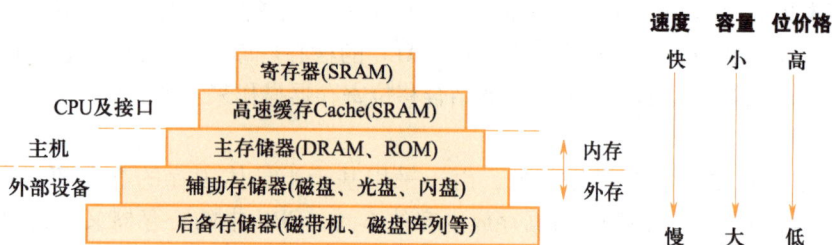

图 2-8　微型计算机的层次化存储结构

由图 2-8 可以看出，微型计算机中存取速度最快的是 CPU 内部的寄存器。由于采用半导体锁存触发器作为基本存储单元，其单次存取时间可达 1 ns 左右，较接近 CPU 速度，可以用来暂时存放 CPU 当前指令所需要的数据或运算结果。用锁存触发器作为基本存储单元的存储器被称为静态随机存取存储器（static random access memory，SRAM）。这里的静态指的是只要保持通电，存储的数据就可以恒常保持，不会丢失。SRAM 集成度低、成本高、功耗大，常用于小容量的高速存储器。

高速缓冲存储器（Cache）是为平衡 CPU 和主存储器读写速度而引入的。CPU 的速度很快，而主存储器的速度相对较慢（比 CPU 慢几个数量级）。如果 CPU 读写的数据每次都要访问主存储器，将增加较多的等待时间，进而降低了 CPU 的整体性能。为减少 CPU 访问主存储器的次数，在 CPU 接口部件中设置了高速缓冲存储器。通常，高速缓冲存储器也采用 SRAM 技术，其访问速度与 CPU 相仿。CPU 大部分操作数据都来自寄存器。当 CPU 需要从主存储器存取数据时，首先检查其是否在 Cache 中。如果在 Cache 中，则直接访问 Cache。否则，CPU 再访问主存储器，在获取数据的同时，将数据所在的内存块与 Cache 进行交换。由于程序的读写数据操作大多聚集在局部范围内，使用 Cache 可以较好地减少 CPU 读写主存储器的次数，进而提高 CPU 的执行速度。

主存储器主要由内存条（如图 2-9 所示）和主板上的存储芯片 BIOS ROM 及 CMOS 存储器构成。内存条主要采用电容为基本存储单元，其读写速度相对较慢且需要定期刷新以补充电容自然放电导致的电荷损失。人们称这样的半导体存储器为动态随机存取存储器（dynamic random access memory，DRAM）。DRAM 集成度高，容量大，功耗小，成本相比 SRAM 要低。根据单个时钟周期内读写数据的次数及个数，内存条又分为 DDR、DDR2、DDR3 和 DDR4 等。内存条通过主板上专门的内存条插槽与 CPU 相连。常见的内存条规格有 8 GB、16 GB、32 GB 和 64 GB 等。

SRAM 和 DRAM 读写数据的时间与数据的位置无关，可按地址随时进行读写，因而统称为随机存取存储器（random access memory，RAM）。RAM 基于半导体技术存储数据，需要电的维持。一旦断电，存储器内的数据将全部清零，因而 RAM 属于易失性存储器。

为了让 CPU 开机就能运行，通常在计算机主板上设置了一个只读存储器（read only memory，ROM）。该只读存储器用来存放开机需要执行的相关程序。人们把这些程序称为基本输入输出系统（basic input output system，BIOS），而把存放 BIOS 的只读存储器称为 BIOS

ROM。为配合 BIOS 工作，计算机主板还设置了一个 CMOS 存储器，用以存放硬件相关参数。

图 2-9　内存条和内存条插槽

　　BIOS 是计算机开机就能运行的程序，主要由加电自检程序、引导装载程序、基本驱动程序和 CMOS 硬件参数设置程序组成。当计算机开机通电后，CPU 首先从 BIOS ROM 中取出加电自检程序，结合 CMOS 里的硬件参数检查计算机硬件是否存在故障并给出提示。如果故障是由硬件参数设置错误导致的，可以在开机时按键盘上约定的功能键运行 CMOS 参数设置程序。计算机硬件若无故障，则 CPU 继续从 BIOS ROM 中读取引导装载程序，控制 I/O 总线及接口将磁盘上的引导程序读入主存储器并转而运行引导程序。

　　现在的 BIOS ROM 一般采用闪存（flash memory）技术进行信息的存储，低电压下只能读不可写。而参数存储器使用互补金属氧化物半导体（complementary metal oxide semiconductor，CMOS）技术进行信息存储以便于程序可改。为防止 CMOS 存储器丢失数据，计算机主板上为其配备了电池。

　　现代普遍使用 UEFI（unified extensible firmware interface，统一可扩展固件接口）进行硬件的初始化和引导操作系统安装。UEFI 可以看作一种新的启动方式。它通过驱动程序按CPU、内存、主板和设备顺序依次初始化硬件，驱动程序可放在 ROM 或设备上。初始化硬件后，UEFI 启动服务并加载操作系统。

　　为便于访问，计算机主存储器以字节或字为单位被划分为多个存储单元，并按顺序为每个存储单元赋予序号，如图 2-10 所示。人们称主存储器存储单元的序号为主存储器的地址。一个地址对应一个存储单元，主存储器的容量是所有存储单元存储的二进制总位数。

　　主存储器容量 = 单元地址数×每单元存储位数。

　　若主存储器每个存储单元存放 1 个字节

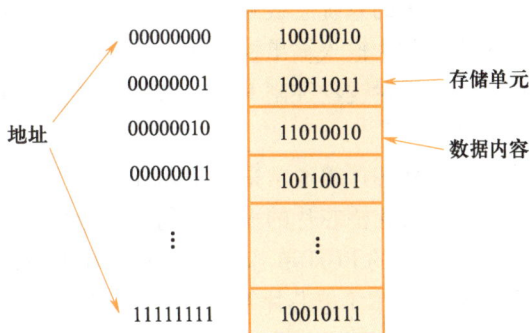

图 2-10　主存储器地址与存储单元

数据，则 32 位地址支持的最大主存容量为 $2^{32} \times 1\ B = 4\ GB$。一般情况下，微型计算机每个存储单元存放 1 个字节数据，存储容量单位主要有 KB（2^{10}字节）、MB（2^{20}字节）、GB（2^{30}字节）或 TB（2^{40}字节）等。

CPU 按地址访问存储器，从给出地址开始到读写数据结束所用的时间称为存储器的存取时间，单位为纳秒（ns）。

CPU 能直接访问的存储器称为内存，而把 CPU 不能直接访问的存储器称为外部存储器（外存）。寄存器、高速缓冲存储器、内存条以及主板上的存储芯片都属于内存。外存包括辅助存储器和后备存储器，它容量大但速度更慢，用于数据的长期存储。由于即使断电所存储的数据也不会丢失，所以外部存储器属于非易失性存储器。

2.2.4　总线与 I/O 接口

总线是由计算机各功能部件共享的一组信息传输通道。它为计算机各部件提供了一种规范化的信息交换方式。计算机中的总线很多，连接 CPU、存储器和输入输出模块之间的总线称为系统总线，而用于计算机主机和设备之间或计算机系统之间通信的总线称为通信总线。

系统总线最早由 DEC 公司的 PDP-8 计算机引入。它的出现改变了早期计算机各部件直接互连的松散结构，提高了系统的灵活性、可维护性和可扩展性。根据连接部件的不同，系统总线分为处理器总线、存储器总线和 I/O 总线。处理器总线用于连接 CPU，存储器总线用于连接主存储器，I/O 总线用于连接外部设备。处理器总线、存储器总线和 I/O 总线匹配不同功能部件的速度，它们之间通过桥接器连接。根据传输内容的不同，系统总线又分为地址总线、数据总线和控制总线。地址总线用于数据或指令的地址传输，其宽度决定了地址的位数。若主存储器地址线宽度为 36，其支持的最大主存容量为 64 GB。数据总线用于数据的传输，其宽度决定了一次传送所传输的数据位数。假设数据总线宽度为 W，总线时钟频率为 F（单位为 MHz），每个总线时钟周期传输 N 次，则单位时间内总线能传输的最大数据量，即总线带宽（数据传输速率）$BV = W \times F \times N$（单位为 Mbps 或 Mb/s）。控制总线传输控制信号，如读信号和写信号，决定着数据总线的传输方向。

主板上的总线传输由芯片组控制。芯片组是主板的核心，决定了主板功能与性能。早期的芯片组主要由两块芯片构成，分别是南桥芯片和北桥芯片。北桥芯片常称为主桥（host bridge）或内存控制中心（memory controller hub, MCH），负责 CPU、主存和显卡之间的信息传输，对主板的系统总线频率、CPU 类型及主频、内存类型及容量、显卡插槽等提供支持。南桥芯片又称为输入输出控制中心（I/O controller hub, ICH），主要负责 I/O 设备与主存的数据通信。它对键盘控制 KBC、实时时钟控制 RTC、扩展槽种类及数量、扩展接口类型及数量等提供支持。

目前主板芯片组通常采用单芯片结构。它将小部分北桥芯片功能与南桥芯片集成在一个芯片内，而将北桥芯片的大部分剩余功能集成到 CPU 内部。典型的单芯片设计如 NVIDIA 的 nForce4、Intel 的 PCH 单芯片等。相比南北桥芯片组，单芯片结构本质未变，但系统性能却得到了提高。PCH 单芯片结构如图 2-11 所示。

CPU 通过主板上的 CPU 插座与处理器总线相连，内存条通过专用的内存条插槽与存储器总线相连。而与 I/O 总线相连的则是众多的 I/O 插槽与 I/O 接口。I/O 插槽用于 I/O 设备控制卡的插接，如显卡、网卡等。I/O 接口则负责外部设备与主机的传输通信。

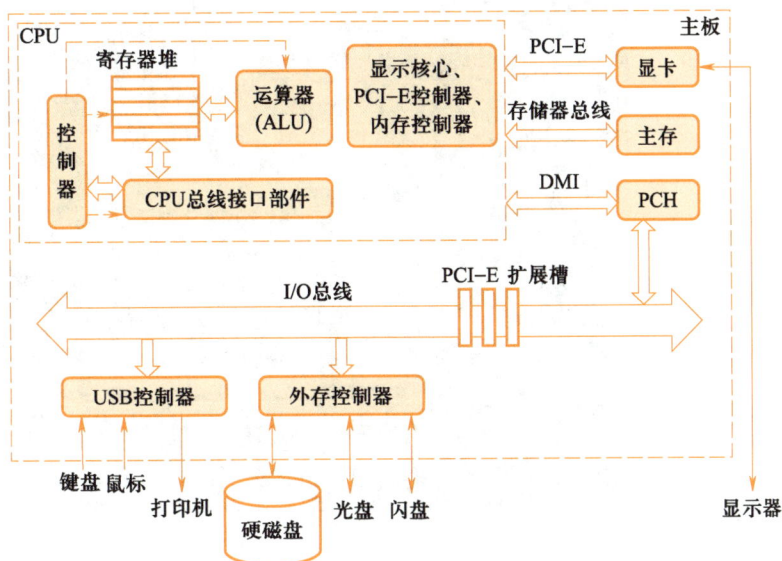

图 2-11　PCH 单芯片结构

PCI（peripheral component interconnect）总线插槽是微机中用于中高速外部设备与主机通信的一种高带宽 I/O 总线标准。PCI 总线独立于处理器总线，使得 PCI 总线上的外部设备可与 CPU 并行工作。PCI 总线时钟频率为 33 MHz 或 66 MHz，数据线宽度为 32 位或 64 位，总线带宽可达 132 ~ 528 MB/s。

PCI Express（PCI-E）插槽是一种全新的 I/O 总线标准。它在 PCI 编程概念和通信标准基础上，采用了更快的点对点串行通信方式，使得每一个 PCI-E 设备都有自己独立的数据传输通道，避免了其他设备的干扰。PCI-E 数据传输速率高，有多种规格以满足不同设备的传输带宽需求，通常标记为 PCI-E×n。这里的 n 表示 PCI-E 包含的 n 个双向传输通道。一般说来，n 越大，传输速度越快。如 PCI-E×1 在 3.0 规范中单向数据传输速率可达 1 000 MB/s，可满足主流声卡、网卡和存储设备的数据传输需求。而 PCI-E×16 在 3.0 规范中单向传输速率为 1 000 MB/s×16 = 16 GB/s，双向传输速率为 32 GB/s，能满足独立显卡的传输带宽需求。

大多数厂商在主板南桥芯片中添加了 PCI-E×1 的支持，而在北桥芯片中添加了 PCI-E×16 的支持。此外，常见的 PCI-E 规格还有×4、×8 等，以适应不同的设备速率。

PCI-E 支持热插拔，具有通用性，目前已全面取代 PCI 总线和 AGP 总线，实现了 I/O 总线标准的统一。微型计算机的主板如图 2-12 所示。

I/O 接口是连接外部设备与计算机内部 I/O 总线的桥梁，包括 I/O 控制器和 I/O 插座。

鼠标、键盘等简单外部设备的 I/O 控制器较为简单，一般集成在主板芯片上。主板对外提供对应的 I/O 插座，并通过电缆与外部设备相连。音/视频、显示器、网络等设备控制器比较复杂，一般将其做成控制卡（扩展卡、适配卡）。控制卡通过主板的 I/O 插槽（如 PCI-E 插槽）与总线相连，并对外提供 I/O 插座，如声卡、视频捕获卡、显卡、网卡等。随着现代制造工艺的发展，一些控制卡的功能也被集成到主板中，如集成声卡、集成网卡、集成显卡等。

I/O接口插座

PCI-E总线插槽

CPU插座

内存条插槽

图 2-12　微型计算机的主板（总线）

1. 显卡

显卡又称显示适配卡（如图 2-13 所示），是控制显示器数据传输与工作的重要组件。显卡主要由图形处理器、显示存储器、显示控制及接口电路等部件组成。

图 2-13　微型计算机中的显卡

图形处理器（graphic processing unit，GPU）接收 CPU 送来的图形描述，将其转换成图像数据送到显示存储器中，由显示存储器实现显示器的图像输出。由于图形或图像的绘制需要大量的数学计算，要求 GPU 具有快速的并行运算处理能力。GPU 强大的并行处理能力使得它在处理大量数据和复杂计算时具有明显的性能优势，特别适合于机器学习、图像处理等。随着 GPU 软件平台的不断发展，GPU 已被广泛运用于大模型训练、大数据分析、计算机视觉等众多人工智能领域，为现代人工智能的飞速发展做出了巨大贡献。

显示存储器（简称显存）又名帧缓冲存储器，用于存储显示器当前屏幕显示的图像数据。显示存储器采用 DRAM 存储技术，其存储区与屏幕显示位置相对应。显示存储器的容量决定了计算机能够支持的最高显示分辨率和像素深度，由显示控制电路负责数据的显示与刷新。

显卡接口电路是计算机主机与显示器之间的桥梁，负责向显示器输出图像信号。目前独立显卡主要采用 PCI-E×16 插槽与主板相连，其视频输出接口主要有 VGA、HDMI、DVI、DP 等。显示器通过电缆连接输出接口插座实现图像数据的输出。

显卡的性能主要由核心频率、显存频率与容量、流处理单元数等多方面因素决定。

除独立显卡外，计算机显卡还有集成显卡和核心显卡。集成显卡将 GPU 及相关电路集成到主板上，使用部分主存作为显示存储器，相比独立显卡，具有功耗低、发热量小的优点，但由于占用了大量主存，对系统性能影响明显。核心显卡是将 GPU 及相关电路集成到 CPU 芯片内，缩短了 GPU、CPU 和内存的传输时间，有效提升了处理效能，并显著降低了整体功耗。

2. 网卡

网卡又称网络控制卡，负责计算机主机与网络之间的通信连接。网卡包含处理器和存储器，提供网卡插座，通过电缆或双绞线实现通信。

3. 声卡

声卡主要负责实现计算机主机与外部声音设备的数据传输与转换，主要由数字信号处理器（DSP）、A/D 和 D/A 转换器、电子合成器、混音器和接口部件等组成。DSP 负责声音数据的处理，如音频压缩与解压缩运算；A/D 和 D/A 转换器负责计算机数据与外部设备模拟信号之间的转换，实现模拟声音的录制与播放；电子合成器负责声音数据的合成；混音器负责控制各个音源的音量；接口部件负责声卡数据的传输。

由于 I/O 设备的多样性，连接设备的 I/O 插座也有多种类型。不同的 I/O 插座体现了不同的通信规范，适用于不同的外部设备。在不引起混淆的情况下，I/O 插座及通信规程通常也被称为 I/O 接口。常用的 I/O 插座主要有 USB 接口、PS/2 接口、SATA 接口、RJ-45 接口、HDMI 接口等。常见的 I/O 接口插座如图 2-14 所示。

PS/2　　VGA　DVI　　　USB2.0　USB3.0　　HDMI　　　RJ-45　　音频接口　　主板上的SATA接口

图 2-14　微型计算机中的 I/O 接口插座

1. USB 接口

通用串行总线接口（universal serial bus，USB）是目前主流外部设备接口之一，它是一个可以连接多个设备的通用的串行接口标准。理论上，一个 USB 接口可以通过"USB 集线器"连接多达 127 个设备。

USB 接口体积小，通常支持即插即用，可以为外部设备提供+5 V、100～1500 mA 的电流。USB 自推出以来受到了广泛的欢迎，已逐步替代了传统的串行口和并行口，成为 I/O 接口的主流。

USB1.0 自 1996 年出现，传输速度只有 1.5 Mb/s。1998 年升级的 USB1.1 最大传输速度提升到了 12 Mb/s。2000 年推出的 USB2.0，最大传输速度可达 480 Mb/s。2008 年基于 USB2.0 推出了 USB3.0，其最大传输速度已达 5.0 Gb/s，接近 USB2.0 的 10 倍。随后出现的 USB3.1、USB3.2、USB4.0 等传输速度得到了更大的提升。

根据外观的不同，USB 接口可分为 Type-A、Type-B 和 Type-C 等。其中，Type-C 拥有比 Type-A、Type-B 更小的体积，无须区分正反，被广泛运用于手机等智能设备中。

2. PS/2 接口

PS/2 接口早期广泛运用于键盘、鼠标和主机的连接，紫色的接键盘，绿色的接鼠标，目前已逐步被 USB 接口替代。

3. SATA 接口

SATA 接口即串行 ATA 接口，主要用于主板和硬盘或光盘驱动器的数据传输。由于其结构简单，支持热插拔等特点，已逐步取代早期的 IDE 接口被广泛使用。

4. 视频接口 VGA、HDMI、DVI、DP

VGA、HDMI、DVI 和 DP 接口是目前主流的视频输出接口。其中，VGA 接口采用模拟协议，是早期 CRT 显示器时代的必备接口。后来出现的 DVI 接口支持数字信号的直接传输，在与液晶显示器数据传输过程中，速度更快，信号几乎无衰减。HDMI 和 DP 接口是目前显示器最常用的接口，它们支持声音和图像的同时传输，支持更高的分辨率。其中，DP 可以看作 HDMI 的加强版，在音视频传输上功能更强。主要视频接口特性对比如表 2-1 所示。

表 2-1　主要视频接口特性对比

接口类型	信号类型	分辨率	刷新率	音频传输	热插拔	抗干扰能力
VGA	模拟信号	可达 1920×1080	60 Hz	不支持	不支持	弱
DVI	数字信号	可达 2560×1600	120 Hz(单连接)，144 Hz(双连接)	支持（部分型号）	支持	较强
HDMI	数字信号	可达 4K(HDMI 2.0)，8K(HDMI 2.1)	60 Hz(HDMI 1.4)，120 Hz(HDMI 2.0)，120 Hz(HDMI 2.1)	支持	支持	强
DP	数字信号	可达 7680×4320(8K)	高刷新率(取决于显示器和显卡支持)	支持	支持	非常强

5. 网络 RJ-45 接口

RJ-45 接口是计算机网络连接最常用的 I/O 接口。RJ-45 插头又称 RJ-45 水晶头，是线缆布线中的标准连接器。它与 RJ-45 模块插座一起构成完整的连接单元，被广泛运用于以双绞线为传输介质的以太网中。

6. 音频接口

计算机音频接口分为音频输入接口和音频输出接口。通常，话筒等声音输入设备与音频输入接口连接，而耳机、音箱等声音输出设备与音频输出接口连接。

2.2.5　微型计算机的外部设备

按主机的数据传输方向，微型计算机的外部设备分为输入设备、输出设备和外部存储设备。输入设备向计算机主机输入数据，如键盘、鼠标、扫描仪、传感器等。输出设备接收主机输出的数据，如显示器、打印机等。外部存储设备既可以看作输入设备，也可以看作输出设备，它与主机的数据传输是双向的。典型的外部存储设备有硬盘、光盘、闪盘。

1. 键盘

键盘（keyboard）是计算机最常用的输入设备。字母、数字、文字符号等通过键盘输入到计算机中。键盘通过机械接触或电容原理感知用户敲击的按键。

标准键盘通常有 104 个按键，具体分为主键盘区、数字辅助键盘区、控制键区和 F 功能键区。常见的英文字母、数字、标点符号等在主键盘区通常有单独按键与之对应，而复杂的符号及命令可由多个按键结合在一起表示。如在 Windows 系统中按 Ctrl+C 键表示复制，按 Alt+PrintScreen 键表示截取当前窗口图像。常规键盘右上角有 3 个指示灯，分别表示：字母大小写锁定（CapsLock）、数字小键盘锁定（NumLock）和滚动条键锁定（ScrollLock），可通过对应的按键进行切换。

键盘的接口主要有 USB 接口、PS/2 接口和无线连接。

2. 鼠标

鼠标（mouse）是手持定位的输入设备。用户通过鼠标能方便地控制屏幕上光标的移动并完成各种操作。按工作原理，鼠标可分为机械鼠标和光电鼠标。机械鼠标通过检测鼠标底部圆球滚动的 4 个方向的相对位移来获取位置信息，而光电鼠标则通过鼠标底部的小型感光头感知底部发光管的光线反射来实现精确的定位。光电鼠标具有高精度、高可靠性和耐用性，成为鼠标的主流。根据按键数，鼠标可分为两键鼠标、三键鼠标和多键鼠标。在软件中分别定义鼠标每个按键的功能。有的鼠标还提供了滚轮，以便于上下翻页。3D 鼠标（如图 2-15 所示）是可以获取三维空间位移的鼠标。用户通过移动手指，可获得上下左右前后六个方向上的位移。

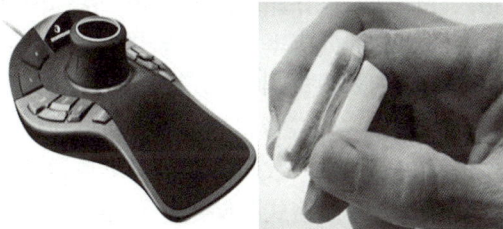

图 2-15　3D 鼠标

鼠标的定位精度用分辨率来衡量，单位是 dpi（dots per inch）或 cpi（count per inch）。dpi 描述鼠标移动 1 英寸（1 英寸 = 2.54 cm），指针在屏幕上移动的点数。cpi 表示鼠标每移动 1 英寸，能够采集到位移信号次数。

与键盘一样，鼠标的接口主要有 USB 接口、PS/2 接口和无线连接。

3. 扫描仪、摄像头、数码相机和数码摄像机

扫描仪、摄像头、数码相机和数码摄像机都是通过感光器件 CCD（charge-coupled device）或 CMOS 图像传感器（CMOS image sensor）将光学影像转换为计算机能识别的数字图像。

CCD 又称为电荷耦合器件（如图 2-16 所示），是由大量感光二极管组成的感光阵列。感光二极管是一种半导体元件，能够将光信号转换为电信号。CCD 将外在的光分布转换为电的分布，再由模数转换部件将其转换成数字图像。人们称数字图像中的点为像素（pixel）。

数字图像本质上是由像素构成的数值阵列。作为感光器件，CCD 具有灵敏度高、噪声低、抗干扰能力强等特点。

CMOS 传感器是另一种常见的感光器件，它使用互补金属氧化物半导体作为感光元件。相比 CCD，CMOS 传感器具有低功耗、高集成度、快速处理速度和随机读取的优点，被广泛运用于摄像机和高端数码相机中。

扫描仪工作时，用强光照射稿件，没有被吸收的光被反射到光学传感器 CCD。CCD将接收的信号传送给模数转换器。模数转换

图 2-16 · 感光器件 CCD 和 CMOS

器将其转换成数字信号，并通过驱动程序转换成显示器能显示的数字图像。

除 CCD 之外，也有扫描仪使用 CIS 接触式图像传感器。它使用 LED 光源阵列和 CMOS 图像传感阵列，具有体积小、重量轻、成本低等优点，但分辨率较低，扫描速度也很慢。

光学分辨率是反映扫描仪扫描图像清晰程度的重要参数，单位是 dpi，表示每英寸上扫描获取的图像点数。dpi 越高，扫描的图像越清晰。大多数扫描仪的分辨率范围为 200~9 600 dpi。

扫描仪获取的像素的颜色范围用颜色位数来度量。颜色位数是指用来表示每个像素颜色的二进制位数。颜色位数越多，扫描的图像色彩越丰富。常见的扫描仪颜色位数有 24、30、36、42 等。

数码相机与传统相机类似，不同的是将传统相机胶卷替换成了 CCD 或 CMOS。数码相机的影像运算芯片能够对获得的数字信号进行压缩等处理，将数字图像以 RAW、TIFF、JPEG 等格式存储到闪存存储器，如 MMC 卡、SD 卡等。

数码相机的分辨率使用像素的数目来衡量。如某数码相机像素为 500 万，有效像素为 480 万，则获取的图像像素数最多可达 480 万。

摄像头和数码摄像机的工作原理类似，它们利用 CCD 或 CMOS 连续快速地拍摄数字图像，进而获得视频。数码摄像机的影像运算芯片能够对获得的数字视频进行压缩等处理，将数字视频以支持的格式存储到存储器中。

摄像头和数码摄像机的参数除了衡量图像清晰度的分辨率外，还有反映拍摄速度的帧率。帧率的单位是 fps 或 f/s（帧每秒，frames per second），指的是每秒获取的图像数量。帧率越高，获取的视频越流畅。

4. 触摸屏等其他传感器

传感器（transducer/sensor）是感知自然界中被测量的信号并将其转换为电信号的装置。传感器一般由 4 个部分组成，分别是敏感元件、电转换元件、调制电路和辅助电源，如图 2-17所示。其中，敏感元件主要负责自然信号的感知，电转换元件负责将敏感元件的感知转换为电信号，调制电路负责将电转换元件获得的电信号进行放大调制等处理，辅助电源负责为电转换元件和调制电路供电。

智能传感器（intelligent sensor）是具有信息处理能力的传感器。它在传感器基础之上增加了微处理机，是一个以微处理器为内核的传感检测系统，具体如图 2-18 所示。

图 2-17　传感器基本组成

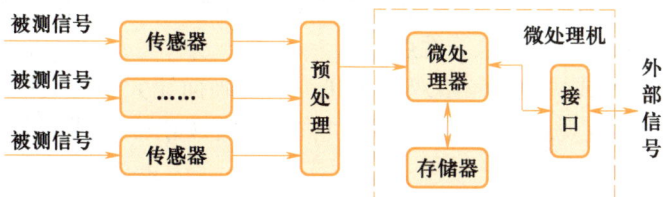

图 2-18　智能传感器组成

智能传感器目前已广泛运用于人们的日常生活中。如智能手环、智能眼睛、智能家居、智能工业检测、智能监控等。

触摸屏（touch screen）是一种绝对定位设备，用户可以直接用手向计算机输入位置信息。触摸屏技术都是依靠各自的传感器来工作，传感器决定了触摸屏的反应速度与性能。根据触摸的感知数量，触摸屏可分为单点触摸屏和多点触摸屏。多点触摸屏允许多人同时操作，使人机交互更为方便。

智能穿戴设备以传感器为核心器件，可分为运动传感器、生物传感器和环境传感器三类。运动传感器对人体活动过程进行监测、导航和分析，如加速度传感器、陀螺仪、压力传感器等。生物传感器可采集人体生物信号，实现健康监测与娱乐，如心电传感器、脑电波传感器、血糖传感器、血压传感器等。环境传感器可以对周边环境进行监测，给人体活动提供建议，如气体传感器、湿度传感器、紫外线传感器等。

手机中的传感器有磁力传感器、方向传感器、陀螺仪传感器、压力传感器、光线传感器、重力传感器等，它们共同为手机的各种应用提供支持。

多个传感器设备可通过网络相互关联，构成物联网。物联网通过射频（RFID）装置、二维码识读设备、激光扫描器等感知设备，依据协议实现物物之间的信息交换。

5. 显示器

显示器是微型计算机基本的图文输出设备。它通过电缆连接显卡，将显卡显示存储器里的图像数据转换成光信号在屏幕上显示出来。按制造工艺的不同，显示器可分为阴极射线管显示器、液晶显示器、LED 显示器、等离子显示器 PDP、3D 显示器等。

阴极射线管（cathode ray tube，CRT）显示器在早期被广泛使用，其基本原理是电子枪发射电子束轰击屏幕上红、绿、蓝三种荧光粉发光来显示图像。由于荧光粉发光持续时间不长，显示图像时需要电子枪循环扫描屏幕。CRT 显示器具有色彩还原度高、响应时间短、色度均匀等优点，但现在已很少使用。

液晶显示器（liquid crystal display，LCD）是以液晶材料为基础的显示器，具有功耗低、机身薄、辐射小等优点。液晶材料是一种介于液态和固态之间的有机化合物，在电场作用下可发生需要的翻转，进而控制光的透射与反射，达到显示明暗变换的目的。彩色 LCD 的像素由三个液晶单元构成，分别控制着红、绿、蓝颜色的显示。

LED 显示器（light emitting diode panel）通过控制不同颜色的半导体发光二极管 LED 显示图像。图像的每个像素由若干 LED 构成，控制系统根据数字信号控制 LED 发光实现高亮度清晰的显示效果。LED 显示器色彩鲜艳、寿命长、工作稳定，广泛应用于计算机信息的显示。

等离子显示器 PDP 采用等离子管的气体放电激发屏幕发光显示图像，具有视野开阔、亮度高、色彩还原性好、响应迅速等优点。

3D 显示器通过同时或快速间隔给双眼传递不同的画面让大脑合成视差感知立体图像的显示。由于能让人形象直观地感知立体画面，它在教育、娱乐、工业设计等诸多领域发挥了重要作用。

显示器的主要性能指标是屏幕分辨率、色彩度、刷新频率、尺寸等。

屏幕分辨率一般由屏幕上所能表达的水平像素数与垂直像素数的乘积来标识。如 1 024×768 像素分辨率表示屏幕水平方向上可显示 1 024 个像素，垂直方向上可显示 768 个像素。一般来说，分辨率越高，屏幕的空间表现能力越强。

显示器的色彩度反映了显示器的色彩表现能力。如通常液晶显示器红、绿、蓝每个基本色使用 6 位，即 $2^6 = 64$ 种表现度。而使用所谓 FRC（frame rate control）技术的仿真全彩画面每个基本色可达 8 位以上。

刷新频率是指屏幕每秒更新图像的速度。刷新频率过低可导致屏幕显示出现闪烁或抖动。要使画面不抖动，一般刷新频率要达到 75 Hz 以上。

显示器的尺寸反映了显示器的大小，一般用屏幕对角线的长度来度量。主流的液晶显示器尺寸通常在 15 英寸到 24 英寸之间。

除此之外，显示器还有可视角度、最大亮度、最大亮度对比等多个指标。

6. 打印机

打印机是计算机常用的外部输出设备，常用的打印机有针式打印机、热敏打印机、喷墨打印机、激光打印机、3D 打印机等。

针式打印机利用打印头中的钢针（9 针、16 针或 24 针等）撞击色带，将色带上的油墨转移到打印纸上。钢针通过电磁原理控制动作。针式打印机能实现多层复写纸打印，如 2 联纸、3 联纸、4 联纸、6 联纸等在财务和票据处理中非常有用。针式打印机结构简单、维护容易、耗材成本低，广泛应用于财务票据打印等特定领域。

热敏打印机结构与针式打印机类似，它使用打印头中的加热元件接触热敏纸，使其发生化学变化以生成图像，在超市、银行、POS 终端系统等领域有广泛应用。

喷墨打印机通过喷头向纸张喷射墨滴来打印图像。喷头一般有 48 个以上的独立喷嘴，可喷射多种基础颜色的墨滴。多种基础颜色墨滴落在同一位置，形成不同复色。喷头通过加热汽化或压电变形驱动。一般来说，喷嘴越多，打印速度越快。

激光打印机基于激光扫描和电子照相技术。它使用激光照射感光鼓产生一种电荷图案，这种图案就像是"画"在感光鼓上的，感光鼓上的这些电荷会吸附带有正电荷的墨粉，墨粉再转移到纸张上完成打印。激光打印机打印速度快、成像质量好、噪声低、稳定耐用，被广泛应用于日常办公等领域。

　　3D 打印机（如图 2-19 所示）基于蚀刻或堆叠原理进行工作，能实现三维立体物品的打印。3D 打印机颠覆了传统的制造工艺，具有制造快速、成本节约、可个性化定制等优点，可广泛应用于工业制造、医疗、教育、建筑、娱乐等众多领域。目前，使用 3D 打印机已打印了汽车、飞机、房子、机器人、衣服、医疗器械甚至食物等众多物品。

　　打印机的主要指标有打印分辨率、打印色彩数、打印速度、打印成本等。其中，打印分辨率通常指每英寸打印机可打印的点数，单位为 dpi。如针式打印机分辨率横向和纵向分别可达 360 dpi 和 180 dpi，激光打印机分辨率通常可达 1 200 dpi。打印分辨率越高，图像越逼真。

图 2-19　3D 打印机

　　打印色彩数是指打印机能准确再现的颜色数目。在印刷行业中，一般用青、洋红、黄和黑（CMYK 颜色模型）四种颜色混合产生丰富的色彩。而一些高端的喷墨打印机支持六色、八色甚至更多的基色以获得更多的色彩范围和更高的色彩准确性。

　　打印速度是指打印机单位时间可打印内容的数量。针式打印机一般用 cps（characters per second）为单位，表示每秒可打印的字符数。而激光打印机和喷墨打印机则用 ppm（pages per minute）为单位，表示每分钟可打印的页面数。目前，针式打印机的打印速度一般大于 200 cps，而激光打印机的打印速度可达几十 ppm，有的可超过 80 ppm。

　　打印成本主要考虑打印机自身价格以及纸张和墨水等耗材价格。一般来说，除了用纸外，喷墨打印机由于需要购买墨盒，价格较贵。激光打印机使用感光鼓墨粉作为耗材，价格也不便宜。针式打印机主要耗材是色带，价格较为便宜。

7. 外部存储器

　　外部存储器既可以看作输出设备，也可以看作输入设备。它负责计算机数据的永久存储。按存储原理，外部存储器主要有硬盘、闪存和光盘。

　　传统的计算机机械硬盘如图 2-20 所示。它一般由 1~5 个铝合金或玻璃制成的盘片组成。盘片上涂有一层很薄的磁粉，通过磁粉磁极的不同方向表达数据 0 和 1。机械硬盘的每个盘面都配有一个读写磁头。当电动机带动盘片旋转时，磁头产生感应电流，根据电流的不同方向读取数据 0、1。当需要向磁盘写数据时，磁头接通不同方向的电流将盘片上的磁粉磁化成不同方向以记录 0、1。

　　为方便定位数据，硬盘每个盘面被划分成多个同心圆。这些同心圆被称为磁道（track），每个磁道从外到内都有一个序号，最外面的圆为 0 磁道。相同编号的磁道组成一个圆柱面（cylinder），磁道号也是柱面号。盘面上的每个磁道被等分为若干弧段，称为扇区（sector）。引导扇区是磁盘的第一扇区。磁盘上的数据可根据磁头号（盘面号）、磁道号（柱面号）和扇区号定位。在操作系统中，通常将相邻多个扇区组合在一起，称为簇。簇是操作系统中磁盘文件管理的最小单位。

　　机械硬盘初始化时需要格式化操作，即在盘面上划分磁道和扇区，并在扇区中填写扇区号等信息。格式化后硬盘容量＝2×盘片数×每盘面磁道数×每磁道扇区数×每扇区字节数。一般每扇区字节数为 512 B 或 4 KB。若硬盘有 5 个盘片，每个盘面有 10 000 条磁道，每个磁道有 100 个扇区，每个扇区有 512 B，则该硬盘格式化后容量为 2×5×10 000×100×512 B＝5 120 MB。

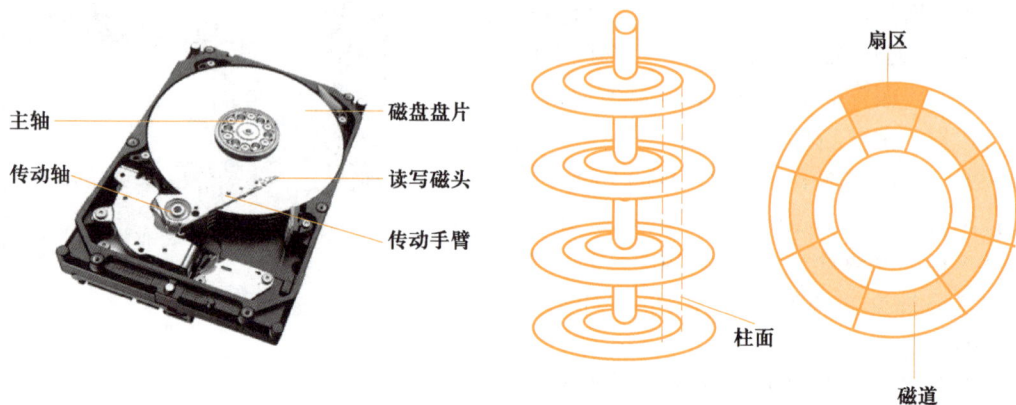

图 2-20 计算机硬磁盘的结构

硬盘数据的访问时间通常包括寻道时间、旋转等待时间和数据读写时间。寻道时间是磁头同步径向移动到数据所在磁道的时间，旋转等待时间是等待数据所在扇区旋转到选中磁头下方的时间，数据读写时间则是从磁盘盘面上读出或写入数据的时间。由于硬盘盘片的旋转和磁头移动都是机械运动，速度较慢，磁盘的平均存取时间主要由寻道时间和盘片转速决定。硬盘的平均寻道时间为 5～10 m/s，而硬盘转速通常为 7 200 r/min（转/分钟）、5 400 r/min 或 4 200 r/min 等。

闪存（如图 2-21 所示）主要通过浮栅晶体管中浮栅层电子的导入导出进行数据的读写。当给控制极施加较高的正电压时，电子被吸引到浮栅层，表示逻辑 0。而当给衬底施加较高的正电压时，电子被吸引出来，表示逻辑 1。

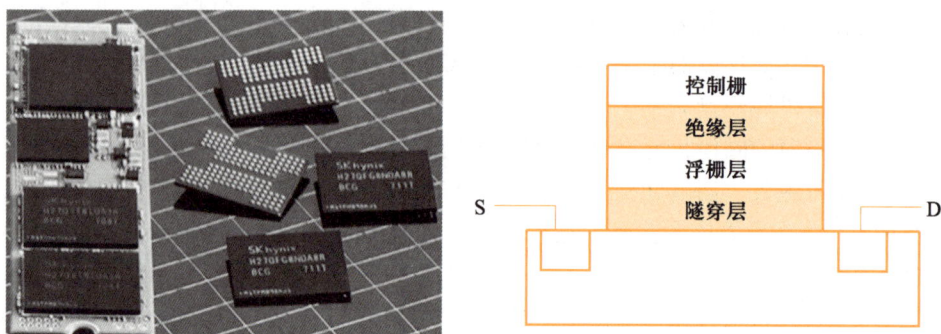

图 2-21 闪存颗粒结构

目前市场上绝大多数固态硬盘（solid state driver，SSD）都是以闪存原理存储信息的。一个 SSD 主要由若干闪存芯片和闪存转换层（flash transaction layer，FTL）组成。FTL 负责闪存数据的访问及与外部总线的交互。FTL 中一般使用磨损平衡（wear leveling）原理均衡使用存储单元，以提高 SSD 寿命。

目前计算机中的硬盘使用 SATA 接口、PCI-E 等接口与主机相连。

U 盘是一种使用 USB 接口的小型闪存存储设备。U 盘由于其体积小、即插即用、读取速度快、性能可靠、被操作系统普遍支持而被广泛使用。

基于闪存的另一个产品是存储卡，主要有 SD 卡、TF 卡、CF 卡、NM 卡等，被广泛应用于手机、数码相机、便携式电脑等众多数码产品上。存储卡读写时需要配合读卡器一起使用。

为方便携带，机械硬盘或固态硬盘通常会单独和硬盘盒及接口转换设备一起构成移动硬盘。移动硬盘通过 I/O 总线与计算机主机相连，具有容量大、体积小、数据传输率高、性能可靠、使用方便等特点。

光盘是利用盘片对激光的不同反射实现数据读写的外部存储器。光盘存储器一般由光盘盘片和光盘驱动器组成。光盘盘片是一种可对光进行不同反射的有机玻璃盘片，分为衬底层、数据层和保护层三层。光盘数据在数据层由一条由内到外的螺旋轨道分扇区记录。光盘驱动器简称光驱，主要由光盘光学头、主轴及步进电机、激光头驱动器、激光头定位系统和读取电路组成。

按激光类型，光盘分为红光光盘（CD）、DVD 盘和蓝光光盘（BD）。CD 容量通常为 650 MB，DVD 基本容量一般为 4.7 GB。而 BD 由于采用波长更短的蓝光激光，数据容量可达 25 GB。

按可读写的次数，光盘又可分为只读光盘、一次写光盘和可擦写光盘。只读光盘包括 CD-ROM、DVD-ROM 和 BD-ROM，它一般由生产厂商在盘片数据记录层上预先压制凹坑记录数据。光盘驱动器通过检测激光是否反射读取数据内容。一次写光盘包括 CD-R、DVD-R、DVD-R 和 BD-R，允许用户一次写多次读。而可擦写光盘可以多次读写，包括 CD-RW、DVD-RW、BD-RW。

按读写光盘的不同，光驱分为 CD 只读光驱、CD 刻录机、DVD 只读光驱、DVD 刻录机、Combo 光驱（DVD 只读，CD 刻录）、BD 只读光驱和 BD 刻录机，光驱具有向下兼容性。光驱使用的接口有早期的 ATA（IDE）接口和 SATA 接口、USB 接口等。

2.2.6　微型计算机的主要性能指标

微型计算机性能的好坏是由多方面因素综合决定的。影响微型计算机系统性能的因素有很多，如系统结构、硬件构成、软件配置等。一般来说，微型计算机的主要性能指标有以下几个。

1. 运算速度

运算速度是衡量计算机性能的一项重要指标，一般使用吞吐率（throughput）和执行时间（execution time）来衡量。吞吐率表示单位时间内完成的工作量，执行时间则是指从任务提交到任务完成所用的时间。通常所说的运算速度是指单位时间内所能执行的指令数量，一般以百万条指令每秒（million instructions per second, MIPS）或百万条浮点指令每秒（million floating-point operations per second, MFLOPS）等为单位。

计算机的运算速度主要考虑 CPU 的速度，一般由 CPU 的时钟频率（clock rate）和每条指令所需时钟周期数（cycles per instruction, CPI）决定。CPU 的时钟频率又称主频，通常以 MHz（兆赫兹）或 GHz（吉赫兹）为单位。如微处理器 Intel Core i9-10900K 的主频基本为 3.7 GHz。

2. 字长

通常计算机在同一时间内处理的一组二进制数称为一个计算机的"字"，而这组二进制数的位数就是"字长"。计算机字长直接影响着计算机的运算速度和精度。其他指标相同时，计算机字长越大，计算机处理数据的精度越高，速度越快。早期的微机字长有 8 位、16 位、32 位等。目前使用的计算机字长一般以 64 位为主。

3. 内存储器容量

内存储器简称内存，是 CPU 能直接访问的存储器，它的容量大小反映了计算机运行时存储信息的能力。一般来说，内存容量越大，计算机需要访问外存的频率越低，计算机整体速度越高，系统功能越强。随着计算机软件功能的不断扩展，对计算机内存容量的需求也不断升高。目前微型计算机的内存储器容量有 4 GB、8 GB、16 GB 等。

4. 外存储器容量

外存储器容量通常是指计算机常备的硬盘容量。外存储器容量越大，计算机可长期存储的信息越多，可使用的资源越丰富。目前硬盘容量普遍在 128 GB 以上，一般为 320 GB、500 GB、1 TB、2 TB 等。

除了上述主要性能指标外，微型计算机还有其他一些性能指标，如主板总线速度、内存存取周期、硬盘转速、外围输入设备和输出设备工作性能、配置的系统软件情况等。

2.3　计算机软件

计算机软件是计算机系统的重要组成，计算机硬件的所有动作都在软件的指挥和控制下进行。一般来说，计算机软件是计算机程序、运行程序所需的数据以及与程序有关的文档的总称。计算机软件的核心是程序，其本质是能在计算机上运行的指令序列。数据和文档是计算机程序使用的有力支持。

计算机软件在计算机系统中的作用至关重要。它不仅有效管理了计算机硬件资源，与硬件一起共同实现了计算机的功能，还为用户提供了方便、灵活的操作界面，指挥计算机完成各种任务。

2.3.1　软件的分类

计算机软件种类繁多，依据不同的角度有不同的分类。按版权划分，计算机软件可分为拥有版权的商业软件、可免费试用一段时间的共享软件、可永久免费使用但不能修改的免费软件和可免费使用和修改的自由软件（自由软件修改后仍为自由软件）。

按软件功能划分，计算机软件可分为系统软件和应用软件。

1. 系统软件

系统软件是计算机基本的支撑软件，负责管理调度计算机软硬件资源，为用户特定的领域应用提供支持。计算机系统软件与硬件系统有很强的交互性，能对硬件系统资源进行调度，不依赖于特定的应用领域。

计算机系统软件包括操作系统、语言处理系统、数据库管理系统和系统工具。操作系统是系统软件的核心，负责计算机硬件资源的管理，为上层应用软件和用户提供统一的接口。语言处理系统负责将用户程序语言翻译为计算机机器语言，为用户程序的编写提供支持。数据库管理系统负责数据的长期存储与维护，为计算机的数据使用提供管理。系统工具是一些工具软件，为用户优化系统性能、保障数据安全等提供支持。如磁盘整理程序、输入法、系统优化程序等。

2. 应用软件

应用软件是为解决特定应用任务的专门软件。由于应用领域及需解决应用问题的多样性，计算机应用软件具有比系统软件更丰富的种类。依据使用范围及开发方式，应用软件又可分为通用应用软件和定制应用软件。

通用应用软件应用于特定领域，具有通用性强、使用范围广的特点。如针对办公领域的通用办公软件包 Office、WPS，针对工程图形设计的 AutoCAD，针对图像处理的 Photoshop 等。

定制应用软件是针对特定问题专门设计开发的应用软件。定制应用软件需要满足用户的特定需求，与用户问题结合紧密。定制应用软件如特定的考试系统、特定大学的图书管理系统、特定公司的人事系统等。

一般来说，应用软件在系统软件基础上运行。它们是系统软件的应用扩展。以计算机硬件为核心，计算机系统软件和应用软件构成了一个多层次计算机系统，如图 2-22 所示。

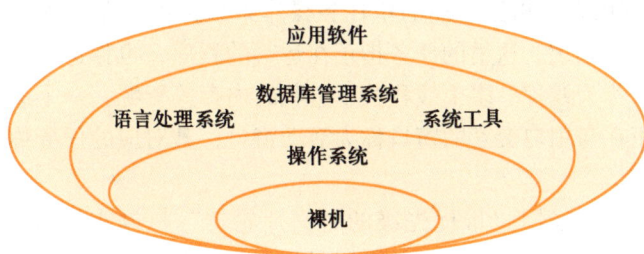

图 2-22　多层次计算机系统结构

2.3.2　操作系统

操作系统是计算机系统中不可缺少的最重要的系统软件，负责计算机软硬件资源的管理与调度，为用户与应用程序提供统一的接口。操作系统在计算机硬件上直接运行，是计算机硬件与其他软件及用户的界面。其他软件的运行都必须在操作系统的支持下进行。用户通过操作系统可以方便高效地使用计算机。

操作系统主要有以下三个重要作用。

1. 管理软硬件资源

计算机中的资源包括硬件资源和软件资源。硬件资源如处理器、内存储器、外部设备等，软件资源如外部存储器中存放的程序、数据等。多个程序运行时使用资源的分配和调度需要操作系统来管理，以保证资源的充分利用和不发生冲突，从而最大限度地提高计算机系统的资源使用效率。

2. 提供应用程序接口

操作系统掩盖了几乎所有的硬件操作细节，将计算机硬件扩展成了一个"虚计算机"，并以规范、高效的方式向应用程序提供必要的服务和接口。应用程序使用这些接口可以方便地控制和指挥计算机硬件工作。操作系统为开发和运行其他软件提供了一个高效率的平台。

3. 提供友好的人机界面

为方便用户直接使用计算机，操作系统提供了多种形式的友好的人机界面，以提高用户的工作效率。常见的人机界面主要有字符交互和图形交互。字符交互界面通过字符向计算机发出命令，简洁直接，但需要用户对操作命令有比较深入的了解。图形交互界面通过窗口显示应用程序，用户可借助"菜单"发送操作命令，使用户有更好的工作环境，提高了效率。

操作系统通常由操作系统内核（kernel）和其他配套程序组成。内核负责计算机硬件资源的安全调配和使用，它为应用程序硬件操作提供了抽象而简洁统一的接口，使程序开发更为简单。操作系统内核通常驻留在内存并拥有最高运行优先级，具有访问外设和全部主存空间的指令特权。配套程序在内核基础上进一步扩展各种程序库和应用框架，提供友好的人机交互，方便用户使用计算机。

操作系统通常具有以下主要功能。

1. 处理器管理

处理器时间是计算机系统的核心资源。它的分配与使用对整个计算机系统有着关键影响。为提高 CPU 的利用率，相比早期的单任务操作系统，现代操作系统都是支持多个程序同时运行的多任务操作系统。这里的任务指正在运行的程序，也称进程。进程可拥有多个同时执行的指令序列，称为线程。多个线程共享进程的内存等资源。一个进程通常对应屏幕上的一个窗口。当前正在与用户交互的窗口称为活动窗口，其对应的任务称为前台任务，而其他窗口称为非活动窗口。

多任务操作系统通常采用"带优先级的时间片轮转"机制支持多个并发任务的执行。"带优先级的时间片轮转"机制将 CPU 的运行时间划分为多个时间片，并按优先级依次轮流分配给进程。高优先级的进程先执行，相同优先级的进程轮流按时间片执行。当前进程时间片用完后，操作系统会将 CPU 交给下一个进程。由于时间片的时间间隔很短，轮流运行时单个进程感觉不到执行的中断，宏观上像是连续执行。

2. 内存管理

内存管理又称存储管理，负责内存资源的分配、回收、共享保护和扩展等。操作系统将内存划分为系统区和用户区。系统区存放操作系统本身，而用户区存放正在运行的程序。每个进程运行时都需要获取内存，以装载程序和数据。操作系统为每个进程分配内存，并在进程结束后回收。

为使正在运行的各个进程相互不干扰，操作系统为进程设置了"虚拟存储器"机制。虚拟存储器由物理内存和外存（一般为硬盘）共同构成。虚拟空间与物理空间都划分成相同大小的页，虚拟空间地址与物理内存地址通过页表相互联系。每个进程运行时都在各自的虚拟存储空间中。当 CPU 需要访问进程的指令或数据时，CPU 首先查找页表。若待访问信息内容的虚拟地址所在虚拟页在页表中有对应的物理内存页（即物理页框），则直接将虚拟地址转换为物理地址访问物理内存。若待访问信息内容的虚拟地址在页表中没有对应的物理页框，说明该页内容不在物理内存中，称为缺页。此时，CPU 从外存中查找该虚拟页内容并调入内存，修改页表再访问内存。

"虚拟存储器"机制使得各应用程序运行在自己的虚拟空间，并采用按需调页的方式，使得计算机物理内存得到了充分利用，且各进程独享虚拟空间的方式使进程存储空间之间的访问透明。通过某些方式也可实现存储空间的保护与共享。

在 Windows 操作系统中，虚拟存储器由计算机物理内存和硬盘空间共同构成。物理内存满页时常采用"最近最少使用"（LRU）算法将内存页置换到交换文件。用户可通过"系统信息"查看虚拟内存大小、物理内存大小等信息。

3. 文件管理

在主流操作系统中，外存储器是以文件为单位进行管理的。为方便查找文件，操作系统提供了文件夹。文件可以用文件名进行标识，文件名包括文件所在盘符、文件夹路径和主文件名及扩展名。一般写作：

> [盘符名称:][文件夹路径]<文件主名>[. 扩展名]

盘符名称描述文件所在的硬盘逻辑分区，如 C 盘等。文件夹路径是指从硬盘逻辑分区根文件夹到文件被存放的子文件夹序列。主文件名用来标识文件，是除符号"\／：＊？＜＞｜""外的字母和数字的组合。扩展名是用于标识文件类型的字母和数字的组合，操作系统根据文件扩展名选择默认的程序读取文件。如 C:\ABC\xyz\tmp. txt 表示在 C 盘硬盘分区下的 ABC 文件夹的 xyz 子文件夹里的 tmp 文件。该文件是以 . txt 为扩展名的文本文件，默认可用记事本打开。

文件夹又称文件目录。文件夹可递归包含，相同文件夹内的文件不能同名。多级文件夹构成了以文件为叶子节点的树状结构（如图 2-23 所示）。

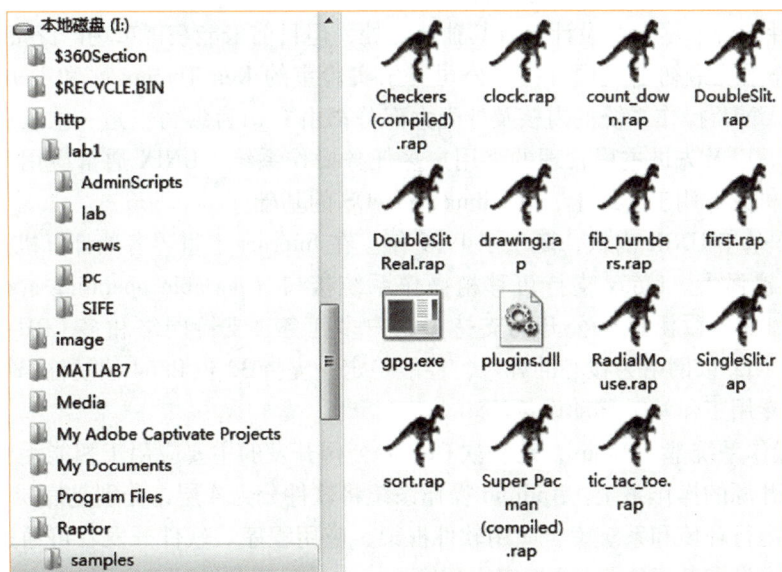

图 2-23　多级文件夹树结构

用于外存储器中存储空间分配管理的文件系统主要有 FAT、NTFS、CDFS、UDF 和 FTL 等，每种文件系统对外存储器空间有不同的管理方式。如操作系统采用 FAT 文件系统，外存储器被分为若干分区。每个分区由引导扇区、文件分配表（FAT）、文件根目录表（FDT）和数据区构成。引导扇区标识分区使用的系统类型、数据区大小、根目录区最大目录项数等。文件分配表以簇号为序记录每个簇的使用状态。文件根目录表记录分区根目录下的文件说明及文件存储起始簇号。数据区以簇为单位实际存储数据。

4. 设备管理

设备管理用于计算机系统中外部输入输出设备的管理，如为用户进程分配 I/O 资源，方便进程使用 I/O 等，具体有程序轮询、中断等多种方式。

下面介绍操作系统主要类型及常见操作系统。

按同时使用的用户及任务数量，操作系统可分为单用户单任务操作系统、单用户多任务和多用户多任务操作系统；按功能不同，操作系统分为批处理操作系统、分时操作系统、实时操作系统、手机操作系统等。目前常见的操作系统主要有 DOS、Windows、UNIX、Linux、Android、macOS、iOS 以及国产操作系统麒麟、华为欧拉（openEuler）和鸿蒙、中兴新支点（NewStartOS）、统信 UOS、深度（Deepin）、中科红旗（红旗 Linux）、SylixOS 等。

DOS 是磁盘操作系统的缩写，是第一个面向微型计算机的操作系统。它基于磁盘管理，以命令行的方式进行人机交互。DOS 操作系统是单用户单任务操作系统，每次只能运行一个应用程序，使用起来较为麻烦。

Windows 操作系统是微软在 MS-DOS 的基础上发展起来的图形窗口操作系统。Windows 操作系统由于其友好的人机交互和强大的多用户多任务操作系统能力，目前被广泛应用于微型计算机中。随着计算机软硬件的不断发展，Windows 操作系统也在不断升级。从最初的 Windows 1.0 版本逐步发展到 Windows 95、Windows 98、Windows 2000、Windows XP、Windows 7、Windows 8、Windows 10 等。微软为智能手机开发的 Windows Phone，采用 Metro 界面风格，支持 ARM 硬件平台，尽管在设计上有其独特之处，但目前未能获得市场广泛接受。

UNIX 操作系统最初由美国 AT&T 公司贝尔实验室的 Ken Thompson 和 Dennis Ritchie 于 1969 年开发。UNIX 操作系统的内核及外壳大部分都由 C 语言编写，是一款具有强大文件系统和网络功能，以及先进进程管理的多用户多任务操作系统。UNIX 通常应用于服务器、高性能大型计算机或专用工作站上，是 Linux、macOS 的基础。

Linux 操作基于 UNIX 内核，诞生于 1991 年。在 Internet 上世界各地计算机爱好者的努力下，功能越来越强大。Linux 支持可移植操作系统接口（portable operating system interface，POSIX）标准，是一款源代码公开的支持多用户多任务，支持网络和多 CPU 的开源软件。Linux 继承了 UNIX 以网络为核心的思想，性能稳定，支持 32 位和 64 位硬件，被广泛应用于个人计算机、专用工作站、移动设备等。

Android 操作系统基于 Linux，是一款 Google 公司开发的主要应用于智能手机、平板电脑等移动设备的开源的操作系统。Android 操作系统将软件分为 4 层，分别是底层的 Linux 内核和驱动程序、运行环境和系统库、应用软件框架、应用程序。软件开发者可通过网上商店或第三方网站开发发布基于 Android 的应用程序。

macOS 是苹果公司为 Macintosh 系列计算机专门开发的操作系统。macOS 具有高度的稳定性和安全性，具有高性能而独特的图形界面，深受图形设计、影视制作等专业人士喜爱。

iOS 是苹果公司为苹果移动设备开发的操作系统。iOS 最早为 iPhone 设计，后来陆续应用到 iPad、Apple TV 等众多苹果产品上。iOS 系统分为 4 层，分别是核心操作系统、核心服务层、媒体层、触摸框架层。程序开发者可通过 Objective-C 语言开发 iOS 上的应用程序并通过苹果应用商店（App Store）发布。由于底层硬件管理的不开放和专用的高级 OS 功能，iOS 可以较好地防止恶意软件和病毒的侵扰，确保了个人和企业数据的安全性。

我国针对国内市场的需求，也开发了属于自己的操作系统，如麒麟、Deepin、鸿蒙 OS 等。麒麟操作系统包括中标麒麟和银河麒麟，具有高安全性和强兼容性，广泛应用于政府、军事、金融和教育等领域。深度 Deepin 基于 Linux 内核，拥有简洁现代的界面和丰富的应用软件，适用于日常办公、学习和娱乐需求。华为公司的鸿蒙系统（Harmony OS）于 2019 年正式发布，是一款全新的全场景分布式操作系统，其创造的超级虚拟终端将用户、设备和场景有机联系起来。而我国完全自主开发的 SylixOS 则是一款支持 SMP 多核实时调度，可运行于多种 CPU 架构平台的嵌入式实时操作系统，具有实时性和可靠性，支持 POSIX 标准，可为不同行业的嵌入式设备提供理想的软件开发平台。相信随着我国信息技术的不断增强，国产操作系统未来必将拥有更为广阔的发展前景。

2.3.3　程序设计语言

程序的本质是计算机能运行的指令序列。直接用二进制机器指令编写程序烦琐低效。为此，人们设计了方便写作的程序设计语言，并通过语言翻译程序将其转换为计算机指令序列。程序设计语言是人与计算机交流的工具，用于程序的编制。根据其特点和用途，计算机程序设计语言可分为机器语言、汇编语言和高级语言等。

1. 机器语言

能被计算机直接识别并执行的二进制编码称为机器指令，程序的机器指令表达称为计算机的机器语言。机器语言用二进制数据描述，是计算机硬件能够真正理解执行的唯一的最底层语言。用机器语言编写的程序可以直接被计算机执行，运行效率高、速度快。但二进制机器语言与人们习惯的自然语言差别太大，不易理解和记忆，可移植性差，难以修改和维护。现在已很少有人直接用机器语言编写程序。

2. 汇编语言

为帮助理解使用机器语言，人们使用助记符替代机器指令中的操作码和操作数地址，进而构成了符号化的汇编语言。如将寄存器 AX 内容加 2，用汇编语言可写作：

```
ADD AX, 2
```

汇编语言在一定程度上克服了机器语言难以理解和记忆的缺点，运行效率高，适用于底层程序开发。但汇编指令与机器指令一一对应，可移植性差，不够直观，难以普及。

3. 高级语言

机器语言和汇编语言依赖计算机硬件，统称为计算机低级语言。为提高程序编写和维护的效率，人们开始研究接近自然语言的程序描述语言，即高级程序设计语言。高级语言易于学习，使用方便，一定程度上不依赖具体硬件，具有通用性。通过高级语言处理程序可将高级语言程序翻译成计算机能执行的机器语言程序。常见的高级语言主要有 FORTRAN、BASIC、Pascal、C、C++、C#、Java、Python 等。

FORTRAN（formula translation，公式翻译）语言是第一种被广泛使用的计算机高级语言，其特点是程序描述接近数学公式，简单易用，在面向过程的数值计算中被广泛使用。

BASIC（beginner's all-purpose symbolic instruction code）语言将 FORTRAN 语言进一步简化与发展，简单易学，有多个版本与形态。VB（Visual Basic）是微软公司开发的面向对象、可视化、事件驱动的 BASIC 语言版本，由于可以方便地在 Windows 支持下可视化开发应用程序而广受欢迎。VBA 是嵌入到微软 Office 软件中的 VB 子集，利用 VBA 可以方便地在 Office 软件中设计运行程序段（"宏"）执行复杂的 Office 操作。VBScript 是内嵌网页的 VB 子集。通过 VBScript 可以扩展网页功能，实现网页内容的动态展现。

Pascal 语言是系统体现结构化程序设计的第一种语言，语法严谨，层次分明，可读性强，既适用于数据计算，也适用于任务处理。

C 语言由贝尔实验室基于 B 语言发展而来，简洁、紧凑，支持丰富的数据类型及操作，生成的目标代码质量高。C 语言兼有高级语言和汇编语言的优点，既适用于系统软件的编制，也适用于应用软件的开发。C 语言是面向过程设计的主流语言，受到众多程序开发者的青睐。C++语言是在 C 语言的基础上发展而来的面向对象的程序设计语言。它将 C 语言的特点与面向对象技术有机地结合起来，既有强大的数据抽象能力，也有较高的运行效率，是许多系统开发与桌面应用程序的主要选择。

C#是微软公司 2000 年发布的一种运行于 . Net 框架上面向对象的高级程序设计语言。它在继承 C++强大功能的同时摒弃了一些复杂特性。C#安全、稳定、简单、高效，优雅的语言风格和便捷的组件编程支持使其成为 . NET 应用开发的首选。

Java 语言是 SUN 公司发布的一种面向对象、适用于网络的程序设计语言。Java 吸收了 C++ 的优点，摒弃了 C++中的指针、多重继承等概念，并增加了内存自动回收管理，提高了程序开发效率。Java 开发的应用程序（Java Application）跨平台，运行时需要独立的解释器解释，而内嵌到网页的 Java 小程序（Java Applet）则由浏览器里的 Java 解释器解释执行。Java 语言广泛应用于网络及便携设备应用程序的开发，如 Android 手机运行的应用程序大多基于 Java 语言开发。

Python 语言简洁易读、功能强大，支持面向对象技术，可移植性好且开源，适用于快速的应用程序开发，已逐步成为广泛使用的主流编程语言。Python 是一种解释性语言，运行时需要解释器进行解释。由于 Python 积累了大量的工具资源，被广泛运用于科学计算、数据分析、人工智能和 Web 开发等众多领域。

将高级语言、汇编语言代码翻译成计算机上能直接运行的机器语言代码的程序系统称为程序设计语言处理系统。被翻译的程序称为源程序，翻译生成的程序称为目标程序，语言处理系统负责将源程序解释翻译成目标程序。按处理方法的不同，翻译程序主要有汇编翻译程序、解释程序和编译程序。汇编翻译程序负责将汇编语言源程序翻译成目标机器语言程序。解释程序负责在源程序执行时将当前运行的语句翻译成机器指令并执行。由于不产生目标程序，每次运行都需要重新翻译，运行效率低，但其具有跨平台、实现简单等优点。编译程序通过多次翻译扫描，将源程序直接编译成目标程序。运行时，计算机只运行目标程序，执行效率高，但实现算法复杂，适用于对运行速度要求高的程序开发。

2.3.4　应用软件

应用软件是针对特定领域完成特定任务或解决特定问题开发的应用程序和相关文档数据的集合。相比系统软件，应用软件更加丰富多样。常见的应用软件如下。

① 办公软件：Microsoft Office、WPS Office、Google Docs、CajViewer、Adobe Reader 等。

② 图像处理软件：Photoshop、GIMP 等。

③ 图形动画处理软件：AutoCAD、CorelDRAW、Flash、3ds Max、Maya 等。

④ 音频处理软件：Cool Edit、Adobe Audition、Audacity 等。

⑤ 视频处理软件：Premiere、会声会影、Quick Time、Real Player、暴风影音、Media Player 等。

⑥ 通信与社交软件：QQ、微信、腾讯会议、钉钉、Facebook、Twitter、YouTube、IE、Chrome、Safari、芒果 TV、云视听极光等。

⑦ 网络存储软件：百度网盘、腾讯微云、iCloud、阿里云盘等。

除上述通用应用软件外，也有专门为特定用户特定应用需求专门设计的定制应用软件，包括特定企业的人事管理系统、特定超市的销售管理系统、特定学校的教务管理系统等。

2.4　计算机工作原理

微型计算机采用"存储程序"工作原理进行工作，具体分为程序的存储和程序指令的自动执行。计算机工作时，程序预先被存放到内存中，CPU 按顺序依次读取程序中的每条指令并解释执行，直到程序结束。

2.4.1　存储程序和程序控制的思想

存储程序和程序控制思想是计算机科学中的基本原理。它明确了计算机运行的基本逻辑，奠定了现代计算机的理论基础。该思想最早由美籍匈牙利科学家冯·诺依曼提出，在计算机发展史中具有里程碑意义，其核心是为解决某问题，预先设计好由指令序列构成的程序，将其输入到计算机并存放到计算机存储器中。程序运行时，控制器逐条读出程序指令并控制计算机各部件完成计算任务。

存储程序和程序控制的思想包含两个方面。

1. 存储程序

计算机程序和数据预先被存储到计算机内存中，CPU 可以按地址顺序从内存中直接逐条读出程序指令并执行这些指令。若遇到转移指令，CPU 跳转到转移地址，再按转移地址顺序访问指令。

2. 程序控制

在程序执行时，计算机可自动按照设定的顺序控制计算机各部件执行各种运算。程序控制方式使得计算机的任务处理更加灵活。

冯·诺依曼的存储程序和程序控制思想强调了计算机的自动化工作，使得计算机可按存储的程序自动执行运算任务而无须操作人员干预。

2. 4. 2　指令和指令系统

计算机程序本质上是能被执行的指令序列。指令是计算机程序执行的基本单位，是能够被计算机识别执行的二进制编码。指令具体可分为操作码和地址码两个部分，格式如图 2-24 所示。

指令中的操作码是用来标识操作动作的一串二进制数，指令执行时 CPU 将操作码翻译成具体的控制信号，控制各部件完成要求的各种操作，如加法、减法、移位、取数等。操作码可被设计为固定长度或扩展变化长度。定长操作码译码方便，执行速度快。变长操作码可以充分利用编码空间，避免浪费。

地址码一般指指令操作数、操作结果及下一条指令内存位置的二进制地址。地址码中的部分地址可根据需要隐含或省略。如在顺序执行时，下一条指令地址可以由 CPU 中的程序计数器 PC 加 1 得到，地址码中的下一条指令地址默认可省略。

例如某 32 位指令，如图 2-25 所示。

操作码	地址码

图 2-24　指令的格式

001100	10010	10001	0000000000000010

图 2-25　32 位机器指令

前 6 位是操作码，001100 表示立即数加法操作，用汇编符号表示为 addi。

操作码后面 5 位表示操作数所在寄存器编号，10010 表示 18 号寄存器，用汇编符号描述为 \$18。

操作数寄存器编号后 5 位是运算结果存放的寄存器编号，10001 表示 17 号寄存器，用汇编符号描述为 \$17。

最后 16 位表示参与运算的立即数，即直接在指令中给出的操作数。0000000000000010 表示 2。

该 32 位指令表示将 18 号寄存器内容和 2 相加，结果存于 17 号寄存器的加法指令，用汇编符号描述为 addi \$17，\$18，2。

计算机指令包括运算指令、传送指令、程序控制指令、输入输出指令等。一个 CPU 支持的所有指令的集合，称为指令系统。按操作数位置指定风格，指令系统可分为累加器型指令系统、栈型指令系统、通用寄存器型指令系统和 Load/Store 型指令系统。

累加器型指令系统总把一个操作数存放到 CPU 内的累加器中，运算结果也送到累加器。栈型指令系统将操作数存放于内存特定的后进先出存储区即栈的顶部。通用寄存器型指令系统使用 CPU 内部的通用寄存器或内存存放当前数据，地址码指明寄存器编号或内存地址。Load/Store 型指令系统将当前数据存放于 CPU 内的通用寄存器，而内存访问依靠专门的取数

（load）和存数（store）指令。

按指令集结构 ISA 的复杂程度，指令系统又分为 CISC 和 RISC 两种类型。

CISC 通过设置功能复杂的指令，缩小了高级语言描述与机器指令之间的差距，将一些常用的可由软件实现的功能交由硬件的复杂指令实现，为软件提供更多的支持。如 VAX−11/780 指令系统采用了 303 条指令和 9 种数据格式，并且单条指令包含 1 到 2 字节操作码和多个操作说明符，每个操作说明符长度最长可达 10 字节。典型的 CISC 处理器如 Intel 和 AMD 公司的 x86 系列处理器。

复杂指令系统 CISC 指令复杂，指令执行周期长且差距大，为硬件的设计与维护带来困难。1975 年，IBM 研究员 John Cocke 领导的研究小组在分析研究了指令系统的合理性问题后，提出了精简指令集 RISC 的概念，并设计了第一台 RISC 计算机 IBM 801。精简指令集设计的基本思想是抛弃复杂指令，只保留功能简单，最好能在一个时钟周期完成的指令，把复杂指令的功能交由简单指令构成的指令序列来完成。通过简化指令系统，使得计算机结构更为简单合理，便于流水线等新架构的设计，进而提高计算机的性能。最早的 RISC 商业产品是 MIPS 发布的 32 位 R2000 微处理器，1991 年推出的 R4000 是第一个商用的 64 位微处理器。同属 RISC 体系的还有 IBM 公司的 Power 系列、Sun 的 SPAC 系列、AT&T 的 CRISP、AMD 29000、Intel 的 i860 和 i960、ARM 公司的 ARM 处理器等。目前主流的指令集架构有 x86、MIPS、RISC−V、ARM 等。

2.4.3　指令的执行过程

指令的执行过程包括取指、译码、取数、执行、存结果、计算下条指令地址等步骤。把 CPU 从存储器中取出一条指令并执行这条指令的时间称为一个指令周期。指令周期通常由多个机器周期组成，是取指、分析指令到执行指令所花费时间的总和。一个典型的指令执行过程如图 2−26 所示。

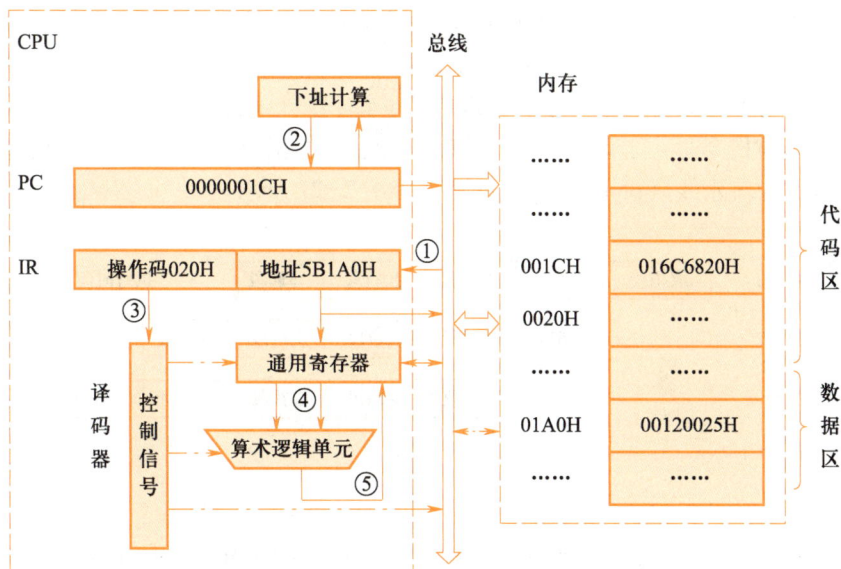

图 2−26　指令的执行过程

指令执行前，CPU 的程序计数器（PC）存放正要被执行的指令地址。① 取指令时，PC 将指令地址发送给内存，内存根据地址取出要执行的指令，将其存放到指令寄存器中。② 取指结束后，下址计算部件计算下一条指令地址，将其存储到 PC。默认的下址计算是将当前指令地址+1 条指令偏移量。③ 分析指令时，译码器将指令寄存器中的指令操作码翻译成控制信号发送给其他部件告知要执行的动作。④ 执行指令时，通用寄存器或其他内存根据指令中的操作数地址将操作数取出并传送给算术逻辑单元进行运算。⑤ 运算结果被存储到通用寄存器或其他内存中。

如有一个 C 语言赋值语句 x=(a+b)-(c+d)，某编译器将其翻译成三条机器指令并将其存放到内存地址 001CH 处。PC 内容为 0000001CH。

```
000000 01011 01100 01101 00000 100000      add $13,$11,$12      #a+b
000000 01000 01001 01110 00000 100000      add $14,$8,$9        #c+d
000000 01101 01110 01010 00000 100010      sub $10,$13,$14      #x=(a+b)-(c+d)
```

程序执行时，① PC 将指令地址 0000001CH 传递给内存。内存根据地址取出指令 016C6820H（即 000000 01011 01100 01101 00000 100000）。该指令操作码由前 6 位和最后 6 位构成，为 020H。地址码为中间 20 位，用十六进制表示为 5B1A0H。② 指令取出后，下址计算部件将当前地址+4 获得下一条指令地址 0020H，并更新 PC。③ 译码器根据操作码 020H，将其翻译成控制信号发送给通用寄存器和算术逻辑单元。④ 通用寄存器在控制信号控制下根据指令操作数地址从 11 号寄存器和 12 号寄存器中取出数据。⑤ 算术逻辑单元在控制信号控制下对取出的 11 号和 12 号寄存器数据进行加法运算，并将运算结果送往 13 号寄存器，指令执行结束。随后，PC 将指令地址 0020H 传递给内存，内存根据新的指令地址取出下一条指令。之后的操作与前条指令类似。

指令执行的每个操作步骤都在时钟信号的控制下有节奏地进行。人们把时钟信号的时间间隔称为 CPU 的机器周期，可通过提升 CPU 时钟频率来提高指令执行的速度。

指令执行速度提升的另一个方法是提高指令执行的并行性。人们将指令执行过程中涉及的多个部件按执行顺序划分为多个段，如取指段、译码段、取数段、执行段、写回段。在当前段部件执行当前指令时，之前段部件可同时执行后面的指令。人们将这种通过多条指令重叠执行的技术称为流水线（pipe lining）技术，如图 2-27 所示。

指令1	取指段	译码段	取数段	执行段	写回段			执行时间
指令2		取指段	译码段	取数段	执行段	写回段		
指令3			取指段	译码段	取数段	执行段	写回段	

......

图 2-27　指令流水线技术示意图

现在的 CPU 大多具有多个处理核，可执行多条指令流水线，这需要更复杂的高级流水线并行控制模型。

计算机执行程序的本质是按顺序执行指令序列。在时钟信号的控制下，计算机重复执行取指、译码、取数运算、写结果等多个操作，直到遇到停机指令。

本章小结

本章围绕冯·诺依曼结构计算机"存储程序控制"工作方式，介绍了计算机系统的软硬件基本组成和工作原理。硬件部分详细介绍了 CPU、存储器、总线、I/O 接口、常见的外部输入设备和输出设备等。软件部分介绍了软件的分类，操作系统、语言处理系统及常见的应用软件。在阐述计算机工作原理时，指出计算机内的所有信息，无论是指令还是数据都是以二进制形式存储的。计算机软硬件的界面是指令集结构 ISA，运行计算机软件的本质是指令序列的执行过程。指令执行时重复着取出指令、翻译指令、取操作数、执行指令、写回结果等构成的指令周期。

通过本章的学习，读者可以了解微型计算机系统的基本组成，计算机各主要硬件的工作原理，计算机软件的分类和作用，计算机自动执行程序的基本过程。

习题 2

一、选择题

（1）下列关于计算机内存储内容的叙述中，正确的是（　　）。

A. 计算机内存储的数值只能以二进制、八进制或十六进制形式存储，人们日常使用的十进制数需要转换为二进制、八进制或十六进制数才能被计算机识别

B. 字符在计算机内都是以图像形式存在的，需要的时候根据字符编码调出显示

C. 图像和图形一样，在计算机内都存储为点、线、面等基本元素

D. 计算机内所有的信息都只能以二进制形式存储，其他形式的信息输入计算机需要进行转换

（2）下列关于冯·诺依曼结构计算机的叙述中，错误的是（　　）。

A. 在运行过程中，数据从存储器读入运算器进行运算，最终将结果经输出设备输出

B. 数据或指令通过输入设备输入到计算机，存储在存储器中

C. 程序是以文件的形式由存储器读入控制器，再由控制器解释成向各部件发送的控制信号

D. 控制信息由控制器发出，用来控制机器的各部件完成指令规定的各种操作

（3）根据"存储程序"工作原理，计算机执行的程序及数据都以二进位表示，并预先存放在（　　）中。

A. 运算器

B. 存储器

C. 控制器

D. 总线

（4）下列关于计算机中 CPU 的叙述中，错误的是（   ）。

A. CPU 中包含几十个甚至上百个寄存器，用来临时存放数据和运算结果

B. CPU 是 PC 中不可缺少的组成部分，它担负着运行系统软件和应用软件的任务

C. 主存储器速度比 CPU 的速度低得多，通常需要在 CPU 内部设置高速缓冲存储器

D. PC 中只有一个微处理器，它就是 CPU

（5）CPU 中用来解释指令的含义、记录内部状态和控制各部件操作的部件是（   ）。

A. 控制器

B. ALU

C. 寄存器

D. Cache

（6）下列因素：① CPU 工作频率，② 指令集结构，③ Cache 容量，④ 运算器结构，⑤ 字长中，与 CPU 的性能密切相关的是（   ）。

A. 仅①、②和⑤

B. 仅①

C. 仅①、③、④和⑤

D. ①、②、③、④和⑤

（7）计算机中的系统配置信息如硬盘的参数、当前时间等，均保存在（   ）中，该部件一般需要主板上的电池供电。

A. Flash 存储器

B. CMOS 存储器

C. 主存储器

D. 寄存器

（8）计算机加电启动时，执行 BIOS 程序，首先（   ）。

A. 读出引导程序，装入操作系统

B. 测试计算机各部件的工作状态是否正常

C. 启动 CMOS 设置程序，对系统的硬件配置信息进行修改

D. 从硬盘中装入基本外围设备的驱动程序

（9）下列关于 USB 接口的叙述中，正确的是（   ）。

A. USB 接口是一种串行总线接口

B. USB 接口是一种并行总线接口

C. 一个 USB 接口只能接一个设备

D. USB 接口是专用接口，只能用于专用设备连接

（10）下列关于 PCI-E 总线的说法中，正确的是（   ）。

A. PCI-E 插槽采用了点对点串行通信方式，避免了设备间的干扰

B. PCI-E 数据传输速率高，有多种规格以满足不同设备的传输带宽需求

C．PCI-E 在 3.0 规范中双向传输速率可达 32 GBps，能满足独立显卡传输需求

D．目前计算机硬盘主要通过 PCI-E 总线与 CPU 直接连接

（11）下列关于打印机的叙述中，错误的是（　　　）。

A．针式打印机只能打印汉字和 ASCII 码字符，不能打印图像

B．喷墨打印机是使墨滴喷射到纸上形成图像或字符的

C．激光打印机是利用激光成像、静电吸附碳粉原理工作的

D．3D 打印机基于蚀刻或堆叠原理工作，能打印三维立体物品

（12）下列关于液晶显示器的说法中，错误的是（　　　）。

A．液晶显示器的体积轻薄，辐射危害较少

B．LCD 是液晶显示器的英文缩写

C．彩色 LCD 像素由三个液晶单元构成，分别控制红、绿、蓝颜色的显示

D．液晶显示器在显示过程中使用电子枪轰击荧光屏方式成像

（13）将高级程序设计语言程序翻译成机器语言程序的软件属于（　　　）。

A．通用应用软件

B．定制应用软件

C．共享软件

D．系统软件

（14）在下列软件① Windows，② iOS，③ Sylix OS，④ Excel，⑤ Access，⑥ UNIX，⑦ Linux 中，属于操作系统软件的是（　　　）。

A．①②③④⑤⑥⑦

B．①②③⑤⑦

C．①③⑤⑥

D．①②③⑥⑦

（15）下列关于操作系统处理器管理功能的说法中，错误的是（　　　）。

A．处理器管理的主要目的是提高 CPU 的使用效率

B．多任务处理是将 CPU 时间划分成时间片，轮流为多个任务服务

C．在单核 CPU 环境下，也可以实现多任务处理

D．多任务处理要求计算机必须使用多核 CPU

二、填空题

（1）在 Windows 系统中，运行＿＿＿＿＿＿程序可以了解系统中有哪些任务正在运行，分别处于什么状态，CPU 的使用率（忙碌程度）是多少等有关信息。

（2）为了支持多任务处理时多个程序共享内存资源，操作系统的存储管理程序把内存与硬盘存储器有机结合起来，提供一个容量比实际内存大得多的＿＿＿＿＿＿。

（3）在计算机中地址线数目决定了 CPU 可直接访问的存储空间大小，若地址线数目为 32，则能访问的存储空间大小为＿＿＿＿＿＿ GB。

（4）计算机存储器包括寄存器、高速缓冲存储器、主存储器和外部存储器，它们中存取速度最快而容量最小的是＿＿＿＿＿＿。

（5）设内存储器的容量为 2 MB 且按字节编址，若起始地址用十六进制表示为 000000H，

则最末尾一个地址的十六进制表示为_____。

（6）操作系统提供了任务管理、文件管理、存储管理、设备管理等多种功能，其中_____功能用于管理磁盘等外存信息的存储和访问。

（7）半导体存储器芯片可以分为 DRAM 和 SRAM 两种，CPU 中的高速缓冲存储器一般由其中的_____芯片组成。

（8）冯·诺依曼结构的计算机从逻辑上看，主要由运算器、存储器、_____、输入设备和输出设备组成。

（9）计算机中的所有信息都以_____进制的形式存储，其他形式的信息要被计算机处理都需要进行转换。

（10）根据冯·诺依曼机描述，计算机的工作遵循_____原理进行。

三、简答题

（1）简述计算机的软硬件结构及工作原理。

（2）简述计算机开机时执行程序的过程。

（3）简述计算机软件的分类。

（4）计算机外部输出设备有哪些？简述其工作原理。

（5）计算机外部输入设备有哪些？简述其工作原理。

第 3 章
算法和数据结构

　　著名的计算机科学家尼·沃思（Nikiklaus Wirth）提出，程序＝数据结构+算法。数据结构和算法是计算机程序的两个重要方面。数据结构是程序对象及关系的数据抽象，如程序中用到的数据类型，数据间的组织形式等。算法是为解决问题而进行计算机操作的描述，它是问题求解的"灵魂"。要用计算机解决某类问题，必须先确定该问题的解决方案，即算法。然后程序员按照算法使用某种程序语言设计编写程序。本章首先阐述算法的概念、特点以及评价标准，然后给出算法的描述方法并分析常见的算法思想，最后介绍数据的逻辑结构和存储结构。通过本章的学习应掌握算法的相关概念，理解基本的算法思想，熟悉计算机的数据结构。

3.1 算法的相关概念

算法一词最早可追溯到约公元前 1 世纪中国古代天文学和数学著作《周髀算经》。在西方，公元 9 世纪波斯数学家花拉子模（Al Khwarizmi）在数学上首次提出算法的概念，指采用阿拉伯数字的运算规则。到公元 18 世纪，算法正式命名为 algorithm，意指完整准确的问题解决过程表达。

在计算机科学领域，第一个广泛接受算法的是 1936 年英国数学家图灵提出的图灵机。图灵机是假设的计算机抽象模型，基本思想是模拟人的计算过程，将运算看作是读写符号和存储位置转移两个动作的组合。图灵机证明了算法的基本性质和计算机的极限，为算法可计算机性理论奠定了基础。

随着计算机的普及，众多科学家设计研究各种算法，企图用计算机解决各种问题。现在，算法已被广泛应用于大数据处理、计算机图形学、计算机安全、模式识别等众多领域，成为计算机科学重要的核心内容。尤其在人工智能领域，算法和算力、数据一起，成为了人工智能发展的三大引擎。

算法在计算机科学、数学和逻辑学等方面都有相关定义与描述。从数学和逻辑的角度，算法本质是面向问题的逻辑关系的推理，用以指导实际问题解决的步骤。而从计算机角度，算法是问题解决方案完整而准确的描述，即解决特定问题的明确、有限、有序的步骤集合。

算法背后的核心问题是数学问题，其本质是一组可在有限时间内由计算机执行完成的清晰地解决问题的操作序列。算法描述了从输入到输出的状态转换过程，这种转换过程对于相同的输入总是产生相同的结果。对能够解决现实问题的更加高效算法的追求，是算法研究的主旨。

算法具有以下 5 个重要特点。

① 确定性。算法的确定性是指算法设计的每个步骤都必须明确，不能有模糊的描述或二义性问题。相同的输入得到相同的输出。

② 有穷性。算法的有穷性是指算法要在有穷时间内完成，即算法必须在有限步骤内结束，且每个步骤也必须在有穷时间内完成。数学上常见的无穷抽象在计算机算法里必须确定为有穷的数据。

③ 可行性。算法的可行性是指算法描述的每个步骤都可分解为基本可执行的能在有限时间内完成的操作来实现。可行性意味着算法可以转换为程序上机运行，并得到正确的结果，这要求算法设计时须考虑计算工具的限制，如计算机内数值表达的范围、精度等。

④ 输入。一个算法可以有零个或多个输入，以确定初始状态。输入可取自某个特定的对象集合。

⑤ 输出。一个算法要有一个或多个输出，以描述算法处理后的结果。输出形式可以多样，如打印输出、返回数值等。

一般来说，算法追求的是某一类问题而不是某一个特定问题的解决。一类问题只有确定了算法才能被计算机编程解决。程序是算法的程序设计语言描述，但程序不能等同于算法。

如程序可做无穷次运算（称为死循环），但算法必须有穷。

一个问题可以通过多种算法来解决，不同的算法在特定场景下效果会有很大的差异。为评估算法的性能，人们通常从正确性、可读性、健壮性、时间复杂度和空间复杂度 5 个方面进行评价。

① 正确性。算法的正确性是指算法可否正确地解决问题，它是评价一个算法好坏的重要标准。好的算法要求能够解决具体问题，程序运行正常，无语法错误，合法的输入能获得满足要求的输出结果，能通过典型的软件测试，达到预期的需求规格。算法的正确性是算法最基本的要求，通常无法逐一验证所有输入，大多需要结合数学方法来证明。

② 可读性。算法的可读性是指算法是否易于理解和实现。一个好的算法应遵循正确的设计规范，简洁、注释语句恰当，易于阅读和交流，便于后期调试与修改。

③ 健壮性。算法的健壮性是指对于非法数据的输入要有判断和处理能力。如除数不能为 0，如果除数为 0，算法应给出提示和处理，避免异常的发生。

④ 时间复杂度。算法的时间复杂度是对算法执行所需时间的度量，这是衡量算法执行速度的重要指标。算法的执行时间通常跟问题输入的规模有关。问题输入的规模越大，需要处理的数据越多，算法的执行时间往往越长。在计算机科学中，用算法执行所需基本运算次数与问题规模的函数来衡量。为方便计算，该函数通常用算法基本运算次数相对问题规模最高次幂的 $O(\ )$ 函数来描述。如从 n 个数中顺序查找某个数，最好情况下需要比较 1 次，最坏情况下需要比较 n 次，平均比较次数为 $(n+1)/2$ 次，其时间复杂度为 $O(n)$。

常见的算法的时间复杂度通常为多项式时间，如 $O(n)$、$O(n^2)$、$O(\log_2 n)$ 等。若一个问题可以找到一个能在多项式时间内求解的算法，那么称这个问题属于 P（polynomial）问题。P 问题通常被认为是比较容易解决的问题。而算法的 NP（non-deterministic polynomial time）问题则是指能够在多项式时间内猜出或验证一个解，但难以找到多项式时间内直接求解算法的问题。P 问题和 NP 问题对于算法的计算复杂性和问题可解性研究有重要意义。

⑤ 空间复杂度。算法的空间复杂度是指执行算法所需要的内存空间大小。算法的空间复杂度是算法运行过程中耗费存储空间资源的重要度量，一般用算法耗费的空间资源相对问题规模的 $O(\ )$ 函数来描述。算法耗费的存储空间包括算法程序本身所占用的存储空间、算法初始输入数据所占用的存储空间和算法执行过程中所耗费的额外空间（如局部变量、参数等）。

算法的描述方法有多种，如自然语言描述、流程图描述、伪代码描述、程序设计语言描述等。这些描述方法最终目标都是清晰明确地阐述问题求解算法的基本思想和基本步骤。

1. 自然语言描述

自然语言是人类日常交流的主要工具，如汉语、英语等。用自然语言描述的算法直观、通俗易懂，但存在映射到程序的翻译困难。如用自然语言描述计算 6 的阶乘的算法如下。

首先计算 1 乘 2，得到结果 2。然后将得到的结果 2 和 3 相乘，得到结果 6。将 6 和 4 相乘得到结果 24。将 24 和 5 相乘得到结果 120。将 120 和 6 相乘得到结果 720。

这样的自然语言算法描述较为烦琐。如果参与运算的数据比较多，这样写显然是不合适的。此时需要寻找一个更适合的通用描述，如用变量 t 存储累乘的结果，而用变量 i 存储不断变化的乘数，用循环进行 6 的阶乘计算算法的自然语言描述如下。

Step1：将数值 1 给变量 t。

Step2：将数值 2 给变量 i。

Step3：使变量 t 和变量 i 相乘，将结果存放到变量 t 中。

Step4：将变量 i 的值加 1。

Step5：如果变量 i 的值不大于 6，则重新执行第 3 步到第 5 步。如果变量 i 的值大于 6，则算法结束。

如果要计算 2 的 6 次方，上述算法只需做很小的改变，算法的自然语言描述如下。

Step1：将数值 1 给变量 t。

Step2：将数值 1 给变量 i。

Step3：使变量 t 和 2 相乘，将结果存放到变量 t 中。

Step4：将变量 i 的值加 1。

Step5：如果变量 i 的值不大于 6，则重新执行第 3 步到第 5 步。如果变量 i 的值大于 6，则算法结束。

用自然语言描述算法最大的优点是易于理解，适合比较简单算法的描述。对于比较复杂的算法，如包含多个分支或循环，用自然语言描述可能就显得拖沓冗长，不易抓住重点。

2. 流程图描述

流程图是一种传统的算法描述方法，由于其简单直观、容易理解而被广泛使用。流程图用不同符号代表算法中的不同元素，美国国家标准协会（American National Standards Institute，ANSI）对流程图的符号做了规范，如用圆角矩形或椭圆形表示算法的开始或结束；用矩形表示算法对数据的具体处理，如计算、赋值等；用平行四边形表示算法的数据输入或数据输出；用菱形表示条件选择，可以有一个入口和多个出口；用圆圈代表连接点，用于连接不同位置的流程线，避免交叉，使流程更清晰；用带双边的矩形表示流程图启动的其他地方定义的流程；用带箭头的直线描述算法的执行方向和顺序。常见的流程图符号如图 3-1 所示。

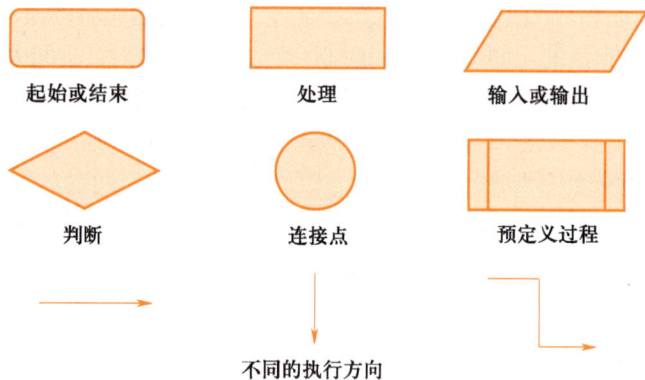

图 3-1 常见的流程图符号

流程图以图的形式描述了算法从开始执行到结束的整个流程。为使算法的流程更为规整，E. W. Dijikstra 于 1965 年提出了结构化设计的概念。图 3-2 是用流程图描述的结构化设计的基本结构。其中，顺序结构是最简单的算法结构，描述了语句的顺序执行过程。如图 3-2（a）中的顺序结构先执行语句 1，然后执行语句 2，最后执行语句 3。分支结构又称选择结构，根据条件是否成立确定执行的语句。如图 3-2（b）中的分支结构的条件如果成立，则执行语句 2，否则执行语句 2。循环结构根据条件是否成立确定是否反复循环执行语句。如图 3-2（c）中的循环结构的条件若不成立，则反复执行语句 1，否则执行语句 2。1966 年，Bohm 和 Jacopini 证明可以用结构化设计的三种基本结构描述几乎所有的算法流程，对算法编制具有重要的指导意义。

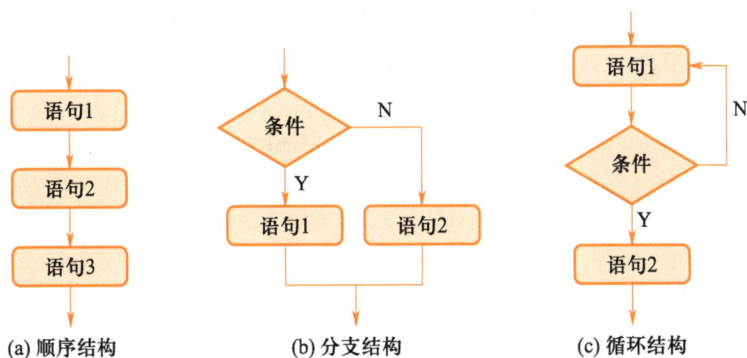

图 3-2　三种基本结构的流程图描述

　　计算 6 的阶乘的算法如果用流程图表达，如图 3-3 所示。用流程图描述算法，相比自然语言描述具有明确易懂的优点。由图 3-3 可以看出，6 的阶乘使用了顺序结构和循环结构。

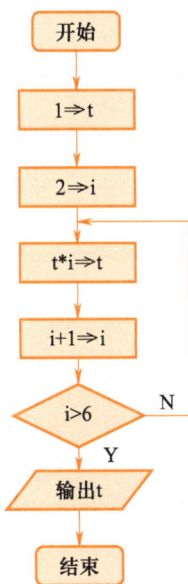

图 3-3　计算 6! 算法的流程图描述

3. 伪代码描述

　　用图形表示算法直观易懂，但绘制和修改都不太容易。为使算法设计更易于修改维护，常使用伪代码描述。

　　伪代码是介于自然语言和计算机语言之间的一种文字符号表达形式。伪代码格式紧凑，描述精炼，易于修改，容易理解，便于计算机程序过渡，是被广泛使用的一种算法描述形式。

　　用伪代码表达算法没有严格的语法规则限制，中英文皆可，但要求算法描述精炼、明确，便于书写和阅读。用伪代码描述 6 的阶乘的算法如图 3-4 所示。

4. 程序设计语言描述

用程序设计语言描述的算法就是程序。区别于其他算法描述只用于人的阅读，程序设计语言描述的算法可以被计算机识别并翻译成机器指令执行。用程序设计语言描述算法必须严格遵循程序语言的语法规范，要额外给出如支持的资源说明等描述。用高级程序设计语言 C 语言描述 6! 计算的算法，即计算 6! 的 C 语言程序，如图 3-5 所示。

```
Begin
1⇒t
2⇒i
Do
{
t*i⇒t;
i+1⇒i
}until i>6;
Print t
End
```

图 3-4 计算 6! 算法的伪代码描述

```
#include "stdio.h"
int main()
{
    int i,t;
    t=1;
    i=2;
    do{
        t=t*i;
        i=i+1;
    }while(i<=6);
    printf("t=%d",t);
}
```

图 3-5 计算 6! 的 C 语言程序

3.2 穷举算法

穷举算法也称枚举法或蛮力法，是一种遍历所有可能的情况来查找问题解决方案的方法。穷举算法的核心思想是逐一罗列出问题的所有可能情况，然后根据具体问题要求逐一解答判断，最终筛选出满足要求的答案。或者为便于解决问题，将问题分为不重复、不遗漏的多种情况，对其进行逐一解决，最终解决整个问题。用穷举法进行问题求解的主要步骤如下。

① 确定枚举的问题对象及范围。

② 明确问题解答具体要求。

③ 罗列所有可能的情况，逐一求解。

④ 根据问题解答具体要求，筛选满足条件的答案，直到找到所有解。

穷举法的关键在于问题所有可能情况的列举或划分，如果有所遗漏，将可能得不到正确的解，适合问题规模小且可能解数量有限的情况。针对问题的类型，常用的列举方法主要有顺序列举、排列列举和组合列举三种。

顺序列举是最简单也是最常用的列举方法。它将问题范围内的各种情况与自然数对应，按自然数变化顺序罗列求解。顺序列举方法适合求解方案可通过数值变换来描述的情形。如某问题的可能解是一个有限数字序列，该数字序列可按数值大小排序，可按序号顺序罗列求解。顺序列举简单直接，不需要复杂的计算和逻辑推理，只需按照一定顺序罗列所有可能求解方案并从中找到符合条件的答案。但对于可能求解方案无法直接通过数值变化来表示或可能求解方案数量庞大的情况，顺序列举将无法奏效或烦琐耗时。

排列列举和组合列举适用于问题解答的数据形式是一组元素排列组合的情形。它将各问题解答涉及元素的排列或组合按一定规律罗列出来，然后根据条件分别进行求解判断。如包含若干字符的密码破解，需要将众多可能的字符元素进行排列组合，然后按照是否满足条件分别进行筛选。排列列举和组合列举的关键是缩小列举范围，避免排列组合过多而导致算法失效或耗时过多。

【例 3-1】鸡兔同笼是在 1500 年前《孙子算经》中提出的数学问题："今有雉兔同笼，上有三十五头，下有九十四足，问雉兔各几何？"。其大意是：有若干只鸡兔同在一个笼子里，从上面数，有 35 个头，从下面数，有 94 只脚。问笼中各有多少只鸡和多少只兔？

算法分析：由于问题求解是鸡和兔的数量且数量范围有限，可用穷举算法求解。枚举对象是鸡、兔的数量，分别设为 a，b。由于鸡和兔的数量和是 35，可知兔的数量 b=35-a，只需枚举鸡的数量 a 即可。由条件"有 35 个头"确定 a 的枚举范围为 1~35。问题解的判定条件为鸡和兔的脚的数量和为 94，即 a*2+b*4=94。

用穷举法求解鸡兔同笼算法的自然语言描述如下。

Step1：初始化鸡的数量 1⇒a。

Step2：判断鸡的数量 a 是否大于 35，若大于 35 转 Step7。

Step3：计算兔的数量 35-a⇒b。

Step4：计算腿的数量 a*2+b*4=94 是否成立，若不成立，转 Step6。

Step5：输出鸡和兔的数量 a 和 b。

Step6：更新鸡的数量 a+1⇒a。转 Step2。

Step7：程序结束。

用穷举法求解鸡兔同笼算法流程图如图 3-6 所示。

【例 3-2】输入一个大于 2 的整数，判断其是否为质数。

算法分析：对于给定的数 n，从 2 开始逐个判断 n 是否能被 2 到 n-1 之间的数整除，如果存在能整除的数，则 n 不是质数；否则，n 是质数。穷举法罗列的范围为 2~n-1，问题解的判定条件为是否能被整除。若能被整除，则该数不是质数。

用穷举法求解例 3-2 的算法用自然语言描述如下。

Step1：输入数据到 n。

Step2：初始化数据 2⇒i。

Step3：判断 i 是否等于 n。若是，则转 Step6。

Step4：判断 n 除 i 的余数是否为 0。若是，则转 Step6。

Step5：更新数据 i+1⇒i，转 Step3。

Step6：判断 i 是否等于 n。若是，输出"n 是质数"，否则输出"n 不是质数"。

Step7：程序结束。

用穷举法判断质数的算法流程图如图 3-7 所示。

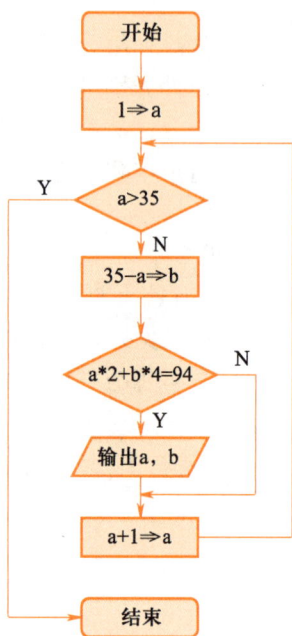

图 3-6　鸡兔同笼穷举算法流程图

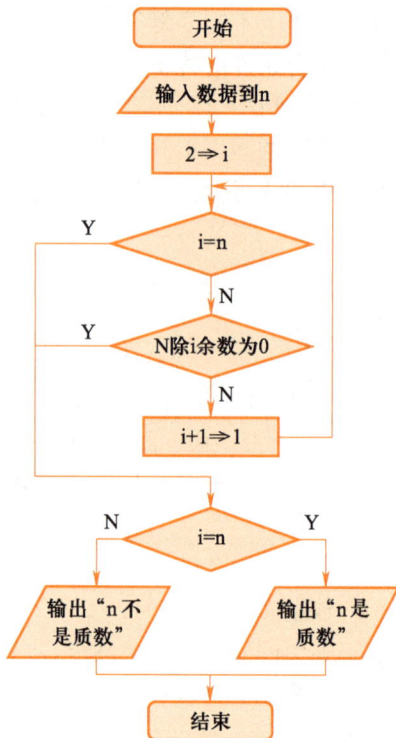

图 3-7　质数判断穷举算法流程图

3.3　查找算法

查找算法也称检索算法，是在大量数据中寻找特定信息元素的算法。查找算法被广泛运用于计算机应用中，如在数据库中快速定位特定记录、在编译程序中查找符号表、在图像中查找特定的特征、在状态树中查找解决路径、在图中查找答案等。常见的查找算法有顺序查找算法、二分查找算法等。

1. 顺序查找算法

顺序查找又称线性查找，是一种最基本的查找算法，它按照数据列表中元素顺序从前往后依次查找目标。顺序查找的基本思路是将目标与当前位置的元素进行比较，若相等则查找成功；否则继续向后查找，直到找到目标元素或搜索完所有元素为止。

用顺序查找算法查找目标的主要步骤如下。

① 从数据序列的第一个元素开始，将目标与当前元素进行比较。

② 如果相等，则查找成功，返回当前元素的位置。

③ 如果不相等，则继续向后查找，直到找到目标元素或遍历完整个序列。

顺序查找方法简单直观，适用于小规模数据集中的查找。在数据集数据量较大时效率较低。

【例 3-3】采用顺序查找算法在数据集 $A = [10, 14, 19, 26, 27, 31, 33, 35, 42, 44]$ 中查找

33，操作步骤如下。

  Step1：初始化 $0 \Rightarrow i$。

  Step2：判断 i 是否小于数据集 A 的元素个数 10，若否，则转 Step 5。

  Step3：判断 A 的第 i 个元素 A[i] 是否等于 33，若是，则查找成功，输出 i 的值，转 Step5。

  Step4：$i+1 \Rightarrow i$。转 Step2。

  Step5：算法结束。

2. 二分查找算法

  二分查找又称折半查找，是一种在有序数据列表中查找某一个特定元素的搜索算法。二分查找算法的主要思想是将待查有序数据序列中间元素与目标进行比较，若不等则未找到目标，根据比较结果对待查序列范围折半，重复以上过程，直到找到目标并返回其位置或确定找不到目标为止。

  用二分查找算法在升序序列中查找目标的主要步骤如下。

  ① 初始化。根据待查找序列范围设置两个指针 low 和 high，分别指向序列的起始位置和结束位置。通常，low 被初始化为 0，high 被初始化为序列长度减 1。

  ② 若 low 大于 high，转步骤⑤。

  ③ 计算中间位置 mid = (low + high)/2。由于位置下标为整数，mid 应取整。

  ④ 比较中间元素。比较序列中 mid 位置元素与目标值 k。

  如果 mid 位置元素等于 k，则返回 mid，查找成功。

  如果 mid 位置元素小于 k，将 low 更新为 mid + 1，因为目标值 k 在 mid 的右侧。如果 mid 位置元素大于 k，将 high 更新为 mid − 1，因为目标值 k 在 mid 的左侧。转步骤②。

  ⑤ 查找失败。low 大于 high 说明序列中不存在目标值 k，返回 −1 表示查找失败。

  二分查找算法要求待查找数据序列采用顺序存储结构且序列中元素按关键字有序排列，其查找效率较高，适用于较大数据量的有序列表查找的情况。

  【例 3-4】在有序数组 A = [9,11,18,21,25,31,45,55,68] 中查找数字 33 的位置并输出。若找不到，输出"未找到目标"。

  算法分析：数组 A 升序排列且连续存储，可以使用二分查找算法进行搜索。设初始查找范围为整个数组，即查找下边界 low = 0，上边界 high = 8。计算中间位置 mid = (left+right)/2 = 4。然后比较中间元素 A[4] = 25 和目标元素 33。由于 33>25，说明目标元素可能在中间元素 25 右侧。修改下边界 low = 4+1 = 5，将搜索范围减半，重复查找，直到找到目标或搜索范围为空（low>high）为止。详细过程如图 3-8 所示。

  用二分查找算法查找目标元素 33 的操作步骤描述如下。

  Step1：初始化查找范围为整个数组，即查找下边界 low = 0，上边界 high = 8。

  Step2：判断是否 low>high。若是，转 Step5。

  Step3：计算中间位置 mid = (low+high)/2。

  Step4：比较中间元素 A[mid] 和目标元素，调整查找边界。

    若 A[mid] = 33，则查找成功，输出 mid，算法结束。

    若 A[mid] <33，修改 low = mid+1。

  转 Step2。若 A[mid] >33，修改 high = mid−1。

  Step5：输出"未找到目标"，算法结束。

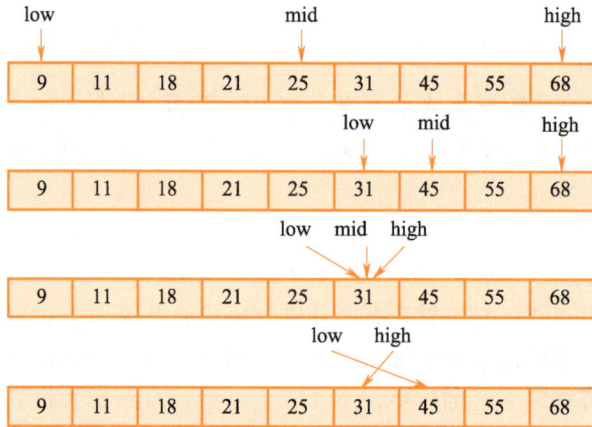

图 3-8　二分查找算法查找目标元素 33 的过程

二分查找算法流程图如图 3-9 所示。

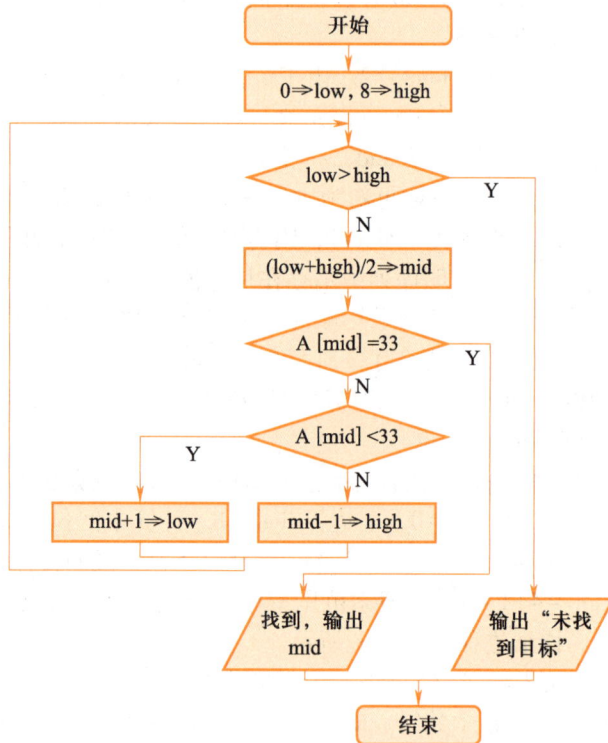

图 3-9　二分查找算法流程图

3.4　排序算法

排序算法是将数据集合中的元素按特定顺序排列的方法，排序方式主要有从小到大的升序和从大到小的降序。排序算法在计算机科学中非常重要，尤其是在处理大量数据时，一个高效的排序算法可以显著提高处理效率，减少资源消耗。常见的排序算法主要有冒泡排序、选择排序、插入排序等。降序排序和升序排序操作类似，本章主要以升序排序为例，分别进行介绍。

1. 冒泡排序

冒泡排序是一种简单而常见的排序方法。冒泡排序的基本思想是在待排序的数值序列中，比较相邻的两个元素，若前面的元素大于后面的元素就交换两元素，否则不交换，每轮交换都将最大值置于最后。重复该过程直至完成排序。

冒泡升序排序算法实现的主要步骤如下。

① 初始化待排序序列为整个数组。

② 按从前往后的顺序，将待排序序列中相邻两元素两两进行比较，若前面元素大于后面元素则交换相邻两元素的位置。

③ 缩小待排序范围，将当前待排序序列最后一个元素剔除。重复步骤②直到待排序序列只包含 1 个元素。

【例 3-5】用冒泡排序算法对数组 A=[5,7,8,9,3,1]进行升序排序。

算法分析：初始时，待排序序列为整个数组 A，待排序范围为 A[0]~A[5]。在范围 A[0]~A[5] 内按从前往后顺序依次比较相邻元素。比较元素 5 和 7，由于 5 小于 7，不交换。比较 7 和 8，不交换。比较 8 和 9，不交换。比较 9 和 3，由于 9 大于 3，交换 9 和 3。比较 9 和 1，交换 9 和 1。第一轮比较后，最后一个元素 9 是最大的元素。修改待排序范围为 A[0]~A[4]，重复上述过程，直至待排序序列只有 A[0]。冒泡排序具体过程如图 3-10 所示。

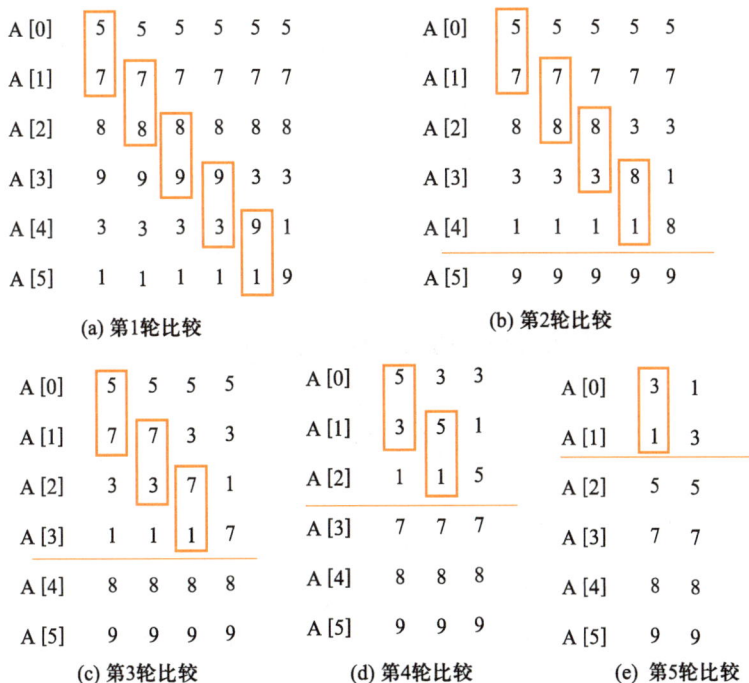

(a) 第1轮比较　　(b) 第2轮比较

(c) 第3轮比较　　(d) 第4轮比较　　(e) 第5轮比较

图 3-10　冒泡排序过程示意图

由图 3-10 可知，在比较交换过程中，较小的元素会像气泡一样向上升，而较大的元素会相应地下沉。每轮比较都会在待排序序列末尾获取一个最大值，并缩小待排序范围。当待排序序列只有一个元素时，所有元素已排好序。

冒泡排序算法的操作步骤描述如下。

Step1：初始化 0⇒i。

Step2：判断 i 是否小于 5。若否，则转 Step9。

Step3：初始化 0⇒j。

Step4：判断 j 是否小于 5-i。若否，则转 Step8。

Step5：判断 A[j] 是否大于 A[j+1]。若否，则转 Step7。

Step6：交换 A[j] 和 A[j+1]，即 A[j]⇒tmp，A[j+1]⇒A[j]，tmp⇒A[j+1]。

Step7：j+1⇒j，转 Step4。

Step8：i+1⇒i，转 Step2。

Step9：算法结束。

冒泡排序算法流程图如图 3-11 所示。

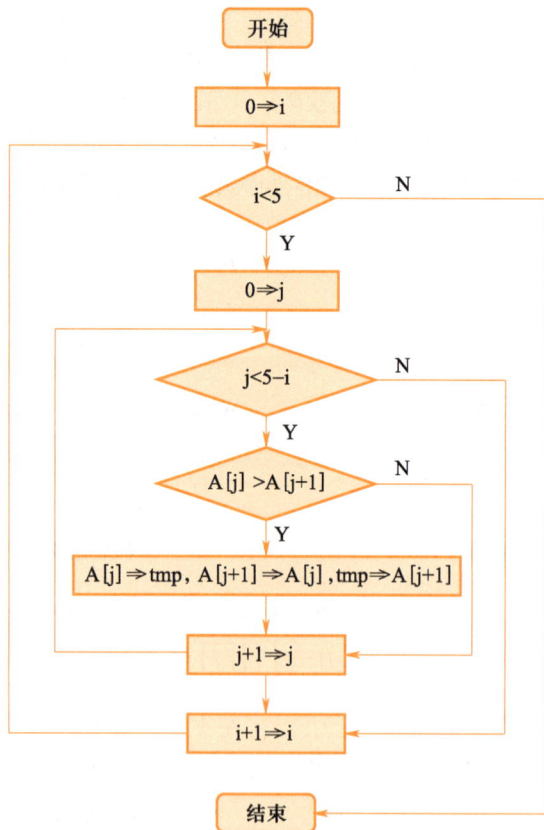

图 3-11 冒泡排序算法流程图

2. 选择排序

选择排序是一种直观易理解的排序方法，其基本思想为每次从待排序序列中选出最小元素，将其与待排序序列第一个元素交换。重复这一过程，直到所有元素都被排序。

选择升序排序算法实现的主要步骤如下。

① 初始化当前交换位置为待排序序列的第一个元素位置。

② 在剩余的待排序元素中，选择最小的元素，将其与当前交换位置中的元素交换。

③ 排除已排序的元素，重复步骤②，直到所有元素都被排序。

【例 3-6】用选择排序算法对数组 A=[5,7,8,9,10,3,1]进行升序排序。

算法分析：初始时，待排序序列为整个数组 A。从数组 A 中选择最小的元素 1，将其与第一个元素 5 交换。交换后剩余待排序序列为[7,8,9,2,10,3,5]。重复这一过程，最终可获得排序后的数据序列[1,3,5,7,8,9,10]。用 i 表示待排序序列第一个元素位置，用 min 表示待排序序列最小元素位置，选择排序算法排序过程如图 3-12 所示。

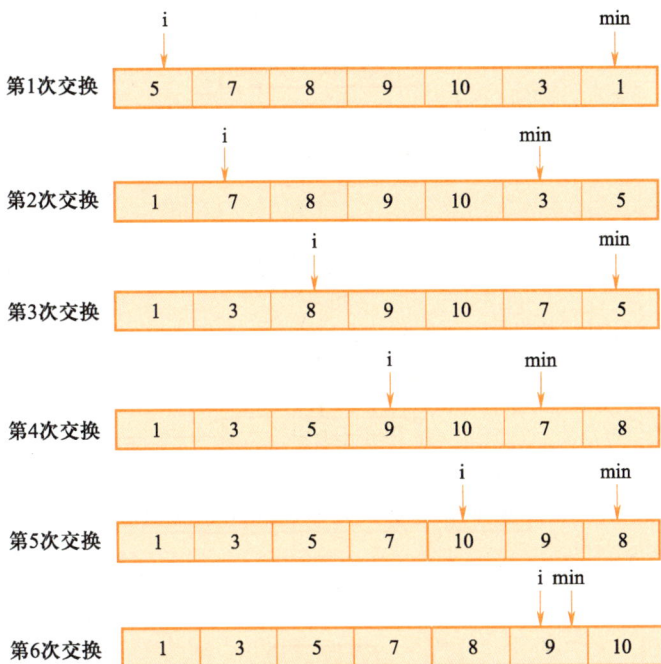

图 3-12　选择排序算法的排序过程

在图 3-12 中，每次都将最小元素 A[min]和 A[i]交换，交换结束后让 i 指向下一个元素。min 开始时被初始化为 i，然后依次与后面每个待排序元素 A[j]比较。若 A[min]>A[j]，更新 min 为 j。最终 min 指向最小元素。

选择排序算法的操作步骤描述如下。

Step1：初始化待排序序列首元素位置 0⇒i 和元素个数 7⇒n。

Step2：判断 i 是否小于 n-1。若否，转 Step9。

Step3：初始化待排序最小元素位置 i⇒min 和当前位置 i+1⇒j。

Step4：判断 j 是否小于 n。若否，转 Step7。

Step5：判断 A[min]是否大于 A[j]。若是，则 j⇒min。

Step6：j+1⇒j，转 Step4。

Step7：交换 A[min]和 A[i]，即 A[min]⇒tmp，A[i]⇒A[min]，tmp⇒A[i]。

Step8：i+1⇒i，转 Step2。

Step9：算法结束。

选择排序算法流程图如图 3-13 所示。

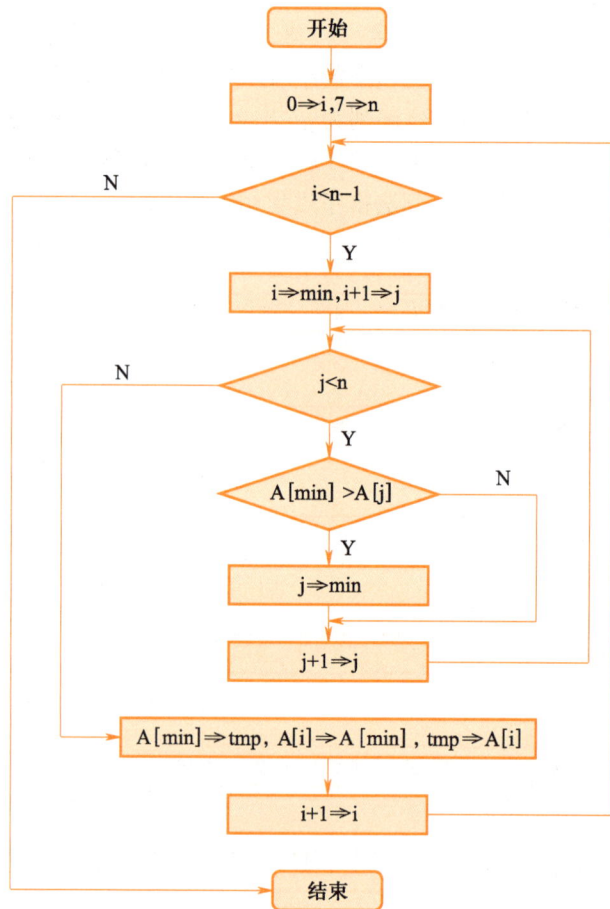

图 3-13　选择排序算法流程图

3. 插入排序

插入排序利用插入操作实现数据的排序，其基本思想是依次将未排序元素插入到已排好序的有序序列中，不断扩大有序序列范围，最终实现所有元素的排序。

插入排序算法实现的主要步骤如下。

① 初始将待排序序列第一个元素作为有序序列。

② 选择待排序序列第一个元素，将其插入到有序序列中。

③ 缩小待排序序列范围，重复步骤②直到完成所有元素插入。

【例 3-7】用插入排序算法对数组 A=[5,7,8,9，3,1]进行升序排序。

算法分析：设数组有 n 个元素，数组前面第 0~i 个元素为已排序序列，剩余的 i+1~n-1

为未排序序列。初始 n=6, i=0。排序时, 首先取待排序序列第一个元素 A[i+1]⇒d, i⇒j。从后往前依次比较每个元素, 若当前元素 A[j]>d, 则向后挪动 A[j]。直到 A[j]<d 或 j=−1 为止。此时, 将 d⇒A[j+1] 即可。将 i+1⇒i, 重复以上过程。插入排序过程示意图如图 3−14 所示。

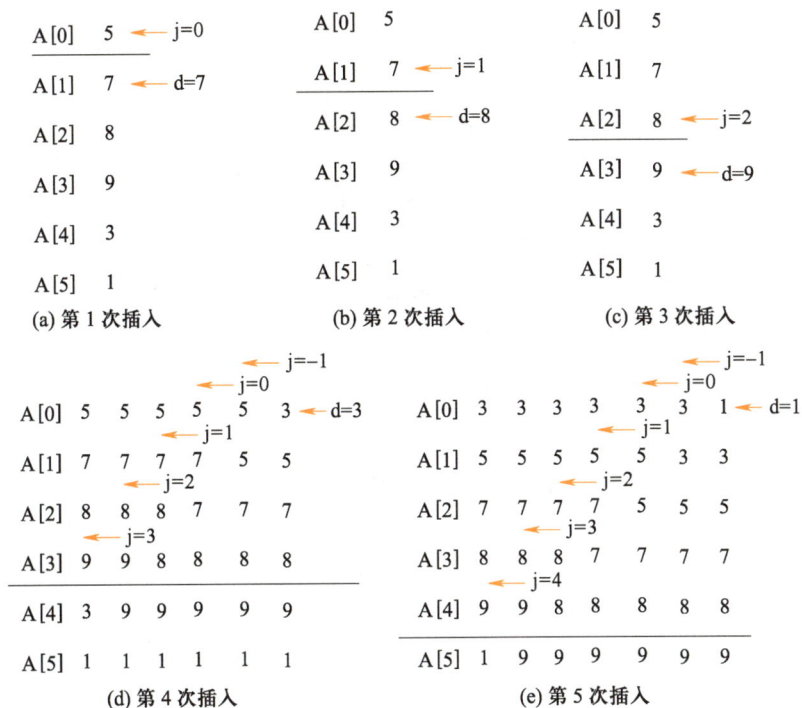

图 3-14　插入排序过程示意图

由图 3-14 可知, 每次插入元素前需要从后往前比较挪动有序元素以空出正确的位置, 使插入元素后有序序列仍然有序。随着插入数据的不断增多, 有序序列不断增长直至覆盖所有元素。

插入排序算法的操作步骤描述如下。

Step1：6⇒n, 0⇒i。

Step2：判断是否 i=n−1。若是, 转 Step7。

Step3：A[i+1]⇒d, i⇒j。

Step4：判断是否 d>=A[j] 或 j<0。若是, 转 Step6。

Step5：A[j]⇒A[j+1], j−1⇒j, 转 Step4。

Step6：d⇒A[j+1], i+1⇒i, 转 Step2。

Step7：算法结束。

插入排序算法流程图如图 3-15 所示。

```
            开始
             │
      6⇒n,0⇒i
             │
  ┌──────────┤
  │      i=n-1 ◇───Y───┐
  │          │N        │
  │   A[i+1]⇒d, i⇒j     │
  │          │          │
  │  ┌───────┤          │
  │  │  d>=A[j] 或 j<0 ◇──Y──┐│
  │  │       │N           ││
  │  │  A[j]⇒A[j+1],j-1⇒j   ││
  │  │       │             ││
  │  │  d⇒A[j+1],i+1⇒i ◄────┘│
  └──┴───────┤              │
             │              │
            结束 ◄───────────┘
```

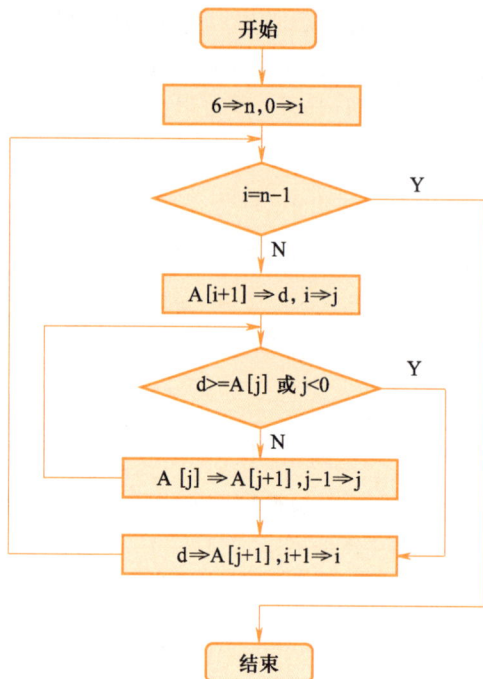

图 3-15　插入排序算法流程图

3.5　递归算法

递归算法是一种通过重复调用自身来解决问题的算法。它通常包含一个递归终止条件和一个递归公式。递归终止条件防止无限递归，是递归调用的出口，而递归公式用于指导如何将原问题分解为更小的相似子问题。

递归可以看作是递推的一种逆推方法。它和递推一起代表着问题解决的两种不同方向。递推通常从已知的简单问题出发，根据递推公式逐步解决复杂问题。而递归则是从复杂问题出发，通过分解为更小的子问题来逐步解决原始问题。

【例 3-8】如果每对兔子（一雄一雌）每月能生一对小兔子（也是一雄一雌，下同），每对兔子第一个月没有生殖能力，但从第二个月以后便能每月生一对小兔子。假设这些兔子都没有死亡现象，那么从第一对刚出生的兔子开始，12 个月以后会有多少对兔子？

算法分析：第 1 个月只有 1 对兔子。第 2 个月仍然只有 1 对兔子。第 3 个月这对兔子生了 1 对小兔子，共有 1+1=2 对兔子。第 4 个月最初的 1 对兔子又生了 1 对兔子，共有 2+1=3 对兔子。此后，每个月兔子数量都是前 2 个月兔子数量之和。该问题由数学家斐波那契提出，通常将这个数列称之为斐波那契数列。斐波那契数列用递推公式表示为 $F(1)=1$，$F(2)=1$，$F(n)=F(n-1)+F(n-2)$，可用递推算法求解。

用递推算法求解斐波那契数列问题的操作步骤描述如下。

Step1：设置初始条件 1⇒F1，1⇒F2，3⇒n。

Step2：若 n>12，转 Step5。

Step3：根据递推公式计算 F＝F1+F2。

Step4：n+1⇒n，F2⇒F1，F⇒F2，转 Step2。

Step5：输出 F。

Step6：算法结束。

用递推算法求解斐波那契数列问题流程图如图 3-16 所示。

斐波那契数列问题也可以用递归算法实现，递归公式同递推公式，递归终止条件为月份 n＝1 或 2。

用递归算法求解斐波那契数列问题的操作步骤描述如下。

Step1：定义斐波那契数列问题求解过程 F，参数为月份 n。

Step2：若 n<3，返回 1。

Step3：返回当前 n 月兔子对数为 F(n-1)+F(n-2)。F(n-1) 和 F(n-2) 为过程 F 的递归调用。

Step4：过程 F 结束。

Step5：调用过程 F，参数月份 n＝12。

Step6：输出过程 F 返回的值。

Step7：算法结束。

用递归算法求解斐波那契数列问题流程图如图 3-17 所示。

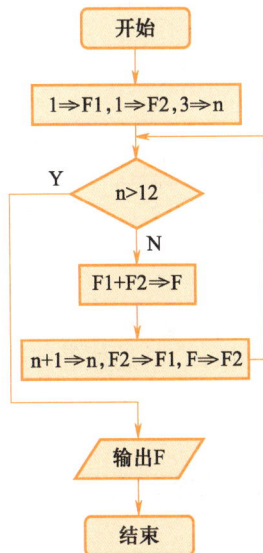

图 3-16　用递推算法求解斐波那契数列问题流程图

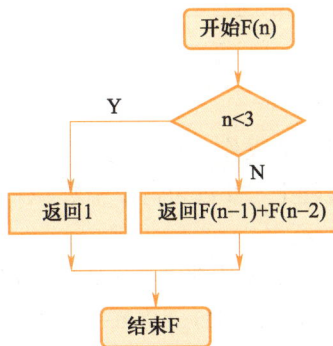

图 3-17　用递归算法求解斐波那契数列问题流程图

(a) 预定义过程F(n)，n为月份

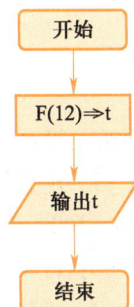

(b) 主算法

【例 3-9】汉诺塔问题源于印度一个古老传说。大梵天创造世界时做了三根金刚石柱子，在一根柱子上从下往上按照从大到小顺序摆着 64 片黄金圆盘。大梵天命令婆罗门把圆盘从下面开始按从大到小顺序重新摆放在另一根柱子上。并且规定，任何时候，在小圆盘上都不能放大圆盘，且在三根柱子之间一次只能移动一个圆盘。问应该如何操作？

算法分析：汉诺塔问题用递推算法从初始状态出发逐步思考每个移动步骤比较困难。不妨用递归的思路，从问题目标出发求解问题。设三根柱子分别为 A、B、C。要将 n 个盘子从 A 借助 B 移动到 C，可先将上面 n-1 个盘子从 A 借助 C 移动到 B，然后将最下面的盘子直接移动到 C。再将 B 上的 n-1 个盘子借助 A 移动到 C。具体移动方法如图 3-18 所示。

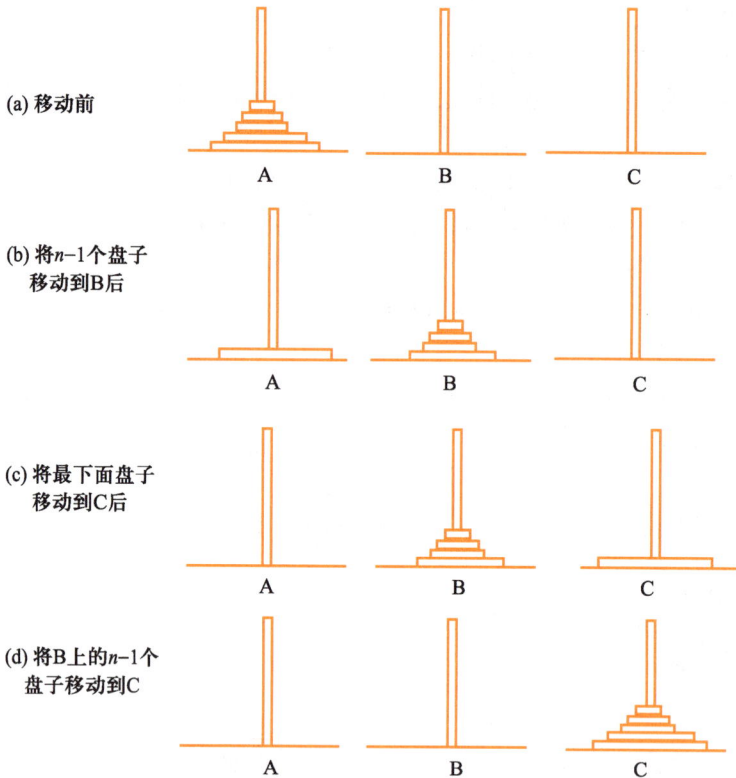

图 3-18 汉诺塔问题递归移动方法示意图

用递归算法求解汉诺塔问题的操作步骤描述如下。

Step1：定义汉诺塔求解过程 F，参数为盘子个数 n，源位置标识 S，辅助位置标识 H，目标位置标识 T。

Step2：若 n=1，输出一个盘子的移动路径 S⟹T。转 Step6。

Step3：递归调用过程 F(n-1,S,T,H)，将 n-1 个盘子移动从源位置 S 经过目标位置 T 移动到辅助位置 H。

Step4：输出最下面盘子移动路径 S⟹T。

Step5：递归调用过程 F(n-1,H,S,T)，将 n-1 个盘子移动从辅助位置 H 经过源位置 S 移动到目标位置 T。

Step6：过程 F 结束。

Step7：调用过程 F，参数盘子个数 n=64，源位置标识 S='A'，辅助位置标识 H='B'，目标位置标识 T='C'。

Step8：算法结束。

用递归算法求解汉诺塔问题流程图如图 3-19 所示。

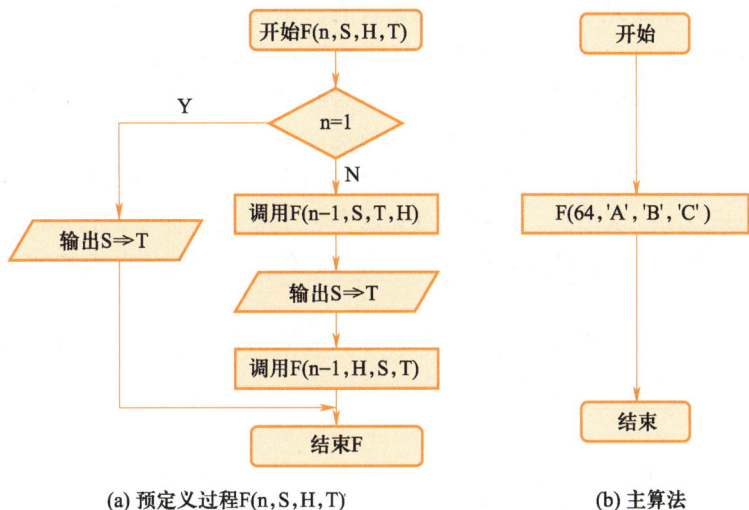

(a) 预定义过程 F(n,S,H,T)　　　　　　(b) 主算法

图 3-19　用递归算法求解汉诺塔问题流程图

3.6　数据结构

数据结构是计算机科学中存储、组织和管理数据的方式，其对算法的效率有着重要影响。数据结构往往同高效的检索算法和索引技术相关。通常情况下，精心选择的数据结构可以带来更好的存储或运行效率。

数据结构主要研究数据元素之间的关联及操作，通常包含三方面内容：数据的逻辑结构、数据的存储结构和数据的操作运算算法。

1. 数据的逻辑结构

数据的逻辑结构是指数据元素按逻辑关系构成的结构，是数据及内在联系的抽象。数据逻辑结构主要有 4 种类型，分别是集合结构、线性结构、树结构和图结构，如图 3-20 所示。

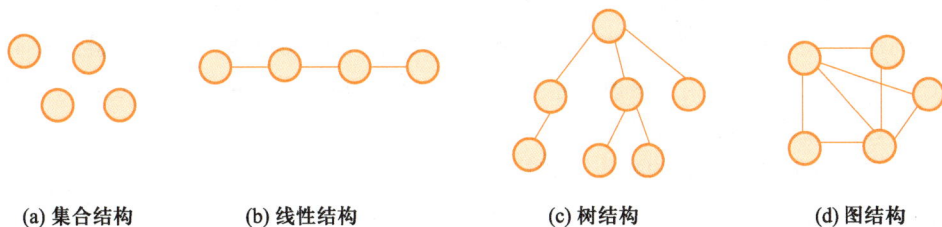

(a) 集合结构　　　　(b) 线性结构　　　　(c) 树结构　　　　(d) 图结构

图 3-20　数据的 4 种逻辑结构

集合结构是由多个孤立元素组成的松散结构，集合内所有元素之间都没有逻辑关联。

线性结构又称线性表，是由多个仅存在一个对一个联系的元素组成的结构，线性结构中第一个元素仅有一个后续元素，最后一个元素仅有一个前驱元素，其余元素都有唯一的一个前驱和后继，所有元素可拉成一根"线"。按照操作方式不同，线性结构又可分为栈结构和队列结构。栈结构只在一端新增或删除元素，具有先进后出的特点。而队列结构则从一端增加元素，在另一端删除元素，具有先进先出的特点。

树结构由若干存在一个对多个关系的元素组成无环的结构。树结构中的元素称为节点，一般一个树结构只有一个根节点，由根节点关联多个子节点。而每个子节点又可以关联更多的子节点。通常把没有子节点的元素称为叶子节点。树结构按照子节点的数量，又分为二叉树、多叉树等。

图结构是由若干存在关联的元素组成的有环的数据结构，用于表达复杂的关系网络。图结构的每个元素都可以与图中任何其他元素关联。按图中元素关联的方向性，又分为有向图和无向图。

2. 数据的存储结构

数据的存储结构是指数据元素按其在存储设备中存储方式构成的结构，是数据存储形式的体现。数据的存储结构主要有两种类型，分别是顺序存储结构和链式存储结构。

顺序存储结构中用一组连续的内存空间依次存放每一个元素，元素间的逻辑关系通过存储位置来体现。例如线性表的顺序存储结构逻辑上相邻的数据元素其存储位置也相邻。

链式存储结构中数据元素之间松散存放，通过元素内的关联位置信息实现元素间的逻辑联系。元素内存储的关联位置信息通常称之为指针（或链域）。例如线性表的链式存储中，每个元素都有一个指针，存储其后继元素的内存位置，数据元素之间通过指针互相连接。最后一个元素指针为空。图 3-21 是一个典型的链式存储的线性表结构。

图 3-21　典型的线性表链式存储结构

3. 数据的操作运算算法

数据的运算是指作用于数据结构之上的各种操作，常见的运算有插入、删除、更新、排序、查找等。不同数据结构的操作运算有不同的实现方式。如顺序存储结构操作通常涉及存储位置的腾挪，而链式存储结构操作则主要涉及指针的修改。

【例 3-10】有线性表 A = [1,2,4,6,8]，请问如何在元素 4 之后插入新元素 5？

算法分析：线性表 A 的存储结构可能有两种，分别是顺序存储和链式存储。若是顺序存储结构，则从后往前查找元素 4，边查找边挪动，找到后插入新元素 5。若是链式存储结构，可从前往后查找元素 4，找到后修改元素 5 的指针，使其指向元素 4 的后继元素 6，然后修改元素 4 的指针，使其指向新元素 5。

线性表顺序存储插入算法的操作步骤描述如下。

Step1：初始化线性表元素个数 5⇒n、当前位置 n-1⇒i 和要插入的元素 d=5。

Step2：如果 i<0，转 Step5。

Step3：如果 a[i] = 4，转 Step5。

Step4：a[i]⇒a[i+1]，i-1⇒i，转 Step2。

Step5：d⇒a[i+1]。

Step6：算法结束。

线性表链式存储插入算法的操作步骤描述如下。

Step1：为新元素 t 开辟空间，将其值域 data 赋值为 5，链域 link 赋值为 NULL（空指针）。初始化当前指针 p，使其指向链表首元素。

Step2：若 p 指向的元素（以下简称 p 元素）值为 4，转 Step4。

Step3：将 p 元素的链域 link 赋值给 p，使 p 指向下一个元素，转 Step2。

Step4：将 p 元素的 link 指针赋值给 t 的 link，随后将 p 元素的 link 指针指向 t。

Step5：算法结束。

线性表顺序存储和链式存储插入过程如图 3-22 所示。

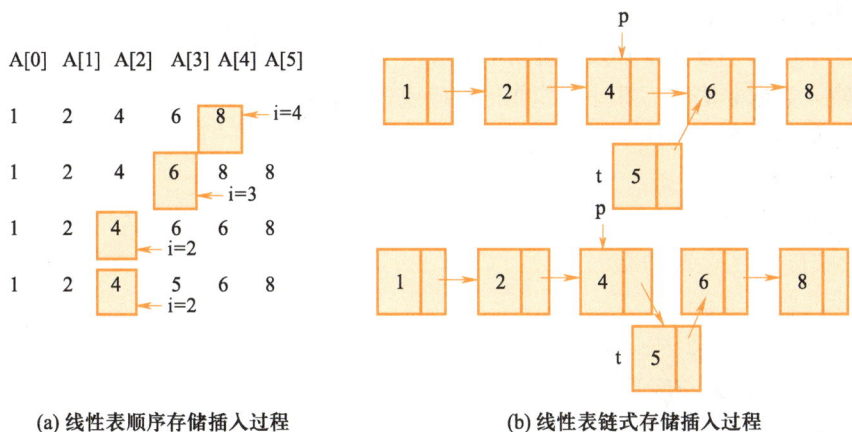

(a) 线性表顺序存储插入过程   (b) 线性表链式存储插入过程

图 3-22 线性表插入过程示意图

本章小结

本章首先介绍了算法的基本概念、特点、评价和描述方法。随后结合实例介绍了常见的算法，如穷举算法、查找算法、排序算法和递归算法等。最后，本章介绍了常见的数据结构及分类。程序是算法和数据结构的结合，掌握算法和数据结构，对于编写高效、可维护的程序至关重要。通过本章的学习，读者应掌握算法和数据结构的基本概念，学会使用常用的算法解决实际问题。

习题 3

一、选择题

（1）下列关于程序与算法叙述正确的是（　　　）。

A. 程序是算法的程序语言描述，算法与程序是一一对应的

B. 程序总是在有穷步的运算后终止，而算法不一定

C. 算法是一个过程，计算机每次求解是针对问题的一个实例求解

D. 算法和程序的每个步骤都必须是确定的，不能有二义性

（2）算法的确定性是指（　　　）。

A. 算法中没有逻辑错误

B. 算法中的每一条指令必须有确切的含义

C. 当输入数据非法时，算法也能作出反应或进行处理

D. 在任何情况下，算法不会出现死循环

（3）算法是指（　　　）。

A. 解决问题的过程

B. 解决问题的方法和步骤

C. 解决问题的结果

D. 计算公式的总称

（4）算法的时间复杂度是指（　　　）。

A. 执行算法程序需要花费的时间

B. 算法程序的长度

C. 算法程序中的指令数量

D. 算法执行过程中所需要的基本运算次数

（5）算法的空间复杂度是指（　　　）。

A. 算法在执行过程中所需的计算机存储空间

B. 算法程序中的语句条数

C. 算法在执行过程中所需的临时存储单元数

D. 算法所处理的数据量

（6）算法的健壮性是（　　　）。

A. 执行算法所需要的工作量

B. 算法可被人们阅读的难易度

C. 算法对非法输入的反应能力和处理能力

D. 算法需要消耗的存储空间

（7）以下属于算法的描述方法的是（　　　）。

A. 穷举描述法

B. 列表描述法

C. 二分描述法

D. 流程图描述法

（8）以下关于流程的说法正确的是（　　）。

A. 流程图通常会有一个"起点"，一个或多个"终点"

B. 流程图直观易懂，但易产生二义性

C. 流程图必须包含一个判断框

D. 流程图通常会有一个或多个"起点"，一个或多个"终点"

（9）下列关于穷举法的叙述，错误的是（　　）。

A. 理论上可用穷举法破解任何一种密码，问题在于如何缩短试误时间

B. 穷举法是指穷举一个问题的所有可能的方案

C. 一般可使用 N 重循环的嵌套来穷举

D. 穷举法是指采用递归调用的方法解决问题

（10）以下关于二分查找算法叙述正确的是（　　）。

A. 查找效率很高，适用于任意数据结构的查找

B. 数据序列必须有序，可以顺序存储或链式存储

C. 数据序列可以无序，但必须顺序存储

D. 数据序列必须有序，且只能以顺序方式存储

（11）下列关于冒泡排序的叙述，正确的是（　　）。

A. 冒泡排序每一轮都选出最小的数据下沉到底部

B. 冒泡排序在最好情况下可以不交换

C. 对 n 个数据的冒泡排序在最坏情况下需要 n 次比较和交换操作

D. 冒泡排序每次都将数据分成较轻和较重两部分然后递归实现

（12）选择排序的时间复杂度是（　　）。

A. $O(n)$

B. $O(n^2)$

C. $O(1)$

D. $O(n\log_2 n)$

（13）某数据序列 A = [1,3,7,4,5,2]，采用插入排序，A 不可能存在的状态是（　　）。

A. [1,3,4,7,5,2]

B. [1,3,4,5,7,2]

C. [1,2,3,5,4,7]

D. [1,2,3,4,5,7]

（14）下列关于树结构的说法，错误的是（　　）。

A. 通常一棵树只有一个根节点

B. "树"既需要存储元素本身，也要存储元素之间的关系

C. 树描述了元素之间的联系，既可以是父子关系，也可以是环路关系

D. 树结构中没有子节点的节点称为叶子节点

（15）下列关于链式存储的叙述，错误的是（　　　）。

A. 非线性逻辑结构只能采用链式存储结构

B. 每个元素中一定存在一个数据项，用于指向其后继元素

C. 逻辑上相邻元素，其存储单元可以相邻，也可以不相邻

D. 链式存储不支持数据的随机存取

二、填空题

（1）算法的特性包括输入、输出、确定性、_____和可行性。

（2）为评估算法的性能，人们通常用正确性、可读性、健壮性、_____和空间复杂度五个方面进行评价。

（3）选择排序的时间复杂度为_____。

（4）算法的描述方法通常有自然语言描述法、流程图描述法、_____和程序设计语言描述法。

（5）_____是问题解决方案的描述，可用程序设计语言表达为程序。

（6）根据计算机科学家尼·沃思的说法，程序=算法+_____。

（7）二分查找法的时间复杂度是_____。

（8）通过比较相邻元素将较大元素交换到后面来实现排序的排序算法为_____。

（9）通过重复调用自身来解决问题的算法称为_____。

（10）树结构中，没有子节点的元素称为_____。

（11）在线性表中，只从一端增加或删除元素的结构称为_____。

三、简答题

（1）简述算法主要的描述方法及其优缺点。

（2）简述链式存储的优缺点。

（3）分析比较冒泡排序和插入排序的时间复杂度。

（4）设计一个算法实现树结构中数据的查找。

（5）设计一个算法解决青蛙跳台阶问题：一只青蛙可以跳一级或二级台阶，求该青蛙跳 N 级台阶总共有多少种跳法？

第 4 章
互联网与物联网

　　近几十年来，计算机网络飞速发展，遍布全球的因特网（Internet，也称互联网）影响着人们的工作、学习和生活方式。移动互联网、物联网得到了广泛应用，进一步推动了计算机网络向更高层次应用的发展。世界发达经济体正在推动的"工业 4.0"战略，我国提出的"中国制造 2025"计划，其中计算机网络都起着关键性的作用。本章介绍计算机网络基础知识、互联网通信协议、接入技术及提供的服务，介绍物联网基本概论、物联网体系结构、物联网感知识别技术及物联网应用，还介绍网络安全概念及技术。

4.1 计算机网络基础

计算机网络是计算机技术与通信技术的有机结合，始于 20 世纪 50 年代初，近 50 年发展迅速，而我国则在 20 世纪 80 年代后期得以快速发展。推动计算机网络发展的动力源于人们对通信交流和资源共享的迫切需要。

4.1.1 计算机网络的组成与分类

计算机网络是利用通信设备和线路，将分布在不同地理位置的、功能独立的多个计算机系统连接起来，以功能完善的网络软件（网络通信协议及网络操作系统等）实现网络中资源共享和信息传递的系统。

1. 计算机网络组成

计算机网络主要由计算机系统（终端设备）、数据通信链路和通信协议组成。

（1）计算机系统

计算机系统是计算机网络的主体。随着科学技术的迅猛发展，各种智能产品如手机、机顶盒、监控设备等都可以接入计算机网络，成为网络的终端设备。

网络一般需要在操作系统支持下工作，几乎所有操作系统都含有网络通信软件模块。特别是运行在服务器上的操作系统，它除了具有强大的网络通信和资源共享功能之外，还负责网络的管理工作（如配置、授权、日志、计费、安全等），这种操作系统称为网络操作系统。

（2）数据通信链路

数据通信链路包括有线传输介质、无线传输介质、用于数据传输的各种设备如网卡、交换机、路由器、调制解调器等，它们构成了计算机与通信设备、计算机与计算机之间的数据通信链路。

（3）通信协议

接入网络中的计算机（终端）要能够正确地进行数据通信和资源共享，计算机以及数据通信链路上的各种网络设备都必须共同遵守一组规则和约定，即通信协议。比如 IEEE802 协议、TCP/IP 协议等。

2. 计算机网络实现的功能

计算机网络实现的功能主要体现在如下几个方面。

（1）数据通信

网络中的计算机之间或计算机与终端之间，可以快速可靠地相互传递数据。例如文件传输、IP 电话、E-mail、视频会议、信息发布、交互式娱乐、音乐等。

（2）资源共享

资源共享是计算机网络最具吸引力的功能。用户可以共享网络中其他计算机的软件、硬件和数据等资源，而不受资源所在地理位置的限制。例如，使用浏览器浏览网页和下载 Web 网站上的音乐、访问其他计算机中的文件等。

（3）高可靠性

在一些计算机实时控制和可靠性要求高的应用场合，通过计算机网络实现计算机之间互备份，一旦某台计算机出现故障，它的任务可由网络中其他计算机取而代之，以提高计算机系统的可靠性。

（4）节省投资

人们利用计算机网络共享网络服务器资源，替代昂贵的大中型计算机系统，满足实际应用需求，避免重复投资。例如企业（单位）租用云计算平台，不仅较少了投资而且降低了运维的成本。

（5）分布式处理

对于大型的任务或当网络中某台计算机的任务负荷太重时，可将部分任务分散到网络中其他计算机上运行，让比较空闲的计算机分担负荷，达到负载均衡，提高系统整体效率。

3. 计算机网络的分类

计算机网络的分类方法有多种，按传输介质可分为有线网和无线网；按网络的使用性质可分为公用网和专用网；按网络的拓扑结构可分为总线型、星形、树形、环形和网状型等。最常见的分类方法是按网络覆盖的地理范围进行分类，网络可以分为局域网、城域网和广域网。

（1）局域网

局域网（local area network，LAN）是有限范围（约 10 km）内的各种计算机、终端与网络设备互联成网，分布在一个实验室、一幢大楼、一个校园等。局域网中计算机通过高速线路相连，传输速率较高，从 10 Mb/s 到 100 Mb/s、到 1 000 Mb/s、甚至可以达到 10 Gb/s。个人范围（随身携带或数米之内）的设备（如计算机、电话、PDA、数码相机等）组成的通信网络，通常称为个人区域网（personal area network，PAN），也是一种局域网。

（2）城域网

城域网（metropolitan area network，MAN）是指几十千米范围内的大量企业、机关、公司或个人的多个局域网互联的网络，以实现大量用户之间的文本、语音、图像与视频等多种信息的传输。

（3）广域网

广域网（wide area network，WAN）是网络覆盖的地理范围从几十千米到几千千米或更远，可以是一个地区或一个国家，甚至世界几大洲，所以它是一种远程网。WAN 采用的技术和协议标准与 LAN 有所不同。在 WAN 中，通常是利用现有电信部门提供的各种公用交换网，将分布在不同地区的计算机网络互连起来，提供各种网络服务，实现更大范围的信息交流和资源共享。

4. 计算机网络工作模式

人们常说"主机 A 与主机 B 进行通信"，实际上是指"运行在主机 A 上的某个进程（运行的程序）与运行在主机 B 上的另一个进程（运行的程序）进行通信"，简称"计算机之间通信"。网络中计算机之间的通信方式通常分为客户/服务器方式（client/server，C/S）和对等方式（peer-to-peer，P2P）。

（1）客户/服务器方式

所谓客户（机）和服务器是指通信中的两个进程，它们之间的关系是请求服务和被请求服务的关系，客户进程向服务器进程请求服务，服务器进程响应客户的请求，提供相应的服务。在图 4-1 中，主机 A（运行客户程序）向主机 B 请求服务，主机 B（运行服务器程序）响应主机 A 的请求，为主机 A 提供服务，主机 A 是客户（机），而主机 B 是服务器。总之，客户（机）是服务请求方，服务器是服务提供方。

图 4-1　客户/服务器工作模式

客户/服务器方式是目前互联网最常用的工作方式。例如，在网上查找资料、发送电子邮件、浏览 Web 服务器中的信息等，采用的都是客户/服务器工作方式。

（2）对等方式

对等方式是指通信中的两个主机并不区分哪一个是服务请求方，哪一个是服务提供方，通信双方都可以享受对方提供的服务，它们进行的是对等的连接通信。参与通信的主机都运行 P2P 软件，在对等连接通信中既是客户又同时是服务器。如图 4-2 所示，主机 D 和主机 B 建立对等通信，主机 D 可以下载主机 B 存储在硬盘中的共享文件，这时主机 D 是客户而主机 B 是服务器；同时主机 B 也可以下载主机 D 存储在硬盘中的共享文件，这时主机 B 是客户而主机 D 是服务器。

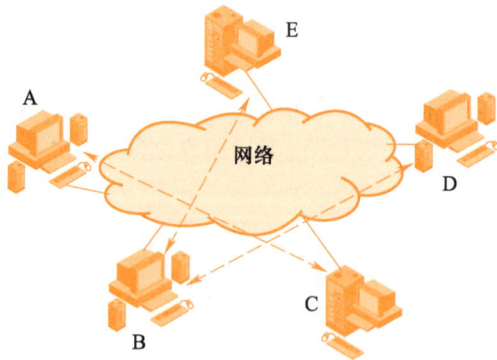

图 4-2　对等工作模式

对等方式可支持大量对等用户同时工作。例如，各种即时通信软件，如 QQ、微信、易迅；各种下载软件，如迅雷、BitComet 等，都使用对等工作模式。

4.1.2　数据通信基础

通信的目的就是传递信息，通信的主体包括信源和信宿。信源即通信中产生和发送信息的一端，信宿即接收信息的一端。通信的载体是信道。文字、图像、语音等信息以电（或光）信号方式从信源通过信道传输到信宿，如图 4-3 所示。信源和信宿中使用的发信和接信的设备称为通信终端，而信道则是以通信线路为物质基础的，不同的传输介质采用的传输技术和传输质量有差别。例如，以双绞线为传输介质的信道，传输的是电信号，容易受到外界电磁场的干扰（也称为噪声），而以光纤为传输介质的信道，传输的是光信号，则不存在这种干扰。

图 4-3　通信系统模型

1. 模拟信号和数字信号

信号是数据的电气或电磁或光的表现，根据信号表达方式的不同，信号可分为连续取值的模拟信号和离散取值的数字信号，如图 4-4 所示。例如，打电话时电话机送出的语音电流信号是模拟信号，计算机内部传输的信号是数字信号。模拟信号和数字信号都可以通过信道进行传输。

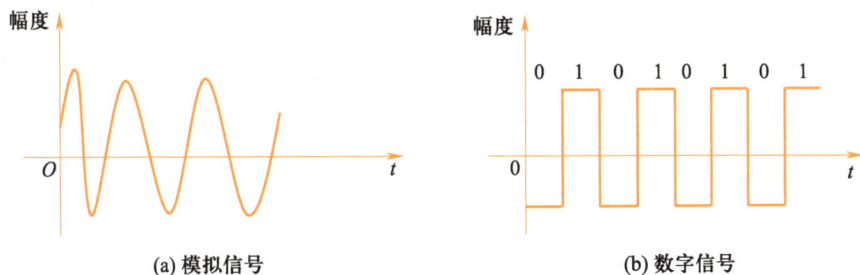

图 4-4　模拟信号和数字信号

模拟信号在传输过程中容易受噪声的干扰，传输质量不稳定。随着数字技术的发展，目前已经越来越多地把模拟信号转换成数字信号再进行传输，称为数字通信。数字通信的抗干扰能力强，差错可控制，可靠性好，还可以方便地对信号加密，安全性更容易得到保证。而且，由于传输的是数字信号，因而可以直接由计算机进行信息的存储、处理和管理。

移动通信、数字有线电视（或卫星电视）和固定电话中继通信（及长途通信）都是将信源发出的声音和图像的模拟信号转换成数字信号进行传输的。

计算机网络中通信链路的带宽、数据传输速率、端-端延迟（数据从源计算机传送到目的计算机所花费的时间）、数据传输的误码率（出错比特数目占传输比特总数的比率）等是衡量信道性能的重要指标，它们与采用的传输介质、传输技术和通信控制设备等密切相关。

2. 传输介质

计算机网络通信中使用的传输介质分为有线和无线两类。有线传输介质有双绞线、同轴电缆、光纤等，无线传输介质是自由空间。

（1）双绞线

一对双绞线一般由两根绝缘铜导线相互缠绕而成，以利于降低信号干扰。把多对双绞线放在一个绝缘套管中就构成双绞线电缆。双绞线电缆有非屏蔽双绞线电缆（unshielded twisted pair，UTP）和屏蔽双绞线电缆（shielded twisted pair，STP）两种，如图 4-5 所示。

(a) 非屏蔽双绞线　　　　　　　(b) 屏蔽双绞线

图 4-5　双绞线

双绞线电缆既可以传输模拟信号，也可以传输数字信号。在一个大楼内，通常分别用于传输电话信号和计算机网络数字信号。由于传输时信号衰减比较大，且易受干扰，在网络施工时，其长度一般不超过 100 m。非屏蔽双绞线无屏蔽外套、重量轻、易弯曲、易安装、具有阻燃性，广泛应用于建筑物内的办公场所。屏蔽双绞线电缆的外层由铝箔包裹，减小了辐射，增强了抗干扰能力，但价格相对较高，安装相对困难，适合于有干扰源的场所，如工厂车间等。国际电子工业协会（electronic industries association，EIA）为非屏蔽双绞线定义了多种不同的质量类别，计算机网络中最常用的是第 3、5、6 类，带宽分别达到 10 Mb/s、100 Mb/s 和 1 000 Mb/s。

（2）同轴电缆

同轴电缆是指中心导体和屏蔽层导体共用同一轴心，中间由绝缘体隔开的电缆。同轴电缆中心导体由铜芯构成，整个电缆由聚氯乙烯或特氟纶材料的护套包住，如图 4-6 所示。

导体　绝缘　铝箔屏蔽　编织屏蔽　护套

图 4-6　同轴电缆

同轴电缆从用途上可分为基带同轴电缆（50 Ω）和宽带同轴电缆（75 Ω）。基带同轴电缆仅用于数字传输，数据传输率可达 10 Mb/s，是早期局域网最常见的传输介质之一，现在已被双绞线和光纤所取代。宽带同轴电缆即常用的有线电视电缆，主要用于传输视频数字信号及网络数字信号，最大传输距离可达到几千米甚至几十千米。

（3）光纤

光纤即光导纤维，是一种由玻璃或塑料制成的纤维，如图 4-7 所示。它由低折射率的包层包裹住高折射率的纤芯，外部再包裹涂覆层，可作为光传导工具。由于光纤的折射率高于外面包层的折射率，因此可以让光波在光纤与包层的界面上几乎全反射，如图 4-8 所示。光纤通过内部的全反射来传输一束经过编码的光信号。

图 4-7　光纤　　　　　　　图 4-8　光线在纤芯中不断地全反射

　　光纤包括单模光纤和多模光纤，如图 4-9 所示。单模光纤的纤芯很细，直径只有几个微米，通常用半导体激光器作为单模光纤的光源，可以使光线一直向前传播而不会产生多次反射，因而衰耗较小，信号可以在 2.5 Gb/s 的高速率下传送数十千米而不必采用中继器，但制造成本高。多模光纤通常用发光二极管作为光源，许多条不同角度入射的光线在同一条光纤中传输，光脉冲在多模光纤中传输时会逐渐展宽，造成失真，因此传输距离较近，一般在几千米范围内。

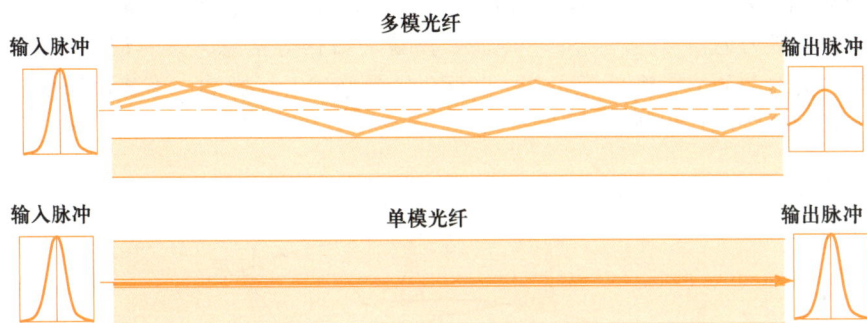

图 4-9　单模光纤和多模光纤

　　计算机网络中利用光纤作为传输介质传输数据时，需要在发送端将电信号转换成光信号，在接收端将光信号转换成电信号。由于光纤通信容量大、传输距离远、抗干扰、抗辐射、保密性强，因此光纤已经被广泛应用，光纤通信网已经成为几乎所有现代通信网络和计算机网络的基础。

　　（4）无线和微波

　　无线传输（通信）是借助自由空间电磁波传播信息，它不仅可以省去金属线缆或光缆的架设费用，而且允许终端设备在一定范围内随意移动。因此，无线通信除了在难以铺设传输线的边远山区和沿海岛屿使用之外，更是人们使用移动电子设备进行移动通信联网必不可少的条件。无线电波通过自由空间时能量较分散，传输效率没有有线通信高，同时，无线通信存在着易被窃听、易受干扰等缺点。

　　无线通信的频谱范围很广，如图 4-10 所示。可以利用中波、短波、超短波和微波进行通信，由于不同波段电磁波的传播特性各异，因此可以应用于不同的通信系统。例如，中波主要沿地面传播，绕射能力强，适用于广播和海上通信。短波具有较强的电离层反射能力，适用于环球通信。超短波和微波的绕射能力较差，只能作为视距或超视距中继通信。

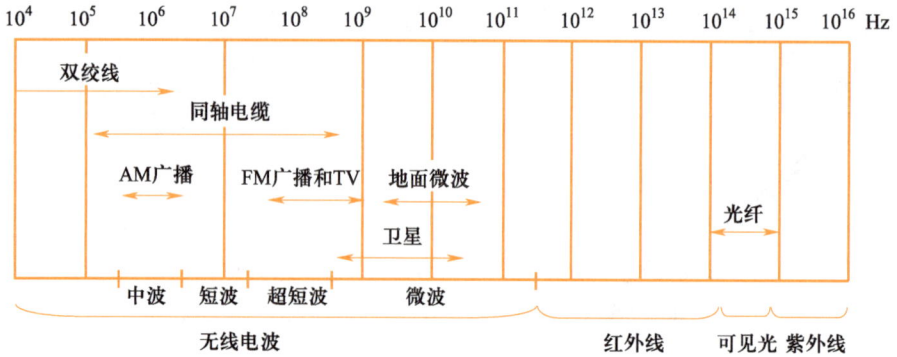

图 4-10　电磁波的频谱

　　微波的频谱范围为 300 MHz 到 300 GHz，主要使用 2~40 GHz 的频谱范围。微波在空间主要是直线传播，能够穿透电离层而进入宇宙空间，因此它不能像短波经电离层反射返回地面。微波通信主要有两种方式：地面微波接力通信和卫星通信。

　　地球表面是个曲面，微波通信的距离就受到限制，需要建立若干中继站。中继站将前一个中继站送来的信号经过放大后再发送到下一个中继站，故称为地面微波接力通信，如图 4-11 所示。地面微波接力通信可传输电话、电报、图像、数据等信息，具有通信信道的容量大，传输质量高，受地理环境影响小等优点。也存在易受恶劣天气影响，隐蔽性和保密性差，中继站的使用和维护费用高等缺点。

图 4-11　地面微波接力通信

　　卫星通信实际上借助上空的卫星进行微波接力，实现微波通信。卫星用一个频率（上行链路）接收传输来的信号，将其放大或再生，再用另一个频率（下行链路）发送，如图 4-12 所示。卫星通信具有通信距离远、覆盖面积大、不受地理条件限制、费用与通信距离无关、可进行多址通信和移动通信等优点，已经发展成为现代主要的通信手段之一。

　　（5）移动通信

　　移动通信是处于移动状态的对象

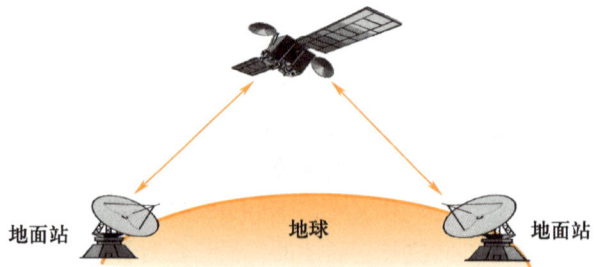

图 4-12　卫星通信

之间的微波通信，最具代表性的是手机，即个人移动通信系统。它由移动台（即手机）、基站、移动电话交换中心等组成，如图 4-13 所示。基站是与手机联系的一个无线信号收发机，它固定架设在高处，每个基站负责与其周围区域内所有手机进行通信。基站和移动交换中心之间通过微波或有线信道交换信息，移动交换中心再与固定电话网进行连接。每个基站的有效区域既相互分割，又彼此有所交叠，整个移动通信网就像是蜂窝，所以也称为"蜂窝式移动通信"。

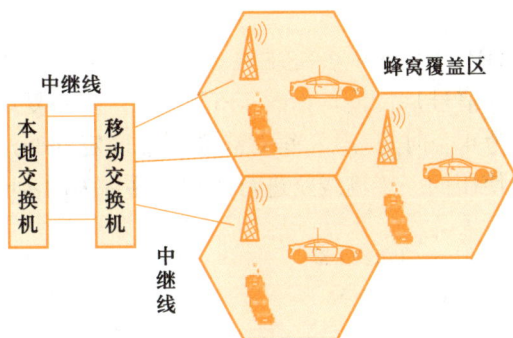

图 4-13　无线接入及移动蜂窝系统

移动通信系统从 20 世纪 80 年代诞生以来，大体经过五代的发展历程。目前已经开始进入第五代（5G），5G 网络的理论下行速率为 10 Gb/s，用户体验速率可达 1 Gb/s，时延低至 1 ms。移动通信的最终目标是与其他通信手段一起，共同实现任何用户在任何时间、任何地点与任何人通信的目的。

3. 调制解调技术

调制与解调是通信技术中重要的概念，它们是实现信息传输的关键技术。调制是指利用源信号（如语音、图像等）按照一定的规律去调整（改变）高频的载波信号形成调制信号，使得信源信号能够适应传输介质的特性，以便能够在传输介质中远距离传输。解调是指在接收端将接收到的调制信号去除高频的载波信号，还原成原始信号的过程。解调是调制的逆过程，也是通信系统中非常重要的一个环节。

对载波进行调制所使用的设备称为"调制器"，调制器输出的信号可在信道上进行长距离传输。到达目的地之后再由接收方使用"解调器"进行解调，以恢复所传输的原始信号。不同类型的调制信号和不同的调制方法，需采用不同的调制和解调设备。由于大多数情况下通信总是双向进行的，所以调制器与解调器往往做在一起，称为"调制解调器"（modem），如图 4-14 所示。

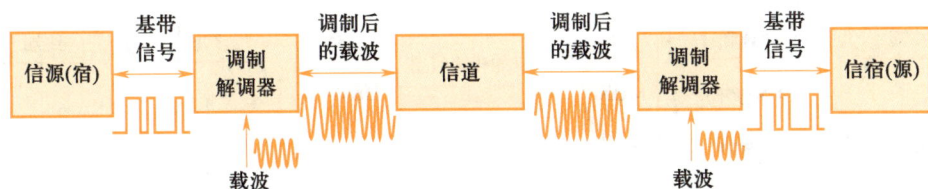

图 4-14　使用调制解调器进行远距离通信

无论是有线通信还是无线通信，通信距离稍远就需要采用调制解调技术。利用光纤通信时，传输光波信号，需要光模块进行光波的调制解调。

4. 多路复用技术

一条传输线路的容量通常远远超过传输一路用户信号所需的带宽，为了提高传输线路的利用率，降低通信成本，一般让多路信号同时共用一条传输线进行传输，这项技术称为多路复用技术。

（1）同步时分多路复用

同步时分多路复用（TDM）技术中各终端设备（计算机）以事先规定的顺序轮流使用同一传输线路进行数据（或信号）传输。如图 4-15 所示，多路复用器将轮转一周的时间划分为若干时间片（图中分为 4 个时间片），每对终端分配固定的一片时间用来传输一组数据（或信号），大家依次轮流使用同一传输线路进行传输，这称为同步时分多路复用。

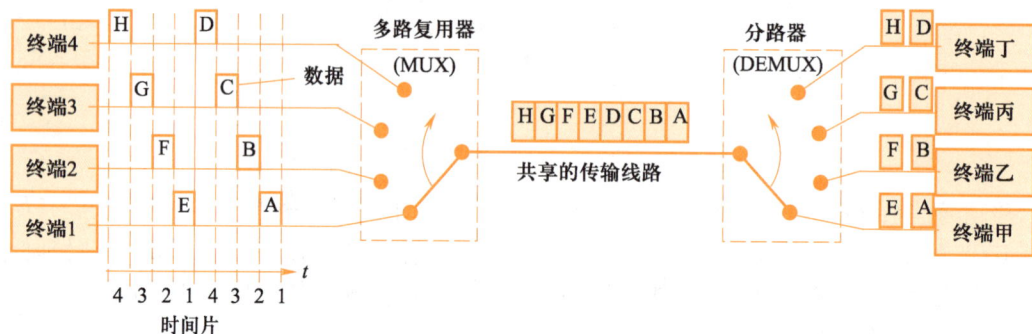

图 4-15　同步时分多路复用原理

采用同步时分多路复用时，当时间片分配给一对终端时，若没有传输信号的需求，则此时间片空转，会造成传输线路带宽的浪费。时分多路复用技术中，接收方和发送方也可以异步地进行信息的传输，只要在被传输的信息中附加上发送方和接收方的"地址"，即可解决空转问题，有效提高线路利用率。

（2）频分多路复用

频分多路复用（FDM）将每个信源发送的信号调制在不同频率的载波上，通过多路复用器将它们复合成为一个信号，然后在同一传输线路上进行传输。抵达接收端之后，借助分路器（例如收音机和电视机的调谐装置）把不同频率的载波送到不同的接收设备，从而实现传输线路的复用，如图 4-16 所示。

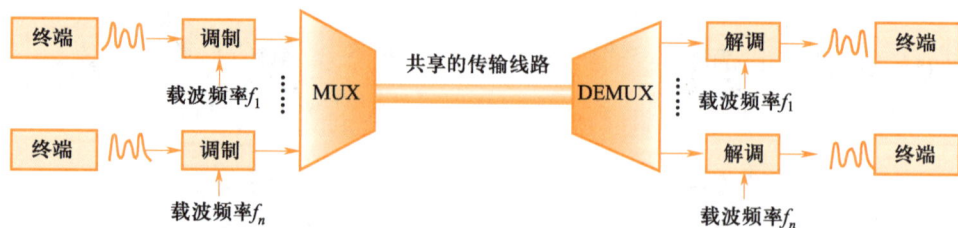

图 4-16　频分多路复用原理

（3）波分复用

波分复用（wave division multiplexing，WDM）是在一根光纤上复用多路光载波信号，是光的频分复用。图 4-17 表示 8 路传输速率为 2.5 Gb/s 的光载波（波长 1 310 nm），经过光的调制，分别将光的波长变换到 1 550～1 557 nm，每个光载波相隔 1 nm。然后通过光复用器实现在一根光纤上传输，这样一根光纤的总速率就可达到 8×2.5 Gb/s = 20 Gb/s。光在传输一定距离后会衰减，可利用掺铒光纤放大器（erbium doped fiber amplifier，EDFA）进行放大后继续传输。两个放大器之间光缆长度可达 120 km。到达另一端后经过解调还原为 1 310 nm 波长。

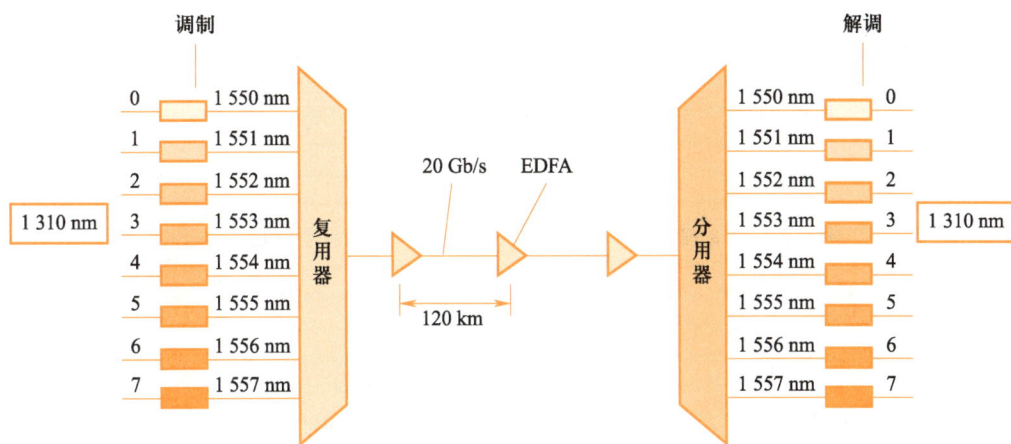

图 4-17　波分复用的工作原理示意图

在移动通信（手机）系统中，第一代模拟蜂窝系统采用的是频分多路复用技术（FDMA），第二代的 GSM 系统主要采用时分多路复用技术（TDMA），第三代移动通信使用的是码分多路寻址（CDMA，码分多址）技术，第四代、第五代移动通信使用更为复杂的多路复用技术。

总之，采用多路复用技术后，同轴电缆、光纤、无线电波等可以同时传输成千上万路不同信源的信号，大大降低了通信的成本。

5. 分组交换技术

在电话问世后不久人们就发现，让所有电话都两两相连是不现实的。于是让每部电话与电话交换机相连，交换机按某种方式动态地分配传输线路资源。例如，电话交换机在用户呼叫时为用户选择一条可用的线路进行连接，用户挂机后则断开，该线路又可分配给其他用户使用。交换主要有电路交换和分组交换两种方式。

（1）电路交换

通信双方进行数据传输时必须经过"建立连接（占用通信资源）→通信（一直占用资源）→释放连接（归还通信资源）"三个步骤的交换方式称为电路交换。也就是说在通信时交换设备需要找出一条实际的物理线路，并且在通信过程中建立了连接的临时物理线路一直被占用，直到通信结束释放这条物理线路。在网络中，因为计算机传送数据具有突发性和不连续性，线路上真正用来传输数据的时间不到 10%，绝大多数时间里线路是空闲的，效率太低。解决的方案是采用分组交换技术。

（2）分组交换

分组交换也称包交换，它是针对数据通信的特点而提出的一种交换技术。所谓"交换"，从通信资源分配的角度来看，就是按照某种方式动态地分配传输线路资源。采用分组交换方式进行数据通信时，源计算机把需要传输的报文划分为若干适当大小的块，为每块数据附加收发双方的地址、数据块编号、校验等有关信息（称为"头部"），组成一个一个分组（packet），如图 4-18 所示，然后以分组为单位通过网络向目的计算机发送。到达后由目的计算机接收和处理。

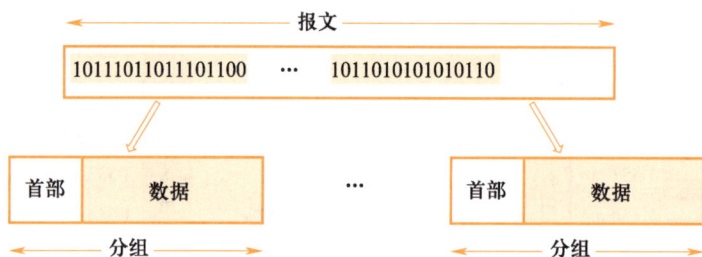

图 4-18　划分分组

互联网中采用分组交换机实现数据报分组交换。分组交换机的基本工作模式是"存储转发"，即每当交换机从端口收到一个分组后，检查该数据分组要送达的目的地址，查表决定应该由哪条线路转发出去，考虑到经常会有许多分组需要在同一端口进行转发，分组交换机的端口都有一个输出缓冲区（队列），需要发送的分组在该端口的缓冲区中排队。端口每发送完一个分组，就从缓冲区中提取下一个分组进行发送，这就是存储转发技术。

同一报文的不同分组可以由不同的传输路径通过通信子网传输，到达目的端时可能出现乱序现象。目的计算机收到所有分组后，剥去其头部，再将它们按编号重新合并成原来的数据。

图 4-19 表示从主机 A 分别向主机 B 和主机 C 发送信息，分组的头部包含了源地址 A 和目的地址 B 和 C，这些分组经过通信子网中的不同传输路径到达目的地。主机 B 和 C 对这些分组进行排序等处理，从而获得准确的源数据。

计算机网络采用分组交换和存储转发技术，能有效提高传输线路的利用率，数据通信可靠，灵活性好。但分组交换技术也会产生一定的时延，特别是网络中通信量过大时，这种时延可能很显著。随着通信线路带宽的提高和高性能分组交换机的使用，目前互联网分组交换传输方式完全能够适应实时性要求较高的语音通话、视频直播等。

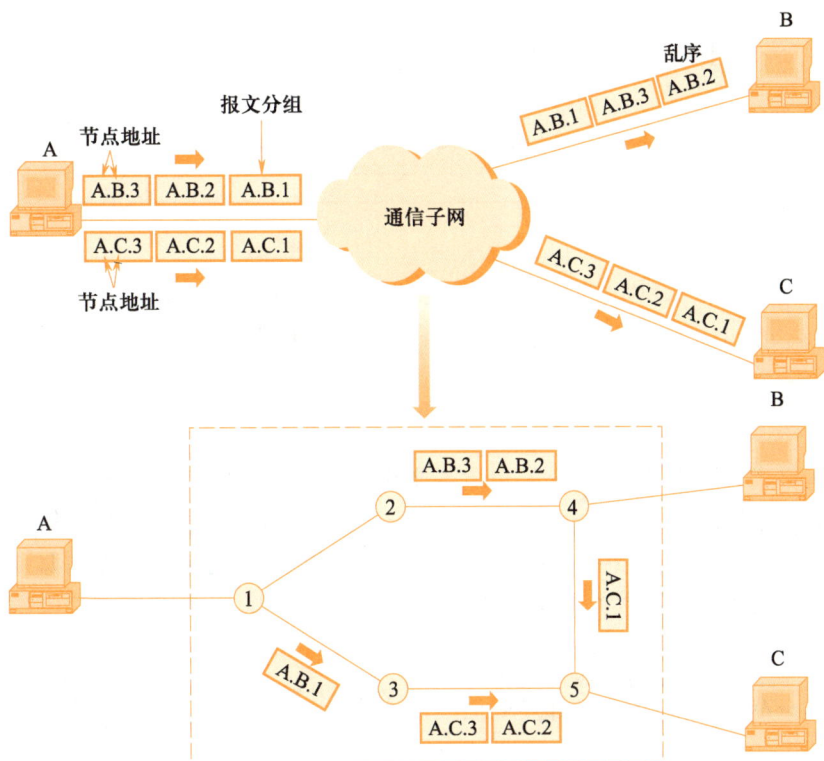

图 4-19　数据报交换的工作原理

4.1.3　局域网组成及工作原理

局域网开始于 20 世纪 70 年代，以以太网（ethernet）为代表。局域网常见于公司、学校、机构和家庭，其主要特点是：局域网通常是为一个单位所拥有，且地理范围和站点数目均有限；使用专门铺设的传输介质进行连网和数据通信，传输速率高（10 Mb/s ～ 10 Gb/s），延迟时间短，误码率低。

1. 局域网组成

计算机局域网的逻辑组成如图 4-20 所示。它包括网络工作站（PC、平板电脑、智能手机等）、网络服务器、网络打印机、网络接口卡、传输介质（双绞线、光缆、无线电波）、网络互连设备（集线器、交换机）等。

网络上的每台设备，包括网络工作站、服务器、打印机等，都安装有网络接口卡（简称网卡），每块网卡都有一个全球唯一的地址码（称为 MAC 地址），该地址码就成为安装该网卡设备的物理地址。网卡通过双绞线、光纤或者无线电波把设备与网络连接起来，实现设备之间的通信。

2. 数据帧与数据传输

局域网传输数据时将要传输的数据分成小块（称为"帧"，frame），一次只能传输 1 帧，来自多台计算机的不同的数据帧以异步时分多路复用方式共享传输介质，使网络上的计算机都能得到迅速而公平的数据传输机会，提高了网络数据传输的整体效率。

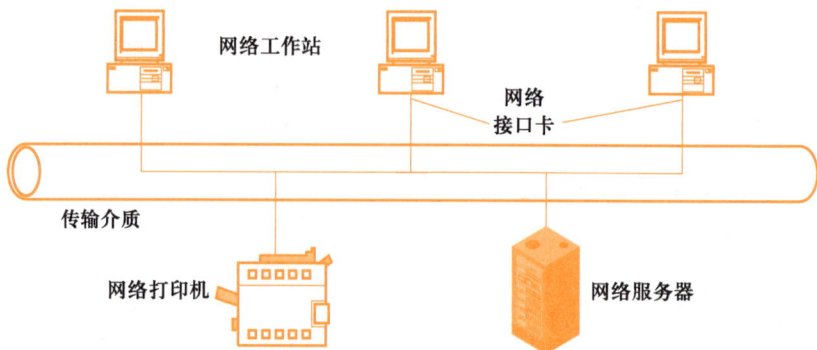

图 4-20 局域网的逻辑组成

数据帧的格式如图 4-21 所示。帧包含需要传输的数据（称为"有效载荷"）、发送该数据帧的源计算机地址和接收该数据帧的目的计算机地址和校验信息等。校验信息用来供目的计算机在收到数据之后验证数据传输是否正确，如果发现数据有错就可以向源计算机发出指令，以便源计算机将这一帧数据重新发送。

源计算机 MAC地址	目的计算机 MAC地址	控制 信息	有效载荷(传输的数据)	校验 信息

图 4-21 局域网中传输的数据帧的格式

3. 网卡及其工作过程

网卡的任务是负责发送数据和接收数据。当源计算机需要发送数据时，网卡将数据分成若干小块、为每一块数据附加上源/目的计算机的 MAC 地址和校验信息后组成数据帧，然后把数据帧依次逐个发送出去。同时，网卡还不断地检测网络上有没有发给本机的数据帧，如果有就接收下来，从帧中提取出数据，检验无误后再交给 CPU 进行处理。

局域网有若干类型，不同类型的局域网其 MAC 地址和数据帧格式各不相同，因此接入不同类型局域网的计算机需要使用不同类型的网卡。即使接入同类局域网，使用有线传输与使用无线传输的网卡也有区别。

4.1.4　常用局域网

局域网有多种不同的类型。按照网络中各种设备互连的拓扑结构，可以分为星形网、环形网、总线网、混合网等；按照传输介质访问控制方法，可以分为以太网（ethernet）、FDDI 网和令牌网等。不同类型的局域网采用不同的数据帧格式，不同的网卡和协议。现在广泛使用的是以太网。

1. 共享式以太网

共享式以太网是最早使用的一种以太局域网，网络中所有计算机均通过以太网卡连接到一条公用的传输线（称为总线），通过总线实现计算机相互间的通信，如图 4-22 所示。

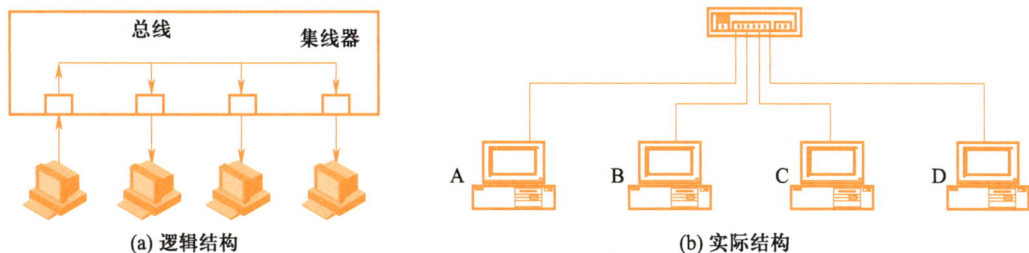

(a) 逻辑结构　　　　　　　　　　　(b) 实际结构

图 4-22　共享式以太网的结构

　　早期的以太网是通过同轴电缆连接的，网络中的每台计算机通过网卡经 T 形头连接到电缆总线上。后来发展为以以太网集线器（hub）为中心，网络中的每台计算机通过网卡和网线连接到集线器，其拓扑结构本质上仍然为总线型。

　　集线器是把从一个端口接收到的数据帧以广播方式向其他所有端口分发出去，并对信号进行放大，以扩大网络的传输距离，起到中继器的作用。图 4-23 是一个 8 端口集线器连接的网络，端口 4 接收到信息后以广播方式向其他端口分发。以集线器为中心构成的以太网是共享式以太网，即集线器连接的主机共享集线器的带宽。例如，如果集线器有 8 个端口，集线器带宽是 100 Mb/s，则每个端口连接的主机获得的实际带宽是 100/8 Mb/s = 12.5 Mb/s。

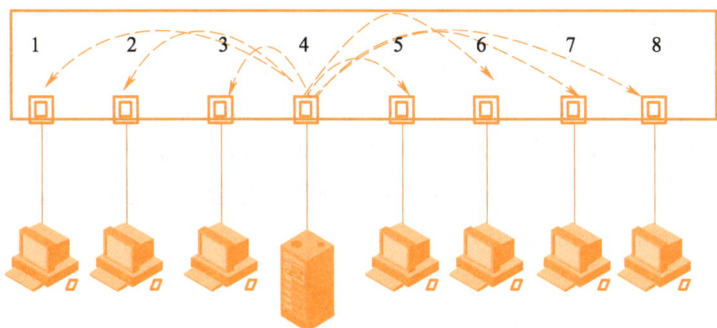

图 4-23　集线器在以太网中的工作原理

　　共享式以太网的特点是同一时刻只允许一对计算机进行通信，连网的所有计算机共享总线的带宽。当计算机数目较多且通信频繁时，网络性能将急剧下降。

2. 交换式以太网

　　计算机通过网线经以太网交换机（Ethernet switch）连接构成交换式以太网，如图 4-24 所示。交换机从发送计算机接收了一个数据帧之后，直接按接收计算机的 MAC 地址发送给指定的计算机，不再向其他无关计算机发送。这样，其他计算机可同时发送或接收数据帧。例如，计算机 1 与 3 传输数据帧时，计算机 2 与 5、4 与 6 也可同时传输数据帧。

　　交换式以太网以以太网交换机为中心，是一种星形拓扑结构的网络。它与总线型结构的区别是，连接在交换机上的每一台计算机各自独享一定的带宽。如果交换机的带宽是 100 Mb/s，则每个端口连接的主机都独占 100 Mb/s 带宽。

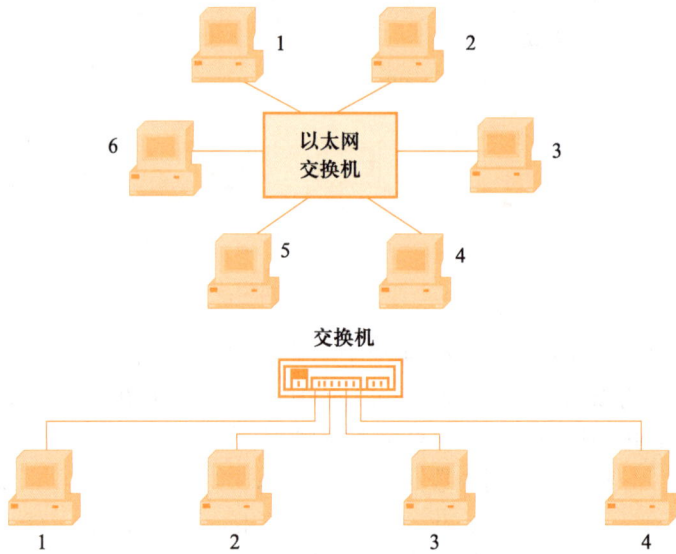

图 4-24　交换式以太网

3. 千（万）兆以太网

一个单位由多个部门组成，要构建一个高速的以太网，可以采用层次结构，如图 4-25 所示。配置千（万）兆以太网交换机作为中央交换机，百（千）兆以太网交换机作为部门交换机，部门交换机、网络服务器通过 1 000 Mb/s 甚至更高速率的传输线路与中央交换机直接连接，用户的计算机与所在部门交换机通过 100 Mb/s 或 1 000 Mb/s 的传输线路连接。传输介质根据线路的长短及速度要求，采用光纤或双绞线。用防火墙与外界隔开，通过路由器接入互联网，以满足访问外网的需要。

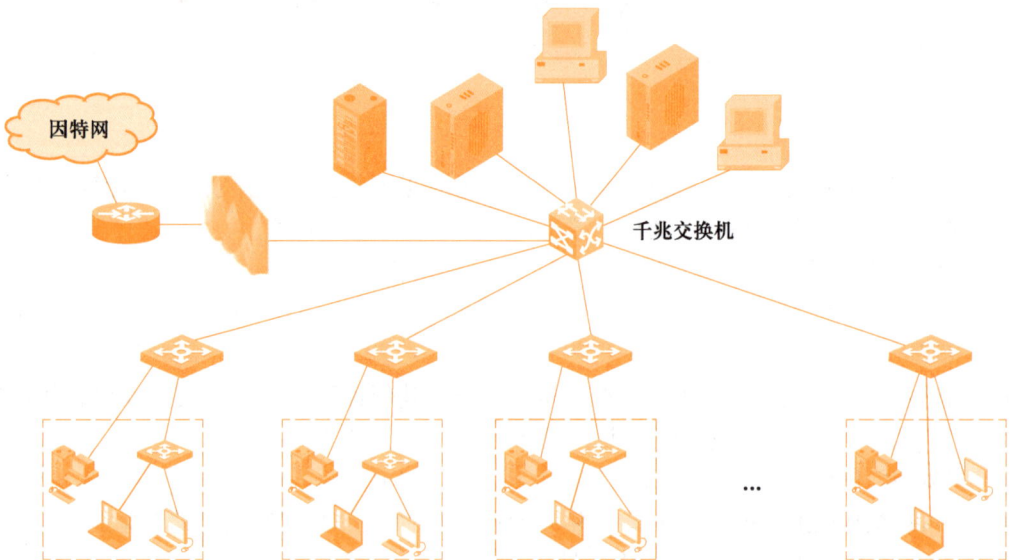

图 4-25　以千兆交换机为骨干的以太网

无论是共享式以太网还是交换式以太网，它们的数据帧和 MAC 地址格式均相同，使用的网卡并无区别。网卡按传输速率可分为 100 M（即 100 Mb/s，下同）网卡、1 000 M 网卡及 100/1 000 M 自适应网卡，目前使用最多的是 100/1 000 M 自适应网卡，每块网卡都有一个全球唯一的 48 位二进制数的 MAC 地址。

4. 无线局域网

无线局域网使用的无线电波，主要是 2.4 GHz 和 5.8 GHz 两个频段，覆盖范围较广，采用扩频方式通信，具有抗干扰、抗噪声和抗信号衰减能力，通信比较安全，具有很高的可用性。

无线局域网采用的协议主要是 802.11（俗称 WiFi）。802.11a（5.8 GHz 频段）和 802.11g（2.4 GHz 频段）传输速率均可达到 54 Mb/s，能满足传输语音、数据、图像等业务的需要。为了实现高带宽、高质量的 WLAN，近些年又推出了 802.11n 协议（双频段：2.4 GHz 和 5 GHz），它将传输速率进一步提高到 108 Mb/s 甚至更高。

无线局域网需使用无线网卡、无线接入点（wireless access point，简称 WAP 或 AP）等设备构建。通常无线局域网与有线网络配合使用，如图 4-26 所示。图中笔记本电脑等移动终端通过内置的无线网卡，与无线接入点 AP 通信，实现无线工作站之间和无线工作站与有线局域网之间相互访问。无线 AP 的室外覆盖距离通常可达 100～300 m，室内一般仅为 30 m 左右。安装了 USB 无线网卡的台式机也可以无线方式接入网络。

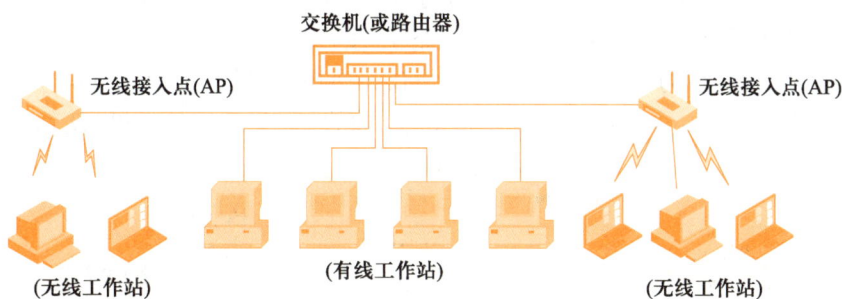

图 4-26　无线局域网

为了旅行方便，市面上提供一种便携式无线 AP 或无线路由器，笔记本电脑、手机可随时接入网络。智能手机也可以设置为 AP 使用（需消耗手机的流量）。

无线局域网的另外一种构建方式称为无线自组网（ad hoc），它不需要使用无线接入点 AP，而是由一组无线工作站以自组织、多跳移动通信的方式构成，是一种无线对等局域网。在这种网络中，所有工作站都可以自由移动，它们均具有动态搜索、定位和恢复连接的能力如图 4-27 所示。无线自组网在军事上非常有用，也可以在会议室和家庭中使用。

构建无线局域网的另一种技术是"蓝牙"（bluetooth）。它是一种短距离、低速率、低成本的无线通信技术，其目的是去掉移动终端设备及附属装置（如耳机、鼠标等）间的连接电缆，构成一个几米范围内的无线个人区域网络（WPAN）。

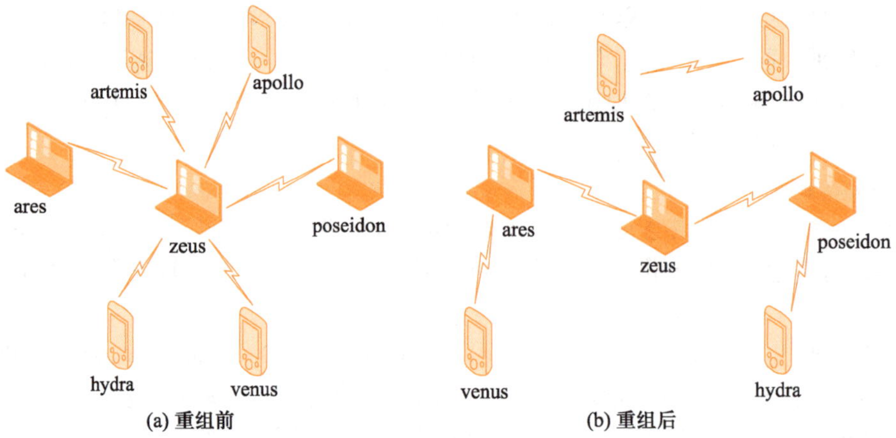

(a) 重组前　　　　　　　　　　　　(b) 重组后

图 4-27　无线自组网（ad hoc）

4.2　互联网

互联网也称为因特网（Internet），它起源于 1969 年美国国防部创建的第一个分组交换网 ARPANET，最初只是单个的网络，连接在网络上的主机都直接与就近的节点交换机相连。1983 年，TCP/IP 协议成为 ARPANET 的标准协议，使用该协议的所有计算机都可以相互通信。经过几十年的发展，成为现在的多层次 ISP 结构的互联网，如图 4-28 所示。

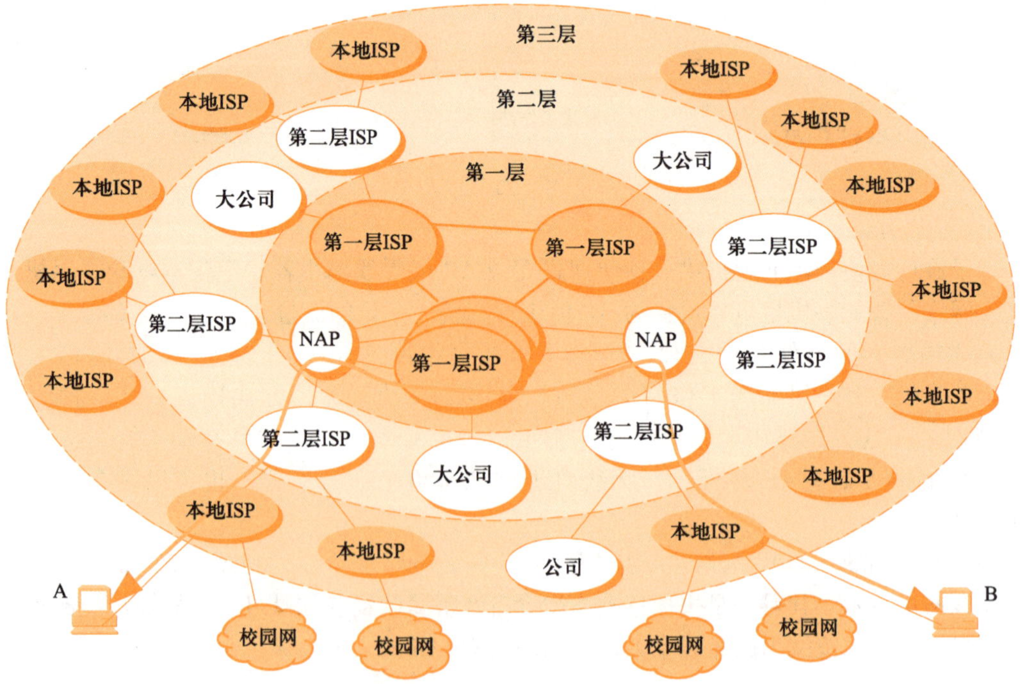

图 4-28　多层次结构的互联网

1993 年以后，互联网交由专门的国际机构负责，出现了许多互联网服务提供商（internet service provider，ISP）。ISP 拥有从互联网管理机构申请到的多个 IP 地址、通信线路以及路由器等网络资源。个人或机构只要向 ISP（通常是本地的电信部门）缴纳规定的费用，就可以获得 IP 地址并通过该 ISP 接入到互联网。图 4-28 中计算机 A 与计算机 B 通过互联网进行通信时，实际上是通过许多中间的 ISP 进行通信。

4.2.1　网络分层结构与 TCP/IP 协议

计算机网络是个复杂的系统。相互通信的计算机必须高度协调才能完成预定的任务。例如，计算机 A 要向计算机 B 传输一个文件，需要解决怎样标识计算机 A、计算机 B，数据经过哪条通信线路进行传输，传输中若出现数据传输错误怎么处理等问题。由此可见，通信双方的这种"协调"是相当复杂的，双方必须共同遵守统一的网络通信协议。

网络协议是计算机网络不可缺少的组成部分，网络中的计算机通过协议相互通信。计算机网络的协议采用"分层"的方法进行设计和开发。分层可以把庞大而复杂的问题转化为若干较小的局部问题，使问题比较容易处理。

国际标准化组织（ISO）提出开放系统互连（OSI）参考模型，将网络分成 7 层，虽然概念清楚，但过于复杂，运行效率低，没有得到市场的认可。而非国际标准的 TCP/IP 模型获得了最广泛的应用。

TCP/IP 模型将计算机网络分成 4 层：应用层、传输层、网络互连层和网络接口和硬件层。每一层都包含若干协议，整个 TCP/IP 一共包含了 100 多个协议。TCP（传输控制协议）和 IP（网络互连协议）是其中两个最基本、最重要的协议。图 4-29 给出了每个层次的名称、包含的主要协议以及层与层之间传送的对象（数据）。

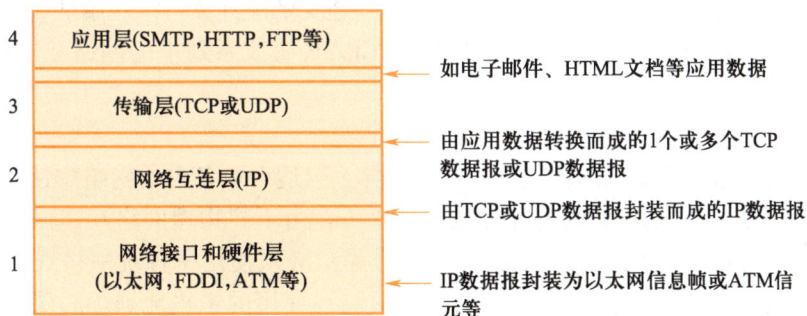

图 4-29　TCP/IP 的分层结构与主要协议

1. 应用层

第 4 层应用层，规定了运行在不同主机上的应用程序之间（如电子邮件的客户端与邮件服务器之间、Web 浏览器与 Web 服务器之间等）如何通过互连的网络进行通信。不同的应用需要使用不同的应用层协议，如电子邮件程序使用 SMTP 协议（简单邮件传送协议）、Web 浏览器使用 HTTP 协议（超文本传输协议）。

2. 传输层

第 3 层传输层，规定了怎样进行端到端的数据传输。传输层有 TCP 和 UDP 两个协议，大部分应用程序使用 TCP 协议，它负责可靠地完成数据从发送计算机到接收计算机的传输，如电子邮件的传送和网页的下载等；而使用 UDP 协议时，网络只是尽力而为地进行快速数据传输，但不保证传输的可靠性，例如音频和视频数据的传输大多采用 UDP 协议。

3. 网络互连层

第 2 层网络互连层，它规定了在整个互连的网络中所有计算机统一使用的编址方案和数据包格式（称为 IP 数据报），以及怎样将 IP 数据报（包）从一台计算机逐步地通过一个或多个路由器送达最终目标的转发机制。

4. 网络接口和硬件层

第 1 层网络接口和硬件层，它规定了怎样与各种不同的物理网络（如以太网、FDDI 网、X. 25 网、帧中继网、ATM 网等）进行接口，并负责把 IP 数据报转换成适合在特定物理网络中传输的帧格式。

互联网采用 TCP/IP 协议标准，尽管低层各种物理网络使用的帧或包格式、地址格式等差别很大，但通过 IP 协议能够将它们转化为统一格式的 IP 数据报，在网络互联层进行传输，实现了多种异构网络的互连。传输层的 TCP 协议具有解决数据报丢失、重复、损坏等异常情况的能力，确保了可靠的端到端通信。

随着 TCP/IP 技术的成熟和互联网的大范围使用，操作系统与 TCP/IP 的结合越来越紧密。目前，流行的 UNIX、Linux 和 Windows 等操作系统都已将实现 TCP/IP 协议的通信软件作为其内核的重要组成部分。

4.2.2　IP 协议与路由器

互联网连接不同的局域网和公用数据网（例如以太网、FDDI 网、ATM 网等），它们使用不同的帧（包）格式和编址方案。异构网络的互连要解决计算机统一编址、数据包格式转换、数据传输路由等问题。承担这一任务的是 TCP/IP 协议系列中的网络互连协议 IP 和路由器。

1. IP 地址

不同的物理网络中计算机的地址格式存在差异，只适合在各自的网络中使用，例如以太网的 MAC 地址，用于以太局域网内计算机的识别。在由不同物理网络互连而成的庞大互联网中，每台主机（PC、手机、平板电脑、服务器等）必须使用一种统一格式的地址（简称 IP 地址）进行标识，作为网络互连层（及其上两层）使用的主机地址。底层物理网络仍然使用它们原有的物理地址。

IP 协议第 4 版（简称 IPv4）规定，每个 IP 地址使用 4 字节（32 位）表示。为了方便用户使用，它通常被写作点分十进制的形式，即 4 字节被分开用十进制写出（0~255），中间用小数点"."分隔。例如，IP 地址 11001010 01110111 01100001 00000010 的点分十进制表示为：202. 119. 97. 2。

IP 地址包含网络号和主机号两部分。前者用来指明主机所从属的物理网络的编号（称为"网络号"），后者是主机在所属物理网络中的编号（称为"主机号"）。IP 地址分为 A 类、B 类、C 类、D 类和 E 类，每类有不同长度的网络号和主机号，其中 D 类和 E 类地址分别作为组播地址和备用地址使用，如图 4-30 所示。

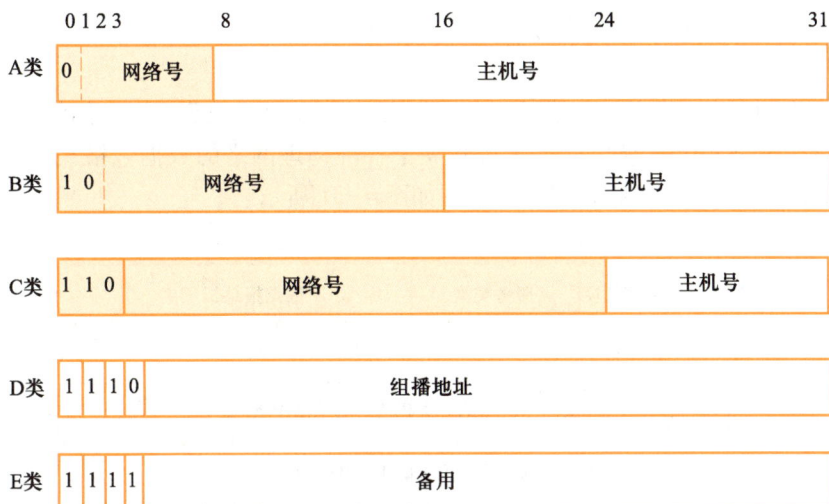

图 4-30 IP 地址的分类及格式

（1）A 类地址

A 类地址用于拥有大量主机（≤16 777 214）的超大型网络，全球只有 126 个网络可获得 A 类地址。A 类 IP 地址的特征是其二进制表示的最高位为"0"（首字节小于 128），例如 26.10.35.48 是一个 A 类地址。每个 A 类地址的网络拥有 $2^{24}-2$ 台主机。

（2）B 类地址

B 类地址的特征是其二进制表示的最高两位为"10"（首字节大于等于 128 但小于 192），规模适中的网络（≤65 534 台主机）使用 B 类地址，例如 130.24.35.68 是一个 B 类地址。每个 B 类地址的网络拥有 $2^{16}-2$ 台主机。

（3）C 类地址

C 类地址的特征是二进制表示的最高 3 位为"110"（首字节大于等于 192 但小于 224），例如 202.119.23.12 表示一个 C 类地址，用于主机数量不超过 254 台的小型网络。

有一些特殊的 IP 地址从不分配给任何主机使用。例如：主机地址每一位都为"0"的 IP 地址，称为网络地址，用来表示整个物理网络，它指的是物理网络本身而非哪一台主机。主机地址每一位都为"1"的 IP 地址，称为直接广播地址，当一个 IP 包中的目的地地址是某个物理网络的直接广播地址时，这个包将送达该网络中的每一台主机。

给出一个 IP 地址后，计算机要知道 IP 地址中的网络号，需要使用"子网掩码"（也称为子网屏蔽码）。例如主机 IP 地址为 202.119.97.120，子网掩码为 255.255.255.0，两者"与"运算后得到主机的网络号为 202.119.97.0。B 类网络默认的子网掩码为 255.255.0.0，C 类网络默认的子网掩码为 255.255.255.0。在实际应用中，有时需要将一个网络再分为几个物理子网。例如，C 类网络的子网掩码设置为 255.255.255.192，可将 C 类网络再分为 4 个物理子网。

由于 IPv4 中地址长度仅为 32 位，目前已全部分配完毕。解决 IP 地址不够使用的技术有多种，例如，网络地址转换（NAT）、动态主机设置协议（DHCP）等，但长远的解决方案是采用第 6 版 IP 协议（IPv6），它把 IP 地址的长度扩展到 128 位，几乎可以不受限制地提供

IP 地址。目前 IPv6 已得到广泛应用。

2. IP 数据报

不同的物理网络，它们使用的数据包（或帧）的格式互不兼容，一个网络数据包不能直接传送给另一个网络。IP 协议定义了一种独立于各种物理网络的数据包格式，称为 IP 数据报（IP datagram）。IPv4 数据报格式的示意图如图 4-31 所示。

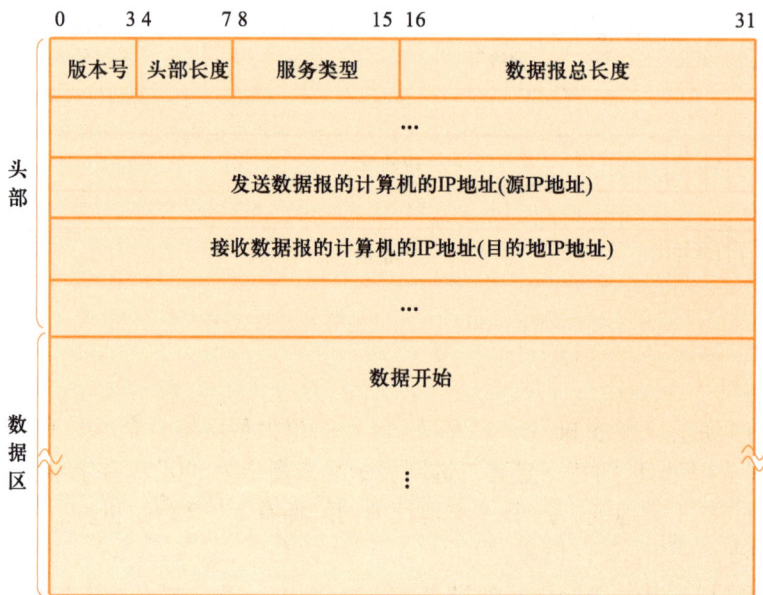

图 4-31 IP 数据报格式的示意图

IP 数据报由两部分组成：头部和数据区。头部信息包括：发送数据报的计算机的 IP 地址；接收数据报的计算机的 IP 地址；IP 协议的版本号；头部长度（以 32 位为单位指出数据报头部的长度）；数据报长度（整个数据报的长度，即头部长度加上数据区的长度）；服务类型（指明发送数据的计算机对数据传输的要求，例如，希望以低延迟方式传输，或者以高速率方式传输等）。数据区的长度可以根据应用而改变，数据量最小的时候也许只有 1 个字节，最大的时候可以达到 64 KB。

所有需要在 TCP/IP 网络中传输的数据，在 IP 这一层面都必须封装或分拆成 IP 数据报之后才能进行发送或接收。

3. 路由器

IP 数据报在采用不同技术的局域网和广域网中进行传输，需要统一使用 TCP/IP 协议和路由器（router）。路由器是连接异构网络的关键设备，它把 IP 数据报按目的计算机的 IP 地址进行转发，屏蔽各种网络的技术差异，将 IP 数据报正确送达目的计算机，确保了各种不同物理网络的无缝连接，如图 4-32 所示。

当主机 A 要向主机 B 发送 IP 数据报时，检查发现目的主机 B 与源主机 A 连接在同一网络上时，将 IP 数据报直接交付给目的主机 B。当主机 A 要向主机 C 发送 IP 数据报时，检查发现目的主机 C 与源主机 A 不在同一个网络上时，则将 IP 数据报发送给源主机 A 所在网络上的路由器，由该路由器按照转发表指出的路由，将其转发给下一个路由器，即间接交付，直到传输到目的主机 C 所在的网络，然后，直接交付给目的主机 C，如图 4-33 所示。

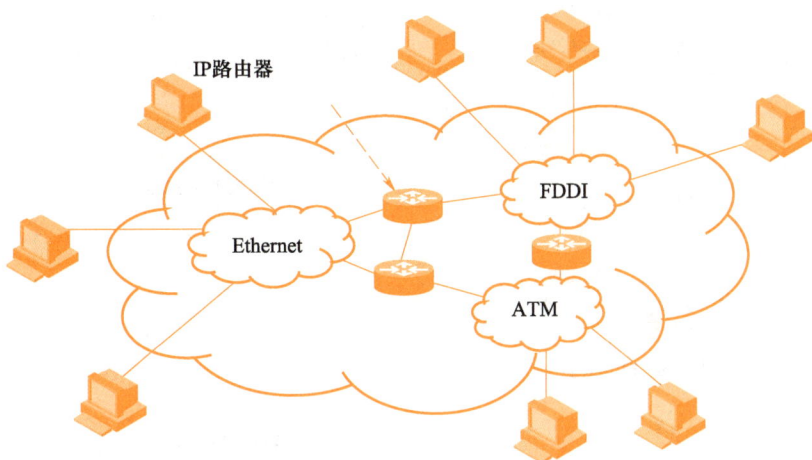

图 4-32　路由器使异构网络互连成为一个统一的计算机网络

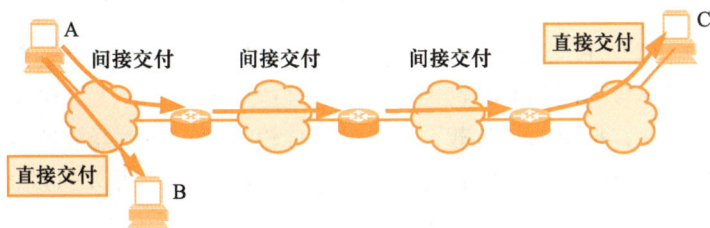

图 4-33　路由器用于在网络间转发 IP 数据报

　　路由器实际上是一台高性能的专用计算机，它有多个输入端口和多个输出端口，其功能主要是选择路由和转发 IP 数据报，并进行协议转换。路由器之间一般都使用高速通信链路相连接。一个路由器通常连接多个网络。连接在哪个网络的端口，就被分配一个属于该网络的 IP 地址，所以同一台路由器会拥有多个不同的 IP 地址。

　　图 4-34 是两个路由器连接三个物理网络时其端口 IP 地址的示例。主机 H_1 向 H_2 发送 IP 数据报的过程如下：H_1 检查目的主机 H_2 IP 地址 202.30.33.138 是否同属本网络，H_2 所在网络为 202.30.33.0，不属于 H_1 所在网络地址 128.30.0.0；将 IP 数据报送交路由器 R_1，并逐项查找路由表，发现 H_2 网络地址与 R_1 路由表的第 2 项相同（说明网 2 就是 IP 数据报所要寻找的目的网络）；R_1 不再查找下一个路由器，将 IP 数据报从 R_1 路由器接口 1 直接交付给 H_2。

　　在网络上主机发送的 IP 数据报通过路由器转发才能到达目的主机，路由器转发是依据路由器中的路由表。路由表通常包括目的网络地址和下一跳端口。路由器转发 IP 数据报就是提取 IP 数据报中的目的地址和路由表中的目的网络地址进行比较，相等时选择相应的下一跳端口转发出去。

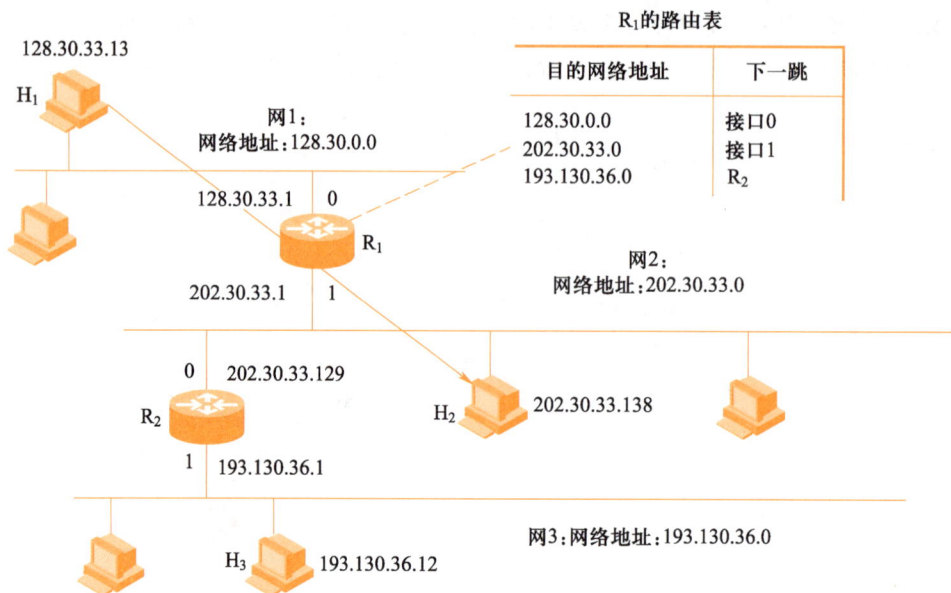

图 4-34 路由器及其 IP 地址

路由器问世已经多年了，随着技术的进步，路由器的用途和性能都有了很大发展。现在，路由器不仅用于连接不同类型的物理网络，而且还用来将一个大型网络分割成多个子网络，避免产生广播风暴，平衡网络负载，提高网络传输效率。路由器能监视用户的流量，过滤特定的 IP 数据报，对保障网络安全也有重要作用。路由器还可以通过提供优先权控制、预约网络带宽等措施提供一些网络特殊服务。

4. 主机地址和域名系统

在互联网系统内部，使用 IP 地址识别网络中的主机，但用户要访问互联网中的主机资源时，使用 IP 地址就很不方便。互联网中使用具有特定含义的符号来表示互联网中的服务器（主机），当用户访问网络中的某个服务器时，只需按名访问，而无须关心它的十进制或二进制数字所表示的 IP 地址。例如，www.njnu.edu.cn 是南京师范大学 Web 服务器主机名（对应的 IP 地址为 202.119.107.40），互联网用户只要使用 www.njnu.edu.cn 就可访问到该服务器。互联网中主机的符号名就称为它的域名。域名使用的字符可以是字母、数字和连字符，但必须以字母或数字开头并结尾。整个域名的总长不得超过 255 个字符。

为了避免域名重复，互联网将整个网络的域名空间划分为许多不同的域，每个域又划分为若干子域，子域又分成许多子域。所有入网主机的名字即由一系列的"域"及其"子域"组成，子域的个数不超过 5 个，相互之间用"."分隔，从左到右级别逐级升高。域名的格式一般为"计算机名 . 网络名 . 机构名 . 最高域名"。图 4-35 是互联网命名树的示意图。

由于互联网起源于美国，所以美国通常不使用国家代码作为一级域名，其他国家（地区）一般采用国家（地区）代码作为一级域名。表 4-1 和表 4-2 给出了域名的含义，例如在域名 ceai.njnu.edu.cn 中，cn 表示中国，edu 表示教育科研网，njnu 表示南京师范大学校园网，ceai 表示一台计算机。

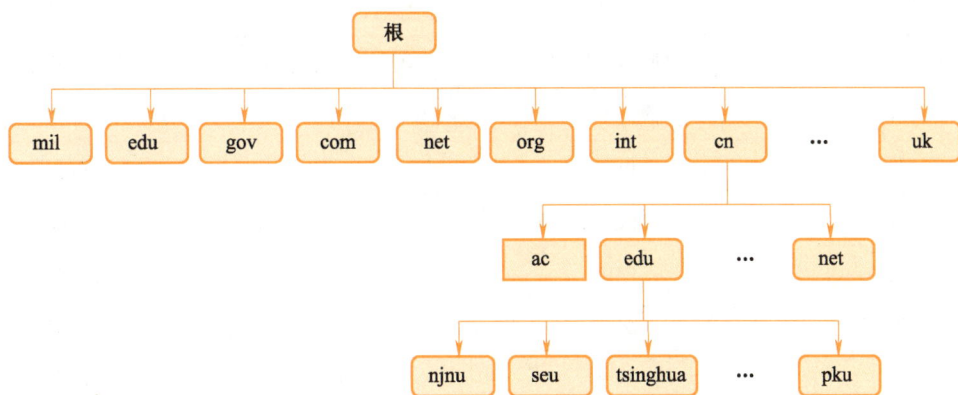

图 4-35　互联网主机名字的命名树

表 4-1　互联网的顶级域名代码及含义

域 名 代 码	意　义
COM	商业组织
EDU	教育机构
GOV	政府部门
MIL	军事部门
NET	网络支持中心
ORG	其他组织
ARPA	临时 ARPA（未用）
INT	国际组织
<Country Code>	国家和地区代码
FIRM	商业公司
STORE	商品销售企业
WEB	与 WWW 相关的单位
ARTS	文化和娱乐单位
REC	消遣和娱乐单位
INFO	提供信息服务的单位
NOM	个人

表 4-2 部分国家或地区代码

国家或地区代码	国家或地区	国家或地区代码	国家或地区
au	澳大利亚	jp	日本
br	巴西	kr	韩国
ca	加拿大	mo	中国澳门
cn	中国	ru	俄罗斯
fr	法国	sg	新加坡
de	德国	tw	中国台湾
hk	中国香港	uk	英国

通常一台主机只有一个 IP 地址，但可以有多个域名（为了不同的应用）。主机从一个物理网络转移到另一个网络时，其 IP 地址必须更换，但可以保留原来的域名不变。

把域名翻译成 IP 地址的服务器称为域名服务器（DNS）。它根据域名就可以查到对应的 IP 地址，查找操作是自动完成的。一般来讲，每一个网络（如校园网或企业网）均要设置一个域名服务器，并预先在服务器的数据库中存放所辖网络中所有主机的域名与 IP 地址的对照表，用来实现主机名字和 IP 地址的转换。客户端使用域名访问互联网上的某个主机时，首先请求 DNS，将域名翻译成 IP 地址，并依靠此 IP 地址传输数据。

4.2.3 互联网的接入

随着互联网的快速发展，大量的局域网和个人计算机用户需要接入互联网。目前我国单位用户和家庭用户可以通过电话线、有线电视电缆、光纤、无线信道等不同传输技术接入互联网。

1. ADSL 接入技术

非对称数字用户线（asymmetric digital subscriber line，ADSL）技术就是用数字技术对现有的模拟电话用户线进行改造，使它能够承载宽带业务。标准模拟电话信号的频带在 300~3 400 Hz 范围内，ADSL 技术把 0~4 kHz 低端频谱仍保留给传统电话使用，而把原来没有被利用的高端频谱用于用户上网使用。ADSL 为下行数据流提供比上行数据流更高的带宽，如图 4-36 所示。采取这样的做法，是因为大多数互联网用户其绝大部分流量是用户浏览 Web 页面或下载文件所产生的，用户发送的数据多数情况都是简短的请求信息，仅仅几十或者几百个字节，而接收的网页、视频数据量要大得多。

ADSL 并不需要改变电话的本地环路，它仍然利用普通电话线作为传输介质，只需在线路两端加装 ADSL 设备（专用的 ADSL MODEM）即可实现数据的高速传输。标准 ADSL 的数据上传速度一般只有 64 kb/s~256 kb/s，最高达 1 Mb/s，而数据下行速度在理想状态下可以达到 8 Mb/s。ADSL 技术也在不断发展中，例如，ADSL2+频谱范围从 1.1 MHz 扩展到 2.2 MHz，上传速率达到 800 kb/s，下行速率最大可达 25 Mb/s，而且可以根据线路的实时状况自适应地调整数据传输速率。

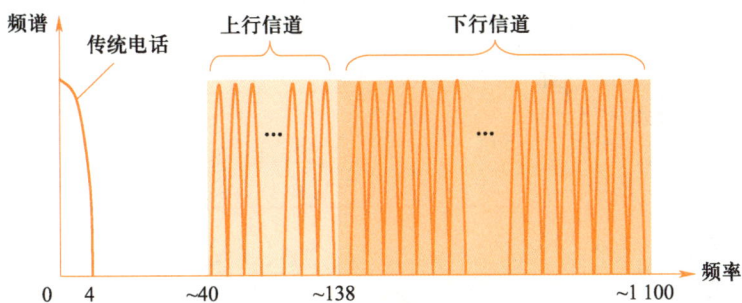

图 4-36 ADSL 频带分布

ADSL 的特点是：① 一条电话线可同时接听、拨打电话并进行数据传输，两者互不影响；② 虽然使用的还是原来的电话线，但 ADSL 传输的数据并不通过电话交换机，所以 ADSL 上网不需要缴付额外的电话费；③ ADSL 的数据传输速率是根据线路的情况自动调整的，它以"尽力而为"的方式进行数据传输。

用户需要安装 ADSL 时，只需在已有电话线的用户端配置一个 ADSL MODEM 和一个语音分离器（滤波器），计算机中需安装好一块以太网网卡，网卡与 ADSL MODEM 之间用双绞线连接，然后再设置好有关的参数，便完成了安装工作，如图 4-37 所示。

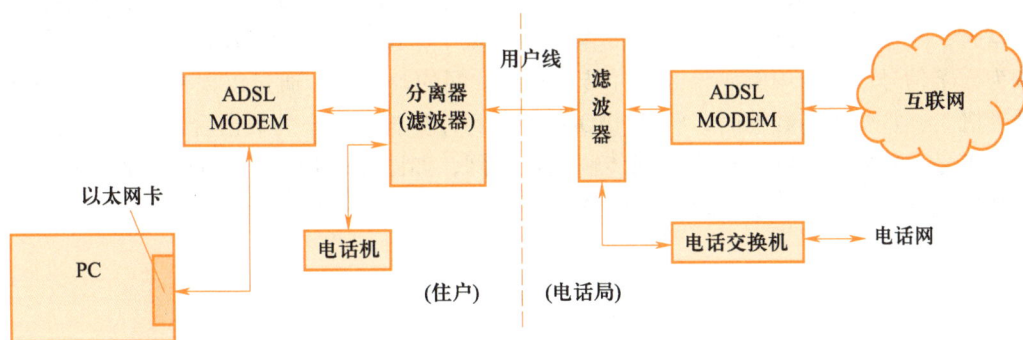

图 4-37 ADSL MODEM 与 PC 的连接

目前，ADSL 接入技术已广泛使用，成为接入互联网的主要方式之一。由于 ADSL 有较高的带宽，单位或者家庭的小型局域网可以使用一台路由器通过 ADSL 连网，为整个局域网的所有用户提供上网服务。

2. 光纤同轴混合网

光纤同轴混合网（hybrid fiber coax，HFC）是以光纤为骨干网络，同轴电缆为分支网络的高带宽网络，是在目前覆盖面很广的有线电视网（CATV）的基础上开发的一种居民宽带接入网。HFC 网除可传送有线数字电视外，还提供电话、数据和其他宽带交互型业务。

HFC 网的主干线路采用光纤连接到小区，然后在"最后 1 千米"使用同轴电缆以树形总线方式接入用户居所，如图 4-38 所示。借助 HFC 网接入互联网时，主机端采用传统的以太网技术。

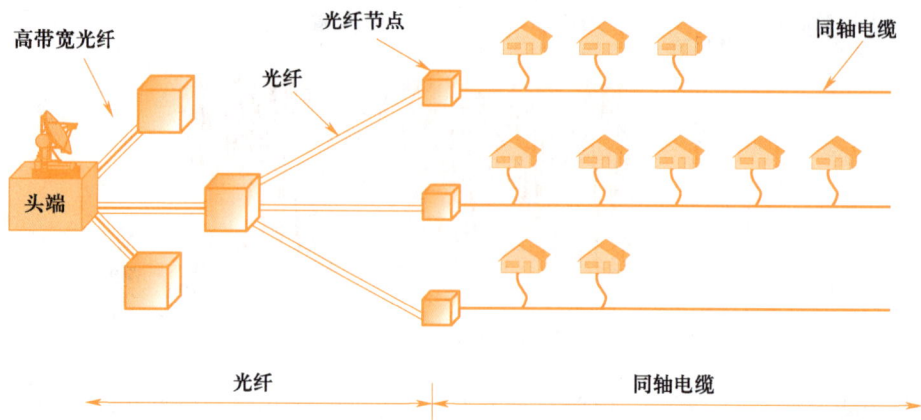

图 4-38　HFC 网的结构图

Cable MODEM 的原理与 ADSL 相似，它将同轴电缆的整个频带（大约为 5~750 MHz）划分为 3 部分，分别用于数据上传、数据下传及电视节目的下传，数据通信与电视信号的传输互不影响，上网时仍可收看电视节目。

Cable MODEM 除了将数字信号调制到射频（FR）以及将射频信号中的数字信息解调出来之外，它还提供标准的以太网接口与计算机网卡或局域网集线器连接。当计算机接收互联网数据时，数据通过光纤同轴混合网传输至用户家中，由 Cable MODEM 将下行的射频信号解调为数字信号，再从中解码出数据并转换成以太网的帧格式，通过以太网端口将数据传送到计算机。计算机上传数据时，Cable MODEM 收到计算机传送来的数据后，经过编码并调制成射频信号，然后经光纤同轴混合网传输至互联网，如图 4-39 所示。目前，数字有线电视的互动机顶盒中已经集成了 Cable MODEM 的功能。

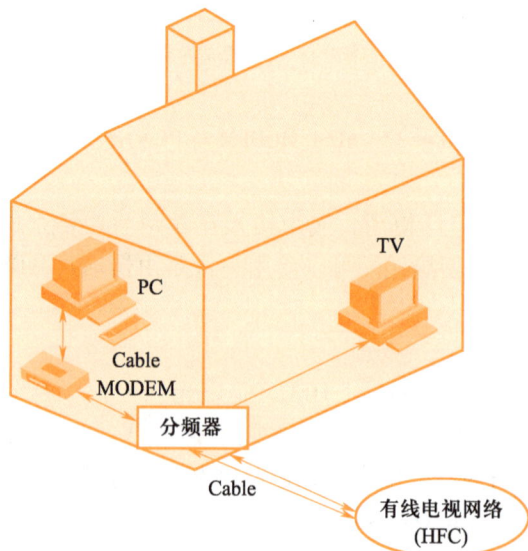

图 4-39　Cable MODEM 与计算机的连接

Cable MODEM 接入技术比电话网的带宽高得多，因而可以达到较高的传输速率，提供宽带服务。但由于 Cable MODEM 所依赖的 HFC 系统的拓扑结构是树形总线结构，其多个终端用户共享连接段线路的带宽，当段内同时上网的用户数目较多时，各个用户所得到的有效带宽将会下降，这是它的不足之处。

3. 光纤接入技术

光纤接入指的是使用光纤作为主要传输介质的互联网接入系统。在互联网服务提供商（ISP）的交换局一侧，把电信号转换为光信号，以便在光纤中传输，到达用户端之后，使用光网络单元把光信号转换成电信号，然后经过交换机传送到用户的计算机。反之，用户端计算机的电信号经过交换机传递给光网络单元，转换为光信号经光纤传输送达 ISP 交换局一侧，如图 4-40 所示。

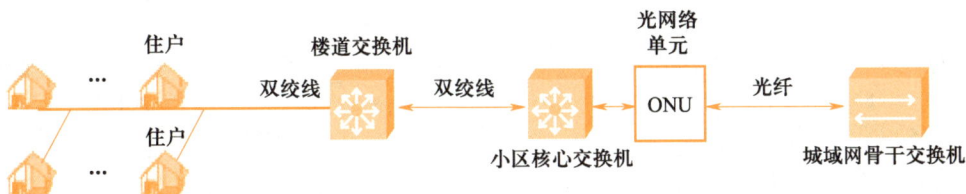

图 4-40　FTTx+ETTH 结构图

根据光纤深入用户群的程度，可将光纤接入网分为 FTTC（光纤到路边）、FTTZ（光纤到小区）、FTTB（光纤到大楼）、FTTO（光纤到办公室）和 FTTH（光纤到户），它们统称为 FTTx。FTTx 不是具体的接入技术，而是光纤在接入网中的推进程度。

光纤通信具有通信容量大、质量高、性能稳定、防电磁干扰、保密性强等优点。在干线通信中，光纤扮演着重要角色，在接入网中，光纤接入也将成为发展趋势，光纤接入网是发展宽带接入的长远解决方案。

4. 无线接入技术

无线接入技术是指通过无线介质将用户终端与网络节点连接起来，以实现用户与网络间的信息传递。目前主要采用无线局域网和移动通信网方式接入因特网，为用户提供移动接入业务。

无线局域网采用 802.11 协议的 WLAN 技术日益成熟，性能不断提高，产品价格逐步下降，校园、宾馆、机场、车站等已广泛使用。家庭（宿舍）中的多台计算机也可以通过无线路由器连接 ADSL MODEM（或 Cable MODEM，或光纤以太网）接入因特网。

移动通信网采用第三代（3G）、第四代（4G）、第五代（5G）移动通信技术接入互联网，其覆盖范围是 WLAN 不能相比的。随着技术的发展，5G 移动通信技术使无线接入互联网变得更加方便，性能也更高，使用 5G 无线上网卡将计算机接入互联网，用户体验速率可达 1 Gb/s。

4.2.4　互联网提供的服务

互联网由大量的计算机和信息资源组成，为用户提供了非常丰富的网络服务，基本的服务包括电子邮件（E-mail）、即时通信、文件传输（FTP）、远程登录（Telnet）、信息服务（WWW）、电子商务及电子游戏等。近年来互联网与人工智能相融合，为用户提供了更多的应用。

1. 电子邮件

电子邮件是互联网上最常用一种应用。图 4-41 为发送电子邮件的过程。首先通过用户代理（user agent，UA）撰写邮件，然后利用简单邮件传送协议（simple mail transfer protocol，SMTP）发送到发件人所在的邮件服务器等待发送；发件人邮件服务器再利用 SMTP 协议将邮件发送到收件人的邮件服务器中，邮件发送结束。收件人如果要收取邮件，可以通过用户代理使用邮局协议（post office protocol version 3.0，POP3）（或 IMAP 协议）从自己所在的邮件服务器中取出邮件或进行相关处理。用户代理是一种用于撰写、显示、处理邮件的软件系统，比如微软的 Outlook、国内的 Foxmail 等，也有很多直接用浏览器在线处理邮件，例如网易在线邮件服务。

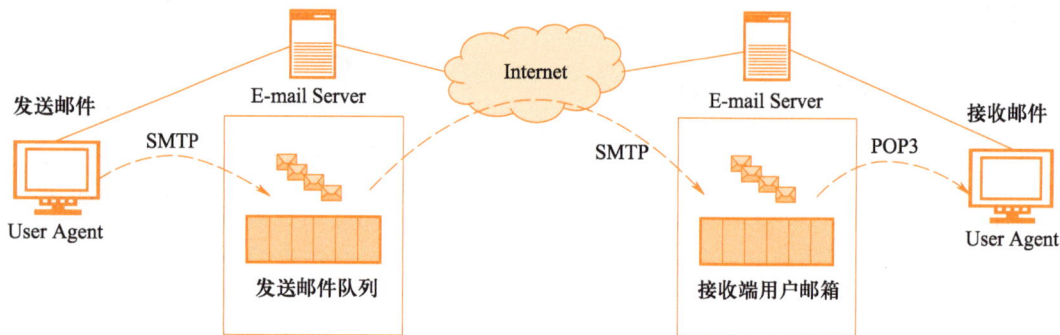

图 4-41　电子邮件系统的工作过程

无论发信人还是收信人都必须有邮件地址。TCP/IP 体系规定电子邮件地址格式为：

邮箱名@ 邮件服务器域名

例如，邮件地址 wangtao @ njnu. edu. cn 中邮箱名为 wangtao，邮件服务器域名为 njnu. edu. cn。邮箱名必须唯一，而邮件服务器域名在整个互联网范围内也是唯一的。

2. 即时通信

即时通信（instant message，IM）是指实时通信，它是互联网提供的一种允许人们实时快速地交换消息的通信服务。近年来，即时通信的功能日益丰富，已经发展成集交流、资讯、娱乐、搜索、电子商务、办公协作和企业客户服务等为一体的综合化信息平台。微软、腾讯、推特、新浪、Yahoo 等即时通信提供商市场优势突出。

微博（Weibo）是一种通过关注机制分享简短实时信息的广播式社交网络平台。微博作为一种分享和交流平台，更注重时效性和随意性，微博客更能表达出每时每刻的思想和最新动态。最早也是最著名的微博是美国的 Twitter。2006 年 3 月，博客技术先驱 blogger 创始人埃文·威廉姆斯（Evan Williams）率先推出了微博客服务。截至 2024 年第二季度末，新浪微博的月活跃用户为 5.83 亿，微博已经成为中国网民上网的主要活动之一。

微信（Wechat）是腾讯公司于 2011 年 1 月 21 日推出的一款为智能终端提供即时通信服务的免费应用程序。微信能够跨通信运营商、跨操作系统，通过网络快速发送语音短信、视频、图片和文字，也可以使用共享流媒体和基于位置的社交插件"摇一摇""漂流瓶""朋友圈""公众平台""语音记事本"等服务插件。微信提供公众平台、朋友圈、消息推送等功能，用户可以通过多种方式添加好友和关注公众平台，同时微信可将内容分享给好友、分享到微信朋友圈。截至 2023 年注册用户量已经突破 13 亿，是亚洲地区最大用户群体的移动即时通信软件。

QQ 也是腾讯公司推出的一款即时通信服务的免费应用程序。运行 QQ 客户端软件，输入 QQ 号和登录密码，就可以进行通信。此时可以看到有无在线好友，若想与好友聊天，可以双击该好友，在弹出的对话框内输入相应信息或录入声音等即可。这个过程并不需要好友一定在线，好友上线后就会看到所留的信息。其通信过程如图 4-42 所示。

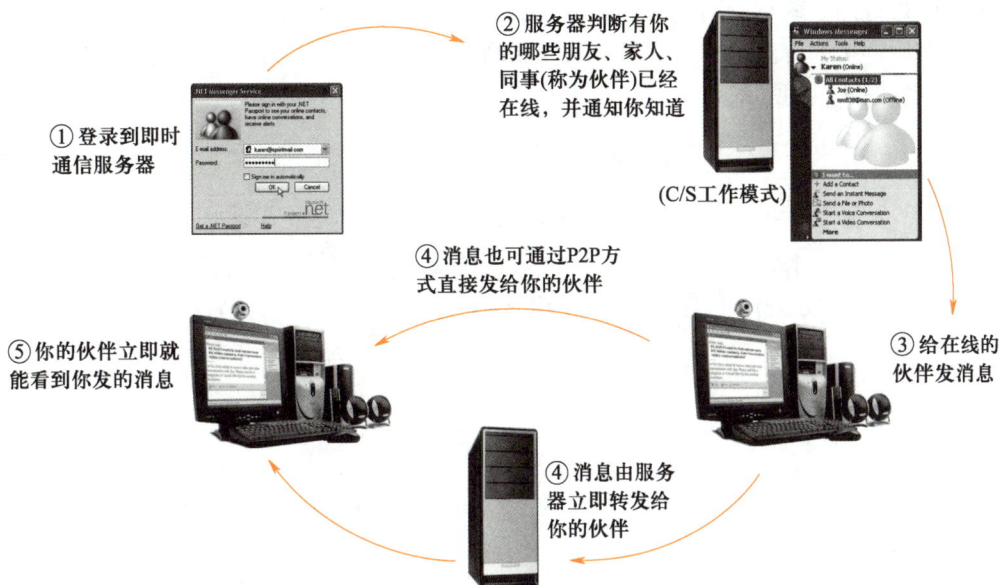

图 4-42　QQ 的通信工作过程

这些年来，互联网上的即时通信服务发展非常迅猛。从文本通信转向语音、视频和多媒体通信，从 PC 端通信发展为无线移动即时通信，从个人通信扩大为企业即时通信和办公协作，从 C/S 服务模式转向对等服务模式（P2P）或两者混合模式。

3. 文件传输服务

文件传输服务，是在网络上实现文件的上传和下载。为此，文件传输服务必须遵循一种统一的文件传输协议（FTP）。FTP 协议规定，需要进行文件传输的两台计算机应按客户/服务器模式工作。主动要求文件传输的发起方是客户方，它运行 FTP 客户程序（称为 FTP 客户机）；被动参与文件传输的另一方为服务方，运行 FTP 服务器程序（称为 FTP 服务器），两者协同完成文件传输任务。

使用 FTP 进行文件传输时，可以一次传输一个文件或多个文件。传输操作允许在两个方向进行，用户既可以从 FTP 服务器上下载文件，也可以将本地文件传输给服务器。此外，还允许用户对 FTP 服务器中的文件进行各种常用操作，如文件更名、建立文件夹、删除文件等。

需要进行网络远程文件传输的计算机必须安装和运行 FTP 客户程序。例如 LeapFTP、CuteFTP 等，通过 FTP 客户程序可方便直观地进行操作。

启动 FTP 客户程序工作的另一个途径是使用浏览器，用户只需要在浏览器地址栏中输入如下格式的 URL 地址：

ftp：//［用户名：口令@］FTP 服务器域名［：端口号］

通过浏览器启动 FTP 的方法速度较慢，还会将密码暴露在浏览器中而影响安全。

4. WWW 信息服务

WWW（world wide web）译为万维网或称 Web 网、3W 网，最初是由欧洲核物理研究中心（CERN）提出的，目前已经成为互联网上最广泛使用的一种信息服务平台。通过 WWW，人们可以查找资料、阅读报刊、发表微博、欣赏音乐、观看视频，获取遍布全球的信息资源，还可以进行网上购物、网上银行、证券交易等多种商务活动。

万维网用链接的方法能非常方便地从互联网上的一个站点访问另一个站点，从而获取丰富的信息，如图 4-43 所示。

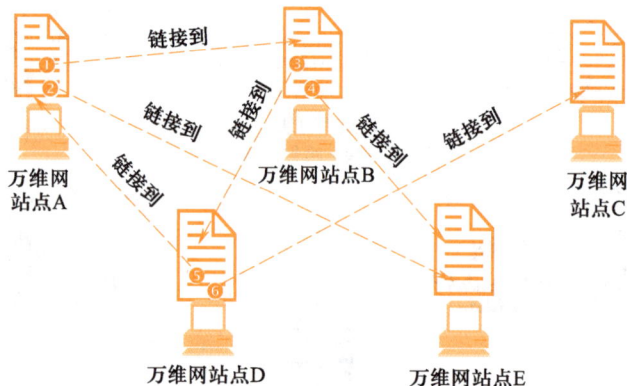

图 4-43 万维网的超链接访问

（1）统一资源定位器

统一资源定位器（URL）用来标识 Web 网中信息资源（网页）的位置。其格式为：

<协议>：//<主机（域名或 IP 地址）>：［端口］/<路径>/<文件名>

例如，访问南京师范大学 Web 服务器使用的 URL 是：http：//www. njnu. edu. cn，其中 http 是访问协议，用 http 协议实现客户端与服务器端之间的网页传输；端口省略，表示默认为 80 端口；路径、文件名省略，则通常使用默认的主页文件，一般是 index. html 或 default. html 文件。

超文本传输协议（hypertext transfer protocol，HTTP）是一个应用层协议，它使用 TCP 连接进行可靠的传输。它将用户对网页的请求发给 Web 服务器，然后将 Web 服务器中的网页传输给用户的浏览器。

（2）网页

单位或者个人通过 Web 服务器发布的信息资源通常称为网页（Web page）。网页中的起始页称为主页（homepage），用户通过访问主页就可直接或者间接地访问其他网页。多数网页是一种采用 HTML 超文本标记语言描述的超文本文档（HTML 文档），其文件扩展名为 .html 或 .htm。HTML 文档可以使用 Dreamweaver 等软件进行制作，也可以由类型为 .doc 或 .ppt 的文档转换而成。

网页有静态网页和动态网页。静态网页是指在文档创建完毕后就存放在 Web 服务器中，在被用户浏览的过程中内容不会改变。动态网页则是指文档的内容在浏览器访问 Web 服务器时才由应用程序动态创建，因此用户看到的内容是不断变化的。例如，动态网页表示的学生成绩单、股市行情、天气预报等。

对于浏览器来说，静态网页和动态网页没有区别，都是从 Web 服务器端下载的网页。只是静态网页是从 Web 服务器直接读取，而动态网页是服务器端应用程序根据浏览器发送来的用户要求读取后端数据库并创建的网页，如图 4-44 所示。

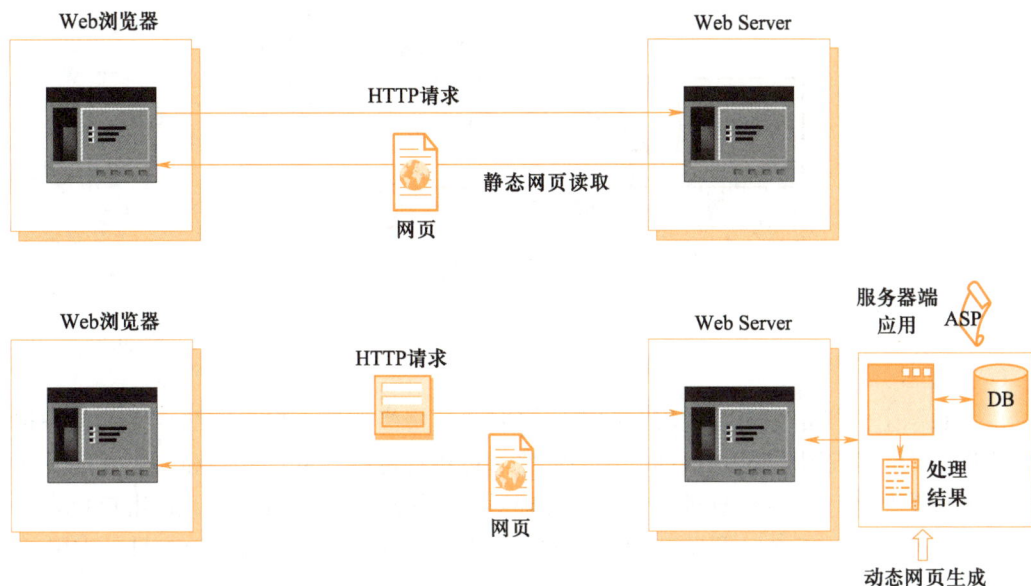

图 4-44　网页的访问过程

（3）Web 浏览器

WWW 是典型的客户/服务器工作模式。Web 服务器上运行着 Web 服务器程序，它们是信息资源（网页）的提供者，用户计算机上运行的是 Web 客户机程序（如微软公司的 IE 浏览器、奇虎的 360 浏览器等），用来为用户完成信息查询、网页请求与浏览任务。

浏览器有两个基本功能：将用户的网页请求传送给 Web 服务器和向用户展示从 Web 服务器收到的网页。当用户输入网页的 URL 之后，浏览器便使用 HTTP 协议开始与 URL 指定的 Web 服务器进行通信，请求服务器下传网页。Web 服务器接到请求后，从硬盘中找到（或者临时生成）相应的网页，用 HTTP 协议回传给浏览器，浏览器程序便对该网页进行解释，并将其内容展示给用户。

一个浏览器包括一组客户程序、一组解释程序和一个控制程序，如图 4-45 所示。控制程序管理客户程序和解释程序，是浏览器的核心。控制程序解释用户输入，并调用相关的组件来执行用户指定的操作。例如，在一个网页中有超链接"南京师范大学"，用户单击了该超链接，则控制程序启动 HTTP 客户程序执行 HTTP 协议与南京师范大学网站进行通信，从该网站下载主页，并启动 HTML 解释器向用户展示主页内容。

浏览器对于自己无法直接解释的成分，通常将调用本机安装的相应应用程序进行处理，如 Word 文档使用 Word 程序打开，或者使用 Plug-in 程序（称为插入式应用程序，简称插件）来播放网页中的动画、音乐、视频等内容。Plug-in 程序能够扩展浏览器的功能，许多 Plug-in 应用程序可以从网上免费下载，如 Flash Player（播放 Flash 动画）、RealPlayer（播放 Real 公司的音频和视频）、Acrobat Reader（展示 PDF 文档）等。

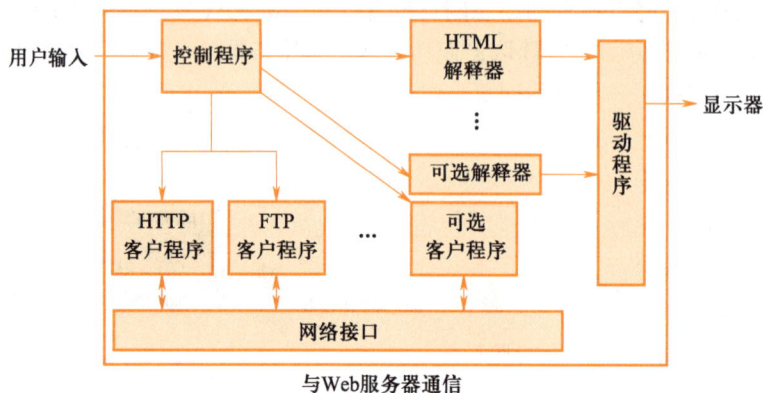

图 4-45　浏览器的主要组成

（4）搜索引擎

从互联网上海量信息中寻找需要的内容需要通过恰当的信息检索方法，由此各种搜索引擎应运而生。搜索引擎是指根据一定的策略、运用特定的计算机程序和人工智能算法从互联网上搜集信息，在对信息进行组织和处理后，为用户提供检索服务，将用户检索相关的信息展示给用户的系统。目前使用较多的搜索引擎主要是全文索引、分类目录索引和 AI 搜索。

分类目录搜索引擎并不采集网站的任何信息，而是利用各网站向搜索引擎提交网站信息时填写的关键词和网站描述等信息，经过人工审核编辑后输入到分类目录的数据库中，供用户查询。因此，使用分类目录索引是不需要输入检索的信息，而是按照分类，先从大类再找到小类，通常准确率比较高。分类搜索引擎查询的不是具体内容的页面，而是被收录网站的主页的 URL，因此搜索范围有限。比较著名的分类搜索引擎有搜狐、新浪等。

在全文搜索引擎中输入关键词就可以在互联网上检索出大量的与关键词相关的内容，其结果可能有千万条之多。但是其结果通常不很准确，用户可能很难迅速找到所需要的信息，需要自己判断选择可能的信息源。比较著名的全文搜索引擎有美国的谷歌（www. google. com）和中国的百度（www. baidu. com）。

近年来，随着人工智能技术的发展，诞生了 AI 搜索。AI 搜索利用机器学习和自然语言处理技术，注重理解用户意图，致力于给出直接的答案，提高用户信息获取的效率。

许多企业搭建了企业内部知识库，旨在帮助员工迅速定位所需知识。然而，在庞大的知识库中，用户通过传统的关键词检索匹配相关内容，往往因信息海量而耗费时间筛选，效率低下。相较之下，拥有 AI 智能搜索功能的产品，只要输入问题，AI 即可自动整理出问题答案及相关的内容索引，让用户更快速和清晰解决所提的问题。

市面上的秘塔 AI 搜索，它是由上海秘塔网络科技有限公司开发的新一代智能搜索引擎，专注于为用户提供无广告高效的搜索体验。该搜索引擎深度理解用户查询意图，并从全网抓取信息进行分析，以结构化的方式展示关键信息、事件时间线和相关人物资料。秘塔 AI 搜索不仅提供详细的信息来源链接，还具备学术搜索功能，帮助用户快速找到相关研究论文和文献资料。

百度公司也在不断探索和融合 AI 技术，以提升搜索的智能化水平。例如，百度的智能写作平台就集成了强大的搜索技术，为用户提供便捷的写作体验。

（5）Web 信息处理系统

Web 诞生初期，它主要扮演着信息发布平台的角色，人们可以在 Web 上快速有效地发布和获取信息，而不再受到时空的限制。现在，Web 已经从信息发布平台发展成为互联网信息处理应用的平台，电子商务、电子政务、数字校园等各种新型的互联网服务几乎都是在 Web 平台上开发和运行的。

当前，在 Web 平台上运行的信息处理系统（如淘宝网、京东商城、网上银行等）都是使用动态网页技术开发实现的。Web 信息处理系统是建立在互联网和 Web 技术基础上的信息处理系统。两层的客户/服务器结构（模式）对于访问静态的网页（即服务器中现成的网页）是很合适的。但是如果访问动态生成的网页，就需要采用客户/服务器/数据库的三层结构（模式），即把数据库服务器（如果有的话）从原先的第二层中分离出来，成为独立的数据库服务器层，如图 4-46 所示。其中，Web 服务器可以专门为浏览器做网页的"收发工作"和对静态网页（存储在本机的网页）的查询工作。至于动态网页，则由服务器中的应用程序（或脚本程序）从数据库中取得数据后负责生成，生成后由 Web 服务器返回给浏览器。第二层的应用程序（或脚本程序），通过数据库的标准接口 ODBC 或 JDBC 直接访问第三层的数据库服务器（参见第 5 章），它不仅可以向数据库服务器发出数据访问要求，而且还可以互相对话，进行事务（transaction）数据处理。

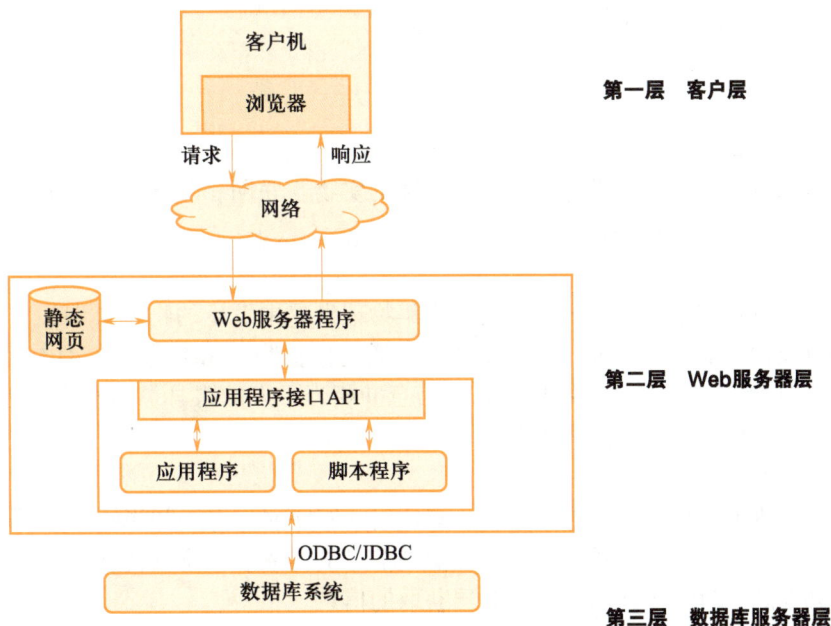

图 4-46　客户/服务器/数据库三层结构（模式）

4.3 物联网

4.3.1 物联网的概念

1999 年，麻省理工学院（MIT）Auto-ID 中心的 Ashton 教授首次提出物联网（Internet of things，IoT）的概念，指出物联网是在互联网的基础上，任何物品与物品之间都可以进行信息交换和通信。在 2005 年突尼斯信息社会世界峰会上，国际电信联盟（ITU）发布的《互联网系列报告：物联网》中，表述了物联网是对互联网和移动网络的进一步拓展，采用无线传感器、射频识别（RFID）、智能技术和纳米技术等连接物理世界，由此物联网概念被广泛接受。

目前，普遍认可的物联网定义是指通过使用 RFID、条形码、传感器、红外感应器、全球定位系统、激光扫描器等信息采集设备，按照约定的协议将任何物品与互联网连接起来，实现智能化的识别、定位、跟踪、监控和管理的一种网络系统。

从定义可以看出，物联网是对互联网的延伸和扩展，其用户端延伸到世界上任何的物品。在物联网中，一件衣物、一个牙刷、一条轮胎、一座房屋，甚至是一张纸巾都可以作为网络的终端，即世界上的任何物品都能连入网络；物与物之间的信息交互不再需要人工干预，物与物之间可实现无缝、自主、智能的交互。

物联网具有全面感知、可靠传递、智能处理等特征。全面感知是指利用各种感知设备来监测物品的属性和特征。可靠传递是指通过网络将数据进行实时、可靠的传输。智能处理是指利用大数据和人工智能对数据进行识别和处理。

4.3.2 物联网体系架构

物联网是在互联网的基础上，利用 RFID、传感器、二维码、无线数据通信、云计算、模式识别等技术构建的一个覆盖世界上万事万物的实物互联网。其基本体系框架包括感知识别、网络构建、信息处理和综合应用，如图 4-47 所示。

1. 感知识别

感知识别负责数据采集与感知，主要是采集物理世界中发生的物理事件和数据信息，由各种传感器以及传感器网关构成，其主要功能是通过传感器、二维码、RFID 标签、读写器、摄像头和 GPS 等感知终端，识别物体，采集信息。相当于人的眼耳鼻喉和皮肤等神经末梢，它是物联网识别物体、采集信息的来源。

2. 网络构建

网络构建实现网络层功能，它由各种私有网络、互联网、有线和无线通信网、网络管理系统和云计算平台等组成，借用这些技术，实现信息的可靠、安全的传递。网络层相当于人的神经中枢和大脑，负责传递和处理感知层获取的信息。

3. 信息处理

信息处理提供物联网资源的初始化，监测资源的在线运行状况，协调多个物联网资源之间的工作，实现跨越资源间的交互、共享和调度，并实现感知数据的语义理解、推理、抉择以及提供数据的查询、存储、分析和挖掘功能。云计算、大数据和人工智能等技术，为感知信息处理提供支撑。

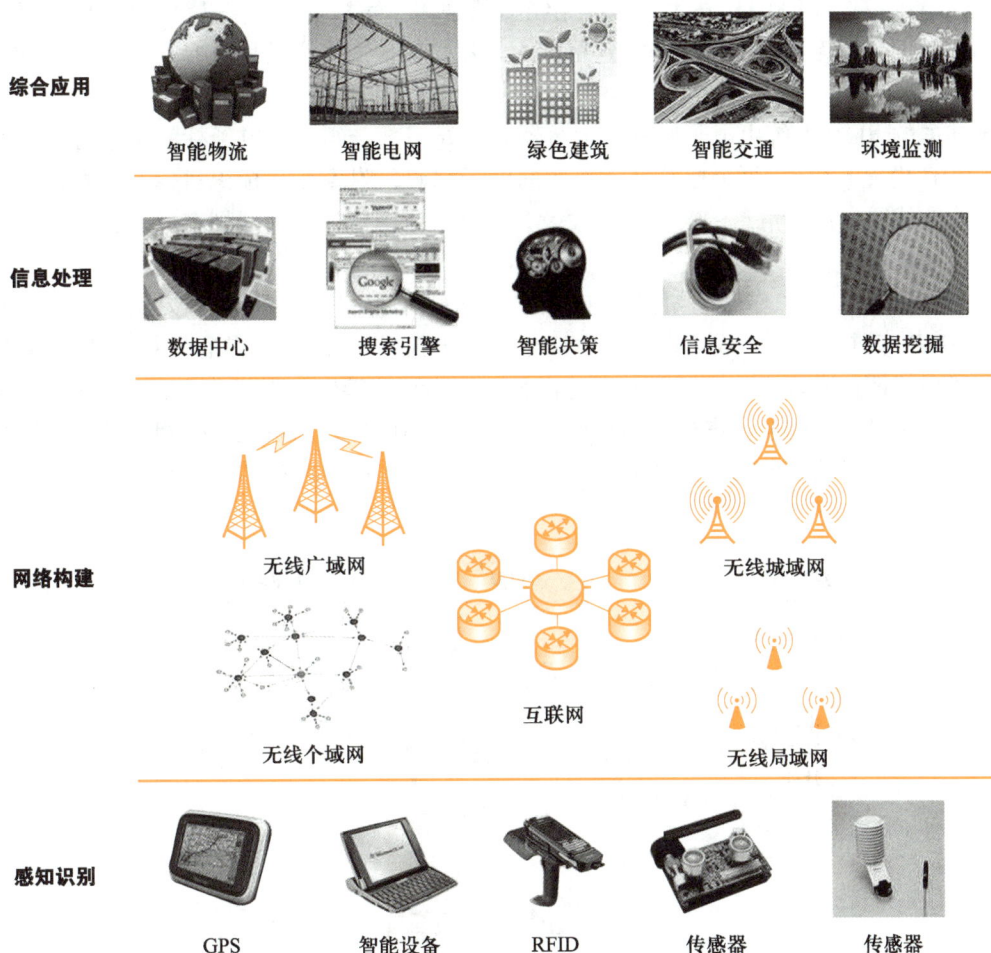

图 4-47　物联网系统架构

4. 综合应用

综合应用层是物联网和用户（包括人、组织和其他系统）的接口，利用经过分析处理的感知数据，为用户提供多种不同类型的服务，如检索、计算、推理或控制等服务。物联网的应用可以分为监控型（例如物流的监控、环境污染的监控）、控制型（例如智能交通、智能家居）、扫描型（例如手机钱包、高速公路收费 ETC 等）。

此外，物联网架构每一层还包括物联网的安全或容错机制，为用户提供安全、可靠、可用的应用支持。

4.3.3　物联网感知识别技术

感知和标识技术是物联网的基础，负责采集物理世界中的事件和数据，并实现对外部世界信息的感知和识别。通过各种标识技术对物体进行编码和数字化，通过传感器技术获取信息并进行处理和识别。此外，感知层还具有定位功能，利用定位技术确定物体的位置信息。

1. 无线射频识别技术

无线射频识别（RFID）技术是一种无线通信技术，可通过无线电信号识别特定目标并读写相关数据，而无须识别系统与特定目标之间建立机械或光学接触，是一种非接触式识别技术。

最基本的 RFID 系统由电子标签、读写器和天线三部分组成。电子标签由耦合元件及芯片组成（含内置天线），每个标签具有唯一的电子编码，附着在待标识目标对象物体上；读写器是读取或写入标签信息的设备，可设计为手持式或固定式；天线则在电子标签和读写器之间传递射频信号。

RFID 系统的基本工作原理如图 4-48 所示。读写器通过发射天线发送一定频率的射频信号，当 RFID 卡进入发射天线工作区域时产生感应电流，RFID 卡获得能量被激活；RFID 卡将自身编码等信息通过卡内置发送天线进行发送；读写器接收天线接收来自 RFID 卡发送的载波信号，并对接收的信号进行解调和解码，然后送到后台应用系统进行相关处理；应用系统根据逻辑运算判断该卡的合法性，然后针对不同的设定做出相应的处理和控制，实现相应的功能。

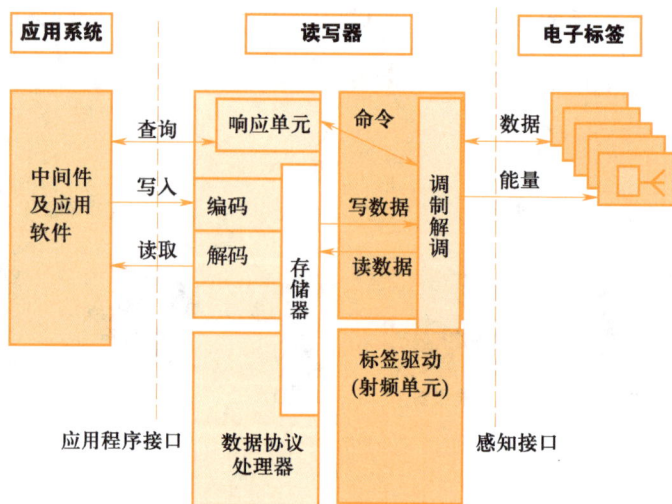

图 4-48 RFID 系统基本工作原理

2. 传感技术

传感技术是利用传感器从自然信源获取信息，并对信息进行处理（变换）和识别的一门多学科交叉的现代科学与工程技术。它涉及传感器、信息处理和识别的规划设计、开发、制造、测试和应用等活动。

传感器是高品质传感技术系统构造的关键设备，它是一种检测装置，能感受到被测量的信息，并能将感知的信息，按一定规律变换成为电信号或其他所需形式的信息输出。它的功能与品质决定了传感系统获取自然信息的信息量和信息质量。传感器由敏感元件、转换元件、转换电路组成。敏感元件直接感受被测量，例如温度、压力、加速度等，并输出与被测量成确定关系的物理量；转换元件将敏感元件输出的物理量作为它的输入，并转换成电路参量；转换电路将上述电路参量转换成电量输出，如图 4-49 所示。

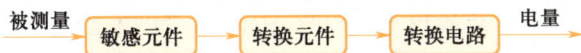

图 4-49　传感器基本工作原理

传感器获取的电量通常是模拟量且信号微弱，一般要进行信号的预处理、特征提取与选择等，以满足信息的传输、处理、存储、显示、记录和控制等要求。

4.3.4　EPC 物联网

1999 年美国麻省理工学院 Auto ID 中心在美国统一代码委员会（UCC）的支持下，提出了产品电子代码（electronic product code，EPC）的概念，随后由国际物品编码协会和美国统一代码委员会主导，实现了全球统一标识系统中的编码体系与 EPC 概念的完善工作，将 EPC 纳入了全球统一标识系统，从而确立了 EPC 在全球统一标识体系中的战略地位，以此搭建了最具代表性的物联网系统，即 EPC 物联网。

EPC 物联网主要组成：EPC 编码、EPC 标签、射频读写器、EPC 中间件（或称 Savant 系统）、对象名解析服务（object naming service，ONS）、实体标记语言（physical markup language，PML）和 EPC 信息服务（EPC information service，EPCIS）。其工作流程是射频读写器扫描物体的 EPC 标签，将标签中的 EPC 代码信息读出并送到 EPC 中间件进行处理，中间件根据 EPC 数据信息在 ONS 服务器上查询 EPC 代码对应的 EPCIS 服务器上的 IP 地址，然后在 EPCIS 服务器上找到保存产品信息的 PML 文件，为应用系统所使用。EPC 物联网的工作流程如图 4-50 所示。

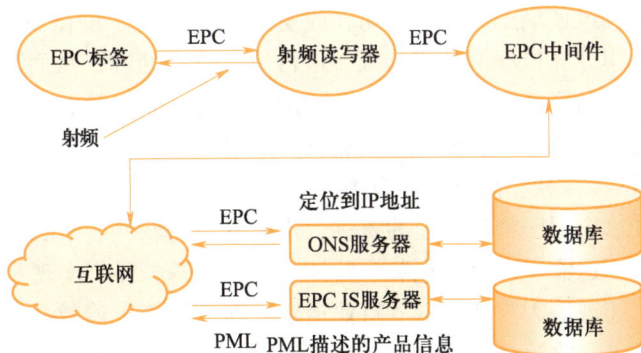

图 4-50　EPC 物联网的工作流程

4.3.5　物联网应用示例

物联网将人类社会和物理世界进行整合，在经过整合的系统中，人们提高了对世界万物的感知，同时也提升了解决客观问题的能力。与其说物联网是网络，不如说物联网是业务和应用，是新质生产力。

【例4-1】物联网在智能交通上的应用。

21世纪将是公路交通智能化的世纪，智能交通是一个基于现代电子信息技术面向交通运输的服务系统。它的突出特点是以信息的收集、处理、发布、交换、分析、利用为主线，为交通参与者提供多样性的服务。

（1）交通信息服务系统（ATIS）

交通参与者通过装备在道路上、车上、换乘站上、停车场上以及气象中心的传感器和传输设备，向交通信息中心提供各地的实时交通信息；ATIS得到这些信息并通过处理后，实时向交通参与者提供道路交通信息、公共交通信息、换乘信息、交通气象信息、停车场信息以及与出行相关的其他信息；出行者根据这些信息确定自己的出行方式、选择路线。当车上装备了自动定位和导航系统时，系统可以帮助驾驶员自动选择行驶路线。

（2）交通管理系统（ATMS）

ATMS与ATIS共用信息采集、处理和传输系统，对道路系统中的交通状况、交通事故、气象状况和交通环境进行实时的监视，依靠先进的车辆监测技术和计算机信息处理技术，获得有关交通状况的信息，并根据收集到的信息对交通进行控制，如信号灯、发布引导信息、道路管制、事故处理与救援等。

（3）公共交通系统（APTS）

APTS的主要目的是采用各种智能技术促进公共运输业的发展，使公交系统实现安全便捷、经济、运量大的目标。例如，通过个人计算机、闭路电视等向公众就出行方式和时间、路线及车次选择等提供咨询，在公交车站通过显示器向候车者提供车辆的实时运行信息。在公交车辆管理中心，可以根据车辆的实时状态合理安排发车、收车等计划，提高工作效率和服务质量。

（4）电子收费系统（ETC）

通过安装在车辆挡风玻璃上的车载器与在收费站ETC车道上的微波天线利用微波专用短程通信识别车辆，利用计算机联网技术与银行进行后台结算处理，从而达到车辆通过路桥收费站不需停车而能交纳路桥费的目的，且所交纳的费用自动分配给相关的收益业主。在车道上安装电子不停车收费系统，可以使车道的通行能力提高3~5倍。

【例4-2】物联网在智慧物流方面的应用。

智慧物流是新技术应用于物流行业的统称，指的是以物联网、大数据、人工智能等信息技术为支撑，在物流的运输、仓储、包装、装卸、配送等各个环节实现系统感知、分析处理等功能。智慧物流的实现能大大地降低各行业运输成本，提高运输效率，提升整个物流行业的智能化和自动化水平。物流是物联网落地的最佳场景，大致分为四个方向，即仓储管理、运输监测、冷链物流、智能快递柜。

① 仓储管理，通常采用物联网仓库管理信息系统，完成收货入库、盘点、调拨、拣货、出库以及整个系统的数据查询、备份、统计、报表生成及报表管理等任务。在无人仓、智能立体库、金融监管库里安装着大量的物联网设备，通过物联网设备可实时监控货品的状态，指引设备运转。

② 运输监测，实时监测货物运输中的车辆行驶情况以及货物运输情况，包括货物位置、

状态环境以及车辆的油耗、油量、车速及刹车次数等驾驶行为。

③ 冷链物流，冷链物流对温度要求比较高，那么温湿度传感器可将仓库、冷链车的温度实时传输到后台，便于监管。

④ 智能快递柜，将云计算和物联网等技术结合，实现快件存取和后台中心数据处理，通过 RFID 或摄像头实时采集、监测货物收发等数据。

物联网在各行各业的应用方兴未艾，比如，智慧城市、智慧校园、智能电网、智能家居等。随着人工智能等一系列高科技技术的广泛使用，物联网对人们日常生活将产生深远的影响。

4.4　网络安全技术

在网络环境下使用计算机，信息安全是一个非常突出的问题。这是因为信息在传输、存储和处理的过程中，其安全有可能受到多种威胁。

4.4.1　网络安全概述

网络安全是指网络系统中的硬件、软件以及系统中的数据受到保护，不因偶然的或者恶意的原因而遭到破坏、更改、泄露，系统可以连续可靠正常地运行，网络服务不中断。网络安全应该具有 4 个主要特征。① 保密性：信息不泄露给非授权的用户、实体或过程，或供其利用；② 完整性：数据未经授权不能进行改变，即信息在传输或存储过程中保持不被修改、不被破坏和丢失；③ 可用性：由被授权的实体访问并按需求使用；④ 可控性：对信息的传播和内容具有控制能力。

对网络安全的主要威胁有非授权访问、信息泄露和拒绝服务。对网络的攻击主要表现在主动攻击和被动攻击，如图 4-51 所示。解决网络安全的关键技术有：主机安全技术、身份认证技术、访问控制技术、密码技术、防火墙技术、病毒防治技术、安全审计技术和安全管理技术等。

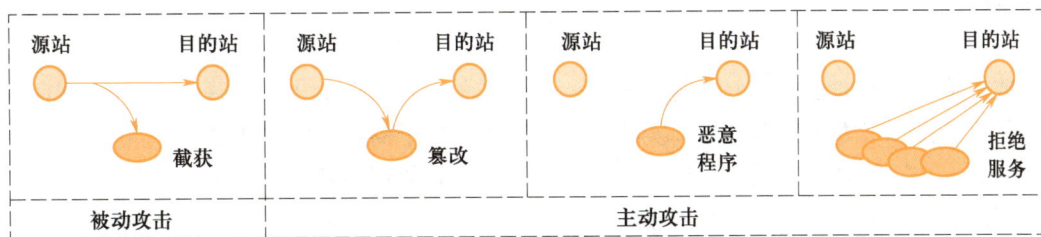

图 4-51　对网络的主动攻击和被动攻击

绝对安全的网络是没有的，关键是对网络安全的重视与有效管理。网络安全评估是实现网络安全的必不可少的工作。评估内容包括：企业（单位）内部有没有一套网络安全方案、内部网络的安全策略与互联网接入方式的管理方案、用户信息传输的加密手段等。

4.4.2 网络安全技术

1. 数据加密

为了在网络通信被窃听的情况下也能保证数据的安全，必须对传输的数据进行加密。数据加密也是其他安全措施的基础。加密的基本思想是改变符号的排列方式或按照某种规律进行替换，使得只有合法的接收方才能读懂，任何其他人即使窃取了数据也无法了解其内容。

数据加密时，通常将加密前的原始数据（消息）称为明文，加密后的数据称为密文，将明文与密文进行相互转换的算法称为密码（cipher），在密码中使用且仅仅只为收发双方知道的信息称为密钥（key）。收发双方使用的密钥 K1 与 K2 相同时，称为对称密钥加密系统；K1 与 K2 不同时，称为公共密钥加密系统。数据加密的过程如图 4-52 所示。

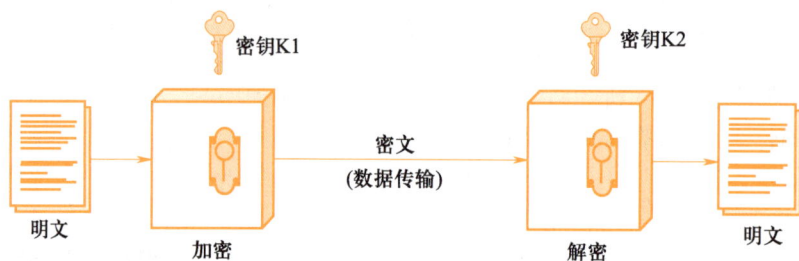

图 4-52　数据的加密与解密

对称密钥加密系统采用单钥密码系统的加密方法，同一个密钥可以同时用作信息的加密和解密。其优点是算法公开、计算量小、加密速度快、加密效率高。常用的加密软件 WinRAR 采用的是对称加密算法。

公共密钥加密系统给每个用户分配一对密钥：一个称为私有密钥，是保密的，只有用户本人知道；一个称为公共密钥，是可以让其他用户知道的。该方法的加密算法特点是：用公共密钥加密的消息只有使用相应的私有密钥才能解密；同样，用私有密钥加密的消息也只有相应的公共密钥才能解密。公共密钥加密系统也称为非对称加密系统，安全性更高，常用于互联网应用。

2. 数字签名

数字签名是附加在消息上并随着消息一起传送的一串代码，与普通手写签名（或印章）一样，目的是让对方相信消息的真实性。数字签名在电子商务中特别重要，它是鉴别消息真伪的关键。数字签名必须做到无法伪造，并确保已签名数据的任何变化都能被发觉。公共密钥加密方法除了提供信息的加密传输外，还可以用于验证消息发送方的真伪（鉴别发信人的身份），所以加密技术是数字签名的保证。

数字签名处理过程：发送方通过散列（hash）算法将数据"嚼碎"成为只有很少几行的消息摘要（要求算法能将不同的正文转换为不同的摘要，且该摘要无法再还原出原来的正文），使用消息发送人自己的私钥对摘要进行加密，得到数字签名，再将数字签名添加到原始消息，并一起传送给接收方；接收方收到带有数字签名的消息之后，先使用发送方的公钥对数字签名进行解密，恢复出消息摘要，如果此过程正常，证明这确实是某人发送的消息（因为只有发送方才知道他自己的私钥，所以才能被相应公钥解密）。然后对收到的消息正文进行散列处理，得到一个新的摘要，如果该摘要与解密得到的摘要相同，表示消息在传送途中没有被篡改。数字签名的过程如图 4-53 所示。

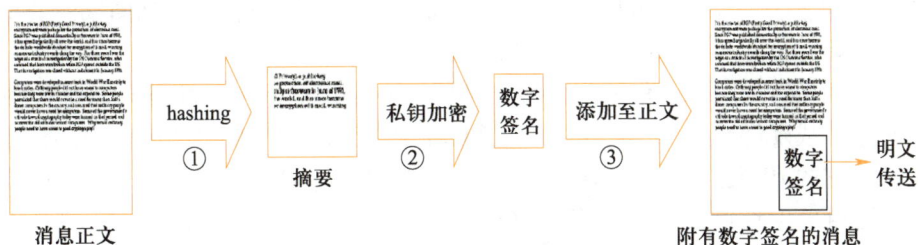

图 4-53 数字签名的过程

随着电子政务、电子商务、网上银行等网络应用的开展，数字签名的应用越来越普遍。

3. 身份鉴别与访问控制

身份鉴别和访问控制技术是网络安全的一个重要和基本的措施。如图 4-54 所示，用户在访问敏感数据时，比如电子商务、电子政务等，系统需要对用户进行身份鉴别，只有通过身份认证的用户才能够获得授权取得相应资源的访问服务。其中，身份库和访问策略均由管理员根据一定的策略进行配置与管理。事后需要对用户访问资源的行为、系统有否被入侵等进行安全审计，以便今后制定更加安全的技术措施。

最简单也是最普遍的身份鉴别方法是使用口令（密码）。口令的长度一般为 5~8 个字符，选择的原则是易记、难猜、抗分析能力强。采用口令进行身份鉴别的安全性并不高，因为它容易泄露、容易被猜中、容易被窃听、容易从计算机中被分析出来。借助生理特征（如指纹、人脸等）来进行身份鉴别成本相对比较高，近年来其准确率和方便程度得到大幅提高，已广泛应用于门禁系统等应用。访问控制技术通常采用访问监控策略实现，例如，对系统内的每个文件或资源规定各个（类）用户对它的操作权限，是否可读、是否可写、是否可修改等。

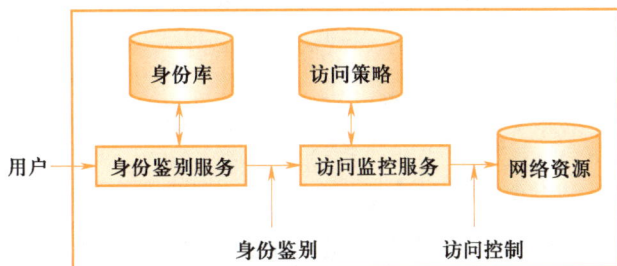

图 4-54 身份鉴别和访问控制技术

4.4.3 防火墙

随着互联网应用的发展和普及，网络的风险也不断增加。虽然网络技术在进步，但网络攻击者的攻击工具与攻击手法也日趋复杂多样。攻击者对那些缺乏安全防护的网络和计算机进行形形色色的攻击和入侵，如进行非授权的访问，肆意窃取和篡改重要的数据；安装后门监听程序（如木马程序）以获得内部私密信息；发动拒绝服务攻击摧毁网站；传播计算机病毒破坏数据和系统等。

网络攻击和非法入侵给机构及个人带来巨大的损失，甚至直接威胁到国家的安全。防火墙和入侵检测是对付这些攻击和入侵的有效措施之一。

防火墙是用于将内网（可信的网络）与外网（不可信的网络）相隔离以维护网络信息安全的一种软件或硬件设备。它位于两者之间，内网流入流出的所有信息均要经过防火墙。防火墙对流经它的 IP 数据报进行扫描，检查其 IP 地址和端口号，确保进入内网和流出内网的信息的合法性。它还能过滤掉黑客的攻击，关闭不使用的端口，禁止特定端口流出信息等，对内网有很好的保护作用，如图 4-55 所示。

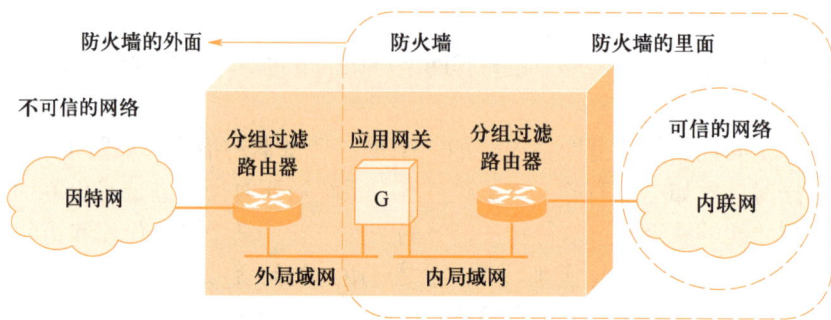

图 4-55　防火墙示意图

防火墙有多种类型。有些是独立产品，有些集成在路由器中，有些以软件模块形式组合在操作系统中（如 Windows 就带有软件防火墙），它们在内网与外网之间筑起了一道防线，达到保护计算机的目的。

然而防火墙是被动的，也并非坚不可摧，它不能防止通向站点的后门程序，也不能防范从网络内部发起的攻击。攻击者可以利用系统的缺陷和漏洞，窃取口令（密码），获取文件访问权限，或者传播病毒，造成系统瘫痪，危害网络安全。

本章小结

本章介绍了计算机网络的组成与分类，数据通信基础，包括常用传输介质、复用技术和交换技术；介绍了局域网组成及工作原理及共享式以太网、交互式以太网、千兆以太网和无线局域网的特点；介绍了互联网的分层结构与 TCP/IP 协议，IP 协议与路由器的工作原理，ADSL、有线电视网络、光纤、无线接入技术及提供的电子邮件、即时通信、文件传输服务（FTP）、WWW 信息服务等常用服务。本章还介绍了物联网的概论、体系架构，物联网识别技术及传感器；介绍了 EPC 物联网工作过程以及在智能交通上的应用案例。最后，本章介绍了网络信息安全的概念，数字加密、身份识别及访问控制技术、数字签名、网络防火墙等网络安全技术。

习题 4

一、判断题

（1）数据通信系统中，为了实现在众多数据终端设备之间相互通信，必须采用某种交换技术。目前在计算机网络中普遍采用的交换技术是电路交换。（　　）

（2）HTTP 协议是万维网的基础。（　　）

（3）在校园网中，可对网络进行设置，使得校外某一 IP 地址不能直接访问校内网站。（　　）

（4）WWW 是互联网最广泛的一种应用，Web 浏览器不仅可以下载信息，也可以上传信息。（　　）

（5）互联网是一个庞大的计算机网络，每一台入网的计算机必须有一个唯一的标识，以便相互通信，该标识就是常说的 URL。（　　）

（6）HFC 网可以与普通视频等共存于一条通信线路，而且能为用户提供接入互联网服务。（　　）

（7）TCP/IP 是国际标准网络体系结构。（　　）

（8）ADSL 调制解调器（Modem）的作用是将计算机的数字信号与模拟信号相互转换。（　　）

（9）在网络环境中一般都采用高强度的指纹技术对身份认证信息进行加密。（　　）

（10）数字签名功能之一是通过采用加密的附加信息来验证消息发送方的身份，以鉴别消息来源的真伪。（　　）

二、选择题

（1）下列关于电子邮件的说法，正确的是（　　）。

A. 收件人必须有 E-mail 账号，发件人可以没有 E-mail 账号

B. 发件人必须有 E-mail 账号，收件人可以没有 E-mail 账号

C. 发件人和收件人均必须有 E-mail 账号

D. 发件人必须知道收件人的邮政编码

（2）在常用的传输介质中，（　　）带宽最宽，信号传输衰减最小，抗干扰能力最强。

A. 光纤　　　　　B. 同轴电缆　　　　　C. 双绞线　　　　　D. 微波

（3）域名为 www.yahoo.com.cn 的网站，表示它是雅虎（　　）。

A. 美国　　　　　B. 奥地利　　　　　C. 匈牙利　　　　　D. 中国

（4）ADSL 是一种宽带接入技术，通过安装 ADSL 设备即可实现计算机用户的高速连网。下面关于 ADSL 的叙述中，错误的是（　　）。

A. 它利用普通铜质电话线作为传输介质，成本较低

B. 在上网的同时，还可以接听和拨打电话，两者互不影响

C. 用户计算机中必须有以太网卡

D. 数据下载与数据上传的传输速度相同

（5）在 IP 地址中，下面属于 C 类地址的是（　　　）。

A. 191.126.120.1　　B. 220.221.120.2　　　　C. 220.22.1　　　　D. 128.3.2.1

（6）互联网络上的应用服务都是基于一种协议，WWW 服务基于（　　　）协议。

A. SMTP　　　　　　B. HTTP　　　　　　　C. SNMP　　　　　　D. Telnet

（7）路由器工作在互连网络的（　　　）。

A. 物理层　　　　　B. 数据链路层　　　　C. 网络层　　　　　　D. 传输层

（8）某局域网通过一个路由器接入广域网，若局域网的网络号为 202.29.151.0，那么路由器连接此局域网的端口的 IP 地址只能选择下面的（　　　）。

A. 202.29.1.1　　　B. 202.29.151.1　　　C. 202.29.151.0　　D. 202.29.1.0

（9）数据传输速率是计算机网络的一项重要性能指标，下面不属于计算机网络数据传输常用单位的是（　　　）。

A. kb/s　　　　　　B. Mb/s　　　　　　　C. Gb/s　　　　　　D. MB/s

（10）下面关于网络信息安全措施的叙述中，正确的是（　　　）。

A. 带有数字签名的信息是未泄密的

B. 防火墙可以防止外界接触到内部网络，从而保证内部网络的绝对安全

C. 数据加密的目的是在网络通信被窃听的情况下仍然保证数据的安全

D. 使用最好的杀毒软件可以杀掉所有的病毒

（11）以下有关无线通信技术的叙述中，错误的是（　　　）。

A. 短波具有较强的电离层反射能力，适用于环球通信

B. 卫星通信利用人造地球卫星作为中继站转发无线电信号，实现在两个或多个地面站之间的通信

C. 卫星通信也是一种微波通信

D. 手机通信不属于微波通信

（12）以下是有关 IPv4 中 IP 地址格式的叙述，其中错误的是（　　　）。

A. IP 地址用 64 个二进位表示

B. IP 地址有 A 类、B 类、C 类等不同类型之分

C. IP 地址由网络号和主机号两部分组成

D. C 类 IP 地址的主机号共 8 位，具有 C 类地址的主机连接在小型网络中

（13）有关路由器 IP 地址的下列说法中，正确的是（　　　）。

A. 网络中的路由器可不分配 IP 地址

B. 网络中的路由器不能有 IP 地址

C. 网络中的路由器应分配两个以上的 IP 地址

D. 网络中的路由器只能分配一个 IP 地址

三、填空题

（1）计算机网络按网络的覆盖范围可分为_____、_____和_____。

（2）计算机网络的拓扑结构有_____、_____、_____、_____和网状型。

（3）www. njnu. edu. cn 的顶级域名是_____。

（4）局域网通信依据的地址是_____，用_____位表示。

（5）WWW 客户机与 WWW 服务器之间的应用层传输协议是_____。

（6）万维网 WWW 的英文意思是_____。

（7）数字信号经调频后在_____信道上传送，_____是实现这种功能的设备。

（8）在以太网中，如果要求连接在网络中的每一台计算机各自独享一定的带宽，则应选择_____来组网。

四、问答题

（1）简述局域网的组成。

（2）客户/服务器和对等方式有什么区别，各有什么优点？

（3）简要说明互联网域名系统（DNS）的功能。

（4）请使用一个实例解释什么是 URL。

（5）在建设一个企业网时，应该如何制定网络的安全计划和安全策略？

第5章
数据库与信息系统

　　随着数据库技术、网络技术的不断发展，社会信息化的进程得到了长足的发展。不论是生产企业、商业、金融、政府还是个人越来越离不开计算机信息系统。而数据库技术是计算机信息系统的基础和核心，所以了解数据库技术的有关概念、原理和设计方法以及计算机信息系统的结构、特点及开发过程，对于使用好计算机信息系统是非常重要的。通过本章的学习，要求学生掌握数据处理及数据库系统的有关概念，了解关系型数据库的特点及应用，了解计算机信息系统的特点及应用。

5.1 数据库基础

5.1.1 数据管理技术的发展

数据管理技术是应数据处理发展的客观要求而产生的，反过来，数据管理技术的发展又促进了数据处理的广泛应用。数据处理是指数据的分类、组织、编码、存储、查询、统计、传输等操作，向人们提供有用的信息，所以在许多场合不加区分地把数据处理称为信息处理。数据处理中的数据可以是数值型数据，也可以是字符、文字、图表、图形、图像、声音等非数值型数据。

下面简单介绍数据处理的三个不同发展阶段。

1. 人工管理阶段

在计算机应用于数据处理初期，数据管理处于人工管理阶段，程序员不仅要规定数据的逻辑结构，而且还要设计数据的物理结构，包括数据的存储位置、存取方式等。其主要特点是数据依附应用程序，数据独立性差，数据不能共享。

2. 文件管理阶段

为了克服人工管理阶段的弊端，20 世纪 50 年代后期至 60 年代中期，数据管理进入文件管理阶段。文件管理阶段，数据以独立于应用程序的文件来存储，应用程序通过操作系统对数据文件进行打开、读写、关闭等操作。解决了应用程序与数据之间的过度依赖，实现了一定限度内的数据共享。图 5-1 反映了应用程序与数据文件的关系。可以看出，一个应用程序可以访问多个数据文件，一个数据文件也可被多个应用程序所使用。

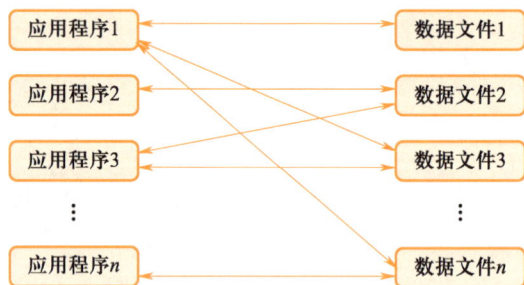

图 5-1 应用程序与数据文件的关系

尽管文件管理阶段较人工管理阶段有了长足的发展，推动了计算机在数据处理方面的应用。但是在面对数据量大且结构复杂的处理任务时，文件管理还存在着许多致命的弱点，归纳起来主要有如下几点。

① 数据独立性差。数据文件通常是按记录的形式来存放数据的，一旦记录的结构发生变化势必导致相应的应用程序修改。因此，虽然数据与应用程序在物理上是独立的，但是数据的逻辑独立性仍然得不到保证。

② 数据冗余度大。在文件系统中，数据文件一般为某一个用户或某一个用户组所有，数据仍然是面向用户的，数据共享性差，冗余度大，极易导致数据的不一致。

③ 数据处理效率低。文件系统一般不支持多个应用程序同时访问同一个数据文件的能力（即并发访问能力），因此文件系统效率低下。

④ 数据的安全性、完整性得不到控制。数据无集中管理，不能提供一套安全控制措施及完整性约束机制。

⑤ 数据是孤立的。文件之间缺乏联系，相互独立，不能反映客观世界的各种事物之间的千丝万缕的联系。

由于文件系统存在以上自身难以解决的问题，导致数据处理效率低，维护成本高，阻碍了计算机数据处理的发展，这正是数据库系统产生的背景。

3. 数据库管理阶段

20 世纪 60 年代后期，为了克服文件系统的弊端，适应迅速发展的庞大而复杂的数据处理应用需求，以数据统一管理和数据共享为特征的数据库管理系统（data base management system，DBMS）诞生了。当然，数据库管理系统的推广使用也归功于当时的大容量快速硬盘相继投入市场。世界上最早推出数据库系统当属美国通用电器公司于 1963 年研制出的 IDS（integrated data store）系统。

数据库有数据独立性强、冗余度小、安全可靠等许多优点（详见 5.1.3 节），主要是由于数据库的数据是结构化的数据；数据库的数据不仅反映数据本身的定义，同时还反映数据之间的联系；数据库数据的存取和维护都是由数据库管理系统进行数据的统一管理。应用程序与数据库的关系如图 5-2 所示。可以看出，所有应用程序都是通过数据库管理系统访问数据库。

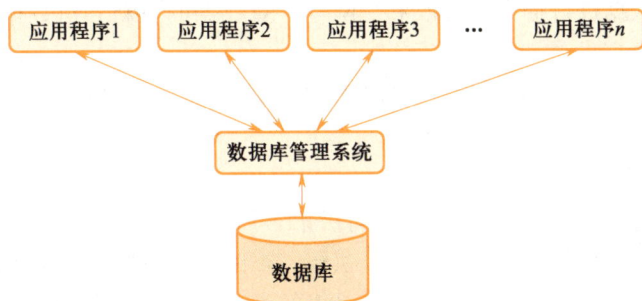

图 5-2　数据库系统示意图

5.1.2　数据库系统

一般认为，数据库系统（database system，DBS）是数据库、数据库管理系统、应用程序、数据库管理系统赖以执行的计算机软硬件环境及数据库维护相关人员的总称。

1. 数据库

数据库（data base，DB）是指按一定的数据结构进行组织的、可共享的、长期保存的相关信息的集合。数据库中不仅保存了用户直接使用的数据，还保存了定义这些数据的数据类型、模式结构等"元数据"。数据库管理系统就是通过"元数据"对数据库进行管理和维护的。

2. 数据库管理系统

数据库管理系统（DBMS）是对数据进行管理的软件系统，它是数据库系统的核心软件。如 Oracle、SQL Server、Access 等由计算机软件生产企业提供的数据库管理系统。DBMS 的主要组成部分如图 5-3 所示。

数据库管理系统接口接收三种类型的输入，即模式更新、数据查询、数据更新，由查询处理程序解释优化这些请求，然后提交给存储管理系统对数据库进行操作。

（1）模式更新

数据模式的修改是指对数据的逻辑结构的修改，可以是增加新的数据对象或对已存在数据对象结构的修改。如在一个学生学籍数据库中增加学生获奖数据，或在已存在的学生数据中增加照片信息。模式更新命令一般只能由数据库管理员使用，属于数据定义功能（data definition language，DDL）。

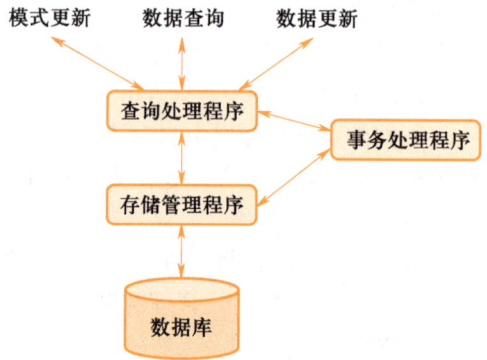

图 5-3　数据库管理系统主要组成部分

（2）数据查询

数据查询是对数据库进行查询和统计，通常有两种方式：一是通过联机终端直接进行交互式查询；二是通过应用程序访问数据。

（3）数据更新

数据更新是对数据进行插入、修改和删除等。对数据的更新和对数据的查询一样，也可以有交互方式和程序方式。

数据查询、数据更新命令同属于数据库的数据存取功能（data manipulation language，DML）。

（4）查询处理程序

查询处理程序的功能是接收到一个较高级语言所表示的数据库操作后，进行解释、分析、优化，然后提交给存储管理程序，使其执行。查询处理程序最复杂和最重要的部分是查询优化，在庞大复杂的数据库中，设计一条最优的查询计划，如先做什么，后做什么等，直接影响查询的效率，有时不当的查询次序甚至是不可行的。

（5）存储管理程序

根据查询处理程序的请求，存储管理程序的功能可以是更新数据库中的数据，也可以是获取数据库中数据返回给查询处理程序。存储管理程序是直接存取数据库物理数据块的管理程序。

（6）事务处理程序

从图 5-3 中可以看出，事务处理程序控制着查询处理程序、存储管理程序的执行。所谓事务是指一组按顺序执行的操作单位，这组操作要么"全部执行"，要么"一个也不执行"，这样才能保证数据库数据的一致性。如从自动取款机取款和客户账户的记账就是一个事务，显然，如果只吐出钱而未记账，或者记了账未吐钱，都是不允许的。事务处理正是为了解决这类问题而设计的。

3. 应用程序

应用程序一般是指完成用户业务功能的利用高级语言编写的程序。高级语言可以是 VC、Delphi、PowerBuilder 等，应用程序通过数据库提供的接口对数据库的数据进行增加、删除、修改、查询、统计等操作。

4. 计算机软硬件环境

计算机软硬件环境是指数据库管理系统、应用程序赖以执行的环境，包括计算机硬件设备、网络设备、操作系统及应用系统开发工具等。

5. 相关人员

相关人员是指在数据库系统的设计、开发、维护、使用过程中，所有参与的人员，主要有数据库管理员（data base administrator，DBA）、系统分析设计人员、系统程序员、用户等，其中数据库管理员在大型数据库应用中负有重要的职责，负责对数据库进行有效的管理和控制，解决系统设计和运行中出现的问题。

由以上内容可以看出，数据库、数据库管理系统、数据库系统是不同的概念，使用时要注意区分。

5.1.3　数据库系统特点

数据库系统不仅克服了文件管理系统存在的主要问题，而且提供了强有力的数据管理功能，数据库系统的主要特点归纳如下。

1. 数据的结构化

数据库数据是按照一定的数据结构来组织、描述和存储的，称为数据集成化或数据结构化。数据库数据不仅反映数据本身，而且反映数据之间的联系。这是数据库与文件系统之间的本质区别之一，也是数据库优越性的前提和保证。

2. 数据冗余小

数据库数据通常是面向一个单位或一个领域应用的，或者说是面向系统的，而不是面向个别的应用。使用数据库便于减少系统中数据的重复存储，实现数据的整合、优化，大大降低数据的冗余度，保证数据的一致性。

3. 数据共享

数据库数据是面向系统的，可为多种语言、多个用户共同使用。每个用户根据访问权限控制访问数据库数据的一个子集。数据共享是数据库技术发展的客观要求，也是数据库先进性的一个重要体现。

4. 数据独立性强

数据独立性是指数据独立于应用程序，它包括数据的逻辑独立性和物理独立性。数据的逻辑独立性是指数据库整体逻辑结构的变化，如修改数据定义、改变数据间的联系等，不需要修改应用程序。数据的物理独立性是指数据的物理结构的变化，如存储设备的更换、物理存储格式和存取方式的改变等，不影响数据的逻辑结构，因而也不需要修改应用程序。

5. 数据统一管理和控制

数据库是由数据库管理系统进行统一管理和控制的，解决了多用户数据共享问题。数据库管理系统还要提供数据安全性、数据完整性、并发控制及故障恢复等功能。

5.1.4 数据库系统体系结构

20 世纪 80 年代以来，数据库技术在信息管理领域中得到了广泛的应用。人力资源管理、工资管理、企业进销存管理、证券交易系统、酒店管理无不是数据库应用的成功实例。近年来，随着计算机网络技术、多媒体技术、面向对象技术的发展为数据库应用领域开辟了新的空间，数据库体系结构也随着其赖以执行的软硬件环境的变化而不断演变。

1. 集中式数据库系统

早期的 DBMS 是以分时操作系统为运行环境，采用的是集中式数据库管理，用户通过终端或远程终端访问数据库系统。在这种系统中，数据是集中存储在本单位的主机上，数据的管理也是集中的。

2. 客户/服务器结构

随着计算机网络技术，特别是 Internet 技术的发展，数据库系统体系结构发生了重大的变化，客户/服务器（client/server，C/S）结构替代了传统的集中式数据库管理模式。所谓客户是指用户使用的工作站，它直接面向用户，接收并处理任务，将其中需要对数据库操作的任务委托给服务器去执行；而服务器响应客户机的请求，完成对数据库的查询、更新操作，并将结果反馈给客户机，如图 5-4 所示。可以看出，客户/服务器结构数据管理仍然是集中的，但处理上是分布的，从而降低了对数据库服务器的性能要求。

图 5-4　C/S 结构

目前，一般利用高级语言如 Visual C++、Delphi、Powerbuilder 作为客户机系统开发工具，其中嵌入 SQL 语言通过开放数据库互连（ODBC）接口访问服务器端数据库。为了适应企业应用发展的需要，近年来又在客户层与服务器之间添加了用于实现企业业务规则的中间层，形成了一种三层客户/服务器结构。

3. 浏览器/服务器结构

浏览器/服务器（browser/server，B/S）结构由三个层次组成：客户端浏览器、Web 服务器和数据库服务器，如图 5-5 所示。客户端只需安装通用的浏览器软件，下载 Web 服务器的网页，对数据库中的数据进行查询和更新等操作。应用系统只需安装在 Web 服务器端，为应用系统的安装、升级和维护提供了极大的方便性。浏览器/服务器结构中，数据仍然是集中式管理。

4. 分布式数据库

面对数据库应用规模的扩大和用户地理位置分散的实际情况，数据的集中管理将会产生许多问题。如每个用户节点计算机通过网络存取数据，通信开销很大，影响存取效率；更严重的是如果集中式数据库不能正常工作，将导致整个系统的瘫痪，在某些应用场合这是不能容忍的。由此促进了分布式数据库的研究与发展。

分布式数据库中，数据按其来源和用途，合理地分布在系统的多个地理位置不同的计算机节点上，使大部分数据能就近存取。数据在物理上分布存储，由系统统一管理。

图 5-5　B/S 结构

随着应用需求的不断发展，数据库应用范围越来越广泛，除以上集中式和分布式数据库系统外，还有并行数据库系统、工程数据库系统、空间数据库系统、多媒体数据库系统、模糊数据库系统、主动数据库系统等。近年来，数据库技术又应用于决策支持领域，引出了数据仓库、数据挖掘等概念。

5.1.5　数据仓库与数据挖掘

随着计算机技术的飞速发展和数据库技术的广泛应用，企业界对数据处理提出了更高的要求，即如何充分利用历史和现在的数据资源，提取管理决策所需要的信息，这也促进了数据仓库技术的产生和发展。

1. 联机事务处理与联机分析处理

计算机的数据处理方式可以分为两大类：操作型的事务处理和提供决策的分析处理。前者一般是企业的管理信息系统（management information system，MIS），完成企业各部门日常工作，反映企业当前的运行状态，如出入库登记、凭证录入、生产管理等，这类应用也称为联机事务处理（on-line transaction processing，OLTP）。联机事务处理系统中人们关心的是响应时间、数据的安全性和完整性。后者是用于管理人员的决策分析，如决策支持系统（decision support system，DSS），经常要访问大量的历史数据，其目的是通过对这些历史数据的分析，从中提取管理决策所需要的重要信息，这类应用也称为联机分析处理（on-line analytical processing，OLAP）。

数据库系统用于事务处理，数据库中保存着大量的日常业务数据。尽管数据库系统在事务处理方面的应用获得了巨大的成功，而它对分析处理的支持却一直不能令人满意，从而引入决策支持系统对联机分析处理提供支持。决策支持系统对数据分析在空间和时间的维度上有了更高的要求，需要数据仓库技术的支持。

2. 数据仓库

为提高分析和决策的效率和有效性，必须把分析型处理与操作型处理的数据相分离。按照决策支持系统处理的需要进行重新组织，建立单独的分析处理环境，数据仓库正是为了构建这种新的分析处理环境而出现的一种数据存储和组织技术。

数据仓库（data warehouse，DW）是一种面向决策主题，由多个数据源集成，拥有当前及历史综合数据，随时间变化而变化，以读为主的数据集合。

数据仓库系统是多种技术的综合体，它由数据抽取工具、数据仓库、元数据、数据仓库管理系统（data warehouse management system，DWMS）和访问工具组成，如图 5-6 虚线矩形框部分所示。图中的数据文件 1，数据文件 2，……数据文件 n 称为数据源，它是为数据仓库提供原始数据的联机事务处理数据库或外部数据源。

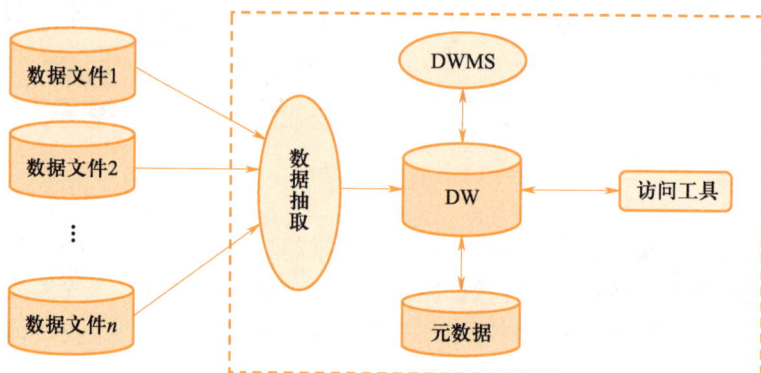

图 5-6　数据仓库系统的组成

（1）数据抽取工具

它是能够将面向 OLTP 应用的数据库中已有的数据抽取出来，并按照主题组织成决策分析所需的综合数据的工具，一般由监视器和集成器两部分组成。监视器负责感知数据源中数据所发生的变化，并对变化的数据按数据仓库的主题需求抽取数据；集成器将从 OLTP 数据库中提取的数据经过转换、计算、综合等操作，集成后追加到数据仓库中去。如商场的决策分析主题可能是：商品、供应商、客户和会员等。

（2）数据仓库

数据仓库存储已经按主题组织的数据，供决策分析处理使用。在整个数据仓库系统中，数据仓库居于核心地位，是信息分析和挖掘的基础。根据不同的分析要求，数据一般按不同的综合程度（级别）存储。

（3）元数据

元数据为访问数据仓库提供了一个信息目录，该目录全面描述了数据仓库中有些什么数据、这些数据怎么得到的以及怎么访问这些数据的信息。元数据是数据仓库运行和维护的中心，数据仓库服务器利用它来存储和更新数据，用户通过它来了解和访问数据。

（4）数据仓库管理系统

数据仓库管理系统是整个数据仓库系统运转管理的引擎，它负责提供数据定义、数据操纵和系统运行管理等功能。目前的数据仓库管理系统大都是在 DBMS 中增加一些 DW 管理所需要的组件来实现的。例如，微软公司的 SQL Server 2000 就是一个 DWMS 与 DBMS 共存的集成解决方案。

（5）访问工具

访问工具为用户访问数据仓库提供手段，是整个系统发挥作用的关键和重要组成部分。只有通过高效的访问工具，数据仓库才能真正发挥出应有的作用。访问工具主要包括数据查询和报表工具、应用开发工具、联机分析处理工具、数据挖掘工具等。

3. 数据挖掘技术

日益成熟的数据库技术为海量的数据存储与管理提供了技术保证，但信息提取及其分析技术相对落后，因此出现了数据丰富但知识贫乏的现象。于是数据挖掘（data mining，DM）技术应运而生并得到迅速的发展。数据挖掘技术作为一门新兴的研究领域，涉及诸如机器学习、模式识别、统计学和数据库等众多学科。

数据挖掘，也称知识发现，是指采用有效算法从大量的数据中提取潜在的、有效的、新颖的、具有潜在价值的规则、规律和知识的过程。它包括关联分析、分类分析、聚类分析和异常检测等。

数据挖掘的对象除传统数据库和数据仓库以外，现在还扩展到 Internet 环境下的 Web 数据挖掘等许多方面。

【例 5-1】美国加州某超级连锁店通过数据挖掘，从记录着每天销售和顾客基本情况的数据库中发现，在下班后前来购买婴儿尿布的顾客多数是男性，他们往往也同时购买啤酒。于是连锁店决定立即重新布置商场货架，把啤酒类商品布置在婴儿尿布货架附近，并在两者之间放上土豆片之类的佐酒小食品，同时把男士们需要的日常生活用品也就近布置，从而使上述几种商品的销量几乎成倍增长。

例 5-1 说明，数据挖掘所获得的信息的确是潜在的、新颖的（先前未知的），而且能为企业带来效益，因而是有价值的。

数据挖掘主要运用人工智能领域一些已经成熟的技术方法，如人工神经网络、遗传算法、决策树、邻近搜索方法、规则推理、模糊逻辑等。

4. 数据挖掘的应用领域

数据挖掘在许多领域具有应用价值，如金融业、保险业、零售业、运输业等，甚至在科学和工程研究领域也具有广阔的应用前景。

（1）在金融业的应用

① 对账户进行信用等级的评估。即从已有数据中分析得到信用评估的规则或标准，如"满足什么样条件的账户属于哪一类信用等级"，并将其应用到对新账户的信用评估。这是一个获取知识并应用知识的过程。

② 对庞大的数据进行主成分分析，剔除无关的甚至是错误的、相互矛盾的数据"杂质"，以便更有效地进行金融市场分析和预测。

③ 分析信用卡的使用模式，即通过数据挖掘得到这样的规则："什么样的人使用信用卡属于什么样的模式"，因为一个人使用信用卡的习惯往往是较为固定的。使用这个规则可以识别"合法"用户，还可监测到信用卡的恶性透支行为。

④ 从股票交易的历史数据中得到股票交易的规则或规律。

⑤ 发现隐藏在数据后面的不同的财政金融指数之间的联系。

（2）在保险业的应用

① 保险金额度的确定。对受险人员的分类将有助于确定适当的保险金额度。通过数据挖掘可以得到，对不同行业、不同年龄段、处于不同社会层次的人，他们的保险金额度应该如何确定。

② 险种关联分析，即分析购买了某种保险的人是否又同时购买另一种保险。

③ 预测什么样的顾客将会买什么样的新险种。

（3）在零售业的应用

① 分析顾客的购买行为和习惯。例如"男性顾客在购买尿布的同时购买啤酒，又如顾客一般购买了睡袋和背包后，过了一定的时间就会购买野营帐篷"，以及"顾客的品牌爱好"等，这些看似微不足道的信息，对商家非常有价值。

② 分析商场的销售商品的构成。如将商品分成多个类别，然后抽取各类商品的共同特征，获得"满足什么条件的商品属于哪一类"的规则，用于商场的市场定位、商品定价等决策问题，例如"要不要采购某一新商品"这样的决策问题。

③ 数据挖掘工具还可以用于进行商品销售预测、商品价格分析、零售点的选择等。

数据挖掘也应用于高科技研究领域、社会科学研究领域等，为科技工作者从大量的、漫无头绪而且真伪难辨的科学数据和资料中提炼出对人类科学研究方向和方法有用的信息，从社会发展的历史进程中得出社会发展的规律，预测社会发展的趋势，或从人类发展的进程和人类社会行为的变化中寻求人类行为规律的答案。

5.2 关系型数据库

5.2.1 数据模型

数据模型（data model）是现实世界数据特征的抽象，是用来描述数据的一组概念和定义。由于计算机不能直接处理现实世界中的具体事物，所以人们必须事先把具体事物转换成计算机能够处理的数据，即按 DBMS 支持的特定数据模型组织数据。通常，一个数据库的数据模型由数据结构（如树形、网状型等）、数据操作（如查询、更新操作等）和数据约束条件三部分组成。

1. 常用数据模型

上一节已介绍了数据库中的数据是按照一定的结构（数据模型）来组织、描述和存储的。常见的数据模型有层次模型、网状模型、关系模型和面向对象模型等。

① 层次模型：按树形结构描述客观事物及其联系。

② 网状模型：按网状结构描述客观事物及其联系。

③ 关系模型：按二维表结构描述客观事物及其联系。关系 DBMS 一直是数据库管理系统的主流产品，PC 上使用的数据库有 Visual Foxpro、Access 等，大中型数据库有 Oracle、Sybase、SQL Server 等。

④ 面向对象模型：用更接近人类思维的方式描述客观世界的事物及其联系，而且描述问题的问题空间和解决问题的方法空间在结构上尽可能一致，以便对客观实体进行结构模拟和行为模拟。

关系数据模型概念清晰、简洁，能用二维表表示事物和事物之间的联系，因此目前关系型数据库应用非常广泛。为此，这里只介绍关系模型。

2. 关系数据模型

在关系模型中，所有的信息都是用二维表表示的，每一张二维表称为一个关系（relation）或者表（table），用来表示客观世界中的事物。它由表名、行和列组成，每一行称为一个元组，每一列称为一个属性。如表 5-1、表 5-2 就是表示学生基本情况和学生成绩的二维表。

表 5-1　学生基本情况表

学　号	姓　名	性　别	出生日期	院　系	专　业	备　注
00010101	李林	男	1981-8-4	中文学院	现代汉语	
01020102	高山	男	1982-4-20	计算机系	计算机应用	党员
01020201	林一风	女	1983-5-2	计算机系	计算机应用	
01010201	朱元元	女	1982-7-15	中文学院	新闻	班长

表 5-2　学生成绩表

学　号	姓　名	课　程	成　绩
00010101	李林	大学英语	84
00010101	李林	计算机信息技术	92
00010101	李林	大学语文	82
01010201	朱元元	大学英语	70
01010201	朱元元	计算机信息技术	87
01010201	朱元元	大学语文	55
01020102	高山	大学英语	90
01020102	高山	计算机信息技术	90
01020102	高山	大学语文	84
01020201	林一风	大学英语	78
01020201	林一风	计算机信息技术	52
01020201	林一风	大学语文	72

在关系模型中可用如下关系模式来表达其结构。

学生基本情况（＊学号，姓名，性别，出生日期，院系，专业，备注）

学生成绩（＊学号，姓名，＊课程，成绩）

可以看出，关系模式由以下几部分组成。

① 关系名："学生基本情况"和"学生成绩"。

② 属性："学号""姓名""性别""出生日期""院系""专业""备注"为关系学生基本情况的属性名，"学号""姓名""课程""成绩"为关系学生成绩的属性名。

③ 主键：学生基本情况关系中，"学号"为主键，学生成绩关系中（"学号"，"课程"）属性组为主键（关系数据模式中主键是指该模式的某个或某几个属性，它能唯一确定二维表中的一个元组）。

3. 联系

现实世界中的事物是有联系的，在关系数据模型中，表与表之间的联系有以下三种。

（1）一对一联系

一对一联系是指对于表 A 中任一元组，表 B 中至多有一元组与之对应，反之亦然。例如，学校与校长之间的联系就是一对一联系，一个学校只有一个校长，一个校长属于一个学校。

（2）一对多联系

一对多联系是指表 A 的每一个元组，表 B 中有若干元组与之对应；而对于表 B 中的每一个元组，表 A 中只有一个元组与之对应。如表 5-1 学生基本情况表与表 5-2 学生成绩表之间的联系就是一对多联系，因为每一个学生有多门课程成绩，而每一门成绩只能属于一个学生。

（3）多对多联系

多对多联系是指表 A 的每一个元组，表 B 中有若干元组与之对应；而对于表 B 中的每一个元组，表 A 中也有若干元组与之对应。如教师表与课程表就是多对多联系，因为每一个老师承担多门课程教学，而每一课程教学可由多位老师来承担。

5.2.2　数据库设计

1. 数据库设计概述

数据库及其应用系统开发的全过程可分为两大阶段：数据库系统的分析与设计阶段；数据库系统的实施、运行与维护阶段。本节主要介绍数据库系统的分析与设计。

数据库设计的基本任务是根据一个单位的信息需求、处理需求和具体数据库管理系统及软硬件环境，设计出数据模式以及应用程序。其中信息需求是指一个单位所需要的数据及其结构；处理需求是指一个单位经常进行的数据处理，如学生的成绩查询、平均成绩统计等。前者表达了对数据库的内容及结构的要求，也就是静态要求；后者表达了基于数据库的数据处理要求，也就是动态要求。

在简单的关系数据库应用中，数据模式设计主要包括基本表（逻辑模式）的设计和视图（外模式）的设计。基本表用来存储应用系统中所有的基础数据，存储在数据库中，而视图是从基本表中导出数据的描述，用户可以像使用基本表一样使用视图。

前面讨论的学生成绩应用中，表 5-1 学生基本情况表、表 5-2 学生成绩表可以作为满足查询学生信息、学生成绩应用的视图。但一般不作为数据库基本表，因为不难发现两表中存在着多处的数据冗余，如学生基本情况表中的院系、专业，学生成绩表中的课程，这样容易导致数据的不一致性。在开发一个数据库管理信息系统时，数据库数据模式设计直接关系到系统性能的高低，甚至关系到系统设计的成败。

实际上，数据库设计是对客观世界数据的抽象过程。这个抽象过程一般分为以下两个阶段。

（1）现实世界到概念系统的抽象

按用户的观点准确地模拟应用单位的信息需求及处理需求，即对现实世界的数据建模，它不依赖于具体的数据库管理系统，即概念模型设计。

在现实世界中事物多种多样，可以是具体的（如学生，成绩），也可是抽象的（如兴趣、爱好），凡是可以被人们识别而又可以相互区别的客观对象统统抽象为实体。同一性质的一类实体的集合称为实体集。如李林、朱元元、高山等学生都是学生实体，而所有的学生构成实体集。实体一般具有特征和性质，称为属性。如学生实体包含学号、姓名、性别、院系等属性。现实世界的事物也是有关联的，在概念模型中抽象为联系。如学生实体集与成绩实体集就存在着一个学生有多门课程成绩的联系。

目前，常用 E-R（实体-联系）图方法来建立概念模型。建立概念模型的目的是进行概念系统到计算机系统的抽象。

（2）概念系统到计算机系统的抽象

概念系统以形式化的方法准确地描述了用户的需求，这为抽象成计算机系统的具体的数据模型奠定了基础。本次抽象是把概念模型转换为计算机中的 DBMS 所支持的数据模型，最终形成数据库系统的数据模式。

2. 数据库设计一般步骤

数据库设计一般分为四步：需求分析、概念设计、逻辑设计和物理设计。下面以学生的成绩管理为例，简单介绍数据库设计的一般步骤。

（1）需求分析

需求分析是对用户提出的各种要求加以分析，对各种原始数据加以综合、整理，以确定应用系统的信息需求、处理需求、安全及完整性要求等，是对系统设计目标的界定。

在学生的成绩管理中，要保存学生的基本信息、学生的各门功课成绩，还涉及相关院系、专业、课程等信息。处理要求主要包括学生成绩的登记、查询、统计等功能，并要求学生只能通过密码查询自己的成绩，而管理人员可以查询、统计所有学生的成绩。为了减少问题的复杂度，这里讨论的学生基本信息包括学号、姓名、性别、出生日期、院系、专业、备注，成绩信息包括学号、姓名、课程、成绩。

（2）概念设计

概念设计是对用户需求进行进一步抽象、归纳，并形成独立于具体 DBMS 和软硬件环境的概念设计模型，数据库的概念结构通常可用 E-R 模型等来描述。学生成绩管理的 E-R 模型如图 5-7 所示。

> **说明：**
> ① 在 E-R 图中，用矩形框表示实体，菱形框表示联系，椭圆框表示属性。
> ② 在 E-R 图中，包括学生、院系、专业、课程实体，学生的成绩是学生选课联系的属性。
> ③ 专业与学生、院系与学生是一对多联系，学生与课程是多对多联系。这样的设计就不允许一个学生选择多个专业，也不允许一个学生属于多个院系，显然这是符合当前的实际情况的。

概念设计的最终成果除了反映数据概念结构的 E-R 图外，还包括应用系统的功能设计描述，如系统的功能结构图、数据流程图等。

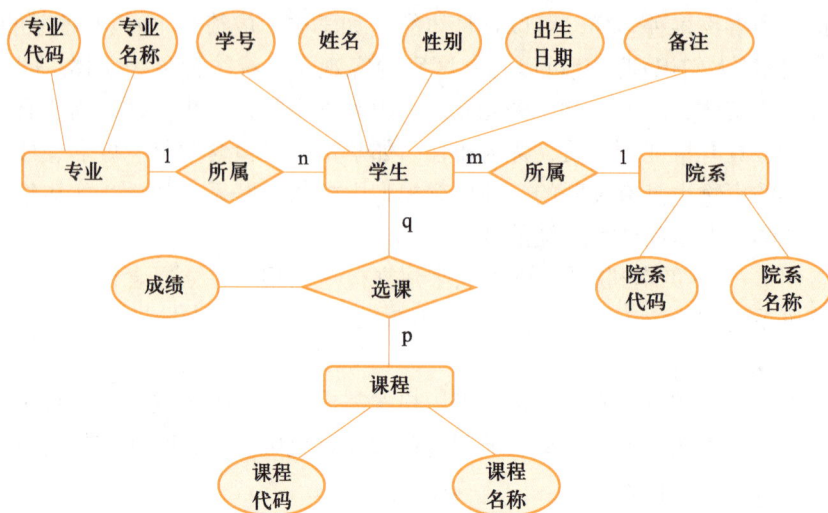

图 5-7　学生成绩管理 E-R 模型

（3）逻辑设计

E-R 模型所表示的全局概念结构是对用户数据需求的一种抽象表示形式，它独立于任何一种数据模型，因而也不被任何一种 DBMS 所支持。逻辑设计是将概念结构进一步转换为某个具体的 DBMS 所支持的数据模型，然后再对数据模型的结构进行适当调整和优化，形成合理的全局逻辑结构即基本表，并设计出用户视图。

图 5-7 表示的全局概念结构可转换成关系模型，具体关系模式如下：

专业（<u>专业代号</u>，专业名称）

院系（<u>院系代码</u>，院系名称）

课程（<u>课程代码</u>，课程名称）

学生（<u>学号</u>，姓名，性别，出生日期，院系代码，专业代码，备注）

选课（<u>学号</u>，<u>课程代码</u>，成绩）

> **说明：**
>
> ① 一个实体转换为一个关系模式，实体的属性就是关系的属性，实体的主键就是关系的主键（如关系"学生"中带下划线的"学号"便为主键）。
>
> ② 多对多联系转换为关系模式，如"学生"与"课程"实体间联系"选课"转换为关系"选课"；一对一联系或一对多联系可转换为一个独立的关系模式，也可合并到与之关联的实体中，如"院系"与"学生"之间的一对多联系就合并到关系"学生"中，用属性"院系代码"来表示。

表 5-1 学生基本情况表、表 5-2 学生成绩表要表达的信息是由以上基本表派生出来的视图。

值得注意的是在一个复杂的数据库应用中，逻辑结构的设计是一项复杂的工作。既要考虑结构准则保持数据的特性，又要考虑性能准则以获得较高的存取效率。在关系型数据库设计中，提供了关系规范化理论专门用于关系的设计。

（4）物理设计

数据库在物理设备上的存储结构与存取方式称为物理数据库。数据库物理设计就是为给定的逻辑结构模型选取一个最合适的应用环境的物理结构，以便在时间和空间效率等方面达到设计要求。数据库物理设计不仅依赖于用户的应用要求，而且与 DBMS 的功能、计算机系统所支持的存储结构、存取方式和数据库的具体运行环境都有密切的关系。如数据存放位置的规划、数据库分区的设计、索引存取方式的选择等都是数据库物理设计的内容。

总之，数据库设计过程具有一定的规律和标准，通常采用"自顶向下、逐步求精"的设计原则。但是数据库设计不可能"一气呵成"，需要反复推敲和修改才能完成。

5.2.3　关系型数据库的基本操作

在关系型数据库系统中，常用的关系操作有并、交、差、插入、删除、更新、选择、投影和连接。下面以 5.2.2 节设计的学生成绩管理关系模式为例，介绍关系型数据库的基本操作。

为方便起见，数据库各表名称及其字段名称同相应的关系模式名称和属性名称。学生表、课程表、选课表内容分别如表 5-3～表 5-5 所示。

表 5-3　学 生 表

学　号	姓　名	性　别	出生日期	院系代码	专业代码	备　注
00010101	李林	男	1981-8-4	01	0101	
00010202	王子	男	1981-9-1	01	0102	党员
01010201	朱元元	女	1982-7-15	01	0102	班长
01020102	高山	男	1982-4-20	02	0201	党员
01020201	林一风	女	1983-5-2	02	0201	
01010201	高源	男	1982-7-15	01	0201	

表 5-4　课 程 表

课程代码	课程名称
0001	大学英语
0002	计算机信息技术
0003	大学语文

表 5-5　选 课 表

学　号	课程代码	成　绩
00010101	0001	84
00010101	0002	92
00010101	0003	82

学　　号	课程代码	成　　绩
01010201	0001	70
01010201	0002	87
01010201	0003	55
01020102	0001	90
01020102	0002	90
01020102	0003	84
01020201	0001	78
01020201	0002	52
01020201	0003	72

1. 选择

选择操作是一元操作。它应用于一个关系并产生另一个新关系。新关系中的元组（行）是原关系中元组的子集。选择操作根据要求从原先关系中选择部分元组。结果关系中的属性（列）与原关系相同（保持不变）。

例如，从学生表记录中查询出所有男学生记录，如图5-8所示，即为对学生表进行选择操作。

学号	姓名	性别	出生日期	院系代码	专业代码	备注
00010101	李林	男	1981-8-4	01	0101	
00010202	王子	男	1981-9-1	01	0102	党员
01010201	朱元元	女	1982-7-15	01	0102	班长
01020102	高山	男	1982-4-20	02	0201	党员
01020201	林一风	女	1983-5-2	02	0201	
01010201	高源	男	1982-7-15	01	0201	

学号	姓名	性别	出生日期	院系代码	专业代码	备注
00010101	李林	男	1981-8-4	01	0101	
00010202	王子	男	1981-9-1	01	0102	党员
01020102	高山	男	1982-4-20	02	0201	党员
01010201	高源	男	1982-7-15	01	0201	

图5-8　选择操作

2. 投影

投影操作是一元操作，它作用于一个关系并产生另一个新关系。新关系中的属性（列）是原关系中属性的子集。在一般情况下，虽然新关系中的元组属性减少了，但其元组（行）的数量与原关系保持不变。

例如，从学生表记录中，查询出所有学生的学号、姓名，如图5-9所示，即为对学生表进行投影操作。

3. 连接

连接操作是一个二元操作。它基于共有属性把两个关系组合起来。连接操作比较复杂并有较多的变化。

例如，查询各课程所有学生成绩，如图5-10所示，即为对课程表和选课表进行连接操作。

学号	姓名	性别	出生日期	院系代码	专业代码	备注
00010101	李林	男	1981-8-4	01	0101	
00010202	王子	男	1981-9-1	01	0102	党员
01010201	朱元元	女	1982-7-15	01	0102	班长
01020102	高山	男	1982-4-20	02	0201	党员
01020201	林一风	女	1983-5-2	02	0201	
01010201	高源	男	1982-7-15	01	0201	

学号	姓名
00010101	李林
00010202	王子
01010201	朱元元
01020102	高山
01020201	林一风
01010201	高源

图 5-9　投影操作

学号	课程代码	成绩
00010101	0001	84
00010101	0002	92
00010101	0003	82
01010201	0001	70
01010201	0002	87
01010201	0003	55
01020102	0001	90
01020102	0002	90
01020102	0003	84
01020201	0001	78
01020201	0002	52
01020201	0003	72

课程代码	课程名称
0001	大学英语
0002	计算机信息技术
0003	大学语文

学号	课程代码	成绩	课程名称
00010101	0001	84	大学英语
00010101	0002	92	计算机信息技术
00010101	0003	82	大学语文
01010201	0001	70	大学英语
01010201	0002	87	计算机信息技术
01010201	0003	55	大学语文
01020102	0001	90	大学英语
01020102	0002	90	计算机信息技术
01020102	0003	84	大学语文
01020201	0001	78	大学英语
01020201	0002	52	计算机信息技术
01020201	0003	72	大学语文

图 5-10　连接操作

4. 更新

更新操作改变关系属性的值。

例如，将课程代号为"0001"课程的所有成绩增加 5 分，即为对选课表的更新操作。

5. 删除

删除关系中的元组。

例如，删除学生表中所有"男"同学记录，即为对学生表的删除操作。

5.2.4　SQL 语言

上节介绍了关系型数据库的选择、投影、连接、更新、删除操作。在关系型数据库中是通过 SQL 语言（structured query language）来实现这些操作的。SQL 即结构化查询语言，是用来定义、操作、查询和控制数据库的语言。它是关系型数据库标准语言，具有功能丰富、使用方便灵活、语言简单易学等特点。

虽然 SQL 语言功能强，但仅有为数不多的几条命令，语法也非常简单。下面简单介绍 SQL 常用语法格式。

1. SQL 查询语句

SQL 的核心是查询功能，SQL 的查询命令也称为 SELECT 命令，它的常用语法格式如下：

```
SELECT [ALL |DISTINCT] [TOP (表达式)] ……        说明要查询的数据
FROM [数据库名!]<表名>                            说明数据来源
    [[INNER |LEFT[OUTER] |RIGHT[OUTER]]          说明与其他表联接方式
    JOIN 数据库名! 表名 ON <联接条件>]
WHERE……                                          说明查询的条件
[GROUP BY……]                                     对查询结果进行分组
[HAVING……]                                       限定分组统计结果满足的条件
[ORDER BY……]                                     对查询结果进行排序
[UNION[ALL]……]                                   对多个查询结果进行合并
```

【例5-2】查询学生表中所有字段。

```
SELECT  *  FROM  学生
```

> **注意**：*是通配符，代表全部字段列表。

【例5-3】查询学生表中所有学号和姓名。

```
SELECT  学号,姓名  FROM  学生
```

> **注意**：字段名之间要用英文逗号分隔。

【例5-4】从成绩表中查询所有成绩>85 分的学号。

```
SELECT  DISTINCT  学号  FROM  选课  WHERE  选课.成绩>85
```

> **注意**：DISTINCT 用于去掉重复值。

【例5-5】查询至少有一门课程成绩大于 85 分的学生姓名。

```
SELECT  姓名  FROM  学生,选课
WHERE  选课.成绩>85  and  学生.学号=选课.学号
```

> **注意**：
> ① 这里所要查询的数据分别来自"学生"和"选课"表。
> ② 如果在 FROM 之后有 2 个表，那么这 2 个表之间一定有一种关系，如本例中的学生表和选课表都有"学号"字段，否则无法构成检索表达式。
> ③ 本例中"学生.学号=选课.学号"是联接条件。
> ④ 当 FROM 后面有多个表含有相同的字段名时，必须用表名前缀直接指明字段所属的表，如"学生.学号"。

【例 5-6】在学生表中查询所有姓李的学生。

```
SELECT  *  FROM 学生 WHERE 姓名 LIKE "李*"
```

> **注意：**"李*"中的"*"匹配多个任意符号，"?"匹配一个任意符号。

【例 5-7】统计每门课程的名称、平均成绩。

```
SELECT 课程.课程名称,AVG(选课.成绩) as "平均成绩" FROM 课程,选课;
WHERE 选课.课程代码=课程.课程代码 GROUP BY 课程.课程名称
```

【例 5-8】查询选修了 3 门课程以上学生的学号。

```
SELECT  学号  FROM 选课 GROUP BY 学号  HAVING count(*)>=3
```

> **说明：**HAVING 子句的作用是指定查询的结果所满足的条件，通常和 GROUP BY 配合使用；而 WHERE 子句的作用是指定参与查询的表中的数据所满足的条件。

【例 5-9】按学号升序、成绩降序检索学生成绩。

```
SELECT * FROM 选课 ORDER BY 学号 ASC , 成绩 DESC
```

> **说明：**SQL 使用 ORDER BY 进行排序的操作，ASC 表示升序，DESC 表示降序，默认为升序排序。

【例 5-10】将学生表和成绩表按内部联接，查询每个学生的学号、姓名、课程代码、成绩。

```
SELECT 学生.学号,学生.姓名,选课.课程代码,选课.成绩
FROM 学生 INNER JOIN 选课 ON 学生.学号=选课.学号
```

> **说明：**SQL 中 FROM 子句后的 JOIN 联接有以下几种形式，其意义如下。
> 内部联接[INNER] JOIN，内部联接与普通联接相同，只有满足条件的记录才出现在查询结果中。
> 左联接 LEFT [OUTER] JOIN，在查询结果中包含 JOIN 左侧表中的所有记录，以及右侧表中匹配的记录。
> 右联接 RIGHT [OUTER] JOIN，在查询结果中包含 JOIN 右侧表中的所有记录，以及左侧表中匹配的记录。

2. SQL 数据操纵语句（动作查询）

删除记录的 SQL 语言命令格式如下：

```
DELETE  FROM<表名> WHERE  <条件表达式>
```

更新是指对记录进行修改，用 SQL 语言更新记录的命令格式如下：

```
UPDATE<表名>  SET <字段名 1>=<表达式 1>[,<字段名 2>=<表达式 2>…]；
WHERE<条件表达式>
```

【例 5-11】 删除学生表中所有"男"同学记录。

```
DELETE  FROM  学生  WHERE  学生.性别="男"
```

> **注意：** 若省略 WHERE 子句，将对表中全部记录进行删除。

【例 5-12】 将成绩表中所有课程代号为"0001"的成绩增加 5 分。

```
UPDATE 选课 SET 成绩=成绩+5 WHERE 课程代号="0001"
```

5.3 新型数据库

随着云计算和大数据时代的到来，行业数据和移动互联网应用对数据处理的实时性和规模提出了更高的要求。例如：淘宝每天处理千万量级交易笔数，50 GB 汇总结果，7 亿条日志记录，1.5 PB 原始数据记录；Facebook 每天处理 27 亿次 Like 按钮点击，上传 3 亿张图片，由人工或系统自动执行的请求达到 7 万次，吸收超过 500 TB 新数据，伴随着海量的非结构化数据。在这种情况下，传统数据库面临前所未有的挑战。

首先，数据处理需求与传统数据库平台硬件扩展的差距不断扩大，传统的数据库性能和TB 级数据处理规模已不能满足海量数据的实时处理需求。其次，通过不断堆叠高性能盘阵获取性能提升的传统扩展方式，使得底层硬件和数据库软件采购成本不断攀升。在性能和成本的双重压力之下，数据库需要寻找突破之路。淘宝、腾讯、百度、Facebook、Google 等互联网企业纷纷展开探索，面向不同应用的各种新型数据库应运而生。

新型数据库采用分布式并行计算架构，大多部署于 x86 通用服务器，满足大数据实时处理需求，成本低、扩展性高，突破了传统数据库性能的瓶颈。

5.3.1 结构化数据与非结构化数据

数据是当今信息时代的核心资源，而结构化数据和非结构化数据是数据的两种主要类型。

1. 结构化数据

结构化数据明确定义数据模型，使用事先定义的模型来描述数据，数据的数据类型（如数值、字符串等）明确，使得数据的结构和意义易于理解和处理。结构化数据通常以关系型数据库行列结构进行组织和存储。

结构化数据广泛存在于传统数据库管理系统中，如金融、电子商务、医疗系统等。通过数据库管理系统进行存储、查询和管理。结构化数据可以方便准确地进行业务数据查询、生成报表等，还可以方便地进行各种数据分析和挖掘操作，如聚类、分类、预测等。

2. 非结构化数据

非结构化数据是指没有明确格式和组织的数据，数据的结构和意义需要通过分析和处理来获取。它通常以自由文本、图片、音频和视频等多种形式存在，不容易用传统的关系型数据库进行存储和处理。非结构化数据通常是海量的，如社交媒体数据、日志文件、摄像头采集的视频数据等。

值得说明的是，人们也将办公文档、Web 网页的数据称为半结构化数据。这类数据采用 XML 格式或 HTML 格式存储数据，具有一定的结构性。

据统计，现实世界中结构化数据占比小于 20%，超过 80% 则是非结构化或半结构化数据。当今世界结构化数据增长率大概是 32%，而非结构化数据增长则是 63%。至 2020 年，非结构化数据占比达到互联网整个数据量的 80% 以上。

我们都很熟悉结构化数据，典型的就是业务信息系统中用于交易记录、流程控制和统计分析的事务数据。利用它们来制定商业战略、预判趋势、优化企业运营的技术已经比较成熟。但结构化数据仅仅是企业所拥有数据的一小部分，与结构化数据相比，非结构化数据海量且具有某种特定和持续的价值，这种价值在共享、检索、分析等使用过程中得以产生和放大，并最终对企业业务和战略产生影响。处理海量的非结构化数据需要新的数据库技术和新的数据处理技术。

5.3.2　NoSQL 数据库技术

对于论坛、博客、微信、微博等互联网类应用场景，一般较多采用非关系型数据库技术 NoSQL。NoSQL 抛弃了关系型数据库复杂的关系操作、事务处理等功能，仅提供简单的键值对（key，value）数据的存储与查询，换取高扩展性和高性能。主要技术创新有以下两点。

① 简单的数据操作换取高效响应。NoSQL 仅支持按照 Key（关键字）来存储和查询 Value（数据），不支持对非关键字数据列的高效查询；无须事先为要存储的数据建立字段，随时可以存储自定义的数据格式，因数据操作简单、数据间一般不需要关联操作，故系统可支持高并发和较快的响应速度。

② 多种一致性策略满足业务需求。不同于传统关系型数据库仅支持强一致性策略，NoSQL 还支持弱一致性和最终一致性等多种策略，可根据应用场景进行相应配置。对写入操作频繁，但数据读取最新版本要求并不严格的应用，如互联网网页数据的存储和分析应用，可以采用最终一致性策略；而对订购关系存储的应用，则必须采用强一致性策略，保证总是读取最新版本数据。

5.3.3　国内新型数据库

目前，国内具有代表性的新型数据库产品有以下几种。

① OceanBase。OceanBase 是阿里巴巴完全自主研发的金融级分布式关系数据库。在金融

行业首创城市级故障自动无损容灾新标准,同时具备在线水平扩展能力,创造了每分钟处理上亿笔交易的纪录。OceanBase 主要用于支付宝应用。

② PolarDB。PolarDB 是阿里巴巴自主研发的下一代关系型分布式云原生数据库,兼容 MySQL、PostgreSQL、Oracle 语法。计算能力最高可扩展至 1 000 核以上,存储容量最高可达 100 TB。经过阿里巴巴双十一活动的验证,完全达到商业数据库的高性能和安全性。PolarDB 主要用于淘宝、天猫应用。

③ TDSQL。TDSQL 是腾讯打造的一款分布式数据库产品,具备强一致、高可用全球部署架构、分布式水平扩展、高性能、企业级安全等特性,同时提供智能 DBA、自动化运营、监控告警等配套设施,为用户提供完整的分布式数据库解决方案。目前 TDSQL 已经为诸多政企和金融机构提供数据库的公有云及私有云服务,客户覆盖银行、保险、证券、互联网金融、计费、第三方支付、物联网、互联网+、政务等领域。

④ 达梦数据库。达梦数据库管理系统是达梦公司推出的具有完全自主知识产权的高性能数据库管理系统,简称 DM。达梦数据库产品已成功用于我国国防、安全、财政金融、电力、水利、电信、审计、交通、信访、电子政务、税务、国土资源、制造业、消防、电子商务、教育等 20 多个行业及领域,装机量超过 10 万套,取得了良好的经济效益和社会效益。

⑤ GBase。南大通用是国产数据库的领军企业,以"让中国用上世界级国产数据库"为使命,打造国内领先、国际同步的自主可控数据库产品。GBase 是南大通用公司推出的一款自主品牌数据库产品,以大规模并行处理、列存储、高压缩和智能索引技术为基础,具有满足数据密集型行业日益增长的数据分析、数据挖掘、数据备份和即席查询等需求的能力,在金融、电信、政务、国防、企事业等领域拥有上万家用户。

5.4　计算机信息系统

随着人类步入信息化时代,基于网络、数据库等各种新技术的计算机信息系统已开始服务于全社会的信息管理、信息检索、信息分析,推动了社会信息化水平。例如,电子政务的应用,极大地提高了社会管理水平与服务质量。电子商务的应用,使得人们足不出户就可以完成商品的买卖。

5.4.1　计算机信息系统概念

计算机信息系统(computer information system)是一个广义的概念,并随着时代、技术的发展而发展。早期的计算机信息系统可以是代替人工入账、出账、自动生成报表的仓库管理系统,而今可以是跨全球的电子商务平台。一般来说,计算机信息系统是指一类以提供信息服务为主要目的的数据密集型、人机交互的计算机应用系统。

1. 计算机信息系统主要特点

① 数据密集。信息系统涉及大量的数据,如银行系统的交易数据,智能交通系统的视频数据等。信息系统运行时,正在处理的小部分数据须装入内存,而大部分数据须保存在外部

存储器中。

② 数据持久。信息系统大量的数据须长期保存，不因程序运行结束而丢弃。如银行系统的交易数据不会因交易结束而删除。信息系统往往提供历史数据的转储功能，以提高现行系统的运行效率，并提供相应的历史数据查询功能。

③ 数据共享。信息系统大量而持久的数据为多个应用程序所共享，为一个单位或更大范围内的用户所使用。

④ 服务多样。信息系统除具有数据存储、传输、管理、统计等基本功能外，还提供分析、控制、预测、决策等信息服务功能。

2. 计算机信息系统的结构

现今计算机信息系统大多基于网络系统，它是在计算机硬件、计算机软件和网络等基础设施支撑下运行的应用系统。通常可抽象为三个层次，如图 5-11 所示。

① 资源管理层。资源管理层包括各种类型的数据信息，以及实现信息采集、存储、传输、存取和管理的各种资源管理系统。以信息为中心的计算机信息系统中，资源管理层主要由数据库、数据库管理系统等组成。

② 业务逻辑层。业务逻辑层由实现各种业务功能、流程、规则、策略等应用业务的一组程序代码构成。例如，在教务管理系统中，可以规定学生的毕业条件，保送硕士研究生资格等。

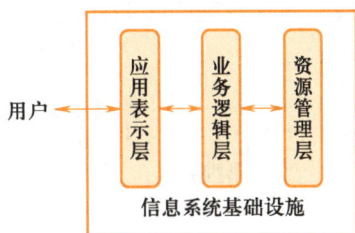

图 5-11　信息系统的结构

③ 应用表示层。应用表示层功能是通过人机交互等方式，将业务逻辑和资源紧密结合在一起，并以表格、图形等直观形式向用户展现信息处理的结果。

3. 基于数据库的信息系统组成

20 世纪 60 年代，计算机用于管理并实现共享数据的需求越来越迫切，人们开始开发了采用数据库技术的信息系统——数据库系统（DBS）。信息系统的资源管理层大多由数据库、数据库管理系统来实现，因此，信息系统大多是一个数据库系统。

例如，学校信息系统由数据库、数据库管理系统、各类实现学校教学、科研管理需求的应用程序等组成，如图 5-12 所示。

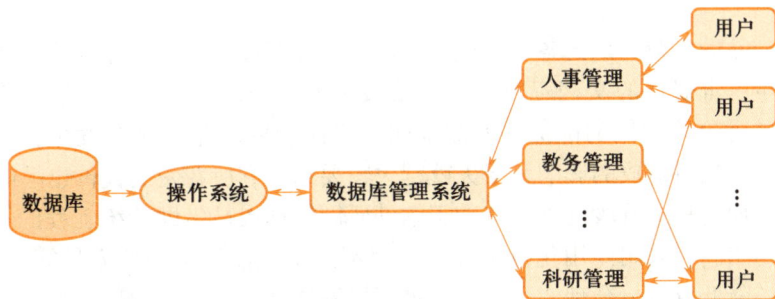

图 5-12　信息系统组成

5.4.2 信息系统开发

计算机信息系统的开发是一项系统工程，涉及多学科综合技术。其开发周期长、投资大、风险大，比一般的技术工程有更大的难度和复杂性。对于从事信息系统分析、设计和管理的人员而言，应该掌握的知识是多方面的，主要包括软件工程技术、数据库系统设计技术、程序设计方法以及应用领域的业务知识等。

1. 常用的信息系统开发方法

（1）结构化生命周期方法

软件生命周期是指软件产品从出现一个构想开始，经过设计、开发并成功投入使用，在使用过程中不断完善或扩展功能，直至不再使用为止的整个过程。结构化方法将软件生命周期划分为可行性研究与规划、需求分析、系统设计、系统实现、软件测试、使用和维护 6 个阶段。各阶段工作按顺序展开，形如自上而下的瀑布，所以又称瀑布模型法，如图 5-13 所示。

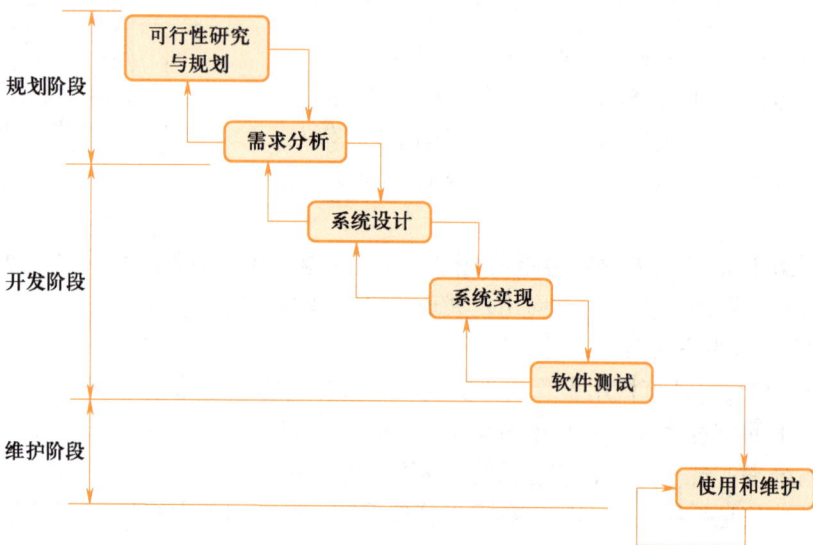

图 5-13　瀑布模型

一个软件产品的生命周期的各个阶段互相区别又相互联系，每一个阶段都有明确的工程任务并要求产生一定规格的文档资料，每个阶段中的工作均以上一个阶段工作的结果为依据，并作为下一个阶段工作的前提。实践证明，失误造成的差错越是发生在生命周期的前期，在系统交付使用时造成的影响和损失就越大，要纠正它所花费的代价也越高。

软件生命周期过程中阶段的划分有助于软件研制管理人员借助传统工程的管理方法（重视工程性文件的编制，采用专用化分工方法，在不同阶段使用不同的人员等），从而有利于提高软件质量、降低成本、合理使用人才，进而提高软件开发的劳动生产率。

（2）原型法

随着计算机软件技术的发展，特别是关系数据库系统、第四代程序设计语言和各种系统开发生成环境的产生，提出了称之为原型法的全新的系统开发方法。它摒弃了那种一步步周密细致的调查分析，然后逐步整理出文字档案，最后才能让用户看到结果的烦琐作法。原型法是指在获取一组基本的需求定义后，利用高级软件工具可视化的开发环境，快速地建立一个目标系统的最初版本，并把它交给用户试用、补充和修改，再进行新的版本开发。反复进行这个过程，直到得出系统的"精确解"，即用户满意为止的一种方法。

除此之外，在信息系统开发中还使用面向对象方法和 CASE 方法等，这里不做介绍。

2. 信息系统开发过程

（1）可行性研究与规划

可行性研究与规划的任务是对应用单位的发展目标和战略对建设信息系统的需求做出分析和预测，考虑建设系统所受的各种约束，研究实施系统的必要性和可能性，给出拟建设信息系统的初步方案和项目开发计划，并对这些方案和计划分别从管理、技术、经济和社会等方面进行可行性分析，编写可行性报告。

（2）需求分析

需求分析即系统分析，是开发信息系统最重要的阶段，也是最基础的阶段，主要解决"系统做什么"问题。需求分析采用系统工程的思想和方法，把复杂的对象分解成简单的组成部分，提出这些部分所需数据的基本属性和彼此关系。首先，要详细调查原系统工作概况、业务流程、局限性与不足之处；然后，明确用户的各种数据需求、处理需求以及安全与完整性方面的要求，并在此基础上确定新系统的目标和功能。

在需求分析中一般采用自顶向下逐层分解的结构化分析方法，并用数据流程图和数据字典来表达数据和处理过程的关系。

（3）系统设计

系统设计主要解决"系统如何做"的问题，即为实现系统目标设计数据结构和系统功能。系统设计又分为概要设计和详细设计两个阶段。概要设计阶段确定软件系统的总体结构，给出各个组成模块的功能及模块间的接口。详细设计就是在概要设计基础上，确定怎样具体实现各功能模块，给出各个功能模块实现过程的具体描述，从而在软件编码阶段可以翻译成某种程序设计语言书写的程序。系统设计可借助于程序流程图、PAD 图、过程设计语言等工具。

值得说明的是，信息系统往往是基于数据库系统设计实现的。因此，系统设计时，还要遵循数据库设计的有关步骤。

（4）系统实现

系统实现是实现系统设计阶段提出的关系模式结构、存储结构和软件结构，按实施方案完成一个实际运行的信息系统，交付用户使用。因此，本阶段要完成两方面工作：一是利用数据库数据定义语言，创建数据库模式和存储结构，并载入初始数据；二是程序设计即程序编码，实现系统设计中提出的各模块功能。

（5）软件测试

数据库载入初始数据后，就可以对系统进行测试。测试包括模块测试、系统测试和验收测试。模块测试的任务是分别测试应用系统中的每一个程序模块；系统测试的任务是从整体上验证系统的功能，验证各子系统模块协同工作能否完成设计的功能；验收测试是为系统准备投入使用提供最终的检验。

软件测试方法有黑盒法测试和白盒法测试。黑盒法测试是指不关心程序内部的实现逻辑，根据系统的功能设计测试用例，检查系统是否能适当地接收输入数据并产生正确的输出结果；白盒法测试是在完全了解系统内部结构和处理过程的情况下，利用程序结构的实现细节来设计测试用例，非常重视测试用例的覆盖率。

（6）使用和维护

在保证信息系统正常运行的前提下，为提高系统运行的有效性而对系统的硬件、软件及文档所做的修改和完善都称为软件系统的维护。软件维护一般有三种：纠错性维护、适应性维护、完善性维护。

① 纠错性维护。纠错性维护是指改正在系统开发阶段已发生而系统测试阶段尚未发现的错误。对于不影响系统正常运行的一般性错误，其维护工作可随时进行。而对影响整个系统正常运行的严重性错误，其维护工作必须制定计划，才能进行修改，并且要进行严格的测试。

② 适应性维护。适应性维护是指软件为了适应硬件系统、软件系统环境的变化和管理需求变化而进行的修改。进行这方面的维护工作也要像系统开发一样，有计划、有步骤地进行。

③ 完善性维护。完善性维护是为扩充功能和改善性能而进行的修改，主要是指对已有的软件系统增加一些在系统分析和设计阶段中没有规定的功能与性能特征。这方面的维护除了要有计划、有步骤地完成外，还要注意将相关的文档资料加入到前面相应的文档中去。

5.4.3 典型信息系统

计算机信息系统种类繁多，已广泛应用于各行各业。信息系统可以是一个部门使用的小型管理信息系统，如一个学校的学生学籍管理系统，也可以是覆盖全球的电子商务平台，如阿里巴巴集团的全球速卖通交易平台。从应用领域来分，有办公自动化系统、企业资源规划系统、军事指挥信息系统、电子商务、电子政务等。

1. 企业资源规划系统

企业资源规划系统（enterprise resource planning，ERP）是一种集成的管理信息系统，它将企业内部各个部门的业务流程整合起来，通过自动化和标准化的方式，实现对企业资源的全面管理和协调。ERP系统主要由采购管理、销售管理、生产管理、财务管理、人力资源管理等多个模块组成，通过实时数据的交互和共享，提高了企业内部信息流通的效率，促进了业务流程的优化。ERP系统是现代企业管理中不可或缺的一部分，在提升企业竞争力方面发挥着举足轻重的作用。ERP系统主要有以下功能。

（1）财务管理

ERP系统的财务管理模块是其核心功能之一，负责管理企业的各种财务活动，如记账、报表生成、预算管理、成本控制和财务分析等。通过ERP系统，企业能够实现财务数据的自动化处理，减少人为错误，提高财务透明度和准确性。ERP系统还提供实时的财务报告和分析工具，帮助管理层做出明智的决策。

（2）供应链管理

ERP系统中的供应链管理模块涵盖采购、库存管理、订单处理、物流等环节。通过该模块，企业能够实现对供应链各个环节的全面控制和协调。ERP 系统可以实时追踪库存水平，优化采购计划，减少库存成本，同时提高订单履行速度和准确性，最终提升客户满意度。

（3）人力资源管理

人力资源管理是 ERP 系统的重要组成部分，包括员工信息管理、薪资管理、绩效考核、培训发展等功能。通过 ERP 系统，人力资源部门能够高效地管理员工信息，简化招聘和培训流程，优化薪酬和绩效管理，提升员工满意度和组织效率。

（4）生产制造管理

对于制造型企业，ERP 系统的生产制造管理模块至关重要。该模块包括生产计划、物料需求计划、生产执行、质量管理等功能。通过 ERP 系统，企业可以优化生产流程，准确预测物料需求，减少生产停滞和浪费，提高生产效率和产品质量。

（5）客户关系管理

ERP 系统中的客户关系管理（CRM）模块帮助企业管理和分析客户信息，改进销售和服务流程。CRM 模块包括客户信息管理、销售自动化、市场营销活动管理、客户服务和支持等功能。通过 ERP 系统，企业能够更好地了解客户需求，提高客户满意度和忠诚度，推动销售增长。

尽管 ERP 系统能够带来诸多优势，但其实施过程也面临诸多挑战。ERP 系统的实施通常需要大量的时间和资金投入，需要将现有系统中的数据迁移到新的 ERP 系统中，这一过程需要确保数据的准确性和完整性，需要为员工提供全面的培训，帮助他们熟悉新系统的功能和操作，需要对企业的现有业务流程进行再造和优化。

2. 电子商务

电子商务发展历史并不长，各国政府、学者、企业界人士根据各自的角度和对电子商务参与程度的不同，给出了许多不同的定义。一般而言电子商务是指以信息网络技术为手段，以商品交换为中心的商务活动；也可理解为在网络上以电子交易方式进行交易和相关服务的活动，是传统商业活动各环节的电子化、网络化和信息化。

电子商务已发展成为全球广泛的商业贸易活动，已成为消费者网上购物、商户之间网上交易和在线电子支付以及各种商务活动、交易活动、金融活动和相关的综合服务活动的一种新型的商业运营模式。

电子商务包含的内容非常广泛，根据不同的标准有不同的分类方法。

（1）按照交易对象分类

电子商务可以分为代理商、商家和消费者（agent、business、consumer，ABC）；企业对企业（business to business，B2B）；企业对消费者（business to consumer，B2C）；个人对消费者（consumer to consumer，C2C）；企业对政府（business to government）；线上对线下（online to offline，O2O）；商业机构对家庭（business to family）；供给方对需求方（provide to demand）；门店在线（online to partner，O2P）等 8 种模式。其中最主要的是企业对企业、企业对消费者两种模式。

（2）按照交易商品性质分类

电子商务包括间接电子商务和直接电子商务。间接电子商务是指有形货物的电子订货和付款，仍然需要利用传统渠道如邮政服务和商业快递送货；直接电子商务是指无形货物和服务的交易，如计算机软件、娱乐产品和信息服务的联机订购、付款和交付。

（3）按照开展电子交易的范围分类

电子商务可以分为区域化电子商务、远程国内电子商务、全球电子商务。

（4）按照使用网络的类型分类

电子商务可以分为基于电子数据交换（EDI）的电子商务、基于互联网的电子商务、基于企业内联网（Intranet）的电子商务。

3. 电子政务

电子政务是政府机构运用计算机、网络和通信等现代信息技术手段，将政府管理和服务通过精简、优化、整合、重组后在互联网上实现的一种方式。电子政务可以超越时间、空间和部门分隔的制约，加强对政府的有效监督，提高政府的运作效率，以便全方位地向社会提供高效、优质、廉洁的一体化管理与服务。

相对于传统行政方式，电子政务的最大特点就在于其行政方式的电子化，即行政方式的无纸化、信息传递的网络化、行政法律关系的虚拟化等。

电子政务使政府工作更公开、更透明、更有效、更精简，为企业和公民提供更好的服务，重构了政府、企业、公民之间的关系，使之比以前更协调，便于企业和公民更好地参政议政。

4. 地理信息系统

地理信息系统（GIS）又称为"地学信息系统"。它是一种特定的十分重要的空间信息系统。它是在计算机软硬件系统的支持下，针对特定的应用任务，对整个或部分地球表层（包括大气层）空间中的有关地理分布数据（包括空间数据和属性数据）进行采集、存储、管理、运算、分析、显示和描述的信息系统。

地理信息系统是一门综合性学科，结合地理学与地图学以及遥感和计算机科学，已经广泛地应用在不同的领域。应用于科学调查、资源管理、财产管理、发展规划、绘图和路线规划。例如，与GPS定位功能结合，一个地理信息系统（GIS）能在发生自然灾害的情况下较容易地计算出应急反应时间。可以实现智能导航，引导车辆、船舶安全准确地沿预定路线到达目的地。

5.4.4 信息系统发展趋势

随着科技的不断进步，人们对计算机信息系统的要求越来越高，计算机信息系统也在不断发展和演变，主要有以下几个发展趋势。

1. 云计算平台的运用

云计算技术的兴起为计算机信息系统带来了新的发展机遇。计算机信息系统部署在云计算平台可以降低企业、单位的成本，提供更高的灵活性和可扩展性，同时提高系统的可访问性和安全性。越来越多的企业、单位开始采用云平台构建信息系统，以应对快速变化的市场需求和管理需求。

2. 大数据与人工智能运用

大数据和人工智能技术在计算机信息系统中的应用将带来更强大的数据分析和决策支持功能。通过对海量数据的实时分析，企业、单位可以获得更及时的决策信息，优化运营、管理流程，提高决策的准确性和效率。人工智能技术还可以实现自动化的业务流程，提高工作效率，减少人为错误。

3. 移动化

移动技术的普及使得计算机信息系统的移动化应用成为趋势。系统可以随时随地访问和管理企业、单位信息，提高业务的灵活性和响应速度。管理层和员工可以通过移动设备进行实时的业务操作和决策，提高工作效率和客户满意度。

4. 物联网技术的运用

物联网技术的应用将进一步拓展计算机信息系统的功能。通过物联网设备的实时数据采集和传输，企业可以实现对生产设备、物流运输等环节的全面监控和管理，优化供应链和生产流程，提高运营效率和产品质量。

本章小结

本章介绍了数据管理技术的发展，数据库系统的组成和特点，数据库系统体系结构的发展；介绍了数据模型特别是关系数据模型的有关概念及关系型数据库设计的概要；介绍了非结构化数据及 NoSQL 数据库技术；最后介绍了计算机信息系统的概念，信息系统的开发以及典型信息系统及发展趋势。

习题 5

一、判断题

（1）计算机信息系统具有数据共享性，是指系统所存储的数据不但可为多个用户所共享，而且可为多个应用程序所共享。（　　）

（2）计算机信息系统的特征之一是其涉及的数据量大，需要将这些数据长期保留在计算机内存中。（　　）

（3）在数据库管理系统中，事务处理的一项重要任务是解决因硬件或软件出现故障导致数据不一致的恢复问题。（　　）

（4）在信息系统的基本结构中，数据管理层一般都以数据库管理系统作为其核心软件。（　　）

（5）常用的信息系统开发方法有结构化生命周期方法、原型法等。（　　）

（6）根据事物地理位置坐标对其进行管理、搜索、评价、分析、结果输出等处理并提供决策支持、动态模拟、统计分析、预测预报等服务的信息系统称为地理信息系统，它的英文缩写为 GIS。（　　）

（7）SQL 语言可嵌入宿主语言中使用，但不可在联机交互方式下执行。（　　）

（8）为了方便用户进行数据库访问，关系型数据库系统一般都配置有 SQL（structured query language）结构化查询语言，供用户使用。（　　）

（9）关系型数据库的存取路径对用户透明是指用户在对数据操作时不用考虑数据的存取路径。（　　）

（10）数据库设计中，概念结构往往与选用什么类型的数据模型有关。（　　）

（11）以传统数据库数据为代表的结构化数据，比非结构化数据的数据量要大得多。（　　）

（12）NoSQL 数据库的数据是按键读取值的，速度比传统数据库的 SQL 语句快得多。（　　）

二、选择题

（1）在数据库系统中，最常用的一种基本数据模型是关系数据模型，在这种模型中，表示实体集及实体集之间联系的结构是（　　）。

A. 网络　　　　　　B. 图　　　　　　C. 二维表　　　　　　D. 树

（2）在关系数据模型中，实体集之间的联系表现为（　　）。

A. 只能一对一　　　　　　　　　B. 只能一对多

C. 只能多对多　　　　　　　　　D. 一对一、一对多和多对多三种

（3）在关系模式中，对应关系的主键是指（　　）。

A. 不能为外键的一组属性　　　　B. 第一个属性或属性组

C. 可以为空值的一组属性　　　　D. 能唯一确定元组的一组属性

（4）数据库系统中，数据独立性是指（　　）。

A. 应用程序与数据库的逻辑结构、数据的相互独立

B. 应用程序之间的相互独立

C. 数据库中数据之间的相互独立

D. 数据库与操作系统之间的独立

（5）在概念模型中，关于实体主键的叙述正确的是（　　）。

A. 实体主键只能是能够唯一识别实体的单一属性

B. 实体主键是能够唯一识别实体的多个属性

C. 实体中，可能有多个可以作为实体主键的属性或属性组

D. 实体中，可以指定多个实体主键

（6）以下所列特点中，（　　）不是数据库系统具有的特点。

A. 无数据冗余

B. 按照数据模式存储数据

C. 数据共享

D. 数据具有比较高的独立性

（7）已知关系 S（SNO，SNAME，DEOART，SEX，BDATE），SQL 语句"SELECT SNO，SNAME FROM　S"执行的是（　　）操作。

A. 选择　　　　　　B. 投影　　　　　　C. 连接　　　　　　D. 除法

（8）在数据库系统中，数据库管理系统（DBMS）与操作系统之间的关系是（　　）。

A.　两者独立运行　　　　　　　B.　操作系统调用 DBMS

C.　DBMS 调用操作系统　　　　D.　两者相互调用

（9）在客户/服务器模式的网络数据库体系结构中，下列叙述错误的是（　　　）。

A.　前端客户机通常运行采用高级语言如 VB、Delphi 等开发的应用程序

B.　前端客户机系统通过标准接口访问后台数据库

C.　前端客户机生成 SQL 语句，而 SQL 语句的执行是由数据库服务器来完成的

D.　SQL 语句的生成和执行都是在数据库服务器上进行的

（10）下面关于地理信息系统（GIS）叙述错误的是（　　　）。

A.　GIS 是一种专门用于测绘、制图及环境管理等领域的技术

B.　GIS 是针对特定的应用任务，存储事物的空间数据和属性数据，记录事物之间关系和演变过程的系统

C.　GIS 可根据事物地理位置坐标对其进行管理、搜索、评价、分析结果输出等处理，提供决策支持、动态模拟统计分析、预测预报等服务

D.　GIS 应用范围已扩展到工农业、交通运输、环保、国防、公安等诸多领域

（11）电子商务 B-B 是指（　　　）。

A.　企业内部的电子商务　　　　B.　企业与客户的电子商务

C.　企业之间的电子商务　　　　D.　企业与政府间的电子商务

（12）信息系统采用 B/S 模式时，其"页面请求"和"页面响应"的"应答"发生在（　　　）之间。

A.　浏览器和 Web 服务器　　　　B.　浏览器和数据库服务器

C.　Web 服务器和数据库服务器　D.　任意两层

第 6 章
知识表示与知识图谱

　　在信息飞速膨胀的当下，知识的海洋浩如烟海，如何有效地组织、表示和利用知识成为关键课题。知识表示与知识图谱作为现代信息技术的重要组成部分，正深刻地影响着人们对世界的认知和探索。本章将深入探讨知识表示的各种方法和技术，了解不同知识表示方法的特点、优势和适用场景；介绍知识图谱的概念、架构和构建方法，更好地理解知识的结构和内在联系，形成对知识表示与知识图谱全面而深入的认识，为进一步探索知识管理和智能化应用提供有力的支撑。

6.1 概述

知识是人类智慧的结晶，是对客观世界的认识和理解的总和。它涵盖了各个领域的信息、经验、规律和技能等。知识表示则是将知识转化为计算机可处理形式的过程。在信息时代，计算机已经成为人们处理和管理知识的重要工具。然而，计算机只能理解特定格式的数据，因此需要将知识进行合理的表示，以便计算机能够进行存储、检索、推理和应用。

在当今信息爆炸的时代，知识的数量呈指数级增长。如果没有有效的知识表示方法，这些知识将难以被系统地存储、管理和利用。通过恰当的知识表示，可以将知识以结构化的形式存储在数据库、知识库或其他存储介质中，便于后续的检索和使用。有效的知识表示方法能够提高知识的存储效率、检索速度和推理能力，为各种智能系统的开发和应用提供坚实的基础。

6.1.1 何谓知识

1. 知识的定义

知识是人类在长期的实践和认知过程中积累的宝贵财富，它涵盖了对世界万物的认识、理解和经验总结。知识可以是关于自然现象的科学原理，如牛顿的万有引力定律揭示了物体之间的引力作用规律；也可以是关于社会文化的传统习俗、生活经验，如不同民族的节日庆典方式反映了其独特的价值观和生活方式；还可以是关于个人技能的掌握，如根据病症诊断发病原因等。

知识是人类认识客观世界的结晶，它深刻地体现了客观世界中事物之间的联系。通过知识，人们能够理解自然的规律、社会的运行机制以及人类思维的奥秘。

2. 知识的分类

知识根据其性质和用途可以分为陈述性知识、程序性知识和策略性知识。陈述性知识主要描述客观事实、概念和原理，回答"是什么"的问题；程序性知识则侧重于具体的操作步骤和方法，解决"怎么做"的问题；策略性知识是关于如何学习、思考和解决问题的知识，指导人们在不同情境下选择合适的方法和策略。

（1）陈述性知识

陈述性知识主要是对事实、概念、原理等的描述，用于回答"是什么"的问题。

例如："珠穆朗玛峰是世界最高峰。"这一知识明确了珠穆朗玛峰在全球山峰中的地位。

（2）程序性知识

程序性知识是关于完成某项任务的具体方法和步骤，用于回答"怎么做"的问题。

例如："制作红烧肉的步骤是先将五花肉切块焯水，然后炒糖色，加入肉块翻炒上色，再放入调料炖煮一段时间。"这一系列操作步骤详细说明了制作红烧肉的具体方法。

（3）策略性知识

策略性知识是关于如何学习、思考和解决问题的知识，指导人们在不同情境下选择合适的方法和策略。

例如："制定每周计划，将任务按照重要程度和紧急程度进行分类，合理分配时间完成各项任务。"这是一种时间管理策略，帮助人们提高工作和学习效率。

3. 知识的特点

知识并非一成不变的铁律，它犹如一条流淌不息的河流，随着时代的变迁而不断演进。要真正掌握并运用好知识，我们首先需要深入了解其独特的性格与特质。知识有以下几个特点。

① 客观性与主观性并存：知识在一定程度上反映了客观世界的规律和现象，具有客观性。知识的形成和理解也离不开人类的认知和思维活动，具有主观性。

② 积累性和传承性：知识是人类在长期的实践和探索中逐渐积累起来的。从古代的四大发明到现代的高科技成果，人类的知识不断丰富和扩展。同时，知识具有传承性，通过教育、书籍、文化等方式传递下去。

③ 系统性和关联性：知识不是孤立的信息点，而是相互关联、形成体系的。各个学科领域的知识相互交叉、相互渗透，共同构成了人类对世界的认识。知识的系统性和关联性使得人们能够从整体上把握世界，更好地理解和解决复杂的问题。

④ 动态性和发展性：知识不是一成不变的，随着人类对世界的认识不断深入和社会的不断发展，知识也在不断更新和演变。新的科学发现、技术创新和社会变革都会推动知识的发展。

⑤ 实用性和价值性：知识具有实际的应用价值和社会意义。它可以帮助人们解决实际问题，提高生产效率，改善生活质量。

通过对知识特点的分析可以看出，知识作为一种独特的存在，既具有严谨的科学性，又不失灵活的适应性，是推动社会进步的不竭动力，为人们提供了认识世界、改造世界的强大武器。

6.1.2　知识表示

计算机作为强大的信息处理工具，需要以特定的方式来理解和运用知识。知识表示是将人类所拥有的知识转换为计算机可处理的形式的过程。知识表示旨在通过各种符号、数据结构和模型，将知识进行编码和组织，使得计算机能够存储、检索、推理和应用知识。知识表示不仅仅是简单地将知识存储起来，更是要以一种恰当的方式呈现，为满足人工智能的高效运行奠定坚实基础。好的知识表示方法应该根据知识的特点结合人工智能实际应用需求设计，一般应满足以下要求。

① 便于机器理解和处理：知识表示的首要要求是能够被机器理解和处理，因此知识表示形式需要符合计算机的存储和运算特点。同时，知识表示还应便于机器进行推理和决策，使机器能够根据已知知识进行逻辑推理，从而得出新的结论和决策。

② 支持多种知识类型的表示：人工智能系统需要处理各种类型的知识，知识表示方法应能够有效地表示这些不同类型的知识。

③ 具有良好的表达能力：知识表示方法应具有足够的表达能力，能够准确地描述复杂的现实世界知识。这包括能够表示知识的不确定性、模糊性、动态性等特点。

④ 便于知识的获取和更新：人工智能系统需要不断地从各种来源获取新的知识，并对已有的知识进行更新。因此，知识表示方法应便于知识的获取和更新。

⑤ 支持知识共享和重用：在人工智能领域，知识共享和重用是提高开发效率和系统性能的重要手段。因此，知识表示方法应支持知识的共享和重用。

6.2　知识表示的方法

知识表示的方法丰富多样，主要有一阶谓词逻辑表示法、产生式表示法、框架表示法、语义网络表示法、面向对象表示法等。此外，还有脚本表示法、状态空间表示法等。这些不同的知识表示方法为知识的存储、处理和应用提供了多种途径，可根据具体的应用需求进行选择。

6.2.1　一阶谓词逻辑表示法

一阶谓词逻辑表示法是一种重要的知识表示方法，以数理逻辑为基础，命题为基本单位，通过谓词、个体词和量词来描述事物的属性及关系。一阶谓词逻辑表示法与人类自然语言比较接近，能够表示各种复杂的知识，准确地表达知识的语义，可以进行形式化的推理和证明，是最早应用到人工智能中的表示方法。

命题、谓词和谓词公式是一阶谓词逻辑表示法的基础组成部分。

1. 命题

命题是具有真假意义的陈述句。在一阶谓词逻辑中，命题可以用单个谓词公式表示，也可以通过连接多个谓词公式形成复合命题。

【例 6-1】请描述"地球是行星"这个命题。

解：Planet(Earth)，其中 Planet 是谓词，表示"是行星"，Earth 是个体常量，表示"地球"。

2. 谓词

谓词用来描述个体的性质、状态或个体之间的关系。一般形式为谓词名（个体 1，个体 2，……）。

【例 6-2】选择适合的谓词描述 x "喜欢" y。

解：可以用谓词 Like(x,y) 来表示，其中 x 和 y 是个体，表示不同的对象，Like 表示 x 喜欢 y 这种关系。又如 Father(x,y) 表示 x 是 y 的父亲。

3. 谓词公式

谓词公式由谓词符号、常量符号、变量符号、函数符号等通过逻辑连接词和量词组合而成。

连接词包括否定连接词（¬），用于对命题进行否定；合取连接词（∧），表示两个命题同时成立；析取连接词（∨），意味着两个命题至少有一个成立；蕴含连接词（→），体现如果一个命题成立则另一个命题也成立；等价连接词（↔），表明两个命题互为充要条件，如表 6-1 所示。它们巧妙地将简单命题组合起来，形成更复杂且能准确表达各种逻辑关系的复合命题。

表 6-1　连接词含义与运算规则

连 接 词	含 义	运 算 规 则
否定（¬）	对谓词进行否定	¬P(x) 与 P(x) 的真值相反
合取（∧）	表示"并且"	P(x)∧Q(x) 当且仅当 P(x) 和 Q(x) 同时为真时为真，否则为假
析取（∨）	表示"或者"	P(x)∨Q(x) 当且仅当 P(x) 和 Q(x) 至少一个为真时为真，当两者都为假时为假
蕴含（→）	表示"如果……那么……"	P(x)→Q(x) 当且仅当 P(x) 为真且 Q(x) 为假时为假，其他情况为真
等价（↔）	表示"当且仅当"	P(x)↔Q(x) 当且仅当 P(x) 和 Q(x) 真值相同（同真或同假）时为真，否则为假

【例 6-3】P 表示"今天是晴天"，Q 表示"气温很高"，R 表示"今天是阴天"，S 表示"地面潮湿"，¬P、P∧Q、P∨R 和 P→Q 的含义是什么？

解：¬P 就表示"今天不是晴天"，P∧Q 就表示"今天是晴天并且气温很高"，P∨R 就表示"今天是晴天或者今天是阴天"，P→Q 就表示"如果今天是晴天，那么气温很高"。

量词包括全称量词和存在量词。全称量词（∀）表示对于所有个体某个命题都成立，它能概括一类事物的普遍特征；存在量词（∃）则表示存在一个个体使得某个命题成立，用于强调特定个体的存在性，如表 6-2 所示。连接词和量词协同工作，极大地丰富了一阶谓词逻辑表示法的表达能力，使其能够精准地描述和推理各种复杂的知识。

表 6-2　量词含义与运算规则

量 词	含 义	运 算 规 则
∀x P(x)	表示对于所有的 x，P(x) 成立	当论域中所有个体 x 都使得 P(x) 为真时为真，否则为假
∃x P(x)	表示存在一个 x 使得 P(x) 成立	当论域中至少有一个个体 x 使得 P(x) 为真时为真，否则为假

【例 6-4】∃x(Student(x)∧GoodAt(x,Math)) 的含义是什么？

解：这个谓词公式表示存在一个 x，x 是学生且擅长数学。其中"∃x"是存在量词，表示存在某个个体 x；Student(x) 表示 x 是学生，GoodAt(x,Math) 表示 x 擅长数学；"∧"是逻辑连接词，表示"并且"的关系。

4. 一阶谓词逻辑知识表示方法

用谓词公式表示知识通常可以分为以下 3 个步骤。

① 确定个体和谓词：分析要表示的知识内容，确定其中涉及的个体对象以及描述这些对象的性质、状态或关系的谓词。

例如，对于"小明是学生，他喜欢数学"这句话，个体可以确定为"小明"，谓词有

"是学生（Student）"和"喜欢（Like）"。

② 个体代入：将个体代入谓词中形成原子谓词公式。

对于上例，可得"Student（小明）"表示"小明是学生"，"Like（小明，数学）"表示"小明喜欢数学"。

③ 构建谓词公式：根据知识的逻辑关系，使用连接词和量词等将原子谓词公式组合起来。

如果这句话完整表述为"所有学生都喜欢数学，小明是学生，所以小明喜欢数学"，可以用全称量词"∀"表示"所有学生"，整个知识可以用谓词公式表示为：（∀x（Student（x）→Like（x，数学）））∧Student（小明）→Like（小明，数学）。

【例6-5】使用一阶谓词逻辑表示法描述"所有的鸟都会飞"。

解：① 确定个体和谓词：个体为各种鸟，谓词为"是鸟（Bird）"和"会飞（CanFly）"。

② 构建谓词公式：∀x（Bird（x）→CanFly（x）），这里使用全称量词"∀x"表示对于所有的个体x，如果x是鸟，那么x会飞。

【例6-6】使用一阶谓词逻辑表示法描述"有些动物是哺乳动物且生活在陆地上"。

解：① 确定个体和谓词：个体为各种动物，谓词为"是动物（Animal）""是哺乳动物（Mammal）"和"生活在陆地上（LiveOnLand）"。

② 构建谓词公式：∃x（Animal（x）∧Mammal（x）∧LiveOnLand（x）），使用存在量词"∃x"表示存在一个个体x，它是动物，同时也是哺乳动物且生活在陆地上。

【例6-7】使用一阶谓词逻辑表示法描述"如果一个人是医生，那么他具有医学学位并且在医院工作"。

解：① 确定个体和谓词：个体为人，谓词为"是人（Person）""是医生（Doctor）""具有医学学位（HasMedicalDegree）"和"在医院工作（WorkInHospital）"。

② 构建谓词公式：∀x（Person（x）∧Doctor（x）→HasMedicalDegree（x）∧WorkInHospital（x）），对于所有的人x，如果x是医生，那么他具有医学学位并且在医院工作。

5. 一阶谓词逻辑知识表示方法的优点和局限性

一阶谓词逻辑知识表示方法有以下优点。

① 精确性：能够以非常精确的方式表达知识。通过明确的谓词和个体，以及严谨的逻辑连接词和量词，可以准确地描述各种复杂的概念和关系。可以进行严格的逻辑推理，确保从已知的知识中推导出正确的结论。

② 通用性：可以应用于多个领域。无论是数学、物理等科学领域，还是人工智能、知识工程等技术领域，都可以使用一阶谓词逻辑来表示知识。不依赖于特定的应用场景或问题类型，具有很强的适应性。

③ 清晰的语法和语义：具有清晰的语法结构，使得知识的表示易于理解和分析。谓词、个体、连接词和量词的使用规则明确，便于人们掌握和运用。语义也非常明确，每个谓词和公式都有确切的含义，可以通过逻辑推理来验证知识的正确性。

④ 便于推理：可以使用各种推理机制进行逻辑推理，从而从已知的知识中推导出新的结论。例如，可以使用归结推理、自然演绎等方法进行推理，实现自动化的知识推理和问题求解。能够支持复杂的推理任务，如证明定理、诊断问题等。

一阶谓词逻辑知识表示方法有以下局限性。

① 表达能力有限：对于一些复杂的知识，如模糊概念、不确定知识、常识性知识等，一阶谓词逻辑的表达能力有限。例如，很难用一阶谓词逻辑准确地表示"天气有点热"这样的模糊概念。对于一些具有动态变化和不确定性的知识，也难以进行有效的表示和推理。

② 知识获取困难：使用一阶谓词逻辑表示知识需要专业的知识工程师进行手工构建，知识获取过程非常困难和耗时。需要对领域知识有深入的理解，并具备一定的逻辑推理能力才能正确地表示知识。

③ 计算复杂性高：一阶谓词逻辑的推理过程通常具有较高的计算复杂性。特别是在处理大规模的知识表示和推理任务时，可能会面临计算资源不足和时间复杂度高的问题。

④ 缺乏灵活性：一阶谓词逻辑的表示方式相对固定，缺乏灵活性。对于一些需要动态调整和适应变化的知识表示任务，可能不太适用。

6.2.2　产生式表示法

20 世纪 40 年代，美国数学家波斯特首先提出了产生式规则的概念。20 世纪 70 年代，人工智能领域开始广泛应用产生式表示法。纽厄尔和西蒙在其开发的通用问题求解系统中，使用产生式系统来模拟人类的问题求解过程。此后，产生式表示法在专家系统、自然语言处理、机器学习等领域得到了广泛应用。

1. 产生式

产生式是一种知识表示方法，通常表示为"前提→结论"或"条件→动作"的形式。如果前提被满足，就可以得出相应的结论或执行相应的动作。产生式既可以描述确定性的知识，也可以描述不确定性的知识。

产生式与谓词逻辑中的蕴含式有明显的不同。首先，在知识精确性方面，蕴含式只能表示精确知识，因为它是一个逻辑表达式，其逻辑值只有真和假。而产生式不仅可以表示精确的知识，还可以表示不精确知识。例如，"如果动物会飞，则该动物是鸟"是一个蕴含式，表达的是精确的逻辑关系；而在产生式系统中，"如果本微生物的染色斑是革兰氏阴性，本微生物的形状呈杆状，病人是中间宿主 THEN 该生物是绿脓杆菌（0.6）"是一个产生式，这里的结论带有置信度，表示不精确的知识。

2. 确定性规则知识的产生式表示

确定性规则知识指当前提条件完全确定时，结论也完全确定的知识。产生式通常采用的表示形式如下：

IF　P　THEN　Q

或者

P→Q

即如果条件 P 成立，那么就可以得出结论 Q。它反映了一种因果关联或者推理规则，其中 P 是前提条件，Q 是在前提条件满足时得出的结果。在确定性产生式中，这种逻辑推导是严格的，没有模糊性和不确定性。一旦条件满足，结论必然成立。

【例6-8】用产生式表示三条边相等的三角形是等边三角形。

IF 一个三角形的三条边相等，THEN 这个三角形是等边三角形。

3. 不确定性规则知识的产生式表示

不确定性规则知识指即使前提条件满足，结论也只是以一定的概率或可信度出现。产生式通常采用的表示形式如下：

$$IF \ P \quad THEN \ Q \quad （置信度）$$

或者

$$P \rightarrow Q \quad （置信度）$$

【例6-9】"如果患者咳嗽且发烧，那么他很可能患有感冒（置信度为80%）。"用产生式的 IF THEN 数学描述可以表示为：

解：IF 患者有症状 A（咳嗽）和症状 B（发烧），THEN 患者患有感冒，置信度为80%。

4. 确定性事实知识的产生式表示

确定性事实知识是对客观世界中确定存在的事物状态、属性或者关系的描述，通常采用三元组的方式表示：

$$（对象,属性,值）$$

或者

$$（关系,对象1,对象2）$$

如红色的苹果表示为（苹果，颜色，红色），大众牌汽车表示为（汽车，品牌，大众）。（雇佣关系，员工小王，公司 A）表明员工小王与公司 A 之间存在雇佣关系。

5. 不确定性事实知识的产生式表示

不确定性事实知识是对客观世界中确定存在的事物状态、属性或者关系的描述，但具有一定的不确定性。通常采用四元组的方式表示：

$$（对象,属性,值,置信度）$$

或者

$$（关系,对象1,对象2,置信度）$$

（汽车，品牌，宝马，0.85）说明汽车这个对象的品牌属性是宝马，置信度为0.85，即有85%的可能性这辆汽车是宝马品牌。（朋友关系，小李，小张，0.7）说明小李和小张之间是朋友关系，置信度为0.7，即有70%的可能他们是朋友。

6. 产生式系统

产生式系统是一种基于产生式规则来表示和求解问题的人工智能系统。如果前提被满足，就可以得出相应的结论或执行相应的动作。产生式系统通过不断地应用产生式规则，从初始状态逐步推导到目标状态，从而实现问题的求解。产生式系统由三部分组成：产生式规则库、推理机和综合数据库，如图6-1所示。

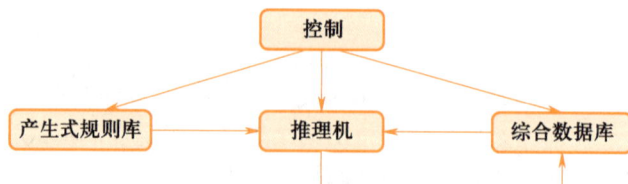

图6-1　产生式系统结构图

产生式系统的工作过程如下。

① 产生式规则库存储产生式规则，用于描述某领域内的知识，包含用于解决问题的各种规则和经验。这些规则以"条件→动作"或"前提→结论"的形式表示。例如，"如果动物有羽毛，那么它是鸟类"，当条件"动物有羽毛"被满足时，就可以得出"它是鸟类"的结论。规则库中的规则可以不断扩展和更新，以适应不同的问题求解需求。规则库是专家系统的核心，因为它集中体现了专家知识。规则的完整性、一致性、准确性和灵活性以及组织的合理性，对产生式系统的性能和运行效率起着至关重要的作用。

② 综合数据库，存放问题的状态描述和有关信息，包括问题的初始状态、中间状态和最终状态。在问题求解过程中，综合数据库的状态会随着推理的进行，会不断加入新的结论。例如，在数学问题求解中，综合数据库可以存储当前的数学表达式、已知条件和求解进度等信息。

③ 推理机先进行匹配操作，将综合数据库中的事实与规则库中的规则条件进行比对，找出所有条件被满足的规则。之后进行冲突消解，当有多个规则被匹配到时，依据一定策略选择其中一条规则。再执行所选规则的动作或得出结论，这个动作可能是对综合数据库进行更新操作，如添加新的事实或者修改已有事实等。随着这个过程不断循环进行，综合数据库中的内容持续更新，直到达到目标状态（如得出最终结论或者无法再进行新的规则应用）为止。

匹配：将当前综合数据库中的事实与规则中的条件进行比较，如果相匹配，则这一规则称为匹配规则。

冲突消解：当有多条匹配规则时，通过冲突消解策略选中一条在操作部分执行的规则称为启用规则。常见的冲突消解策略有专一性排序、规则排序、规模排序和就近排序等。例如在医疗诊断系统中，如果有多个可能的疾病诊断规则都与患者的症状匹配，就需要通过冲突消解策略来确定最有可能的疾病诊断。

执行规则：执行启用规则的操作部分。如果规则的后件是一个或多个结论，则把这些结论加入到综合数据库中；如果其后件是一个或多个操作，则执行这些操作。

检查推理终止条件：检查综合数据库中是否包含了最终结论，决定是否停止系统的运行。

7. 产生式系统的推理方式

① 正向推理：正向推理是从初始事实出发，朝着目标方向进行推理，也称为自底向上或数据驱动方式。正向推理的优点是算法简单，容易实现；缺点是盲目搜索，可能会求解许多与总目标无关的子目标，每当工作存储器内容更新后都要遍历整个规则库，推理效率低。主要用于已知初始数据，而无法提供推理目标，或解空间很大的一类问题。

② 反向推理：是反向推理是从目标（假设）出发，反向寻找支持目标的证据，也称自顶向下推理方式，或称为目标驱动方式。反向推理的优点是搜索的目的性强，推理效率高；缺点是目标的选择具有盲目性，可能会求解许多为假的目标，当目标空间很大时，推理效率不高。主要用于结论单一或用于已知目标结论，而要求证实的系统。

③ 双向推理：是既自顶向下又自底向上，直到达到某一个中间环节两个方向的结果相符便成功结束的推理方法。双向推理的优点是推理网络较小，效率也较高。

【例6-10】基于下列规则对于给定的事实判断动物类别。

规则1：IF 动物有毛发 THEN 该动物是哺乳动物。

规则2：IF 动物有奶 THEN 该动物是哺乳动物。

规则3：IF 动物有羽毛 THEN 该动物是鸟。

规则4：IF 动物会飞 AND 会下蛋 THEN 该动物是鸟。

规则5：IF 动物会游泳 THEN 该动物是水生动物。

规则6：IF 动物有鳃 THEN 该动物是水生动物。

规则7：IF 动物有鳞片 THEN 该动物是鱼类或爬行动物。

规则8：IF 动物有四肢 THEN 该动物可能是哺乳动物、爬行动物或两栖动物。

规则9：IF 动物是哺乳动物 AND 有蹄 THEN 该动物是有蹄类哺乳动物。

规则10：IF 动物是哺乳动物 AND 是食肉动物 AND 黄褐色 AND 有暗斑点 THEN 该动物是豹。

规则11：IF 动物是哺乳动物 AND 是食肉动物 AND 黄褐色 AND 有黑色条纹 THEN 该动物是虎。

规则12：IF 动物是有蹄类哺乳动物 AND 有长脖子 AND 有长腿 AND 有暗斑点 THEN 该动物是长颈鹿。

规则13：IF 动物是有蹄类哺乳动物 AND 有黑色条纹 THEN 该动物是斑马。

规则14：IF 动物是鸟 AND 有长脖子 AND 有长腿 AND 是黑色和白色 THEN 该动物是鸵鸟。

规则15：IF 动物是鸟 AND 会游泳 AND 有蹼 THEN 该动物是水鸟。

规则16：IF 动物是鱼类 AND 有鳍 AND 有侧线 THEN 该动物是典型鱼类。

① 假设我们观察到一种动物，它有毛发、是食肉动物、黄褐色、有暗斑点、有四肢。

推理过程：

首先，根据规则1，由于动物有毛发，可得出该动物是哺乳动物。

接着，因为该动物是哺乳动物且是食肉动物、黄褐色、有暗斑点，结合规则10，可推断该动物是豹。整个推理过程如图6-2（a）所示。

② 如果观察到另一种动物，有羽毛、会飞、会下蛋、有长脖子、有长腿、是黑色和白色。

推理过程：

根据规则3和规则4，可确定该动物是鸟。

再结合规则14，可推断该动物是鸵鸟。整个推理过程如图6-2（b）所示。

8. 产生式表示法的优点和局限性

产生式表示法有以下优点。

① 自然性解释产生式表示法用"如果…，那么…"形式表达知识的直观自然和便于推理的特点。

② 产生式表示法能够有效地表示确定性和不确定性知识。对于确定性知识，可以用明确

的规则来表示；对于不确定性知识，可以通过给规则赋予可信度等方式来表示。

③ 产生式表示法的规则结构清晰，易于进行知识的一致性检查和错误诊断。通过检查规则的前提和结论是否合理，可以发现知识中的错误和矛盾，提高系统的可靠性。

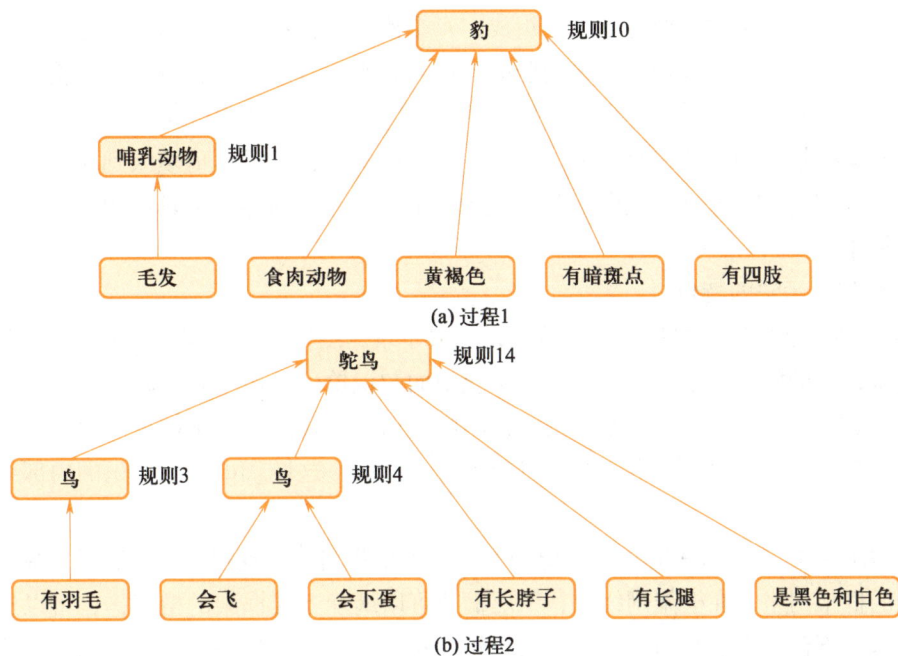

图 6-2　产生式系统推理过程

产生式表示法有以下局限性。

① 效率不高。产生式系统求解问题过程中因规则庞大、匹配耗时可能出现的效率问题和组合爆炸风险。

② 不能表达具有结构性的知识。产生式适合于表达具有因果关系的过程性知识，是一种非结构化的知识表示方法。对于具有结构关系的知识，例如事物之间的分类、属性、关联等，产生式就无法很好地表示。

6.2.3　框架表示法

心理学的研究结果表明，在人类日常的思维和理解活动中，当分析和解释遇到的新情况时，要使用到过去经验中积累的知识。这些知识规模巨大而且以很好的组织形式保留在人们的记忆中。例如，当我们走进一家从来没来过的饭店时，根据以往的经验，可以预见在这家饭店我们将会看到菜单、桌子、服务员等。当我们走进教室时，可以预见在教室里可以看到椅子、黑板等。我们试图用以往的经验来分析解释当前所遇到的情况。框架是以通用的数据结构的形式存储以往的经验。使用框架可以在现实组织的数据结构中捕捉问题域中隐含的信息连接，把知识组织成更复杂的单元，以反映问题域中对象的组织方式。

框架表示法是一种适应性强、概括性高、结构化良好、推理方式灵活、又能把陈述性知识与过程性知识相结合的知识表示方法。

1. 框架的构成与特点

（1）框架的构成要素

框架通常由描述事物各个方面的槽组成，每个槽可以拥有若干侧面，而每个侧面又可以拥有若干值。这些内容可以根据具体问题的具体需要来取舍。例如，较简单的情景是用框架来表示诸如人和房子等事物。一个人可以用其职业、身高和体重等项描述，因而可以用这些项目组成框架的槽。当描述一个具体的人时，再用这些项目的具体值填入到相应的槽中。对于房子，可以用面积、户型、朝向等项目组成框架的槽，当描述一个具体的房子时，将具体的值填入槽中。

（2）框架表示法的特点

① 结构性：框架表示法最突出的特点是它善于表达结构性的知识，能够把知识的内容结构关系及知识间的联系表示出来。产生式系统中的知识单位是产生式规则，这种知识单位由于太小而难于处理复杂问题，也不能把知识间的结构关系显式地表示出来。而框架表示法的知识单位是框架，框架由槽组成，槽又可分为若干侧面，这样就可以把知识的内部结构显式地表示出来。

② 继承性：框架表示法通过使槽值为另一个框架的名字实现框架间的联系，建立起表示复杂知识的框架网络。在框架网络中，下层框架可以继承上层框架的槽值，也可以进行补充和修改。这样不仅减少了知识的冗余，而且较好地保证了知识的一致性。例如在描述不同类型的教师时，下层具体学科的教师框架可以继承上层教师框架的通用属性，如工作类别、职称等，同时根据学科特点进行补充和修改。

③ 自然性：框架表示法体现了人们在观察事物时的思维活动，当遇到新事物时，通过从记忆中调用类似事物的框架，并将其中某些细节进行修改、补充，就形成了对新事物的认识，这与人们的认识活动是一致的。比如当我们看到一个新的动物时，会根据已有的动物框架进行类比，对新动物的特征进行判断和认识。

2. 框架表示知识的步骤

（1）分析表达知识中的对象及其属性

用框架表示知识的第一步是分析待表达知识中的对象及其属性，对框架中的槽进行合理设置。在进行这一步骤时，需要考虑两方面的因素。一方面，要符合系统的设计目标，凡是系统目标中所要求的属性或是问题求解过程中可能用到的属性都要设置相应的槽。例如，在描述一个学生的框架中，如果系统需要了解学生的学习成绩和课外活动情况，那么就应该设置相应的槽来表示这些属性。另一方面，不能盲目地把所有的甚至无用的属性都用槽表示出来。比如在描述一个水果的框架中，如果系统主要关注水果的种类、颜色、口感等属性，那么像水果的生长海拔等不太相关的属性就可以不设置槽。

（2）考察对象间的联系

对各对象间的各种联系进行考察是框架表示知识的重要步骤。使用一些常用的或根据具体需要定义一些表达联系的槽名，来描述上下层框架间的联系。在框架系统中，对象间的联系是通过各个槽的槽名来表述的。通常在框架系统中定义一些公用、常用且标准的槽名，并把这些槽名称为系统预定义槽名。人们在使用这些槽名时，不用说明就知道它表示何种联系。比如常用的槽名有"ISA"（is a）槽，用于指出对象间抽象概念上的类属关系，其直观意义是"是一个""是一种"等；"AKO"（a kind of）槽用于具体地指出对象间的类属关系；"Instance"槽用来表示"AKO"槽的逆关系；"Part-of"槽用于指出部分和全体的关系。例如，"猫"这个框架可以通过"ISA"槽与"动物"框架建立联系，表示猫是一种动物；"波斯猫"框架可以通过"AKO"槽与"猫"框架建立联系，表示波斯猫是一种猫；同时，"波斯猫"框架可以通过"Instance"槽被"猫"框架所引用，表示"波斯猫"是"猫"的一个实例。而"猫的尾巴"框架可以通过"Part-of"槽与"猫"框架建立联系，表示猫的尾巴是猫的一部分。

（3）合理组织安排槽和侧面

对各层对象的"槽"及"侧面"进行合理的组织安排，避免信息描述的重复。在设置槽和侧面时，要考虑信息的完整性和简洁性。如果槽和侧面设置不合理，可能会导致信息重复或者遗漏。例如，在描述一个汽车的框架中，如果设置了"外观"槽和"颜色"侧面，又在另一个槽中重复描述了汽车的颜色属性，就会造成信息重复。为了避免这种情况，可以对槽和侧面进行合理的分类和组织，将相关的属性放在同一个槽中，并通过不同的侧面来进一步描述。同时，要注意槽和侧面的命名规范，使其能够清晰地表达所代表的属性和关系。例如，可以使用简洁明了的词语来命名槽和侧面，避免使用过于复杂或模糊的名称。这样可以提高框架的可读性和可维护性，便于知识的表示和使用。

【例 6-11】使用框架表示法分别描述"教师""大学教师"。

① 教师框架：

框架名：<教师>

类属：<教育工作者>

工作：范围：（教学、科研）

　　　　默认：教学

性别：（男，女）

学历：范围：（中专，大专，本科，研究生）

　　　　默认：本科

类别：（<小学教师>、<中学教师>、<大学教师>）

在教师框架中有 5 个槽，槽名分别为：类属、工作、性别、学历和类别。槽后面包含槽值和侧面。其中工作和学历有两个侧面，分别是范围和默认，其他的是槽对应的值。其中槽值中包含< >的表示该槽值也是一个框架。

② 大学教师框架：

框架名：<大学教师>

类属：<教师>

学历：范围：（中专，大专，本科，研究生）

　　　　默认：研究生

专业：<学科专业>

职称：范围：（助教，讲师，副教授，教授）

　　　　默认：讲师

从这个例子可以看出，大学教师是教师的下层框架，教师又是教育工作者的下层框架。下层框架可以继承上层框架的属性或者值，因此相同的信息可以不需要重复存储，大大节省了存储空间。

3. 框架表示法的优点和局限性

框架表示法有以下优点。

① 灵活性强：可根据需求扩展或修改框架，适应不同场景和任务。

② 易于理解：采用层级结构，类似人类认知，提高系统可解释性。

③ 结构化表示：能将复杂信息结构化，使组织更清晰有条理。

框架表示法有以下局限性。

① 计算复杂度高：在大规模数据集上可能影响系统实时性和效率。

② 数据要求高：需要大量数据进行训练和优化，数据量不足时表现不佳。

③ 鲁棒性差：过于依赖结构化信息，对非结构化或噪声数据表现不稳定。

6.3　知识图谱

6.3.1　什么是知识图谱

知识图谱是一种拥有极强的表达能力和建模灵活性的语义网络，可以对现实世界中的实体、概念、属性以及它们之间的关系进行建模。其基本构成要素是"实体-关系-实体"三元组，实体间通过各种关系相互连接，形成网络状的知识结构。

知识图谱的起源可以追溯到20世纪50年代末60年代初语义网络的诞生，主要应用于机器翻译和自然语言处理。20世纪70年代，随着人工智能领域的兴起，知识工程作为其分支得到发展，早期主要依赖专家系统。到了20世纪80年代，构建大规模知识库的需求日益增长。21世纪初秋，研究者开始探索自动化或半自动化的知识获取方法，随后知识表示学习成为热点。2012年，谷歌率先提出知识图谱的概念，并宣布以此构建下一代智能化搜索引擎。此后，知识图谱在各领域得到广泛应用。

图6-3展示了谷歌中章子怡和其主演的电影《十面埋伏》的知识图谱展示图。可以看出，当给出章子怡的相关信息后，还展示了其社会关系等信息，这就是典型的知识图谱的运用。

简介

章子怡，中国大陸女演員、製片人、導演。出生於北京，從小習舞，1996年考入中央戲劇學院戲劇表演系，因主演張藝謀電影《我的父親母親》成名，後因李安電影《臥虎藏龍》揚名世界，後出演《英雄》、《十面埋伏》、《2046》、《藝伎回憶錄》等電影。2005年，章子怡入選為美國影藝學院會員。維基百科

出生信息: 1979 年 2 月 9 日 (45 岁)，中國北京

配偶: 汪峰 (结婚时间: 2015 年–2023 年)

父母: 李渟生、章元孝

兄弟姐妹: 章子男

出道作品: 《星星點燈》

出道日期: 1994年，30年前

反馈

资料

Facebook

用户还搜索了

汪峰　　鞏俐　　楊紫瓊　　羅塞莉·桑切斯

简介

92% 的用户赞了这部电影

Google 用户

《十面埋伏》是一部2004年張藝謀導演的香港和中國大陸合拍電影，程小東任動作指導，由劉德華、章子怡和金城武主演。該片是繼2002年的《英雄》之後，張藝謀執導的第二部武俠片。2004年5月作為展映片在第57屆坎城電影節全球首映，7月16日中國公映。維基百科

上映日期: 2004 年 7 月 15 日 (香港)

导演: 張藝謀

编剧: 張藝謀、王斌、李馮、Feng Yi

動作指導: 程小東

發行商: 新畫面影業（中國）；米拉麥克斯影業（美國）；安樂影片（香港）

監製: 張偉平; 江志強

反馈

用户还搜索了

臥虎藏龍　　影　　　　英雄　　　刀背藏身
2000 年　　2018 年　　2002 年　　2017 年

图 6-3　谷歌中章子怡和其主演的电影《十面埋伏》的知识图谱展示图

6.3.2　知识图谱的表示

从数据结构的角度进行深入分析，知识图谱可以被视作一个极为独特的由节点与边组成的图形结构。在这个结构中，节点扮演着至关重要的角色，它可以代表一个类，比如动物类、植物类等；也可以代表一个概念，例如时间、空间等；还可以代表属性值，像是颜色中的红色、蓝色等；或是代表一个实体，比如具体的某个人、某个物品等。边则主要代表节点之间的关系，这种关系可以是多种多样的，比如包含关系、并列关系、因果关系等。

知识图谱将三元组作为知识存储和表示的基本单元，其表现形式主要有两种：“实体—关系—实体”“实体—属性—属性值”。在这两种表现形式中，每个实体都代表现实世界中一个独一无二的对象，并且对应全局唯一的 ID，这样可以确保每个实体都能够被准确地识别和区分。图 6-4 中给出了一个简单的知识图谱结构图。其中包含了 4 个实体和 2 个值以及实体之

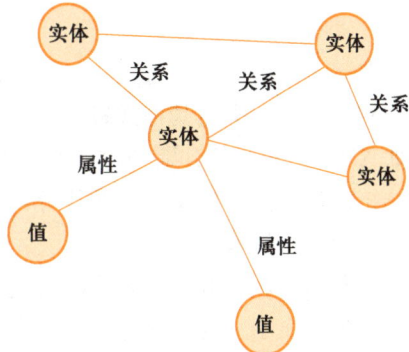

图 6-4　典型的知识图谱结构图

间、实体和属性之间的联系。

图 6-5 给出了人物知识图谱的示意图。其中，"章子怡—毕业—中央戏剧学院"就是"实体—关系—实体"的表现形式，其中"章子怡"和"中央戏剧学院"是实体，"毕业"是关系。再比如"章子怡—生日—1979.02.09"，这里"章子怡"是实体，"生日"是属性，"1979.02.09"是属性值，属于"实体—属性—属性值"的表现形式。

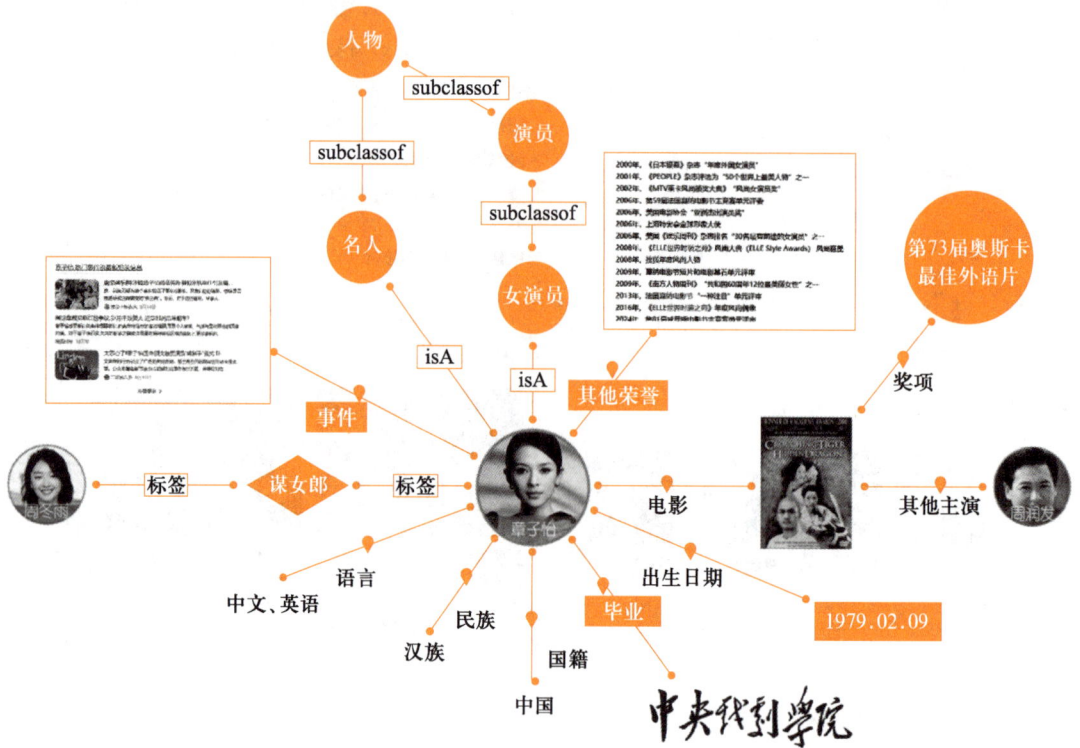

图 6-5　人物知识图谱示意图

6.3.3　知识图谱的构建

1. 数据处理

在知识图谱的构建过程中，处理结构化、半结构化和非结构化数据面临着诸多挑战。对于结构化数据，虽然其格式较为规范，但可能存在数据不一致、缺失值等问题。半结构化数据如 XML、JSON 等，需要进行解析和提取关键信息，其结构的灵活性也增加了处理的难度。而非结构化数据，如文本、图像等，处理难度更大，需要借助自然语言处理、计算机视觉等技术进行信息抽取。

在电商领域，数据来源广泛且复杂，包括商品描述、用户评论、交易记录等。处理这些数据的难点在于，商品描述可能存在多种语言表达、夸张宣传等问题，影响实体和属性抽取的准确性；用户评论具有主观性和多样性，难以从中提取出准确的实体关系；交易记录虽然结构化程度较高，但可能存在数据噪声和隐私保护等问题。

2. 实体、属性和关系抽取

实体、属性和关系抽取是知识图谱构建的关键步骤。命名实体识别旨在从文本中识别出具有特定意义的实体，如人物、组织、地点等。以比尔盖茨和微软为例，通过命名实体识别技术，可以准确地识别出"比尔盖茨"这个人物实体和"微软"这个组织实体。

关系抽取则是确定实体之间的关系。在这个例子中，可以抽取到"比尔盖茨是微软的创始人"这样的关系。属性提取是获取实体的属性信息，比如"比尔盖茨的国籍是美国"等。这些技术可以通过基于规则的方法、机器学习方法或深度学习方法来实现。

3. 实体对齐与消歧

实体对齐和消歧在知识图谱构建中具有重要意义。实体对齐是将不同来源中表示相同实体的记录进行合并，以避免知识图谱中的重复和不一致。例如，不同的新闻报道中可能对比尔盖茨有不同的称呼，如"Bill Gates""盖茨"等，通过实体对齐可以将这些不同的名称指向同一个实体。

消歧则是解决实体的歧义问题。比如"苹果"这个词可能指水果，也可能指苹果公司。在处理过程中，可以通过上下文分析、实体链接等方法来确定其具体含义。对于比尔盖茨不同名称的处理，可以利用实体链接技术，将不同的名称链接到知识图谱中已有的比尔盖茨实体上。对于苹果的歧义问题，可以根据上下文判断是指水果还是公司。

4. 本体抽取

本体抽取是从文本中提取出概念层次结构和关系的过程。可以通过自然语言处理技术，分析文本中的词汇和句子结构，提取出实体的类别和属性，进而构建本体。在计算实体相似度时，可以采用向量空间模型、语义相似度算法等方法。例如，将比尔盖茨和其他科技行业人物进行相似度计算，可以根据他们的职业、成就等属性来确定相似程度。

搭建本体库的过程包括确定本体的概念层次结构、定义实体和关系的类型、设置属性的约束等。通过不断地从文本中抽取本体信息，并进行整合和优化，可以逐步完善本体库，为知识图谱的构建提供更丰富的语义支持。

5. 质量评估与知识推理

人工质量评估在知识图谱构建中是必要的。尽管自动化的抽取和构建过程可以提高效率，但难免会出现错误和不准确的信息。通过人工质量评估，可以对知识图谱的准确性、完整性和一致性进行检查，及时发现并纠正问题。

知识推理则对知识图谱的扩展起着重要作用。通过已知的实体和关系，可以进行推理，发现新的知识。例如，已知比尔盖茨是微软的创始人，微软是一家科技公司，可以推理出比尔盖茨在科技领域有重要影响力。知识推理可以采用基于规则的推理、基于图的推理或基于深度学习的推理方法。

6.3.4　知识图谱的应用

知识图谱像是一位神奇的整理师，把这些杂乱的知识有条理地整理起来，让它们发挥出更大的作用。目前知识图谱在很多领域得到了广泛的应用。

1. 信息检索与智能搜索

知识图谱通过提供关于事物的分类、属性和关系的描述，极大地提升了搜索引擎的能力。传统搜索引擎依靠网页之间的超链接实现网页搜索，而知识图谱支持的语义搜索能够直接对事物进行搜索，如人物、机构、地点等。这些事物可能来自文本、图片、视频、音频、IoT 设备等各种信息资源。知识图谱使得搜索引擎可以直接对事物进行索引和搜索，不再局限于关键词匹配。例如，当用户搜索"著名画家达·芬奇的作品"时，知识图谱能够准确识别出"达·芬奇"这个人物实体，并关联出他的代表作品，如《蒙娜丽莎》《最后的晚餐》等，直接将这些作品展示给用户，而不是仅仅返回包含"达·芬奇"和"作品"关键词的网页列表。

2. 智能交互与问答系统

知识图谱在人机问答交互中发挥着重要的支撑作用。在产业界，许多智能助手背后都有海量知识图谱作为支撑。例如 IBM Watson 背后依托 DBpedia 和 Yago 等百科知识库和 WordNet 等语言学知识库实现深度知识问答；Amazon Alex 主要依靠 True Knowledge 公司积累的知识图谱；度秘、Siri 的进化版 Viv、小爱机器人、天猫精灵等也都离不开知识图谱。伴随着机器人和 IoT 设备的智能化浪潮的掀起，基于知识图谱的问答对话在智能驾驶、智能家居和智能厨房等领域的应用层出不穷。以智能驾驶为例，当用户询问"我的车仪表盘上出现一个发动机图标是什么意思？"时，智能助手可以通过知识图谱快速找到与车辆故障相关的知识，回答用户可能是发动机出现了故障，并给出进一步的检查建议。

3. 个性化推荐与服务

个性化推荐系统利用知识图谱分析用户的历史行为、兴趣爱好以及社交网络等信息，从而为用户提供定制化的内容和服务。例如，在视频流媒体平台上，系统可以根据用户的观看历史和评分记录，推荐相似类型的影片或剧集。

4. 企业知识管理与辅助决策

知识图谱在企业内部知识管理中发挥着重要作用。它可以帮助企业梳理业务流程、整理专家经验、整合分散的信息资源，从而提高工作效率和创新能力。此外，通过对市场趋势、竞争对手和客户需求的深入分析，知识图谱还能为企业制定战略决策提供有力支持。

5. 行业应用解决方案

不同行业对知识图谱的需求和应用场景各不相同。例如，在医疗领域，知识图谱可以辅助医生进行疾病诊断和治疗方案制定；在教育领域，它可以用于构建智能课程体系和个性化学习路径；在交通领域，知识图谱有助于优化交通信号控制和路线规划。

6. 安全监控与风险管理

在网络安全领域，知识图谱可以帮助识别潜在的安全威胁和攻击模式。通过分析网络流量、用户行为和安全事件等信息，知识图谱能够及时发现异常情况并发出预警。此外，在金融领域，知识图谱也被广泛应用于反欺诈和信用评估等方面，以提高金融交易的安全性和可靠性。

下面给出一个使用知识图谱给用户做电影推荐的案例。

在这个案例里，用户是社交网络中的实体，其具有姓名、性别、所在地、购买记录等相关属性。此外，还有图像、视频、音频、文本等多媒体信息，例如商品图片、电影预告片、音乐、新闻标题等。此外，还有用户与物品交互的时间、地点、当前会话信息等上下文信息。如图 6-6 给出的知识图谱构成示意图。如何通过上述的知识图谱给用户推荐电影？

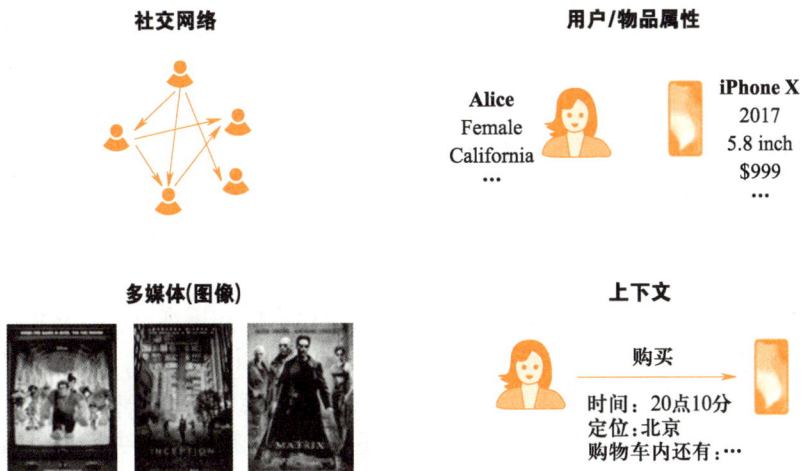

图 6-6　知识图谱构成示意图

在推荐之前，根据现有的数据，可以做一些假设。

① 如果一个用户对某个物品感兴趣，他的朋友可能也会对该物品感兴趣。

② 拥有同种属性的用户可能会对同一类物品感兴趣。

知识图谱为物品引入了更多的语义关系，可以深层次地发现用户兴趣；知识图谱提供了不同的关系连接种类，有利于推荐结果的发散，避免推荐结果局限于单一类型。如图 6-7 所示，如果用户喜欢《霸王别姬》这部电影，可以根据《霸王别姬》的知识图谱得到其主演是张国荣、题材是历史剧、导演是陈凯歌。有可能该用户是喜欢其中的某一种元素，因此可以给其推荐具有相关元素的电影。

本案例中最后推荐的结果如图 6-8 所示，根据相同的主演推荐《阿飞正传》，根据相同的题材推荐《末代皇帝》，根据相同的导演推荐《搜索》。通过本案例可以发现，知识图谱推荐的结果具有较高的精确性和多样性，同时还有很强的可解释性。

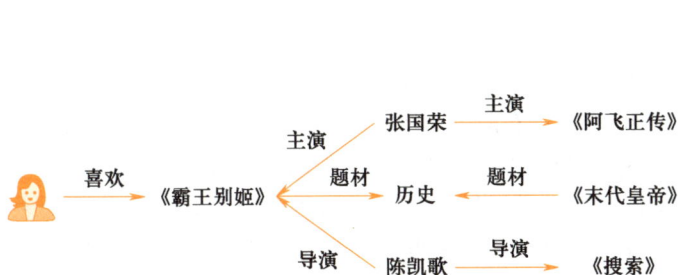

图 6-7　知识图谱推荐结果的精确性和多样性

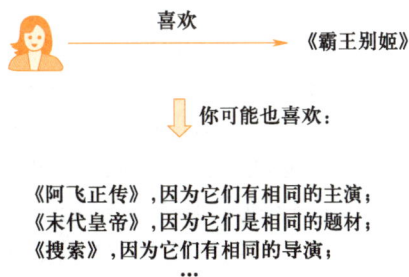

图 6-8　知识图谱推荐结果

6.3.5　知识图谱的优势和挑战

1. 知识图谱的优势

① 在关系表达方面，它能够极为清晰地呈现出实体之间复杂且多样的关系。在学术研究领域，知识图谱就像一张精细的知识网络，将不同的学者、研究机构以及研究课题紧密连接

起来，同时准确地展示出他们之间的合作关系与引用关系等，让研究者可以迅速把握该领域的研究动态和学术脉络。在企业管理中，知识图谱同样能发挥巨大作用，它能清晰地呈现员工、部门、项目之间的各种业务关联，为组织架构分析和业务流程优化提供有力支持。而且，知识图谱具有很强的可扩展性，能够轻松地适应新的变化，随着业务的发展和数据的不断积累，随时添加新的实体和关系，不断丰富和完善知识体系。例如在电商领域，当新的商品、用户和交易行为不断涌现时，知识图谱可以迅速将这些新信息整合进来，实时更新商品推荐和用户画像。

② 知识图谱支持智能的知识推理。一方面，基于已有的知识和关系，它可以进行深度的逻辑推理，挖掘出潜在的、隐含的知识。在金融领域的反欺诈应用中，知识图谱通过分析借款人的社交关系、资金流向、交易行为等多方面的信息，能够发现一些异常的关联和模式，从而有效识别出潜在的欺诈行为。另一方面，它还能为企业和机构的决策提供有力的辅助支持。通过对知识图谱中大量数据和关系的分析，决策者可以快速获取全面的信息，了解各种因素之间的相互影响，进而做出更加科学、准确的决策。比如在医疗领域，医生可以利用知识图谱中患者的病历、症状、检查结果等信息，结合医学知识和临床经验，制定出更合理的疾病诊断和治疗方案。

③ 知识图谱在知识获取与整合方面表现出色。它能够将来自不同数据源的结构化、半结构化和非结构化数据进行高效整合，打破数据孤岛，实现知识的统一管理和利用。例如，企业可以将内部的业务数据、客户信息、文档资料等与外部的市场数据、行业报告、社交媒体数据等进行融合，从而获得更全面、更准确的市场洞察和业务分析。同时，知识图谱的图结构和索引技术使得知识的检索效率大大提高，用户可以通过知识图谱快速准确地找到自己需要的知识。

④ 知识图谱具有良好的可解释性。其中的知识和关系是明确可见的，这对于一些对结果解释性要求较高的场景非常重要。在法律判决、医疗诊断等领域，人们需要知道决策的依据和过程，知识图谱可以清晰地展示出相关的知识和推理路径，增强决策的可信度和可靠性。

2. 知识图谱的挑战

① 在知识表示方面存在局限性。目前知识图谱主要采用三元组（实体，关系，实体）的形式来表示知识，对于一些复杂的知识，如具有时间、空间、因果等多维度属性的知识，以及涉及主观感受、模糊概念的知识，这种简单的表示方式往往难以准确表达。例如，对于"今天天气很好，让人心情愉悦"这样的主观感受性知识，很难用传统的三元组形式进行表示。而且，现实世界中的知识是不断变化和发展的，具有很强的动态性和不确定性，知识图谱在表示和更新这些动态知识方面还存在一定的困难。如何及时、准确地捕捉和更新知识图谱中的动态信息，是一个亟待解决的问题。

② 知识获取也面临着准确性和完整性的挑战。从各种数据源中获取知识时，数据的质量参差不齐，存在噪声、错误、缺失等问题。这些问题会严重影响知识图谱的准确性和可靠性，需要进行大量的数据清洗和预处理工作。例如，在网页数据中，存在大量的广告信息、无效链接等噪声数据，需要通过数据筛选和过滤技术来去除。同时，自动从文本、图像等非结构化数据中抽取知识是一项具有挑战性的任务。目前的知识抽取技术还不够成熟，准确率

和召回率有待提高，尤其是对于一些专业领域的知识和特定类型的文本，如古文、法律文书等，知识抽取的难度更大。

③ 知识融合的复杂性也是一个重大挑战。来自不同数据源的知识可能存在冲突和矛盾，如何有效地识别和解决这些冲突是知识融合的关键。例如，不同的新闻媒体对同一事件的报道可能存在差异，需要通过对比分析、可信度评估等方法来确定正确的信息。此外，跨领域知识的融合也面临诸多难题，不同领域的知识具有不同的特点和表示方式，将跨领域的知识进行融合需要解决语义理解、概念对齐等问题。比如，将医学领域的知识与人工智能领域的知识进行融合，需要建立统一的语义框架和知识体系，以便更好地实现知识的共享和应用。

④ 大规模知识图谱还面临着计算效率的问题。大规模知识图谱包含海量的实体和关系，对存储和计算资源的需求非常大。如何在有限的资源条件下高效地存储和处理大规模知识图谱，是一个技术难题。需要采用分布式存储、并行计算等技术来提高知识图谱的处理效率，但这些技术的实现和优化也面临着诸多挑战。而且，在一些对实时性要求较高的应用场景，如实时推荐、在线问答等，知识图谱需要在短时间内完成知识的检索和推理，这对计算效率提出了更高的要求。如何在保证准确性的前提下提高知识图谱的实时处理能力，是当前研究的一个重点方向。

本章小结

本章主要介绍了知识表示与知识图谱的相关内容。首先阐述了知识的定义、分类和特点，强调了知识在人类认知世界中的重要性；接着详细讨论了知识表示的概念和要求，以及不同的知识表示方法，包括一阶谓词逻辑表示法、产生式表示法和框架表示法，分析了它们的优点和局限性；然后深入探讨了知识图谱，包括其定义、起源、表示形式、构建步骤和应用领域，同时也指出了知识图谱面临的挑战和优势；通过对知识表示和知识图谱的学习，能够更好地组织、表示和利用知识，为构建高效的知识管理系统和开发智能应用提供有力支持。

习题 6

一、简答题

（1）简述知识的分类及特点。

（2）简述一阶谓词逻辑表示法的基本组成部分和表示步骤。

（3）简述产生式表示法中确定性和不确定性规则知识的表示形式。

（4）简述框架表示法的构成要素和特点。

（5）简述知识图谱的基本构成要素和表示形式。

（6）知识图谱在哪些领域有应用？

二、应用题

（1）使用一阶谓词逻辑表示法描述"所有的猫都喜欢吃鱼"。

（2）表示"有些动物是哺乳动物且是食肉动物"的一阶谓词逻辑。

（3）表示"如果植物的叶子是绿色的，并且开有花朵，那么它可能是观赏植物"的产生式。

（4）请使用框架表示法描述"汽车"这一概念，包括其属性（如品牌、型号、颜色、价格等）以及可能的子框架（如发动机、轮胎等）。同时，指出各框架之间的联系，并给出具体的实例。

三、论述题

（1）分析不同知识表示方法的优缺点，并结合实际应用场景说明如何选择合适的方法。

（2）论述知识图谱的优势和挑战，并探讨如何应对这些挑战。

四、思考题

假设构建了一个关于电影的知识图谱，其中包含了电影、导演、演员、类型等实体，以及它们之间的关系。例如：电影《泰坦尼克号》的导演是詹姆斯·卡梅隆，主演包括莱昂纳多·迪卡普里奥和凯特·温斯莱特，电影类型为爱情片。思考使用知识图谱的知识解决下述问题。

（1）用知识图谱的形式表示上述信息。

（2）查询电影《泰坦尼克号》的导演是谁？

（3）找出曾经与莱昂纳多·迪卡普里奥合作过的导演有哪些？

（4）推荐几部与《泰坦尼克号》类型相同的电影。

第 7 章
机器学习与深度学习

　　机器学习与深度学习对于人工智能领域具有重大意义。在当今数字化时代，掌握这些技术能够让人们更高效地处理和分析海量数据，从中挖掘出有价值的信息，为科学研究、商业决策、社会发展等提供有力支撑。它不仅拓宽了人们对世界的认知边界，还为解决复杂问题提供了全新的思路和方法，开启了一扇通往未来智能化世界的大门。

　　本章将介绍机器学习与深度学习的基本概念，阐述分类算法以及聚类算法；重点深入讲解深度学习的发展与算法，如神经网络、卷积神经网络和生成对抗神经网络等；然后引出大模型和人工智能生成内容，最后通过案例介绍机器学习在日常中的广泛应用。随着技术的不断进步，机器学习与深度学习将在更多领域发挥关键作用，为人们带来更加智能、高效的解决方案，推动社会向更高层次的智能化迈进。

7.1 概述

机器学习和深度学习是当今人工智能领域中至关重要的两个分支，它们为人们处理和理解大量数据提供了强大的工具和方法。

机器学习是一种让计算机自动从数据中学习规律和模式的技术。它通过对大量数据的分析，建立数学模型，从而能够对新的数据进行预测和分析。深度学习基于人工神经网络，是机器学习的一个子集。深度学习通过多层神经元的组合来学习数据中的复杂模式。深度学习在图像识别、语音识别和自然语言处理等领域取得了巨大的成功，远远超过了传统的机器学习。深度学习的优势在于它能够自动学习数据中的特征，而不需要人工设计特征，从而大大提高了模型的准确性和泛化能力。

机器学习和深度学习为人们提供了一种强大的工具，让人们能够从大量数据中挖掘出有价值的信息，为解决各种实际问题提供了新的思路和方法。随着技术的不断发展，机器学习和深度学习将在更多领域发挥重要作用，为人们的生活带来更多的便利和创新。

7.2 机器学习

7.2.1 机器学习概述

机器学习是一门让计算机自动从数据中学习规律和模式，从而能够对新的数据进行预测和决策的科学。机器学习通过分析大量的数据来不断改进自身的性能。简单来说，就像是教一个孩子认识世界，给孩子（计算机）很多例子（数据），让孩子从中总结出规律，然后能够对新的情况做出正确的判断。例如，通过给计算机展示大量不同种类的动物图片以及对应的名称，计算机可以学习到如何识别不同的动物。

上述任务其实就是把一张图片作为输入，我们期望机器给这张图片赋予类别作为输出。更一般的，机器学习就是对于一个具体的任务，学习输入到输出的映射。如表 7-1 所示，对于表中语音识别、动物识别、问答系统等不同的任务，f 即为通过大量学习数据得到的对于该任务的映射。

表 7-1　机器学习任务示意图

语音识别	$f($ $)=$ "你好"
动物识别	$f($ $)=$ "猫"

续表

围棋	$f($ $)=$ "5–5"（落子位置）
对话系统	$f($ "你好" $)=$ "今天天气真不错"

1. 机器学习的发展历程

（1）萌芽期（20 世纪 50—60 年代）

在 20 世纪 50—60 年代，机器学习处于萌芽状态。这一时期，罗森布拉特提出了感知器模型，为模拟人脑神经网络学习提供了早期尝试，对后续神经网络发展极具启发性。同时，统计学家研究损失函数最小化问题，奠定了机器学习优化理论基础。一些统计学家也开始研究判别模型，为统计学习理论后续发展奠定基础。虽然受理论不成熟和计算能力限制，这一时期机器学习没有太多实际应用，但为其进一步快速发展奠定了基础，主要贡献在于初步建立了机器学习框架与理论。

（2）兴起期（20 世纪 80 年代）

这一时期，统计学家提出了更加完善的线性回归和非线性回归模型，确立了回归分析在机器学习中的地位。决策树模型成为重要成果，可进行规则提取和非线性建模，广泛应用于分类任务。基于先前感知器研究，采用链式法则和反向传播算法训练多层神经网络成为可能，神经网络开始实际应用。语音识别、专家系统等领域开始应用机器学习算法解决实际问题，特别是神经网络的成功应用使其进入快速发展期。此阶段机器学习向实用化发展，一些核心算法被提出，应用范围不断扩大。

（3）发展期（21 世纪初）

随着互联网的普及和大数据时代的到来，机器学习迎来大发展。基于人工神经网络的深度学习，通过多层神经元组合学习数据中的复杂模式，能够自动学习数据特征，大大提高了模型准确性和泛化能力。计算能力大幅提升、海量数据积累以及深度学习算法的出现，使得机器学习在图像识别、语音处理、自然语言处理等领域不断取得突破。

（4）繁荣期（当前）

随着技术的不断进步，新的算法和模型不断涌现，计算能力和数据处理能力也在不断提高。以大模型为代表的深层神经网络模型显著提高了机器学习性能，机器学习开始迈向通用人工智能。机器学习广泛应用于计算机视觉、自然语言处理等领域，进入繁荣时期。目前，机器学习在各个领域持续发挥重要作用，并不断拓展新的应用场景。

2. 机器学习方法的类型

（1）监督学习

监督学习是借助带有标签的训练数据来构建预测模型的过程。标签是我们想要人工智能学会的知识，代表着已知的输入与输出的对应关系。如分类任务中我们给一张图像打上"猫"的类别，"猫"就是这张图像的标签。在训练阶段，模型努力减小预测标签和实际标签之间的差异，从而不断提升自身性能。当训练完毕后，模型能够对新的未见过的数据进行准确预测。

典型的监督学习算法包括分类和回归两大类。分类算法将数据点划分到不同的类别中，根据数据的特征来确定其所属类别。例如手写数字识别，将手写数字图片分为 0 到 9 不同的类别。回归算法则是预测数值型输出的方法，通过分析输入数据与输出值之间的关系，对未知数据的数值进行预测。如房价预测，根据房屋的面积、地段等特征预测房价。

（2）无监督学习

无监督学习是在没有任何标签的情况下，通过深入分析输入数据的内在结构和相互关系来构建模型学习数据的规律。

聚类算法是典型的无监督学习算法，旨在根据数据的内在结构和相似性将数据点划分成不同的簇，以便更好地理解数据的分布和特征。例如，企业根据客户的购买行为、浏览记录等数据进行聚类分析，将客户分成不同的群体，以便更好地制定营销策略。

（3）半监督学习

半监督学习处于监督学习和无监督学习之间，它使用部分有标签和部分无标签的数据进行训练，期望找到在未知数据上也能有良好表现的模型。例如，结合部分用户的明确评分数据（有标签）和大量用户的浏览行为等无标签数据，为用户推荐可能感兴趣的商品或内容。

（4）强化学习

强化学习是通过与环境不断交互并从环境中获取奖励来进行学习的方法。强化学习系统在反复尝试的过程中，不断调整行为策略，以实现长期累积奖励的最大化。例如，智能体在游戏环境中通过不断尝试不同的动作，根据获得的奖励来学习最佳的游戏策略。

（5）自监督学习

自监督学习是利用数据自身进行训练的方法，通过挖掘输入数据的内在结构或关系来训练模型。例如在自然语言处理中，语言模型通过预测句子中的下一个单词或通过掩码隐藏一部分单词来进行训练。

3. 机器学习步骤

机器学习的过程可以简单概括为从训练数据中学习规律和模式得到映射 $f(x)$，然后再将学习到的规律应用到未知数据上，过程如图 7-1 所示。

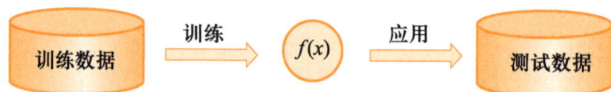

训练数据 —训练→ $f(x)$ —应用→ 测试数据

图 7-1 机器学习的一般过程

对于一个具体的问题，机器学习一般需要如下几个步骤。

（1）确定问题的类型

比如是分类问题（将数据分为不同类别）、回归问题（预测连续数值）还是聚类问题（将数据分组）等。同时，明确问题的目标和评估指标，以便衡量模型的效果。

（2）数据采集与预处理

根据问题的需求，收集相关的数据。数据可以来自各种渠道，如互联网、数据库、传感器、调查问卷等。确保数据具有代表性、准确性和足够的数量。

对收集到的数据进行数据清洗、数据转换和特征选择等，以提高数据质量，从原始数据中挑选出最相关的特征，去除冗余和不相关的特征，便于模型处理。注意，此时数据可能还处于没有标签的状态，对于监督学习任务还需要给数据打上标签。

（3）训练模型

根据问题类型和数据特点，选择合适的机器学习模型。将数据集分为训练集、验证集和测试集，使用预处理后的训练数据对选定的模型进行训练。

（4）模型评估与调优

使用验证集对训练好的模型进行评估，判断模型的性能和泛化能力。如果模型性能不理想，可以调整模型，或者尝试不同的模型架构，以提高模型性能。

7.2.2 分类算法

分类算法的目标是给数据"贴标签"。比如说，有一堆不同颜色、形状的水果，有苹果、香蕉、橙子等。分类算法就是要把这些水果按照它们各自的特点，准确地分到不同的组里，这就是给每个水果找到它所属的标签。

下面介绍几种机器学习中常见的分类算法，包括 K 近邻算法、决策树算法、贝叶斯分类算法和支持向量机算法。

1. K 近邻算法

在机器学习领域中，K 近邻算法（K nearest neighbor，KNN）是一种用于分类方法，一个样本的类别是由其最相似的 K 个邻居的投票确定的。K 个最近邻居（K 为正整数，通常较小）中出现次数最多的分类决定了赋予该样本的类别。若 K = 1，则该样本的类别直接由最近的一个邻居赋予。

有若干样本如图 7-2 所示。其中蓝色的方块表示一个类别，红色的三角形表示一个类别。如何根据 K 近邻算法判断绿色圆形属于哪个类？

如果 K=3，表示圆形的类别要依据其 3 个距离最近的"邻居"（实线圆圈）决定，它被分配到红色三角形类，因为有 2 个三角形和 1 个正方形在内侧圆圈之内。如果 K=5，则要依据 5 个距离最近的"邻居"（虚线圆圈）决定，对应图 7-2 中虚线圆圈内的样本点。它被分配到蓝色正方形类（3 个正方形与 2 个三角形在外侧圆圈之内）。

从这个例子可以看出，K 近邻算法原理直观易懂，不需要对数据进行复杂的假设和建模过程，易于实现。但是 K 近邻算法在进行预测时，需要计算待预测样本与所有训练样本的距离，当数据量很大时，计算成本会非常高，导

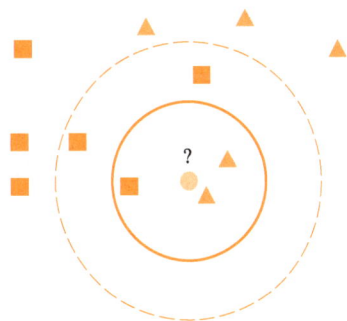

图 7-2 样本数据分布图

致算法运行速度较慢。另一方面，K 值的选择对结果影响较大。如果 K 值选择不当，可能会导致错误的结果。

2. 决策树算法

决策树是一种分类模型，通过一系列的问题和答案来做出决策，是机器学习中常用的算法之一。

想象一下你要决定今天出门穿什么衣服。你可能会先考虑天气情况，如果是晴天，可能会穿得比较轻便；如果是雨天，就需要带伞和穿防水的衣服。决策树算法也是这样工作的，它从一个问题（比如天气如何）开始，根据不同的答案（晴天、雨天等）进一步提出新的问题，直到做出最终的决策（穿什么衣服）。

决策树由节点和分支组成。节点分为根节点、内部节点和叶节点。根节点是决策树的开始，内部节点是在决策过程中提出的中间问题，每个内部节点会根据不同的答案引出不同的分支，叶节点则代表最终的决策结果。

决策树通过把数据样本分配到树状结构的某个叶子节点来确定数据集中样本所属的分类。它是一种简单易用的非参数分类器，不需要对数据有任何的先验假设，计算速度较快，结果容易解释，而且稳健性强。在复杂的决策情况中，往往需要多层次或多阶段的决策，决策树就是一种能帮助决策者进行序列决策分析的有效工具。

以下是一个简单的决策树示例，任务是判断我们是否去户外运动。在这个任务中，需要先确定我们会根据哪些因素来做出决定，即问题和可能的特征。问题是决定是否去户外运动，假设特征有天气状况（晴天、阴天、雨天）、温度（高、中、低）、风的强度（强、弱）。

构建的决策树如图 7-3 所示，其中绿色的是根节点，蓝色的是内部节点，褐色的是叶子节点。

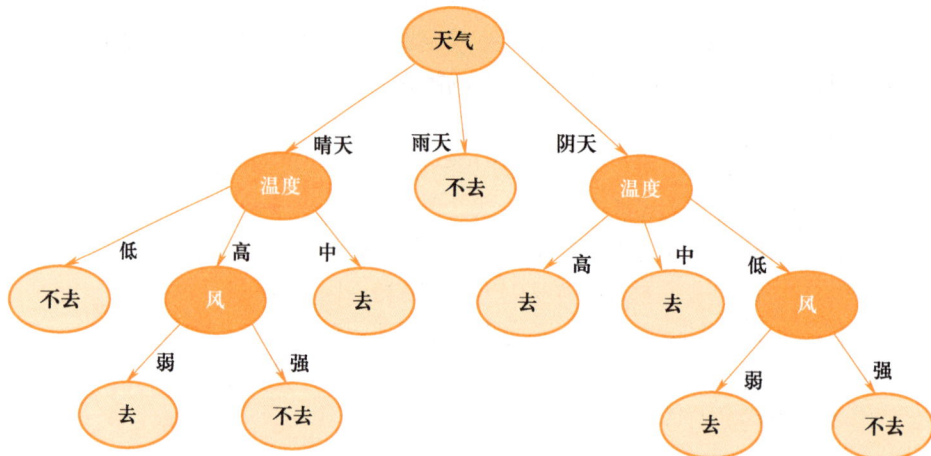

图 7-3　决策树分类算法示意图

从图 7-3 中可以看出，这个决策树描述了从天气、温度和风的强度三个角度去判断是否户外运动。从根节点开始，如果天气是雨天，那么直接决定不去户外运动，因为雨天通常不适合户外运动。如果天气是晴天，再考虑温度；如果温度高，进一步考虑风的强度；如果风强，可能不太适合户外运动；如果风弱，适合户外运动。如果温度中，一般适合户外运动；如果温度低，不适合户外运动。如果天气是阴天，同样考虑温度：如果温度高或中，一般适合户外运动；如果温度低，再考虑风的强度；如果风强，不适合户外运动；如果风弱，可能适合户外运动。

　　决策树具有诸多优势。它易于理解和解释，结构直观如一系列 IF-THEN 规则，能生成易懂的规则，即使非专业人士也能明白其决策过程。可同时处理数据型和类别型属性，无须做特殊预处理。作为白盒模型，容易推出相应逻辑表达式，结果易被解释。能在相对较短时间内对大型数据获得良好结果，计算速度快。还比较适合处理有缺失属性值的样本，可通过多种方式进行合理处理而不是简单删除。

　　然而，决策树也存在一些不足。它对各类别数据量不一致的数据会倾向选择数值更多的特征，可能导致决策偏向主导类。容易过拟合，当训练数据集小、特征样本不足、选择特征过细或维度高、树深度过大、叶节点过多时都可能出现过拟合，使模型在新数据上表现不佳。此外，决策树容易忽略数据集中属性之间的相关性，不能充分利用强相关性属性进行更准确的决策。

3. 贝叶斯分类算法

　　贝叶斯分类可以理解成一个根据各种线索来猜东西的方法。简单来说，有一些先知道的信息（先验概率），再根据新发现的一些线索（条件概率），最后根据线索判断最可能属于哪一类（后验概率）。

　　（1）先验概率

　　比如说猜一个人是男生还是女生，可以先统计群体中所有人男生和女生的比例，假设男生 60% 女生 40%。这就是一开始对这个群体里男女比例的一个基本认识，没有考虑到其他因素，仅仅是基于总体的人数分布。在概率统计中通常会用 P（男生）= 0.6 和 P（女生）= 0.4 的方式来表示男生和女生的概率。从这个角度来看，可能这个人是男生的概率会更大些，这个概率在贝叶斯里就叫先验概率。先验概率是事情还没有发生，根据以往的经验来判断事情发生的概率，是"由因求果"的体现。

　　（2）条件概率

　　如果进一步给出这个人的一些线索，比如说这个人穿裙子。那可以想一想，在男生和女生当中，穿裙子的概率各是多少呢？如果把这个概率也统计出来，这个概率就是条件概率。在本例当中，条件概率就是在已知性别的基础上，统计穿裙子的概率，也就是男生穿裙子的比例和女生穿裙子的比例，其中性别是条件，穿裙子是结果。在概率统计中，通常用 P（穿裙子│男性）和 P（穿裙子│女性）来表示，其中│右侧是条件，左侧是结果。

　　（3）后验概率

　　然后根据这个线索和之前的统计分析，重新调整分析这个人是男生还是女生的概率，这个调整后的概率就是后验概率。后验概率就是在"穿裙子"这个特定条件下，男性或者女性的概率。后验概率是事情已经发生了，有多种原因，判断事情的发生是由哪一种原因引起的，是"由果求因"。在本例中，P（男性│穿裙子）和 P（女性│穿裙子）分别表示在穿裙子条件下，男性和女性的概率。可以看出，在穿裙子的条件下后验概率女性的概率远远高于男性，此时可以将性别判断为女性。

　　贝叶斯分类整个流程如图 7-4 所示。根据先有的一些大概情况（先验概率），再加上新发现的线索（条件概率），最后得到一个更准确的判断（后验概率），然后根据这个判断给出最终的分类结果。

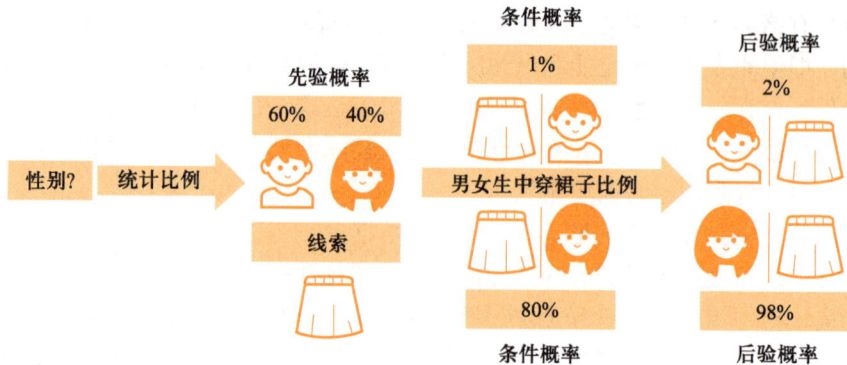

图 7-4 贝叶斯分类算法示意图

贝叶斯分类算法是基于贝叶斯定理构建的，贝叶斯定理在概率论中有坚实的理论基础。这使得贝叶斯分类算法的结果具有明确的概率解释。贝叶斯分类算法的计算过程相对简单，在处理大规模数据时具有较高的效率，可以快速地对新样本进行分类。贝叶斯分类算法能够很好地适应不同规模的数据。无论是小样本数据、大规模数据或是高维数据，它都可以有效地工作。

尽管贝叶斯分类算法简单高效，但在实际应用中还需要考虑很多问题。如许多数据集中的特征之间存在着复杂的依赖关系，当特征之间的依赖性较强时，基于错误的独立性假设构建的贝叶斯分类模型可能会产生不准确的分类结果。贝叶斯分类算法的结果很大程度上依赖于先验概率的设定。如果先验概率估计不准确，可能会导致分类结果出现较大偏差。当数据的分布发生变化时，先验概率可能不再适用。如果不能及时更新先验概率，贝叶斯分类算法的性能将会受到影响。

4. 支持向量机算法

支持向量机（support vector machine，SVM）是一种用于分类的监督学习模型。它的核心思想是找到一个最优的决策边界，能够最好地区分不同的数据类别。

想象一下，有一堆散落在二维平面上的点，这些点属于两个不同的类别（比如红色和蓝色）。我们的目标是画一条线，把这两种颜色的点分开。如图 7-5 所示，黑色的线就是分类边界，可以很好地将蓝色和红色两个类的样本分开。

但是，如果这条分类边界和样本很接近的时候，那么采集到新样本后，可能这些新样本会被错误分类，如图 7-6 所示。

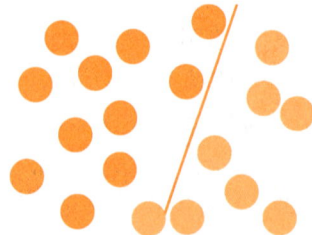

图 7-5 数据与分类边界　　图 7-6 插入新数据后的数据分布与分类边界

　　由上例可以看出，仅仅分开这两类点还不够，如果这条线尽可能地远离所有的点，这样当有新的点加入时，我们的分类才会更准确。在支持向量机中，这条"最宽的线"称为"最大边距超平面"。支持向量就是那些离决策边界最近的数据点，它们决定了边界的位置和宽度。如图 7-7 所示。

　　有的时候数据比较散乱，可能直线作为分类边界无法很好地将数据区分开来（线性不可分），如图 7-8 所示。

图 7-7　最大边距的分类边界　　　　　图 7-8　线性不可分样本数据

　　对于这类情况，支持向量机可以将数据通过一个魔法函数叫作"核函数"，它可以将样本从低维数据变成容易分开的高维数据从而实现更准确的分类。如图 7-9 所示，本来不容易分开的二维数据红色和蓝色样本，通过核函数 ϕ 将样本变成三维后可以很容易地区分。此时在二维空间，分类边界从之前的直线变成了曲线，此时样本的分类准确率比之前大大提高。

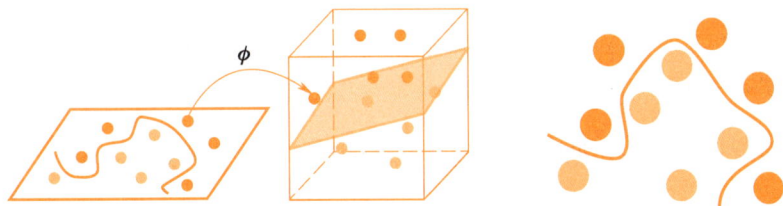

图 7-9　核函数与线性不可分样本数据

　　通过这个例子可以看出，支持向量机的思想是像一个聪明的划分者，对于两类事物，要找到一个分界面将它们清楚划分，这个分界面要尽可能处于两堆事物中间，最大化到两边的距离，这样新事物不容易被错分；当事物线性不可分时，就利用核函数将其转换到新空间，使其能在新空间里被超平面分开。

　　支持向量机算法具有诸多显著优点。首先，支持向量机遵循结构风险最小化原则，这使其具有很强的泛化能力，在小样本数据上也能构建出高效的分类模型。其次，支持向量机在高维空间表现卓越，它能很好地处理高维数据。

　　然而，支持向量机算法也存在一些缺点。在处理大规模数据时，支持向量机面临着训练速度慢的问题。同时，大规模数据的训练还需要大量内存来存储核矩阵等相关数据，这对硬件资源提出了较高要求。另外，支持向量机对数据的噪声和异常值较为敏感，噪声和异常值可能会影响到支持向量的选取，进而影响分类超平面的确定，最终降低分类的准确性。

7.2.3 聚类算法

聚类算法的目标就是在一堆没有预先分类的事物中，找到它们内在的相似性，然后将相似的事物聚集到一块儿，形成不同的类别。

比如说，在一个学校的操场上有好多学生，他们来自不同的班级，有着不同的兴趣爱好、身高、穿着打扮等。聚类算法就会观察这些学生的各种特征，然后把那些比较相似的学生聚集在一起。比如可能会把喜欢运动、穿着运动装的学生聚成一个小团体；把文静、戴着眼镜、爱看书的学生聚成另一个小团体。这些小团体事先并没有被定义好，聚类算法是根据学生们本身的特征自动发现这些相似的小团体的。

图 7-10 展示了聚类任务目标示意图。从图中可以看出，聚类和分类有明显的区别。分类的类别在分类之前就已经确定好，类别数量也是确定的。而数据在聚类之前没有明确的类别，聚类出来簇的数量也可能根据不同的样本相似性划分而有所区别。

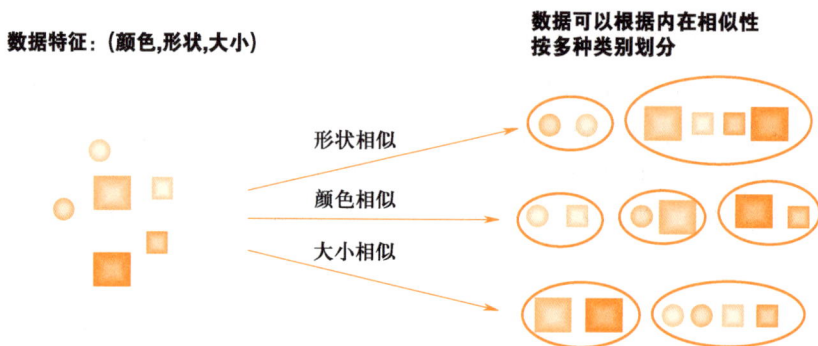

图 7-10 聚类任务目标示意图

下面将介绍机器学习中常见的 K 均值聚类算法和基于密度的聚类算法。

1. K 均值聚类算法

K 均值聚类算法（K-means）就像是一个自动分类员，它的主要思想是将一堆数据点分成 K 个不同的组（簇），使得每个组内的数据点尽可能相似，而不同组之间的数据点差异尽可能大。

假如对衣服进行分类，思考一下，衬衫属于哪个类别？答案可能因人而异，每个人对衣服的分类标准可能根据需要有所区别。比如可以根据季节分成春夏秋冬 4 种类型，可以根据衣服的风格分成休闲装、正装、运动装、礼服等类型，可以根据衣服的颜色深浅分为深色系和浅色系，还可以根据衣服的材质，如棉质、麻质、丝绸、化纤等进行分类。这些没有预先给定标签的衣服就是聚类任务的操作对象。聚类的过程则是根据相似性不断调整衣服的类别，最后每件衣服都稳定地分到对应的组中。

图 7-11 展示了 K 均值聚类算法的详细过程。首先确定了分组数量为 2。然后随机初始化了 2 个类中心，分别用红色和蓝色表示。然后将原始数据分配到最近的中心，并重新计算新的聚类中心。然后再将数据分配到新的最近中心，继续计算新的聚类中心，如此重复直到数据的类别稳定为止。

原始数据　　　　　　初始化聚类中心　　　　分配数据点到最近的中心

计算新聚类中心　　　分配数据点到新最近中心　　　计算新聚类中心

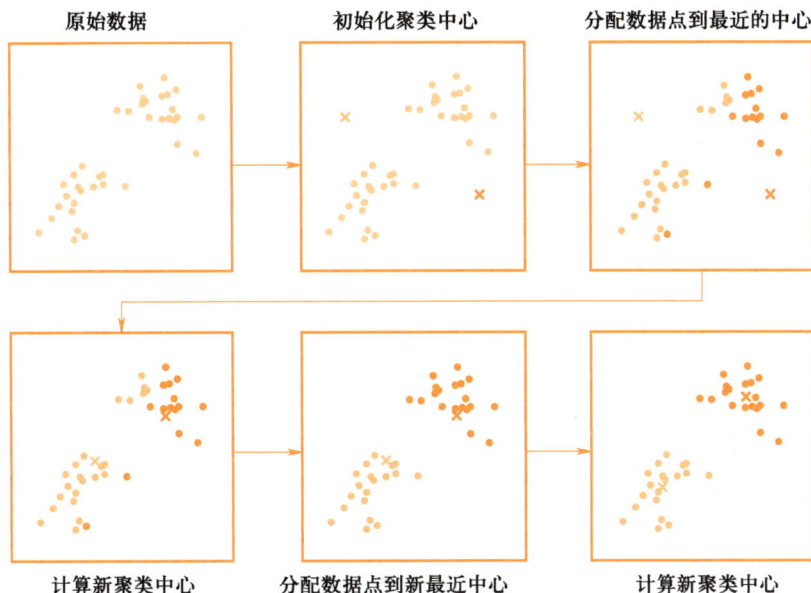

图 7-11　K 均值聚类算法过程

K 均值聚类算法的具体过程需要如下几个步骤。

（1）确定分组数量 K

衣服准备分成几组？对于不同人可能需求不同，要根据需求来确定。比如说衣柜有 3 个抽屉，我们准备把衣服分成 3 类放到这 3 个抽屉中，此时 K 就是 3。

（2）初始中心选择

在所有的衣服中随机选择 K 个点（衣服）作为每个组的初始中心（就像每个小组的临时组长）。如果 K=3，那么从这堆衣服里随机挑出 3 件衣服，这 3 件衣服就暂时代表 3 个组的中心。

（3）分配数据点到最近的中心

计算其他每件衣服到这 K 个中心（临时组长）的相似度，和哪个中心最相似，就把这个数据点（衣服）分到那个组里。例如，一件蓝色的 T 恤距离代表休闲装组的中心最近，那就把这件 T 恤分到休闲装组。

（4）重新计算中心

当所有的数据点（衣服）都被分到组里后，每个组都会重新计算一个新的中心。这个新中心就是这个组内所有数据点（衣服）的某种"平均"位置。比如休闲装组里有 T 恤、牛仔裤等，根据它们的款式、颜色等特征计算出一个新的代表这个组的中心。

（5）重复调整

然后再根据新的中心，重新分配所有的数据点（衣服）到最近的中心，接着再重新计算中心。就这样不断重复这个过程，直到每个组内的数据点（衣服）基本稳定下来，不再有很多数据点（衣服）在组之间换来换去了，这个时候分类就完成了。

K 均值聚类算法原理简单直观，符合人们对数据分组的直观认知，易于理解和实现。K 均值算法计算速度较快，尤其是在处理大规模数据时，它的时间复杂度相对较低，可以在较短的时间内得到聚类结果。此外，该算法具有较好的可扩展性，能够适应不同规模的数据集合。

但是 K 均值算法需要事先确定聚类的数量 K，然而在很多情况下，K 值的确定并不容易，通常需要根据经验或者多次试验来确定，如果 K 值选择不当，可能会导致聚类结果不理想。该算法对初始聚类中心的选择非常敏感，不同的初始中心可能会使算法收敛到不同的局部最优解，而不是全局最优解，从而影响聚类结果的稳定性和准确性。另外，K 均值算法假设数据点在各个维度上的方差是相同的，并且簇的形状是球形或近似球形的，这在实际数据中往往不成立，当数据分布较为复杂，如存在非球形簇或者不同簇的密度差异较大时，K 均值算法的聚类效果会大打折扣。

2. 基于密度的聚类算法

K 均值聚类方法是根据样本的相似性来聚类，而基于密度的聚类方法（density-based spatial clustering of applications with noise，DBSCAN）是围绕数据点的密度来进行聚类的。

基于密度的聚类方法就像是在一片草原上找动物群落。我们先把草原想象成一个很大的平面空间，草原上的每一只动物就好比是一个数据点。基于密度的聚类方法一般需要经过如下过程。

（1）密度的定义

在这片草原上，有些地方动物聚集在一起，数量很多，密密麻麻的，就像数据点集中的区域。而有些地方动物很少，稀稀拉拉的，这就类似于数据点稀疏的区域。动物多的地方这个地方的动物密度大；动物少的地方，动物密度就小。对于数据来说也是一样的道理，在数据空间里，某些数据点周围如果有很多其他数据点，这个区域的数据点密度就高，反之则低。

（2）核心区域（核心点）的确定

我们开始在草原上寻找动物群落时首先要找到那些动物密度特别大的地方，这些地方就像是基于密度的聚类中的核心区域。比如说，草原上有一片水源地，很多动物都会到这里来喝水，所以在水源地附近聚集了大量的动物，这里动物的密度远远超过了草原上的其他地方。在数据中，这就相当于某些数据点周围在一定范围内有非常多的其他数据点，这些数据点就成了核心点。

（3）群落（聚类）的形成

一旦确定了像水源地这样动物密度大的核心区域，那么这个核心区域以及它周围那些动物密度虽然相对小一点，但仍然和这个核心区域有联系的动物就会被看作是一个群落。在数据里，就是以核心点为中心，把那些和核心点密度相连的数据点都归到同一个聚类当中。就像在水源地附近吃草的动物、在附近休息的动物，虽然它们不像在水源地的动物那么密集，但因为它们离水源地近，与水源地的动物有联系，所以都属于同一个群落。这个群落会不断向外扩展，只要周围的动物密度没有突然变得很低，就会继续把周围的动物纳入进来。

（4）群落边界（聚类边界）的确定

在草原上，随着离水源地越来越远，动物的数量会逐渐减少。当到达某个位置后，动物的密度突然变得很低，这个地方就像是群落的边界。在基于密度的聚类中，当从核心点向外扩展时，遇到数据点密度突然下降的区域，这个区域就被确定为聚类的边界。比如，在离水源地较远的地方有一片沼泽地，动物很少会到那里去，沼泽地就把以水源地为核心的动物群落和其他区域隔离开来，这就类似聚类的边界把不同的聚类分开。

（5）孤立个体（噪声点）的识别

在草原上，可能还存在一些单独的动物，它们远离任何动物群落，独自在草原的某个角落。这些单独的动物就像是数据中的噪声点。在数据空间里，那些既不属于任何聚类的核心部分，也不在聚类边界附近的孤立数据点就是噪声点。例如，有一只受伤的动物独自躲在一个山洞里，它与其他动物群落没有关联，在基于密度的聚类中，就会被识别为噪声点。

基于密度的聚类算法中的三种点如图 7-12 所示。

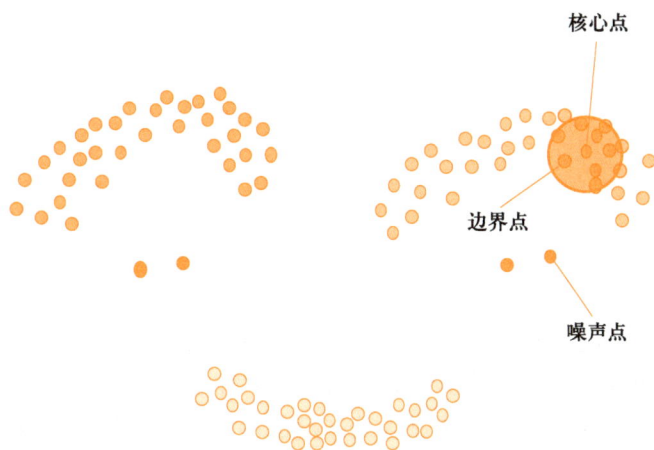

图 7-12　基于密度的聚类算法中的三种点

这种方法不像 K 均值聚类那样，要先定好分成 K 个群落。基于密度的聚类是让数据自己根据密度情况形成群落，就像草原上的动物群落是自然形成的，不是我们事先规定好的。图 7-13 给出了 K-means 和 DBSCAN 算法的聚类效果对比图，K-means 适用于结构紧凑、分离度高的聚类，但也会受到数据中噪声和异常值的严重影响。而 DBSCAN 可以捕捉形状复杂的聚类，并能很好地识别异常值。

图 7-13　DBSCAN 和 K-means 聚类效果对比

DBSCAN 与 K 均值聚类算法的显著不同是，基于密度的聚类算法不需要事先指定聚类的数量，能够根据数据点的密度分布自然地发现聚类，对于数据分布未知的情况非常适用。其次，DBSCAN 可以发现任意形状的聚类。无论是球形、椭圆形，还是更复杂、不规则的形状，只要数据点在空间中的密度符合聚类的条件，就能够被准确地聚类。

但是基于密度的聚类算法计算复杂度相对较高，尤其是在处理大规模数据时，因为它需要计算每个数据点周围的密度，这涉及大量的距离计算和数据点的比较操作，导致算法的运行速度可能会比较慢。此外，算法中的一些参数（如密度阈值等）较难确定，不同的参数设置可能会对聚类结果产生较大的影响。如果参数设置不合理，可能会出现聚类过度或者聚类不足的情况。

7.3　深度学习

7.3.1　深度学习概述

深度学习是人工智能领域中的一个强大分支，它就像是给计算机装上了一个超级大脑。从本质上讲，深度学习是一种基于对数据进行表征学习的方法。深度学习构建了具有很多层（通常是多层神经网络）的模型，这些层能够自动从大量的数据中学习复杂的模式和特征。

深度学习的发展历程充满了创新与突破。早在 20 世纪 40 年代神经网络的概念就已经被提出，但由于计算资源的限制和数据的缺乏，发展较为缓慢。随着计算机技术的飞速发展，特别是图形处理器（GPU）的出现和发展，为深度学习提供了强大的计算能力。随着人工智能的发展和深入，大量的数据也开始被收集和整理，这两者成为深度学习快速发展的基石。

如今，深度学习的应用已经无处不在。在医疗领域，深度学习被用于疾病的检测和诊断，如通过分析 X 光、CT 等影像数据来发现早期的肿瘤。在交通方面，它助力自动驾驶技术的发展，汽车可以通过深度学习模型识别道路、车辆、标识、信号灯和行人，从而安全地行驶。在金融行业，深度学习模型可以分析市场数据，预测股票价格走势、评估信用风险等。在娱乐领域，它被用于电影特效制作、游戏角色的智能行为模拟等。深度学习正在不断地拓展人类能力的边界，创造出更多前所未有的应用场景。

7.3.2　神经网络

大脑在智能的产生和发展中起着不可替代的重要作用。智能涵盖了感知、认知、学习、记忆、推理、决策以及语言处理等众多复杂的能力，而大脑是这些能力的源泉。它能够接收来自各种感官的信息，如视觉、听觉、触觉、味觉等，并对这些信息进行整合、分析和解读，从而让我们感知周围的世界。大脑还具备强大的学习和记忆功能，能够根据经验不断调整自身的神经连接，以适应环境的变化并优化行为反应。同时，大脑还可以进行复杂的逻辑推理和决策制定，使人类能够解决各种问题并在不同的情境下做出恰当的选择。大脑作为人类智能中最重要的部件，模拟人类感知、认知、学习、记忆、推理、决策等能力了解人脑的结构至关重要。

1. 生物神经元

人脑的结构极其复杂，由 850~1200 亿个神经元组成。神经元是大脑的基本功能单位，由细胞体、树突和轴突等构成，如图 7-14 所示。树突接收输入信号，轴突传递输出信号。神经元之间通过突触相互连接，形成错综复杂的神经网络。每个神经元都拥有上千个突触与其他神经元相互连接。众多的神经元以及它们之间的连接共同构成了一个巨大而复杂的网络，其中神经连接的总长度能够达到数千千米。

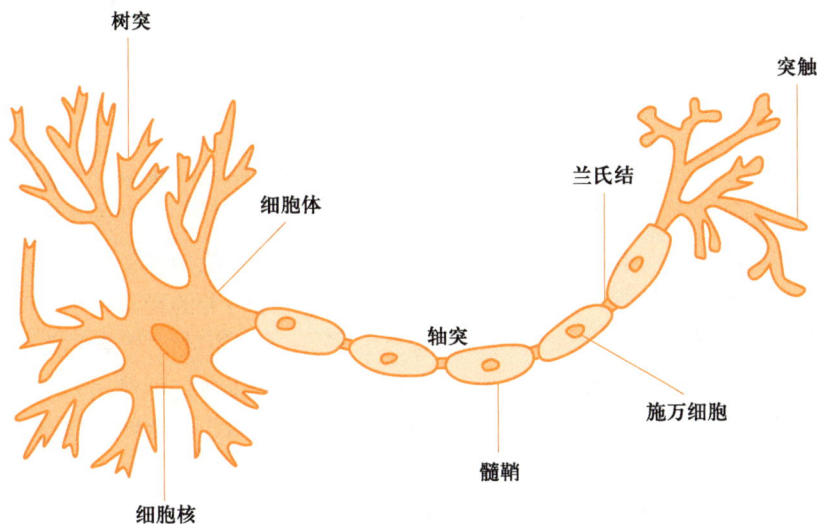

图 7-14　生物神经元结构图

神经元具有感受刺激、整合信息和传导冲动的能力。神经元感知环境的变化后，将信息传递给其他的神经元，并指令肌体做出反应。神经元接收多种来源的刺激信号后，会在胞体进行信息的整合，一旦神经元的胞体整合信息后产生动作电位，这个动作电位就会沿着神经元的轴突进行传导。

神经元的信息传递和处理是一种电化学活动。树突由于电化学作用接收外界的刺激，通过胞体内的活动体现为轴突电位，当轴突电位达到一定的值则形成神经脉冲或动作电位，再通过轴突末梢传递给其他的神经元。

2. 人工神经元

生物神经元以其独特的结构和功能在智能活动中起着关键作用。受其启发，科学家们创造出了人工神经元，开启了智能技术的新征程。

图 7-15 展示了人工神经元的结构。生物神经网络中神经元接收来自其他神经元的信号输入，就如同图中的输入信号 x_1、x_2，$\cdots$，x_n 表示神经元接收到的 n 个不同的输入。

每个输入都有与之对应的连接权重 $w_1, w_2, \cdots, w_n$，代表神经元和其他神经元连接的强弱。神经元接收到输入信号与连接权重相乘后以及用求和操作 $\sum$ 进行整合，若达到一定阈值 θ

则会触发动作电位，这类似于生物神经网络中的信息整合。求和操作 $\sum$ 和阈值 θ 最后通过激活函数 $f(\cdot)$ 处理输出：

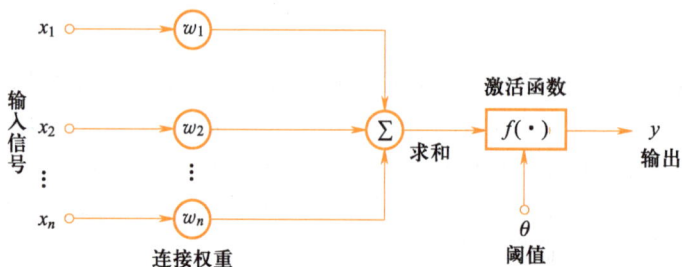

图 7-15　人工神经元结构图

$$y = f\left(\sum_{i=1}^{n} x_i w_i - \theta \right)$$

阈值可以看作是一个特殊的参数，与输入信号和权重共同影响神经元的激活状态。而激活函数就如同生物神经元的放电规则，决定了输出的神经元处于激活或者抑制的状态。

激活函数在神经网络中具有至关重要的作用。一方面，它能为神经网络引入非线性，使网络能够处理现实世界中的各种复杂非线性问题，突破线性组合的局限，极大地提升网络的表达能力，无论是图像识别中的非线性特征捕捉，还是其他领域的复杂关系学习都离不开它。另一方面，不同的激活函数特性各异，为网络增加了灵活性，可根据具体问题和数据选择合适的激活函数。同时，激活函数还能控制神经元输出范围，避免输出值过大或过小，提高网络的稳定性和收敛性。

常见的激活函数包括 sigmoid 函数、tanh 函数、ReLU 函数等。

（1）sigmoid 函数

将输入值压缩到 0 到 1 之间。输出值在接近 0 和 1 的两端时，梯度很小，容易导致梯度消失问题。在二分类问题中，常被用于将神经元的输出转换为概率值。

$$f(x) = \frac{1}{1+e^{-x}}$$

（2）tanh 函数

将输入值压缩到 -1 到 1 之间。输出范围比 sigmoid 函数更广，中心在 0 点，在一些情况下网络的收敛性更好。同样在接近输出边界时梯度较小，存在梯度消失风险。

$$f(x) = \frac{e^x - e^{-x}}{e^x + e^{-x}}$$

（3）ReLU 函数

当输入为正数时，输出等于输入；当输入为负数时，输出为 0。计算简单，能够有效地缓解梯度消失问题。

$$f(x) = \max(0, x)$$

为了直观地感受激活函数的性质，下面绘制了 sigmoid 函数、tanh 函数、ReLU 函数的函数图像，如图 7-16 所示。

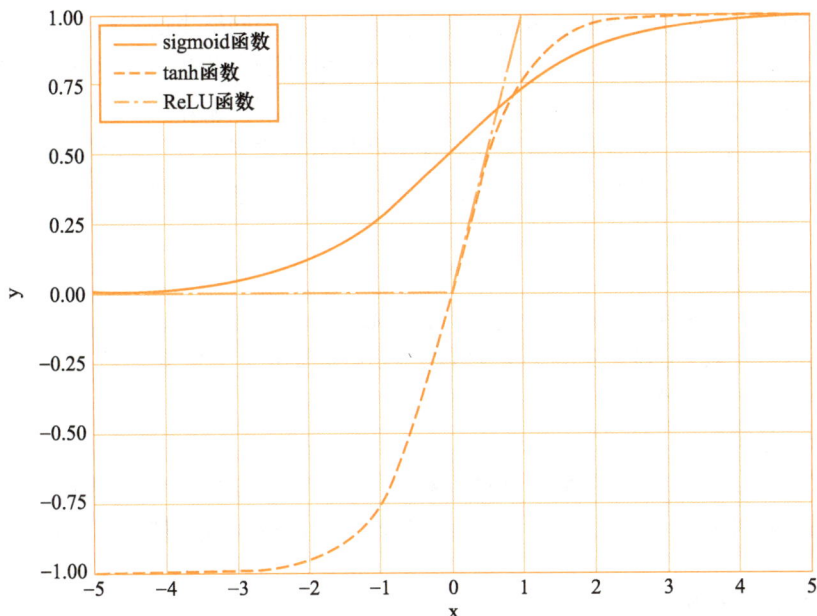

图 7-16　函数图像

3. 人工神经网络

人脑神经网络是一个具有学习能力的体系，在人脑神经网络中，单个的神经元本身并不起决定性作用，重要的是神经元之间如何形成连接。不同神经元之间的突触有强有弱，其强度可以通过学习持续改变，具备一定的可塑特性。

这种高度复杂且神奇的人脑结构和功能为人工神经网络的诞生提供了灵感。人工神经网络试图模仿人脑神经元的连接方式和信息处理机制。图 7-17 是一个典型的多层神经网络结构图。输入层接收输入数据，这里用 x_1、x_2 表示。这些输入数据通过连接权重 w_{11}、w_{12} 等与隐藏层的神经元相连。隐藏层可以有多层，每层的神经元接收来自上一层的输入，经过一定的计算处理后，将结果传递给下一层。最终，隐藏层的输出传递到输出层，输出层产生最终的输出结果 y_1 和 y_2。

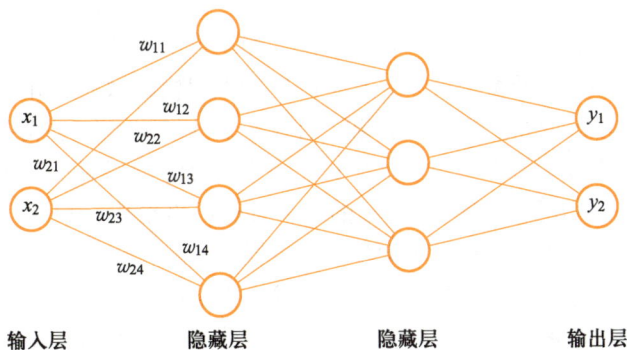

图 7-17　多层神经网络结构图

就像人脑神经元通过突触连接传递信息一样，人工神经网络中的神经元（节点）通过设定的权重连接来传递和处理数据。同时人脑不同区域的功能分化启发了人工神经网络分层结构的设计，例如输入层模拟感觉器官输入信息，隐藏层如同大脑中间处理信息的部分，输出层则像大脑产生最终行为反应的部分。人工神经网络也借鉴了人脑的学习能力，通过调整连接权重来适应不同的任务需求，就像人脑根据经验调整神经连接一样。

神经网络具有以下优点。

（1）自适应性强

能够自动从数据中学习复杂的模式和关系，无须手动设计复杂的特征提取规则。对于不同类型的问题和数据，神经网络可以通过调整权重和参数来适应新的情况，具有很强的灵活性。

（2）泛化能力好

在经过充分训练后，神经网络可以对从未见过的新数据进行合理的预测和分类。它能够捕捉数据中的本质特征，而不仅仅是记忆训练数据，从而在面对新情况时表现出较好的泛化性能。

（3）并行处理能力

神经网络的计算可以在多个处理单元上同时进行，类似于人脑的并行处理机制。这使得它能够快速处理大量数据和复杂任务，提高计算效率。

（4）容错性高

部分神经元的损坏或错误不会对整个网络的性能产生致命影响。网络可以通过其他路径和神经元的协同作用来弥补局部的错误，保持一定的功能稳定性。

（5）非线性建模能力

可以有效地处理现实世界中普遍存在的非线性关系。无论是图像识别、语音处理还是自然语言处理等领域，非线性建模能力使得神经网络能够更好地模拟复杂的实际问题。

4. 深度神经网络与深度学习

神经网络是一种模拟生物神经系统的计算模型。它由众多相互连接的神经元组成，能够自动从数据中学习复杂的模式和关系。通过调整神经元之间的连接权重，神经网络可以对不同的输入进行准确的预测和分类。神经网络的出现为解决各种复杂问题提供了新的思路和方法。

深度神经网络是具有多个隐藏层的神经网络。相比传统的浅层神经网络，深度神经网络能够学习到更加抽象和高级的特征表示。它可以处理大规模的数据，并在图像识别、语音处理、自然语言处理等领域取得了显著的成果。目前深度神经网络的层数在一些复杂的任务中已经超过了上千层，通过学习海量的样本得到了物体一般的特征表示，在这些任务上的表现甚至超越了人类。图 7-18 给出了一个简单的深度神经网络结构示意图，除了输入层和输出层和之前神经网络类似，中间还包含了大量的隐藏层。

深度学习则是基于深度神经网络的一系列技术和方法的总称。它不仅包括深度神经网络的构建和训练，还涉及数据预处理、模型优化、超参数调整等方面。深度学习的目标是让计算机能够像人类一样从数据中学习知识和技能，实现智能化的任务处理。至今已有数种深度学习框架，如卷积神经网络、循环神经网络、生成对抗网络和 Transformer 等已被应用在计算机视觉、语音识别、自然语言处理、音频识别与生物信息学等领域并获取了极好的效果，成为当今人工智能的主流学习框架。

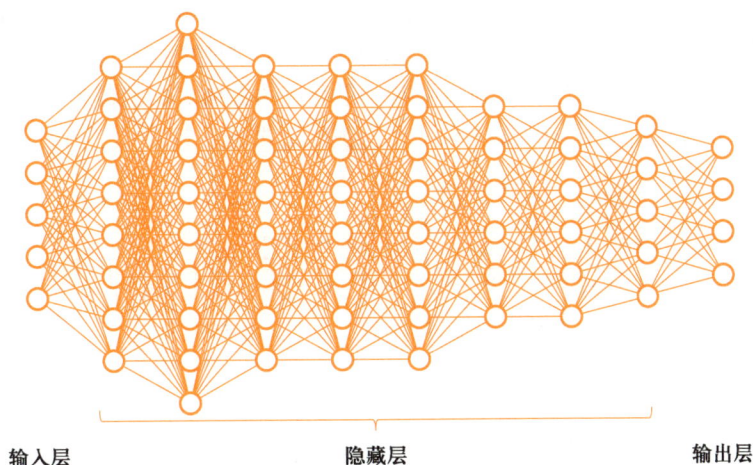

图 7-18　深度神经网络结构示意图

7.3.3　卷积神经网络

卷积神经网络（convolutional neural network，CNN）的由来可以追溯到对生物视觉系统的研究以及信号处理领域的发展。科学家们对生物视觉系统的研究发现，动物的视觉皮层具有分层结构和局部感受野的特性。感受野（receptive field）主要是指听觉、视觉等神经系统中一些神经元的特性，即神经元只接收其所支配的刺激区域内的信号。在生物视觉系统中，视网膜上的光感受器只对视野中的局部区域敏感，然后通过多个层次的神经元逐步对视觉信息进行处理和整合。这种局部感知和层次化处理的方式为卷积神经网络的设计提供了重要的灵感。

卷积神经网络最早主要用来处理图像信息。如果用常见的全连接前馈网络来处理图像时，存在如下问题。

① 将图像展开为向量会丢失空间信息。

② 参数过多效率低下，训练困难，容易导致过拟合。

③ 很难提取局部不变特征的问题。

卷积神经网络通过卷积、池化很好地解决了上述问题。

1. 卷积神经网络的结构

卷积神经网络主要由卷积层、池化层和全连接层组成。

（1）卷积层

卷积层（convolutional layer）是卷积神经网络的核心部分。它通过卷积操作对输入数据进行特征提取。卷积操作是将一个小的滤波器（卷积核）在输入数据上滑动，逐点进行乘法和加法运算，得到输出特征图。在图像处理中，卷积经常作为特征提取的有效方法。一幅图像在经过卷积操作后得到结果称为特征映射或者特征图（feature map）。卷积核相当于特征模板，卷积操作后得到的特征映射中值大小表示输入数据的局部区域与特征模板的匹配程度。在卷积神经网络中，卷积层的参数包括卷积核的大小、数量和步长等。这些参数可以通过训练来调整，以学习到最适合当前任务的特征。

图像的卷积过程如图 7-19 所示。卷积核是一个 3×3 大小的矩阵，这个矩阵会在图像中从上到下从左到右不断滑动。当滑动到图中蓝色区域时，图像中蓝色区域的每个值会和卷积核中对应的值相乘并求和。所以特征映射中右上角蓝色的方格对应的值是 $1×(-1)+1×0+1×0+(-3)×0+0×0+1×0+1×0+(-1)×0+0×1=-1$。卷积核每滑动一次就会产生一个值，最后得到了 3×3 的特征图。

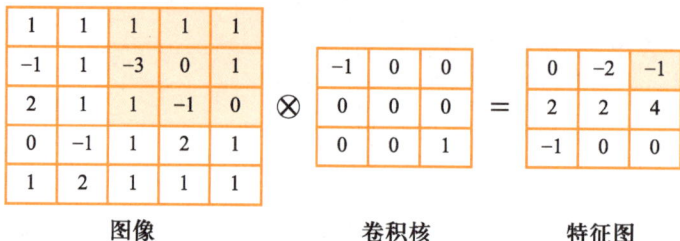

图 7-19　二维卷积过程示意图

每个卷积核可以提取一种特定的特征，例如边缘、纹理等。多个卷积核可以提取不同的特征，从而形成多个特征图。图 7-20 中给出了图像处理中常见的卷积核，从上到下依次为 Sobel 卷积核、平滑卷积核和 Scharr 卷积核提取的特征映射。可以看出，Sobel 卷积核和 Scharr 卷积核提取了图像的边缘特征，而平滑卷积核可以用于图像平滑去噪。

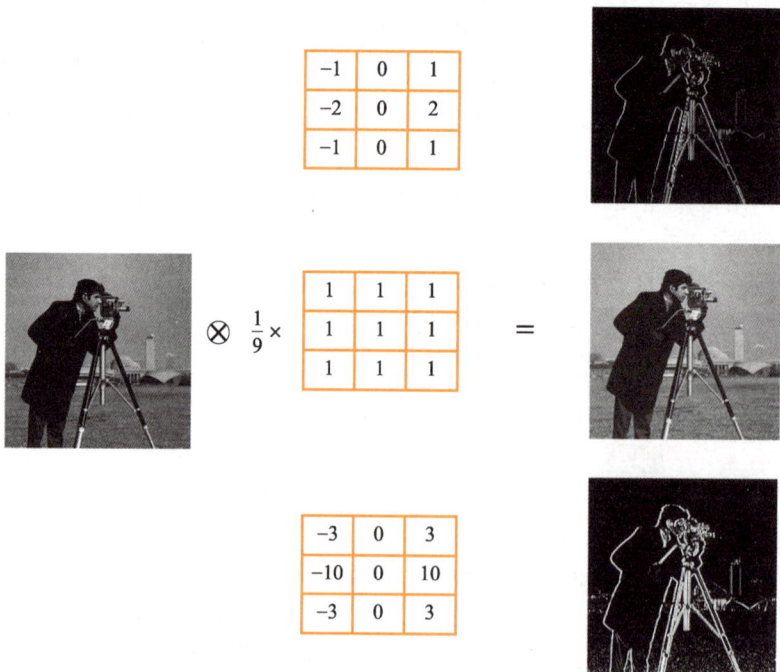

图 7-20　图像处理中几种常用的卷积核示例

图 7-20 中的卷积核是人为设定的，通常在卷积神经网络中，卷积核不是给定的而是需要卷积神经网络根据数据自主学习，也就是说卷积操作可以自动从输入数据中学习到有效的特征表示。与传统的手工特征提取方法相比，通过卷积自动学习特征可以减少人工干预，并且能够适应不同类型的数据，提高模型的泛化能力。卷积操作中的卷积核在整个输入数据的不同位置上重复使用，这种参数共享机制大大减少了模型的参数数量。

（2）池化层

池化层（pooling layer）通常紧跟在卷积层之后，用于降低特征图的分辨率，减少参数数量和计算量。

常见的池化操作有最大池化和平均池化。最大池化是选取局部区域中的最大值作为输出，平均池化是计算局部区域的平均值作为输出。在图 7-21 中，对左侧的特征映射进行 2×2 的最大池化后，绿色 2×2 区域最后只保留最大值 89，而 2×2 平均池化后保留的是绿色 2×2 区域的平均值 33。可以看出，最大池化保留了区域的最佳匹配结果，平均池化使用平均值作为区域的总体匹配情况。通过池化层可以增强模型的鲁棒性，对输入数据的微小变化不敏感。

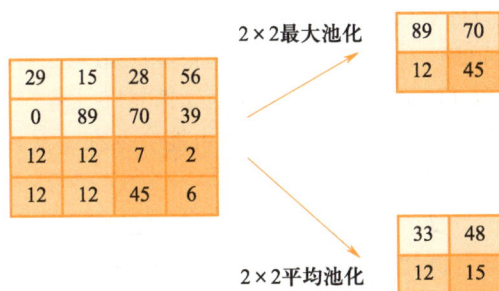

图 7-21　最大池化与平均池化

（3）全连接层

在经过多个卷积层和池化层后，最后通常会连接一个或多个全连接层（fully connected layer）。在全连接层中，每一个神经元都与前一层的所有神经元相连接。例如，若前一层有 m 个神经元，当前全连接层有 n 个神经元，那么从前一层到当前层就存在 $m×n$ 个连接权重。这种连接方式使得信息可以在神经元之间充分流动，但也导致了参数量的急剧增加。

在卷积神经网络中，卷积层主要用于自动提取数据的局部特征，而全连接层则用于将这些局部特征整合起来形成一个完整的特征表示。例如在图像分类任务中，卷积层可能已经提取了图像中不同区域的特征，如物体的形状、纹理等，全连接层则将这些特征综合起来，根据整合后的特征向量进行分类决策，判断图像中物体属于哪一类。

2. 卷积神经网络的优缺点

卷积神经网络有以下优点。

（1）自动特征提取

卷积神经网络中的卷积层能够自动从原始数据（如图像、音频）中学习有效的特征表示。例如在图像分类任务中，卷积层通过卷积核在图像上滑动进行卷积操作，自动提取出图像中的边缘、纹理、形状等特征，无须人工手动设计特征提取器，减少了人为因素的干扰。

这种自动特征提取能力使得卷积神经网络在处理复杂数据时表现出色，并且可以适应不同类型的数据分布。

（2）参数共享与减少计算量

卷积操作中的卷积核在整个输入数据的不同位置上重复使用，即参数共享。例如在处理图像时，一个3×3的卷积核在图像的各个位置上使用相同的权重进行卷积。这一特性大大减少了模型的参数数量。

与全连接网络相比，卷积神经网络由于参数共享，在处理大规模数据（如高分辨率图像）时能够显著降低计算成本，提高训练和推理的效率。

（3）平移不变性

由于卷积核在图像不同位置共享参数，卷积神经网络对输入数据的平移具有一定的不变性。也就是说，当图像中的物体在一定范围内平移时，卷积神经网络仍然能够识别出该物体。例如在人脸识别系统中，人脸在图像中的位置稍微偏移时，卷积神经网络依然可以准确识别。

卷积神经网络有以下缺点。

（1）缺乏对全局信息的有效整合

卷积层主要关注局部特征的提取，虽然通过堆叠多层卷积层可以在一定程度上扩大感受野来获取更多的全局信息，但对于一些需要精确全局信息的任务（如某些语义分割任务中需要准确理解整个场景的语义信息），卷积神经网络可能会存在不足。

（2）模型复杂度和超参数调整

卷积神经网络的结构相对复杂，包含多个卷积层、池化层、全连接层等，这使得模型的构建和超参数调整变得困难。例如，确定卷积核的大小、数量，池化层的类型和参数等都需要大量的试验和经验。

（3）数据需求较大

为了有效地训练卷积神经网络，通常需要大量的标记数据。尤其是在处理复杂的任务和具有较多参数的大型卷积神经网络模型时，如果数据量不足，很容易导致模型在训练数据上表现良好，但在未见过的测试数据上性能大幅下降。

（4）难以解释性

卷积神经网络内部的特征提取和决策过程相对复杂，难以直观地解释模型为什么做出特定的预测。例如，很难确切地知道卷积层提取的某个特征到底对应于原始数据中的什么含义，这在一些对可解释性要求较高的应用场景（如医疗诊断）中可能会受到限制。

7.3.4 生成对抗网络

在2014年，生成对抗网络由Goodfellow、Yoshua Bengio等蒙特利尔大学的研究者提出，深度学习领域的权威专家Yann LeCun称对抗训练为"过去10年机器学习领域最有趣的想法"。

生成对抗网络（generative adversarial network，GAN）通过两个神经网络相互博弈的方式进行学习。生成对抗网络由一个生成网络与一个判别网络组成。生成网络需要尽量模仿训练集中的真实样本。判别网络的输入则是真实样本或生成网络的输出，其目的是将生成网络的输出从真实样本中尽可能分辨出来，而生成网络则要尽可能地欺骗判别网络。两个网络相互对抗、不断调整参数，最终目的是使判别网络无法判断生成网络的输出结果是否真实。

生成对抗网络的潜力巨大，因为它们能去学习模仿任何数据分布，因此，生成对抗网络能在任何领域创造类似于人类的世界，比如图像、音乐、演讲、散文。在某种意义上，它们是机器人艺术家，它们的输出令人印象深刻，甚至能够深刻地打动人类。图 7-22 给出了生成对抗网络的一些作品。

(a) 油画变照片

(b) 素描变照片

(c) 夏天变冬天

(d) 黑白变彩色

图 7-22　生成对抗网络作品

生成对抗网络就像是一个"造假者"和"鉴定师"之间的较量。它包含两个主要部分，即生成器（generator）和判别器（discriminator）。生成器的任务是根据一些随机的输入（比如随机噪声），尽可能地生成逼真的、看起来像是真实数据的样本。可以把生成器想象成一个"造假者"，它不断学习如何制造出以假乱真的"赝品"。例如，在图像生成任务中，生成器会根据输入的噪声生成一张看起来像是真实图片的图像。判别器的作用是判断输入的数据是来自真实的训练数据集，还是由生成器生成的。它就像是一个"鉴定师"，要分辨出哪些是真的，哪些是假的。

生成对抗网络结构示意图如图 7-23 所示。在初始阶段，生成器生成的样本通常非常不逼真，判别器很容易就能分辨出哪些是真实数据，哪些是生成器生成的假数据。

随着训练的进行，生成器不断地调整自己的参数，以便生成更逼真的样本，试图欺骗判别器；而判别器也在不断地提升自己的鉴别能力，以便更准确地分辨真假数据。这就像是"造假者"和"鉴定师"在不断地互相竞争、互相提高。

经过多次的迭代训练，当生成器生成的样本足够逼真，使得判别器无法准确地分辨出真假时，就达到了一种平衡状态，也就是纳什均衡。此时，生成器已经学会了真实数据的分布规律，可以生成与真实数据非常相似的样本。

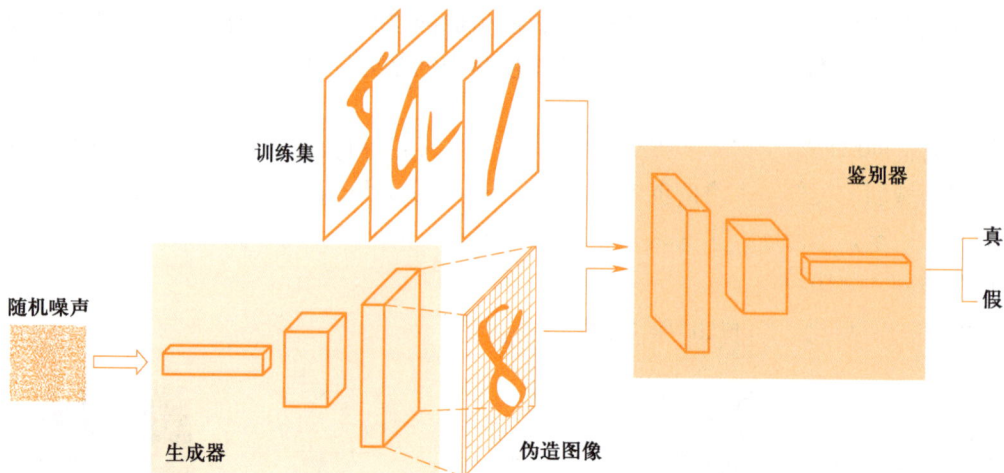

图 7-23　生成对抗网络结构示意图

生成对抗网络作为生成式模型自诞生以来在多个领域得到了广泛应用。

（1）图像生成

人脸照片生成：可以生成非常逼真的人脸照片，这些生成的人脸具有各种不同的特征和表情，但实际上并不存在于现实世界中。例如，一些研究团队使用生成对抗网络生成了与真实人物相似但又不完全相同的人脸图像，这在电影制作、游戏开发等领域具有潜在的应用价值。

（2）艺术创作

艺术家可以利用生成对抗网络来辅助创作。比如，输入一些简单的线条或颜色，让生成对抗网络生成具有艺术风格的图像。或者将现有的艺术作品作为训练数据，让生成对抗网络学习其风格并生成新的艺术作品。

（3）图像转换

风格迁移：将一种风格的图像转换为另一种风格。例如，将一幅写实的照片转换为印象派、抽象派等不同艺术风格的图像，或者将白天的风景照片转换为夜晚的效果，给人以不同的视觉感受。

图像修复：对于一些受损或缺失部分信息的图像，可以使用生成对抗网络进行修复。例如，对于老照片中缺失的部分、被遮挡的区域等，生成对抗网络可以根据周围的信息生成合理的内容来填补这些缺失部分。

文生图：根据文字描述生成对应的图片。比如，输入"一只红色的鸟站在树枝上"这样的文字，生成对抗网络可以生成一张符合该描述的图片，其中有一只红色的鸟站在树枝上。

数据增强：在一些数据量较少的情况下，可以使用生成对抗网络生成新的数据样本，以增加训练数据的多样性和数量。例如，在医学图像分析中，由于获取高质量的医学图像数据往往比较困难，使用生成对抗网络生成一些类似的医学图像数据可以帮助提高模型的训练效果。

生成对抗网络具有诸多显著优点。首先，生成对抗网络在数据生成方面表现卓越，能够生成非常逼真的数据。其次，生成对抗网络不需要像传统的生成模型那样对数据分布进行假设，具有很强的灵活性，可以适应各种复杂的数据分布情况。再者，生成对抗网络在半监督学习任务中有独特的优势，通过生成器和判别器的对抗训练，可以利用无标签数据提高模型的泛化能力，从而在数据标记成本较高的情况下也能实现较好的学习效果。

然而，生成对抗网络也存在一些缺点。一方面，生成对抗网络的训练过程不稳定，生成器和判别器之间的动态平衡难以把握，容易出现模式崩溃的现象，即生成器可能会陷入只生成特定类型样本的情况，而无法生成多样化的数据。另一方面，生成对抗网络的评估指标不够完善，很难确切地衡量生成结果的好坏，这对模型的改进和优化带来了挑战。此外，生成对抗网络在训练时需要大量的计算资源和较长的训练时间，特别是对于大规模、高分辨率的数据，这一问题更加突出，限制了其在一些资源受限环境下的应用。

7.4　大模型与人工智能生成内容

在当今数字化的时代，科技的飞速发展正以前所未有的速度改变着人们的生活。其中，大模型与人工智能生成内容（artificial intelligence generated content，AIGC）的崛起，成为引领创新的重要力量。它们不仅在科技领域引起了巨大的轰动，也逐渐渗透到了各个行业，为人们带来了全新的体验和机遇。本文将深入探讨大模型与 AIGC 的概念、相互关系以及它们在不同领域的应用，展示这一新兴技术的巨大潜力。

7.4.1　大模型的概念

大模型是指具有海量参数（通常在数亿到数万亿级别）的人工智能模型。这些模型基于深度神经网络架构（如 Transformer 架构）构建，通过在大规模的数据集上进行训练来学习数据中的复杂模式和特征。

从功能角度讲，大模型能够对多种类型的数据（如文本、图像、音频等）进行处理。以自然语言处理大模型为例，它可以理解文本的语义、语法，生成自然流畅的文本内容，像回答问题、撰写故事、翻译等任务都能完成。在计算机视觉领域的大模型，则能够对图像或视频中的物体进行识别、分类、分割，还能生成新的图像内容。

大模型的训练过程通常是无监督或自监督学习为主，利用大量的未标注或自动标注的数据，让模型自动学习数据中的结构和规律，进而能够在各种下游任务（如分类、生成、预测等任务）中通过微调或直接应用来展现强大的性能，是当前人工智能技术发展的关键驱动力之一。

在人工智能领域，大模型至关重要。它凭借庞大的参数量和强大的性能表现，在众多任务中展现出高精度的处理能力和出色的泛化能力。大模型有力地推动了自然语言处理和计算机视觉等技术的进步，加速了多模态融合，为迈向通用人工智能迈出重要一步。随着参数量不断增长，大模型越来越接近人脑神经突触规模，有望推动人工智能向通用人工智能方向演进，在更广泛的领域发挥关键作用。

大模型一种强大的人工智能工具，根据处理的数据类型可以分为多种不同的类别。其中，语言大模型能够对大量的文本信息进行分析、理解和生成。它可以处理各种类型的文档，如小说、新闻报道、学术论文等，从中提取关键信息、进行情感分析、回答问题等。例如，一些智能客服系统就利用了文本数据处理型大模型，能够快速准确地回答用户的问题。

视觉大模型则专注于对图像和视频数据的处理。它可以识别图像和视频中的物体、场景，进行图像分类、目标检测等任务。这种类型的大模型在计算机视觉领域发挥着重要作用，例如人脸识别、自动驾驶等应用都离不开视觉大模型的支持。

音频大模型能够处理各种音频信号，如语音、音乐等。它可以进行语音识别、语音合成、音乐分类等任务。在智能语音助手、音频编辑等领域，音频大模型有着广泛的应用。

此外，还有一些大模型能够同时处理多种类型的数据，例如文本和图像的多模态大模型。这种类型的大模型可以结合文本和图像的信息，完成更复杂的任务，如图像描述生成、视觉问答等。

和传统的人工智能模型相比，大模型的优势非常明显。

（1）强大的语言理解和生成能力

大模型可以理解和生成自然语言，具有很高的语言理解和表达能力。它可以回答各种问题，进行文本创作，甚至进行对话和翻译等任务。

（2）广泛的知识储备

通过对大量数据的学习，大模型拥有广泛的知识储备。它可以回答各种领域的问题，提供丰富的信息和知识。

（3）高效的处理能力

大模型可以快速地处理大量的数据和任务。它可以在短时间内回答大量的问题，进行文本创作，为用户提供高效的服务。

（4）可扩展性强

大模型可以通过不断地增加训练数据和调整参数，提高自己的性能和能力。同时，它还可以根据不同的任务和需求，进行定制化的开发和应用。

大模型以其强大的语言理解、生成和各种复杂任务处理能力，给人们的生活和工作带来了翻天覆地的变化。

然而，就像任何新兴技术一样，大模型在展现出巨大潜力的同时，也面临着一系列不容忽视的问题。以下是大模型现在面临的主要问题。

（1）技术局限性

大模型依赖海量数据，易受数据偏差等影响产生不准确结果。可解释性不足，黑箱决策难理解。泛化能力有限，面对新任务性能可能下降。能源消耗大且有灾难性遗忘、逻辑推理弱等问题。

（2）安全与可靠性问题

面临数据泄露、投毒风险，以及后门植入、对抗攻击等漏洞。生成内容可能不可信，智能涌现不可控。框架和应用有安全隐患，缺乏有效保护策略。

（3）伦理与社会问题

可能因数据偏见导致歧视，责任归属难定。对社会结构和就业有冲击，加剧贫富差距。

（4）应用与落地问题

成本高昂，许多企业难以承担。行业适配性有挑战，定制化难。用户的认知与接受程度会影响推广，对大模型能力和局限缺乏了解。

7.4.2　国内外大模型

在 OpenAI 公开 ChatGPT 3.5 后，国内外的科技厂家们敏锐地意识到大模型在推动技术进步、提升产业竞争力以及改善人们生活质量等方面的巨大潜力和重要性。于是，一场激烈的大模型研发竞赛悄然拉开帷幕。众多厂家纷纷投入大量的资源和人力，积极招揽顶尖的科研人才，组建专业的研发团队，致力于探索和开发更为先进、高效的大模型。经过不懈的努力，他们取得了大量令人瞩目的成果，一系列功能强大、各具特色的大模型如雨后春笋般涌现出来，为人工智能领域的发展注入了源源不断的活力。

下面列举部分国外知名的大模型。

（1）OpenAI——GPT 系列和 Sora

GPT-4 是一个多模态大模型，在语言理解、文本生成、逻辑推理等诸多方面表现卓越，能够生成高质量、逻辑连贯的文本，参数量大且泛化能力强，可出色完成问答、翻译、写作等多种自然语言处理任务。Sora 是 OpenAI 的视频大模型，在文生视频领域优势显著，能够生成高质量、连贯且富有创意的视频内容，有望在影视制作、广告宣传、教育培训等众多领域得到广泛应用。

（2）深度求索——DeepSeek

DeepSeek 具备强大的自然语言理解和生成能力。它能高效处理文本问答、代码生成、逻辑推理、多轮对话等任务，尤其擅长中文语境下的精准响应，同时支持多种编程语言和复杂问题分析。与其他大模型相比，DeepSeek 在中文处理上更贴合本土需求，响应速度快，知识更新及时，并支持超长上下文，适合长文档阅读、数据分析等场景。此外，DeepSeek 提供免费服务，在性价比和易用性上具有优势，适合企业、开发者和日常用户使用。

（3）Anthropic——Claude 系列

如 Claude-3，以出色的语言理解和生成能力受到关注，能够与用户进行深入、有逻辑的对话，为用户提供准确、有用的信息和建议，在处理复杂文本任务和问题时展现出较高的智能水平，在语义理解和作为智能体两项能力评测中表现优异。

（4）谷歌——Gemini 系列

如 Gemini 1.5 Pro 等在大规模多任务语言理解能力评估等评测中表现出色，具备较强的语言处理能力和广泛的知识储备，能够为用户提供高质量的文本生成和问题回答。

（5）Meta——Llama 系列

Llama 系列参数量较大，具有一定的语言理解和生成能力，为自然语言处理领域的研究和应用提供了新的基础架构和思路，并且其开源性质也促进了相关技术的快速发展和创新。

（6）百度——文心一言

经过多次迭代升级，在语言理解、知识检索、文本创作等方面都有显著提升，能够为用户提供丰富、准确的知识和有创意的文本内容，并且在中文语境下的表现更为突出，更贴合中国用户的语言习惯和文化背景。

（7）阿里——通义千问

具备较强的语言理解和生成能力，可准确理解用户问题并生成高质量回答和文本，在逻辑推理、知识应用等方面表现出色，应用场景广泛，如智能客服、文本创作、知识问答等，其开源模型 Qwen2-72b 在斯坦福大学的大模型测评榜单 HELM 中排名第五，是排名最高的中国开源大模型。

（8）智谱 AI——GLM 系列

如 GLM-4 等，在语言理解、知识运用、推理能力等方面表现优异，能够与用户进行高质量的对话和交流，并且在中文语境下的综合表现接近国际一流水平。

（9）百川智能——Baichuan 系列

如 Baichuan3，文科、理科能力均衡，知识百科能力突出，逻辑推理能力强，在计算、代码、工具使用等方面表现不俗，应用场景广泛，包括教育、医疗、金融等垂直行业，2024年 5 月 22 日推出的首款 AI 助手百小应即基于 Baichuan4。

（10）字节跳动——豆包

能够为用户提供广泛而准确的知识和信息，生成自然流畅、逻辑清晰的文本，在一般知识问答以及较为复杂的文本创作、逻辑推理等任务中均有良好表现，并且不断学习进化以更好地满足用户需求。

（11）科大讯飞——讯飞星火

其相关应用如讯飞友伴，将人类大脑的功能与生成式语言模型相结合，为虚拟人赋予了强大的对话能力，包括长期稳定的记忆力、多样化的个性、丰富的情感以及逼真的语气。

（12）月之暗面——KimiChat

语言理解、文本生成等方面表现出色，能为用户提供高质量对话体验和有用信息，其独特技术架构和优化策略使其在处理复杂问题和长文本生成时具有优势。

7.4.3　人工智能生成内容

人工智能生成内容是人工智能 1.0 时代进入 2.0 时代的重要标志。简单来说，就是利用人工智能技术来创造各种类型的内容，比如文字、图像、音乐等。想象一下，以前我们写文章、画画、作曲都需要人类亲力亲为，花费大量的时间和精力。但现在，有了 AIGC，大模型可以根据给定的指令，快速生成高质量的内容。大模型就像一个超级有创意的艺术家一样，为人们生成各种各样精彩的内容。

AIGC 的应用非常广泛，几乎涵盖了所有与内容创作相关的领域，如写作与新闻报道、艺术创作、游戏开发、教育等。下面给出了一些 AIGC 的案例。

①《华盛顿邮报》等媒体已经开始尝试使用 AIGC 工具来协助撰写体育赛事报道、财经数据新闻等。在体育赛事中，AIGC 可以根据比赛数据和基本信息模板，快速生成如"在

［比赛名称］中，［球队 A］以［比分］战胜［球队 B］，其中［球员名字］表现出色，他／她在比赛的［具体时段］完成了［关键动作］”这样的报道框架。这些简单的报道可以快速填充内容，让编辑有更多时间去挖掘深度报道和背后的故事。

② 许多插画师会使用 AIGC 来辅助创作儿童插画。比如，为一本童话故事书创作插画，插画师输入“森林中的动物们在举行音乐会”的主题，AIGC 能生成不同风格的插画，如色彩柔和的水彩风格，展示兔子拉小提琴、鸟儿唱歌、松鼠敲鼓的欢乐场景；或者是带有 3D 质感的插画，动物们形象更加立体生动，仿佛要从画面中跳出来一样。图 7-24 给出了腾讯元宝生成的森林中的动物们在举行音乐会主题的图片。

图 7-24 腾讯元宝根据提示词生成的图片

③ 一些影视制作公司利用 AIGC 来生成剧本大纲。例如，对于一部爱情喜剧电影，输入“都市背景下，男女主角是欢喜冤家，最终走到一起”的主题，AIGC 可以生成剧本大纲，包括两人在工作场合初次相遇产生误会、在朋友聚会中又尴尬重逢，经过一系列啼笑皆非的事件后，在一次意外的旅行中彼此敞开心扉等情节线索，编剧可以在此基础上进行丰富和完善。

AIGC 具有下列特点。

① 高效性：AIGC 能够在很短的时间内生成大量的内容。这对于那些需要快速生产内容的行业来说，比如新闻媒体、广告营销等，是一个巨大的优势。它可以大大提高工作效率，节省人力成本。而大模型的强大计算能力和高效的学习算法，使得 AIGC 能够更快地生成内容。

② 创意性：虽然 AIGC 是由计算机生成的内容，但它并不缺乏创意。人工智能算法可以学习大量的人类作品，从中汲取灵感，创造出独特的、富有创意的内容。有时候，它甚至能给人类带来意想不到的惊喜。大模型的庞大参数量和复杂架构，使得它能够捕捉到更多的细节和特征，从而生成更具创意的内容。

③ 个性化：AIGC 可以根据用户的需求和喜好，生成个性化的内容。比如，你可以让它为你生成一首符合你心情的音乐，或者一幅符合你风格的绘画。这种个性化的服务可以更好地满足用户的需求，提高用户的满意度。大模型可以通过学习用户的行为数据和偏好，为用户提供更加个性化的内容生成服务。

当然，AIGC 也面临着一些挑战。比如，由于内容是通过大模型生成得到的，如何保证生成内容的质量和准确性？如何避免版权问题？这些都是需要不断探索和解决的问题。

尽管存在挑战，AIGC 的未来依然充满了无限的可能性。随着人工智能技术的不断发展和进步，大模型将会变得越来越强大，为 AIGC 提供更强大的支持。AIGC 将会变得更加智能、高效和个性化，为人们的生活带来更多的便利和惊喜。也许在不久的将来，我们会看到更多由 AIGC 创造的精彩作品，它将成为人们生活中不可或缺的一部分。

7.5 机器学习的应用

在当今科技飞速发展的时代，机器学习如同一场无声的革命，悄然而深刻地渗透到了各个领域之中。从我们日常的消费购物体验到关乎生命健康的医疗体系，从保障城市有序运转的交通管理到探索宇宙奥秘的科研前沿，机器学习的身影无处不在，正以前所未有的方式重塑着我们的世界。

1. 金融领域

信用评估与风险预测：银行和金融机构利用机器学习算法，根据客户的个人信息、财务数据、消费行为等多方面数据，对客户的信用状况进行评估，预测客户是否可能违约，从而决定是否发放贷款以及贷款的额度和利率等。例如，一些金融科技公司通过分析大量的历史贷款数据和客户信息，建立信用评估模型，能够快速准确地对新客户的信用进行评估，大大提高了贷款审批的效率和准确性。

金融市场预测：对股票、债券、期货等金融市场数据进行分析和预测，帮助投资者制定投资策略。机器学习模型可以学习历史市场数据中的模式和趋势，预测价格走势、市场波动等。虽然金融市场具有高度的复杂性和不确定性，但机器学习模型可以为投资者提供有价值的参考信息。

2. 医疗保健领域

疾病诊断与预测：通过分析大量的医疗数据，如病历、影像检查结果等，机器学习模型可以帮助医生进行疾病的诊断和预测。例如，利用深度学习算法对肺部 CT 影像进行分析，能够检测出肺部的病变，辅助医生诊断肺癌等疾病。此外，机器学习模型还可以根据患者的基因数据、生理指标等预测疾病的发生风险，为早期预防和干预提供依据。

药物研发：在药物研发过程中，机器学习可以用于药物分子的筛选、药物活性的预测等。通过对大量的药物分子结构和活性数据进行学习，模型可以预测新的药物分子是否具有潜在的活性，从而加快药物研发的速度，降低研发成本。

3. 零售与电商领域

个性化推荐：根据用户的历史购买行为、浏览记录、搜索关键词等数据，利用机器学习算法为用户提供个性化的商品推荐。例如，亚马逊、淘宝等电商平台通过分析用户数据，为用户推荐他们可能感兴趣的商品，提高用户的购买转化率和购物体验。

库存管理：预测商品的销售趋势和需求，帮助零售商优化库存管理。机器学习模型可以根据历史销售数据、市场趋势、季节因素等，预测未来一段时间内各种商品的销售量，从而确定合理的库存水平，避免库存积压或缺货的情况发生。

4. 交通运输领域

交通流量预测：通过分析交通摄像头、传感器等设备收集的交通数据，机器学习模型可以预测不同路段、不同时间段的交通流量，为交通管理部门提供决策依据，优化交通信号灯的配时、道路的规划等。例如，一些城市的智能交通系统利用机器学习算法对交通流量进行实时监测和预测，提高了交通的运行效率。

自动驾驶：虽然自动驾驶技术还处于不断发展和完善的阶段，但机器学习是其中的关键技术之一。自动驾驶汽车通过车载传感器收集周围环境的信息，如道路状况、车辆和行人的位置等，利用机器学习算法对这些信息进行处理和分析，做出驾驶决策，如加速、减速、转弯等。

5. 自然语言处理领域

机器翻译：谷歌翻译、百度翻译等机器翻译工具利用机器学习算法，将一种语言翻译成另一种语言。通过对大量的双语语料库进行学习，模型可以掌握不同语言之间的翻译规则和模式，提高翻译的准确性和效率。

智能客服：许多企业和网站使用智能客服系统，利用自然语言处理技术理解用户的问题，并自动回答。机器学习模型可以学习常见的问题和回答模式，不断提高智能客服的回答准确率和响应速度，为用户提供快速、准确的服务。

6. 能源领域

能源消耗预测：对于工业企业、建筑物等，机器学习可以根据历史的能源消耗数据、设备运行状态、环境因素等，预测未来的能源消耗情况，帮助企业制定合理的能源管理策略，降低能源成本。

智能电网：在智能电网中，机器学习可以用于电力负荷预测、故障诊断、电网优化等。通过对电网中各种设备的数据进行分析，模型可以及时发现潜在的故障和问题，提高电网的可靠性和稳定性。

7. 教育领域

个性化学习：机器学习依据学生学习历史、知识掌握程度和风格定制学习路径，如智能学习系统分析数学学习数据，针对薄弱点推荐强化材料；还能根据实时反馈调整学习内容难度。

智能辅导与答疑：自动答疑系统利用自然语言处理理解学生问题并作答，复杂问题通过分析相似解答综合回答；虚拟学习助手伴随学习过程，按学习进度给予提示建议，如编程学习中指出代码错误并提供修改建议。

教育资源管理与推荐：机器学习对教育资源分类标注，按学科、难度、适用年级等整理；根据学生兴趣、目标和学习状态推荐资源，也能为教师教学推荐资源。

教育评估与预测：从多维度评估学习成果，分析在线学习行为数据；通过历史数据预测学业表现，便于提前干预。

机器学习已经渗透到人们生活的方方面面，不断推动着各个领域的变革与进步，具有不可估量的重要性，深刻地影响着社会的各个层面，成为现代社会发展不可或缺的重要力量。

本章小结

本章主要介绍了机器学习与深度学习的相关内容。在机器学习部分，首先概述了机器学习的概念和重要性。接着详细阐述了分类算法（K 近邻算法、决策树、贝叶斯和支持向量机）和聚类算法（K 均值和基于密度的聚类算法），这些算法为解决各种实际问题提供了有效的方法。在深度学习部分探讨了神经网络，这是深度学习的基础组成部分。进一步介绍了卷积神经网络，它在图像识别等领域具有广泛的应用。还讲解了生成对抗网络，为数据生成和图像转换等任务提供了新的思路。然后介绍了当前人工智能的发展动向——大模型与AIGC 的概念和应用案例。最后阐述了机器学习的应用，涵盖了金融、医疗、零售、交通、自然语言处理、能源和教育等多个领域，展示了机器学习在现实生活中的广泛应用和巨大价值。

习题 7

一、简答题

（1）机器学习方法有哪些类型？

（2）机器学习一般有哪些步骤？

（3）训练集、验证集和测试集的作用是什么？

（4）监督学习和非监督学习的代表性算法有哪些？

（5）分类和聚类的区别是什么？

（6）K 近邻和 K 均值两种有什么区别？

（7）支持向量机的思想是什么？

（8）深度学习中的深度是什么意思？

（9）卷积神经网络由哪些部分组成，分别起什么作用？

（10）生成对抗网络由哪些部分组成，分别起什么作用？

（11）大模型是什么，你用过哪些大模型？

二、论述题

（1）相对于全连接网络，卷积神经网络的优点有哪些，这些优点通过卷积神经网络的哪些部件实现？

（2）你身边有哪些人工智能应用，你觉得使用了哪些机器学习方法？

（3）分析神经网络的基本结构和工作原理，包括神经元、层、激活函数等组成部分，以及它们在信息处理中的作用。

（4）阐述深度学习与传统机器学习方法的主要区别和联系，以及深度学习在解决复杂问题方面的优势。

（5）为什么说大模型有望推动人工智能向通用人工智能方向演进？

三、思考题

假设我们要构建一个违禁物品识别系统，需要使用分类算法还是聚类算法？从机器学习的步骤来看，需要从数据收集与标注、数据预处理、模型选择、模型训练和评估方面做哪些工作？

第 8 章
计算机视觉

　　计算机视觉是人工智能领域中的一个重要分支，致力于让计算机具备类似人类的视觉能力，能够"看"世界、理解图像和视频中的信息。比如在"人脸识别"任务中，计算机能够通过分析一张照片识别出照片中的人，就像我们用手机解锁时，通过扫描脸部来确认身份。在"目标检测"任务中，计算机不仅能识别出照片中的人或物体，还能精确地标出它们的位置。这项技术广泛应用于自动驾驶汽车中，帮助汽车识别路上的行人、车辆等信息，从而避免碰撞。在"动作识别"任务中，计算机通过分析视频中的动态信息，判断出人们的动作，比如他们是在跑步、跳跃，还是静静地坐着。本章将介绍计算机视觉的基本理论，理解这一技术如何模拟人类视觉系统，以及它的应用和发展历程；介绍计算机视觉的核心任务，包括图像分类、目标检测和图像分割。

8.1 概述

8.1.1 人类视觉与计算机视觉

人类获取外部信息的主要途径是通过视觉系统。我们生活在一个充满图像的世界中，从识别身边的物体到分辨复杂的场景，这些感知过程对人类而言是自然而轻松的。然而，对于计算机来说，图像的理解则是一项极为复杂且具有挑战性的任务。人类天生能够直观地从场景中区分出目标，例如我们可以轻松地辨别出图像内的猫，但是在计算机的视角里，这只是一组由像素值（0~255）组成的数字矩阵，如图 8-1 所示。

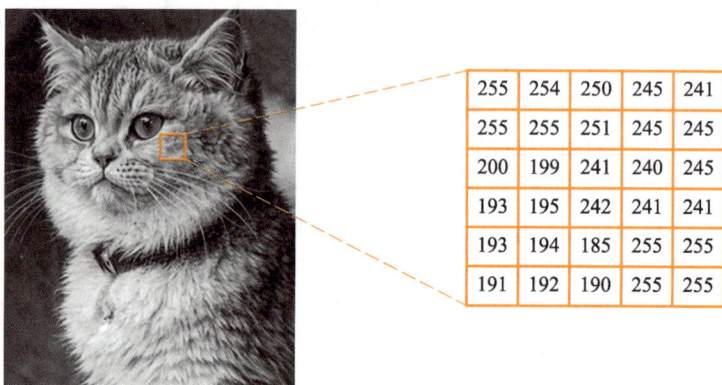

255	254	250	245	241
255	255	251	245	245
200	199	241	240	245
193	195	242	241	241
193	194	185	255	255
191	192	190	255	255

图 8-1 人类视觉系统与计算机中的图像表示

因此，当人们尝试让计算机进行类似的视觉任务时会面临巨大困难，因为计算机必须依赖于算法和模型来解析视觉信息，而对现实世界的视觉场景进行建模往往充满了复杂性与不确定性：现实世界中的物体和场景种类繁多，形状、颜色和纹理各异。例如，不同种类的猫可能有完全不同的外观特征，一些猫是毛色纯白的，而另一些可能是条纹状的；同一个物体在不同光照、角度、遮挡等条件下可能呈现截然不同的外观。现实中的复杂和不确定的条件使得构建精准且有效的算法与模型变得极为困难。

为了应对这些挑战，计算机视觉领域的研究者们开始借鉴人眼视觉系统的工作机制，从中寻找启发，以构建更鲁棒的算机视觉系统。

图 8-2 中对比了人类视觉系统与计算机视觉系统。人类视觉系统依靠光来感知周围环境。视觉场景反射的光线通过眼球的晶状体聚焦到视网膜上，视网膜上的感光细胞将光信号转化为电信号，并通过视神经传递至大脑的视觉皮层。大脑随后对这些信号进行处理，形成图像并产生相应的感知。而计算机视觉系统则依靠传感器获取图像，通过复杂的数学模型和算法进行图像的有效表示，从而实现对图像的分析与理解。

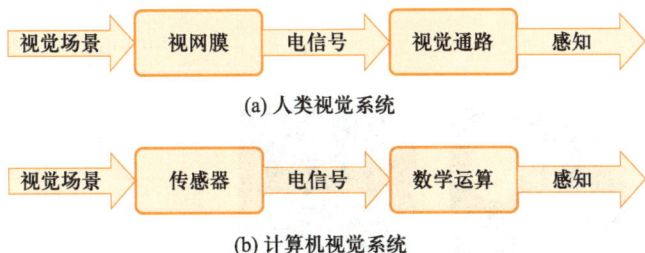

(a) 人类视觉系统

(b) 计算机视觉系统

图 8-2　人类视觉系统与计算机视觉系统对比示意图

因此，计算机视觉是一门通过技术手段模拟人类视觉系统的科学。它利用传感器代替人眼采集图像，使用计算机代替大脑对图像进行处理、分析和理解，从而实现对周围环境的自动感知和认知。计算机视觉的核心任务是让机器具备类似人类的"看"的能力，即通过图像或视频数据，自动识别、分类和解释其中的内容。在这一过程中，计算机视觉技术不仅需要解决图像的获取、处理和分析问题，还要研究如何通过算法让机器具备理解图像内容的智能，从而完成从低级的像素信息提取到高级语义理解的完整过程。

8.1.2　计算机视觉发展史

1. 20 世纪 50—60 年代

1959 年，神经生理学家 David Hubel 和 Torsten Wiesel 发表了《猫的纹状皮层中单个神经元的感受野》，首次发现了视觉皮层神经元的核心特性——会对线条、边缘的运动做出反应，为视觉神经研究奠定了基础，为随后计算机视觉的蓬勃发展埋下了伏笔。

实验中，他们将电极连接到麻醉猫的脑内初级视皮层区域，然后向猫展示各种图像，通过电极反馈的电信号强度来判断神经元的激活状态，如图 8-3 所示。

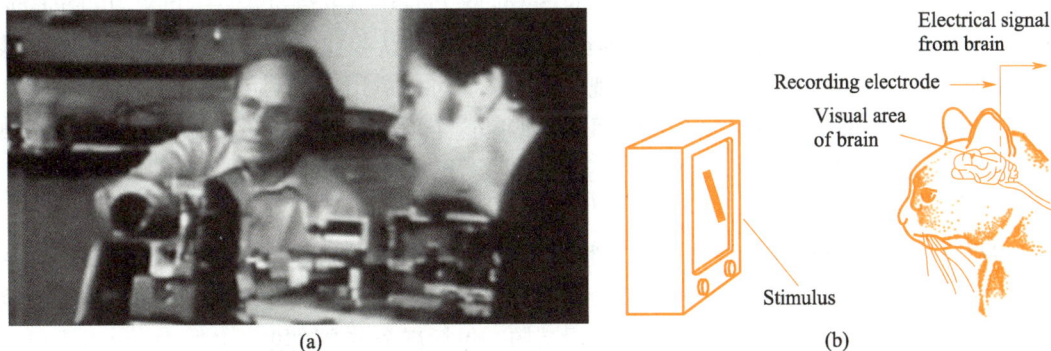

图 8-3　David Hubel 和 Torsten Wiesel 和实验示意图

1963 年，Larry Roberts 在他的博士论文《三维实体的机器感知》中提出了一个开创性观点：将现实世界简化为基本的几何图形，利用计算机识别并重组这些图形，如图 8-4 所示。将图像中的目标简化为基础的几何体后，通过检测其边缘、顶点等信息，实现目标识别、3D 旋转等效果。对于复杂的目标，则将其分解为多个几何体，分别进行检测。这开创了理解三维场景为目的的计算机视觉研究，为计算机视觉的早期研究奠定了基础。

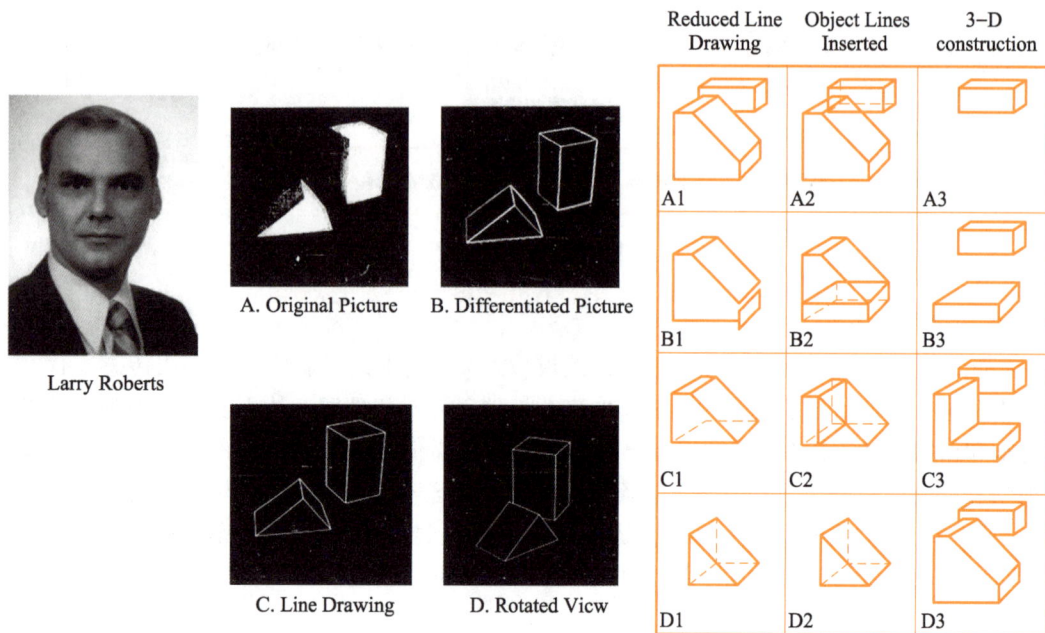

图 8-4　Larry Roberts 提出的 "积木法"

Larry Roberts 对积木世界的创造性研究给人们带来极大的启发，当时的人们认为只要提取出物体形状并加以空间关系的描述，就可以像 "搭积木" 般拼接出任何复杂的三维场景。人们的研究热情空前高涨，研究范围包括：① 边缘的检测、角点特征的提取；② 线条、平面、曲线等几何要素分析；③ 图像明暗、纹理、运动以及成像几何等，建立了各种几何结构和推理规则。

1966 年，麻省理工学院 AI 实验室的 Seymour Papert 教授举办了一个名为 "Summer Vision Project" 的活动，积木法引起的研究热情使得他们认为在一个暑假的时间里就可以彻底解决计算机视觉问题，但是最终却发现，构建一套可以应用于现实世界的视觉处理系统并不简单。虽然这个活动没能达到预期的目的，但是这个项目是计算机视觉作为一个科学领域正式诞生的标志。随后，MIT 的 AI 实验室正式开设计算机视觉课程。

2. 20 世纪 70—90 年代

1977 年 David Marr 在 MIT 的 AI 实验室提出了计算机视觉理论，也称三维重建理论。Marr 认为，人类在认知事物时并不是直接从整体框架出发，而是通过识别边缘和线条来理解事物。这一理论揭示了视觉认知过程的分层结构，包括三个主要阶段。

① 基元图阶段：视觉认知的初级阶段，涉及识别图像中的基本特征，如边缘、纹理、线条和边界等。

② 二维半图阶段：视觉系统能够分辨图像中的表面、深度和层次信息，从而理解图像的整体结构。

③ 三维抽象阶段：最高级的认知阶段，涉及对图像中表面和体积的层次化理解，形成对三维结构的抽象概念。

至今，这一理论仍然是计算机视觉研究的基础，为理解和开发计算机视觉系统提供了重要的理论支持。

1982 年，David Marr 发表了《愿景：对人类表现和视觉信息处理的计算研究》的文章。Marr 受到了 Hubel 和 Wiesel 的研究结果"人类的视觉处理是从局部到整体的"的启发，推出了一个新的视觉框架，将检测边缘、角、线的低级算法作为视觉高级理解的底层模块。同年出版了《Vision》，标志着计算机视觉成为了一门独立学科，如图 8-5 所示。

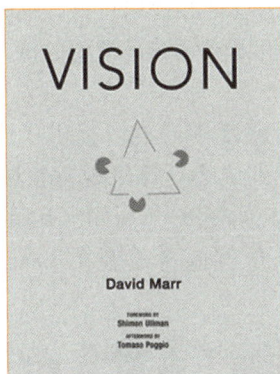

图 8-5　《Vision》封面图

计算机视觉虽然已经发展了几十年，但仍然没有被大规模地应用，人们逐渐认识到计算机视觉是一个非常难的问题。1999 年，David Lowe 发表了《基于局部尺度不变特征（SIFT 特征）的物体识别》，标志着研究人员开始停止通过创建三维模型重建对象，转向基于特征的对象识别，如图 8-6 所示。

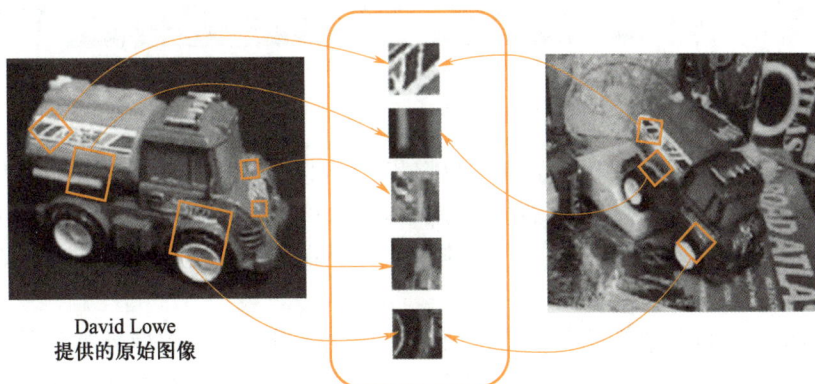

图 8-6　利用特征匹配的方式确定目标

3. 21 世纪初至今

卷积神经网络的实现标志着计算机视觉研究进入了一个全新的阶段。在生物视觉系统中，物体的识别并不是通过显式地从图像中提取特征来完成的，而是通过一个自组织的深层网络结构逐层抽象前一层的信息。在这一过程中，每个视觉神经元并不感知图像的整体，而是专注于图像的局部信息。各个神经元所感知的局部特征会在神经网络的更高层次中综合处理，从而使生物能够感知图像的全局信息。

这种局部感知机制确保了在图像发生平移或形变时，关键特征依然能够被准确提取。生物视觉中的"局部感受野"概念构成了卷积神经网络理论的基础。卷积神经网络通过逐层提取输入图像中的局部特征，并在更高层次进行汇总，最终实现对输入目标的识别。

随后，各种深度学习模型在计算机视觉领域得到了广泛应用，带来了革命性的进展。这些技术的一个重要优势在于无须人为设计和提取特征，而是通过特定算法从大量样本中自动进行学习。卷积神经网络作为计算机视觉领域最常用的深度学习技术之一，正是这一过程的核心工具。

而互联网技术的飞速发展也为深度学习技术提供了丰富的数据支持。其中，ImageNet数据集以其庞大的规模和多样的类别成为计算机视觉领域的重要资源。该数据集包含超过2万个类别，总计1 400万张图片，如图8-7所示。ImageNet为计算机视觉研究提供了宝贵的训练和测试数据。目前研究人员普遍将模型在ImageNet上的识别准确率作为性能评估的基准。

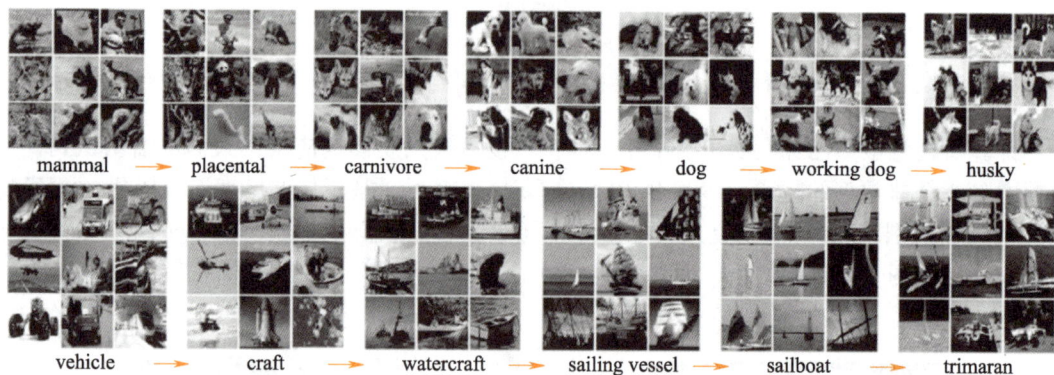

图 8-7　ImageNet 中部分类别图像的示意图

自2010年以来，每年基于ImageNet数据集举办的ILSVRC（imagenet large scale visual recognition challenge）竞赛，推动了视觉识别技术的不断进步。在这些竞赛中，诸如AlexNet、GoogleNet、ResNet等一系列著名的模型相继问世，其在图像分类任务上的准确率屡次刷新纪录。

除了ImageNet，计算机视觉领域还广泛使用其他数据集进行图像分类和目标检测。例如，MINIST数据集主要用于手写数字的分类，CIFAR-10和CIFAR-100数据集则涵盖了更丰富的物体类别。对于目标检测任务，常用的数据集包括PASCAL VOC和MS COCO，这些数据集为研究人员提供了多样的测试场景和挑战。

这些数据集不仅推动了模型的性能提升，也为计算机视觉技术在实际应用中的广泛推广奠定了基础。

8.1.3　计算机视觉的基本任务

在计算机视觉领域，图像处理和理解是核心任务。计算机视觉的基本任务包括图像分类、目标检测、图像分割等，这些任务广泛应用于各个领域。

1. 图像分类

图像分类是计算机视觉领域中的一个核心任务,它旨在根据图像所包含的语义信息,将图像划分为不同的类别,如图 8-8 所示。作为计算机视觉的基础问题,图像分类为目标检测、图像分割、目标跟踪等高级视觉任务奠定了基础。

图 8-8 图像分类任务示意图

图像分类技术广泛应用于许多领域。例如,在人脸识别中,它帮助系统准确识别和验证个体身份;在交通场景识别中,它用于监测和分类交通状况,以提高交通安全和效率;在医学图像识别中,它支持疾病诊断和治疗方案的制定;在视频分析中,它用于识别和跟踪动态场景中的目标。这些应用展示了图像分类技术在实际生活中的重要作用和广泛影响。

2. 目标检测

目标检测是计算机视觉中的一种关键任务,其目标是从给定的图像中自动识别出所有目标的位置,并确定每个目标的具体类别。这项任务涉及在图像中准确定位目标,并对目标进行分类,如图 8-9 所示,输入图像后模型检测出所有目标,并返回目标检测框的位置以及每个检测框内目标的类别。

图 8-9 目标检测任务示意图

目标检测面临诸多挑战,主要包括目标在图像中的位置不固定、目标形态的多样性以及背景的复杂性等因素。这些挑战使得目标检测成为一个技术难度较高的问题。具体来说,目标可能出现在图像的任意位置,目标的形态可以是各种各样的,同时,图像的背景也可能极为复杂多变。

尽管如此,目标检测技术在多个领域已经得到广泛应用。例如,在商品检测中,目标检测可以用于自动识别商品种类和数量;在智慧交通领域,它可以帮助识别交通标志、车辆和行人;在生产质检中,目标检测能够检测产品缺陷;在人脸识别中,它能够准确定位和识别人脸;在智慧医疗中,目标检测有助于识别医学影像中的异常病灶。随着技术的进步,目标检测的应用场景还在不断扩展,给各行各业带来了巨大的便利。

3. 图像分割

图像分割是计算机视觉中的一个高级任务,相比于目标检测,图像分割要求更高的精确度。在目标检测中，我们只需标出图像中每个目标的边界框，而图像分割则要求对图像中的每一个像素进行分类，从而明确每个像素属于哪个目标或背景，不仅要识别出图像中的目标，还需要将图像中的每个像素根据其语义进行分组，形成更细致的分类结果。常见的图像分割任务主要可分为以下两种。

① 语义分割：将图像中的每个像素赋予一个类别标签，同时不区分同一类别中的不同实例，如图 8-10 所示。例如，如果图像中包含多只猫，则所有属于"猫"的像素都会被标记为相同标签，不会区分这些猫之间的区别。

② 实例分割：不仅要给图像中的每个像素赋予类别标签，还需要区分同一类别中的不同实例。即使是同一种类的物体（如两只猫），也会被分别标记为不同的实例。

图 8-10　语义分割示意图

图像分割在许多实际应用中发挥了重要作用。例如，在医疗影像分析中，语义分割可以帮助医生精准地识别和分割出病变区域，从而提供更有效的辅助诊断。在无人驾驶技术中，语义分割可以将街景中的各种元素（如行人、车辆、交通标志等）分开，帮助自动驾驶系统更好地理解环境，做出安全的驾驶决策。

此外，图像分割还在其他领域展现了广泛的应用前景，如农业中的农作物监测、环境保护中的生物多样性评估等。通过将图像中的每个像素分类到具体的类别，图像分割能够提供更加详细和准确的视觉信息，有助于实现更加智能和精准的技术应用。

8.1.4　计算机视觉与其他学科的联系

计算机视觉和图像处理是紧密相关的，它们都依赖于成像技术，并以数学、物理学和信号处理为理论基础。计算机视觉通过模拟人眼的视觉机制，结合神经生物学的知识，致力于让计算机能够"看"并理解图像和视频。其研究方法与人工智能和机器学习高度融合，通过算法和模型来识别、分析和处理视觉信息。

图像处理技术是计算机视觉的核心部分，包括对图像进行增强、恢复、分割和特征提取等操作。这些技术在计算机视觉和机器视觉中发挥着重要作用，实现了高效的图像分析和处理。在机器人控制领域，结合计算机视觉和机器视觉技术，可以实现精确的环境感知和实时操作，从而提高自动化系统的智能水平。

计算机视觉不仅在自动化和智能系统中扮演着重要角色，还与其他学科有着广泛的联系。例如，在医学影像分析中，计算机视觉技术被用于诊断疾病；在交通管理中，它帮助进行车辆识别和监控；在娱乐领域，计算机视觉则应用于虚拟现实和增强现实技术。这些应用展示了计算机视觉技术的广泛用途和重要性，同时也凸显了其在推动科技进步和改善人类生活方面的潜力。

8.2　计算机视觉任务

8.2.1　图像分类

在计算机视觉领域，图像分类作为一种应用广泛的技术，已经经历了从传统特征设计到现代深度学习方法的显著变革。随着深度学习的兴起，图像分类算法逐渐从基于手工特征的传统方法转向依赖卷积神经网络自动特征提取。

1. 图像分类基本概念

图像分类任务旨在将图像分配到预定义的类别中。例如，在手写数字识别任务中，我们将手写数字图像分类为 0 至 9 这十个阿拉伯数字类别。图像分类不仅是物体检测、物体定位和语义分割等多种计算机视觉任务的基础，而且其技术进步也推动了整个计算机视觉和机器学习领域的发展。

图像分类方法主要包括两个核心组成部分：特征提取和分类器。特征提取的目的是从图像中提取出有助于分类的特征信息。一种简单的特征提取方法是将图像的所有像素转换为一个向量。例如，对于一张 28×28 像素的图像，将所有 784 个像素值按顺序排列，形成一个 784 维的向量。这种方法将图像的特征表示为一个一维向量，并可以作为分类器的输入。

然而，这种方法存在一些问题。首先，它会引入大量的无关信息，并且没有考虑像素之间的空间关系和结构信息，这种方法可能无法有效捕捉图像中的重要特征。例如，图像中的边缘、纹理或形状信息在这种表示方法下可能被忽略。此外，由于像素值的排列顺序对图像内容没有实际的空间意义，这种方法容易受到噪声和干扰的影响。因此，如何得到维数更少、更能反映图像内信息的特征是一个非常关键的问题，对于后续分类的准确性也至关重要。

2. 传统图像分类方法

早期的特征提取方法主要依赖于手工设计的图像算子，例如局部二值模式算子（local binary pattern，LBP），其基本思想是通过比较像素的灰度值来生成一种描述局部纹理信息的特征。LBP 算子主要考虑局部邻域内中心像素与周围像素的灰度值差异。以一个 3×3 的邻域为例，该方法将中心像素的灰度值 g_c 与邻域内的 8 个像素的灰度值 g_i 进行比较，这些像素可以采用不同的方式采样，如图 8-11 所示。

若邻域内的某个像素的灰度值 g_i 大于等于中心像素的灰度值 g_c，则该位置被标记为 1；否则标记为 0。这样，从 3×3 的邻域中，可以得到 8 个二进制值。将这 8 个二进制值按照一定顺序排列，便形成了一个 8 位的二进制数，这个二进制数即为中心像素的 LBP 表示，如图 8-12 所示。

LBP 特征的主要优势在于其计算过程的简洁性和对灰度变化的稳定性。由于 LBP 特征是基于局部像素关系计算的，因此它对光照变化和灰度变换具有较强的不变性。这使得 LBP 在图像分类和纹理分析中表现出色，尤其适用于处理纹理模式和图像识别任务。

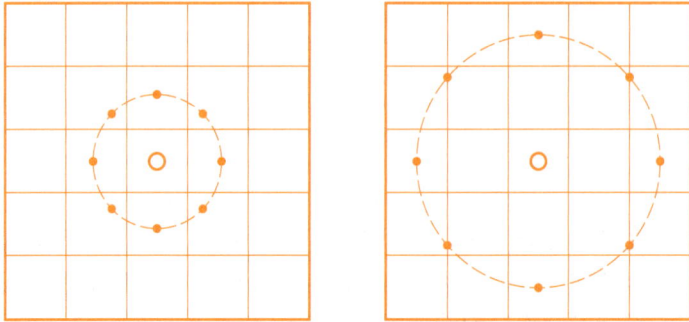

图 8-11　LBP 算子考虑不同邻域的示意图

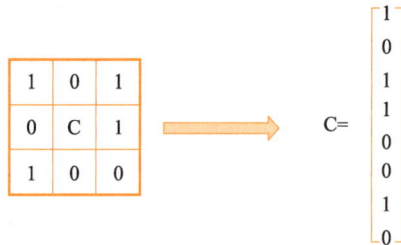

图 8-12　中心像素 C 的 LBP 表示

计算所有图像的 LBP 特征后，就可以构造训练集训练图像分类模型，比如支持向量机。分类器关系到模型对目标数据的拟合能力。学习能力较弱的模型容易欠拟合，学习能力过强的模型则有可能过拟合。传统分类模型的性能通常不理想，且在很大程度上依赖于特征提取阶段的特征设计。手工设计的特征往往缺乏良好的泛化性和鲁棒性，这意味着它们可能无法有效处理各种变化和噪声。

为了克服这些局限性，近年来的研究逐渐转向深度学习方法，这些方法通过自动学习特征来提高分类的准确性和鲁棒性，从而显著改善了图像分类的性能。

3. 深度图像分类方法

在 2012 年的 ImageNet LSVRC 竞赛中，AlexNet 以 15.3% 的 Top-5 错误率取得了压倒性的胜利，相比第二名传统方法的 26.2% 显著降低，首次充分证明了深度学习自动提取的特征能够超越人工设计的特征。这个突破标志着计算机视觉领域进入了一个新的阶段，推动了深度学习在图像识别任务中的广泛应用。

（1）AlexNet

AlexNet 的网络架构如图 8-13 所示。其第一层卷积核的大小为 11×11，而第二层的卷积核则缩小为 5×5，后续的卷积层全部采用 3×3 的卷积核。在第一、第二和第三个卷积层后，网络引入了步长为 2 的 3×3 最大池化层，用于降低特征图的尺寸并减少计算量。经过卷积和池化操作后，网络接入了 3 个全连接层，前两个全连接层的输出通道数为 4 096，最后一个全连接层的输出为 1 000 个类别，对应 ImageNet 数据集中 1 000 类目标分类任务。网络的最后使用了 softmax 激活函数来生成类别概率分布。

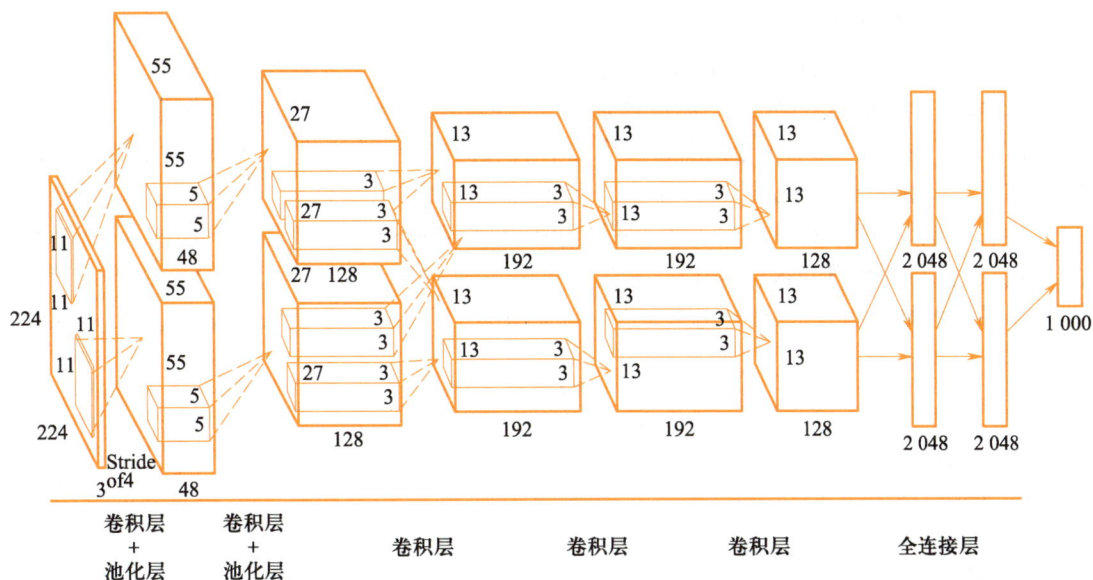

图 8-13 AlexNet 网络架构示意图

AlexNet 的全连接层是整个网络中参数量最为庞大的部分，在激活函数方面，该网络引入了 ReLU 激活函数，替代了当时常用的 sigmoid 或 tanh 函数。ReLU 的计算简单且能够有效缓解梯度消失问题，加速了模型的训练。此外，AlexNet 在训练过程中使用了随机失活（dropout）策略，将部分神经元的输出随机归零，增强了模型的泛化能力。为了防止过拟合，AlexNet 还利用了数据增强技术，包括图像翻转、裁剪、颜色扰动等操作，以丰富训练数据。

由于当时的硬件条件有限，特别是 GPU 内存的限制，AlexNet 采用了两块 GPU 进行并行训练，分别处理模型的一半参数。这种设计不仅解决了硬件瓶颈问题，也为后续大规模神经网络的训练提供了宝贵的经验。

虽然 AlexNet 展示了深度卷积神经网络的巨大潜力，但其网络结构设计方面仍有改进空间。后续研究者们在此基础上，提出了更加高效的神经网络结构，这些模型进一步优化了深度学习在图像分类中的表现，推动了计算机视觉领域的持续发展。

（2）VGG

VGG 模型在 2014 年的 ImageNet LSVRC 竞赛中获得了第二名，虽然其分类准确率略低于冠军，但由于在特征提取方面展现了诸多优良特性，在迁移学习和图像风格化等领域得到了广泛的应用。此外，基于 VGG 模型还衍生出了许多新的技术应用，例如感知损失，用于评估生成图像与原始图像的视觉差异。

VGG 模型常见的有两种变体：VGG-16 和 VGG-19，分别是包含 16 层和 19 层的神经网络。以 VGG-16 为例，其网络架构如图 8-14 所示，由 13 个卷积层和 3 个全连接层构成，模型通过每 2 到 3 个卷积层后加入一个最大池化层进行下采样，从而逐步降低特征图的尺寸。

与之前的 AlexNet 相比，VGG 做出了重要的改进。AlexNet 的浅层网络中采用了尺寸较大的卷积核，分别为 11×11 和 7×7，这是为了应对输入图像较大且容易产生信息冗余的情况，通过大卷积核来捕捉图像的大范围纹理细节。然而，使用大卷积核虽然能够涵盖更多的图像区域，但同时也增加了计算的复杂度。VGG 则选择使用较小的 3×3 卷积核，通过堆叠多个 3×3 卷积层，达到与较大卷积核相似的感受野。例如，两个 3×3 卷积层的堆叠相当于一个 5×5 卷积层的感受野，三个 3×3 卷积层的堆叠则相当于一个 7×7 卷积层的感受野。然而，堆叠小卷积核的做法能够在保持相同感受野的前提下显著减少参数量，从而降低计算量，使得网络既更深、更宽，又提升了分类的精度。同样地，在池化层的设计上，AlexNet 采用的是 3×3 的最大池化，而 VGG 则使用了更小的 2×2 最大池化，这进一步减少了信息丢失的可能性。

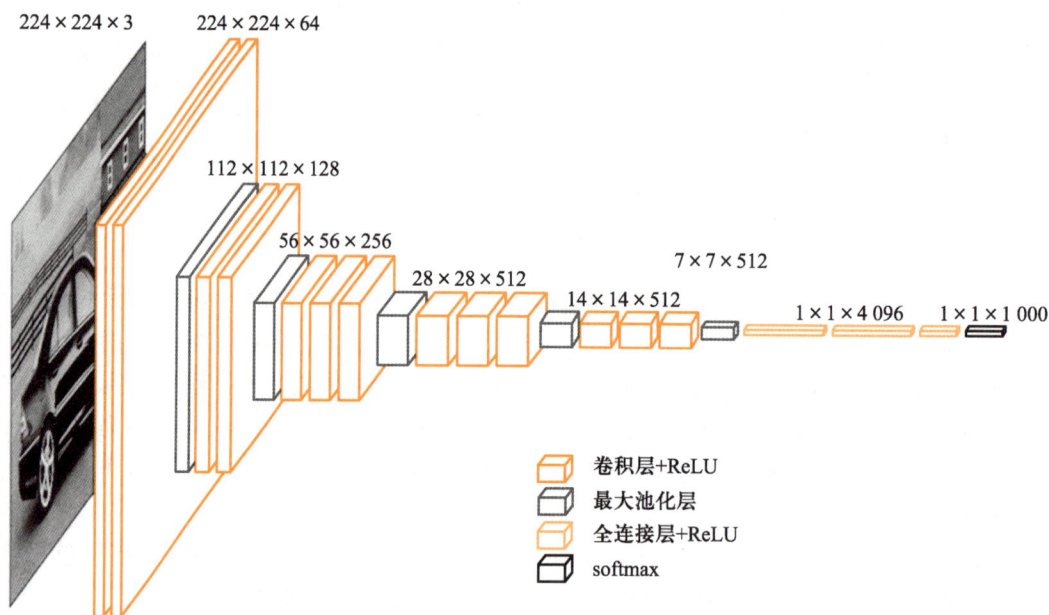

图 8-14　VGG-16 网络架构示意图

此外，VGG 模型在测试阶段还引入了一个关键创新：将原本的 3 个全连接层转化为卷积层，使得模型不再依赖固定大小的输入图像。这一改进极大地增强了网络的灵活性，适应了不同分辨率的输入图像，扩展了 VGG 在实际应用中的适用范围。

随着以卷积神经网络为代表的深度学习技术在计算机视觉领域取得了显著突破，图像分类任务的焦点已从早期依赖的手工特征设计，逐步转向了对卷积神经网络结构的优化和改进。通过层层卷积和池化操作，卷积神经网络能够自动提取图像中的特征，显著提升了分类的准确性。然而，随着任务复杂性的增加，仅靠卷积神经网络的固定结构已无法充分应对更为复杂的视觉场景。因此，近年来一种新兴的技术——注意力机制，逐渐成为图像分类领域的核心组件。注意力机制通过引导网络关注图像中更加重要的区域或特征，能够在不增加过多计算成本的情况下，显著提高分类模型的表现。因此，结合卷积神经网络和注意力机制的设计已经成为当前计算机视觉研究的主要方向之一，在实际应用中也得到了广泛的推广。

8.2.2 目标检测

1. 目标检测基本概念

目标检测是一项计算机视觉任务，旨在从给定的图像或视频中识别并定位特定的目标物体，输出物体的位置、大小和类别信息。与图像分类任务相比，目标检测具有显著的区别。图像分类任务的目标是对整个输入图像进行分类，输出图像所属的类别标签并计算图像属于该类别的概率。换句话说，分类任务给出的标签是对整幅图像内容的概括性描述。而目标检测则更加精细，它不仅需要判断图像中存在哪些类别的物体，还要在图像中精确标定每个物体的位置。

如图 8-15 所示，目标检测通过矩形框对图像中的目标进行定位和描述。矩形框的作用是紧密地将目标物体包裹起来，并且每个检测框都包含关于该物体的类别信息及其属于该类别的置信度。这种方法使得我们能够从图像中提取出感兴趣的区域，同时过滤掉无关部分，从而获取更为细粒度的语义信息，提升对图像的理解。

图 8-15　图像分类任务和目标检测任务的对比

目标检测的核心任务有两个：一是确定目标的位置（即定位），二是识别目标的类别（即分类）。这两个任务密切相关，需要协同完成。

（1）定位

目标检测首先需要在图像中找到可能包含目标的区域，并确定其大小。通过使用矩形框来紧密包裹目标，检测器能够对物体进行定位。矩形框的长和宽描述了目标的尺寸，而矩形框的坐标则确定了目标在图像中的具体位置。常见的描述方式是使用四元组 (x, y, w, h)，其中 (x, y) 表示检测框的左上角的坐标，w 和 h 则分别表示检测框的宽度和高度。这种方式能够精确地描述目标的空间位置和大小。

（2）分类

完成定位后，检测器获取了一系列可能包含目标的检测框，但尚未确定这些框中物体的类别。为了识别每个检测框中的目标，检测器还需要对框内的图像信息进行分类。通过分类器，检测器能够确定检测框中物体所属的类别，并计算该物体属于该类别的概率。这个过程确保了不仅能够检测到目标的位置，还能明确它是什么类型的物体。

总体来说，目标检测通过对图像中物体进行定位和分类，提供精确的检测结果。这一过程不仅提升了机器对图像数据的理解能力，还为后续的计算机视觉任务提供了丰富的上下文信息，比如图像分割、场景理解等。

2. 传统目标检测方法

在早期的目标检测方法中，目标的准确定位一直是一个难题。这种挑战主要体现在两个方面：首先，目标可以出现在图像的任意位置，且其位置的分布具有高度不确定性；其次，不同类别的目标，甚至同一类别的不同实例，由于拍摄角度、距离等因素，往往在大小和形状上存在显著差异。

为了应对这些问题，传统目标检测方法通常使用滑动窗口的方式判断目标的位置。滑动窗口的核心思路是枚举不同位置和尺寸的区域，通过穷举搜索定位可能包含目标的区域。首先，预设一个矩形检测框作为滑动窗口，并将其初始位置放置在图像的左上角。该窗口随后以固定步长从左至右、从上至下移动，对每个位置进行检测，如图 8-16 所示。每次移动后，窗口覆盖的图像块会被送入后续的分类器，用于判断该区域是否包含目标物体。如果分类器判断该区域为目标，则该图像块即表示检测到的对象；若结果为非目标，则放弃该区域并继续检测下一个位置。通过这种遍历方式，滑动窗口能够逐一检查图像中的每个位置，从而确保即便目标处于较为复杂或不易预测的地方，依然可以被识别出来。

图 8-16　滑窗法遍历所有区域

然而，这种方法存在显著的计算成本问题。由于滑动窗口需要在多个位置和尺度上进行搜索，计算复杂度随之急剧增加。这也促使研究者们不断探索更高效的目标检测算法，推动了深度学习方法的兴起，解决了传统方法的许多不足之处。

3. 深度目标检测方法

相较于传统的目标检测方法，基于深度学习的目标检测方法能够自动对输入图像进行特征提取，展现出以下两大显著优势。

高效的目标定位：传统目标检测方法通常通过滑动窗口对图像的候选区域进行逐一搜索，这种枚举式的方式计算量大且效率低下。而基于神经网络的目标检测方法能够直接预测图像中可能包含目标的区域，避免了低效的全图搜索，大幅提升了检测速度，为实现实时目标检测奠定了基础。

自适应的特征学习：传统方法依赖手工设计特征提取器，通常需要专家根据经验选择适合任务的特征。而神经网络能够通过对大量标注数据的训练，自动学习适用于目标检测的特征表示。这种数据驱动的方式不仅减少了对人为经验的依赖，还显著提高了检测的准确性。

目前，基于深度学习的目标检测模型主要分为两类，一类是以 RCNN 为代表的两阶段检测方法，另一类是以 YOLO 为代表的单阶段目标检测方法。这些方法在检测速度与精度上各具特色，是理解现代目标检测技术的核心基础。

（1）RCNN

Rosss 等人于 2014 年提出了区域卷积神经网络（region-convolutional neural network，RC-NN）目标检测方法，首次将深度学习引入到目标检测任务中，标志着计算机视觉领域的一个重要里程碑，如图 8-17 所示。

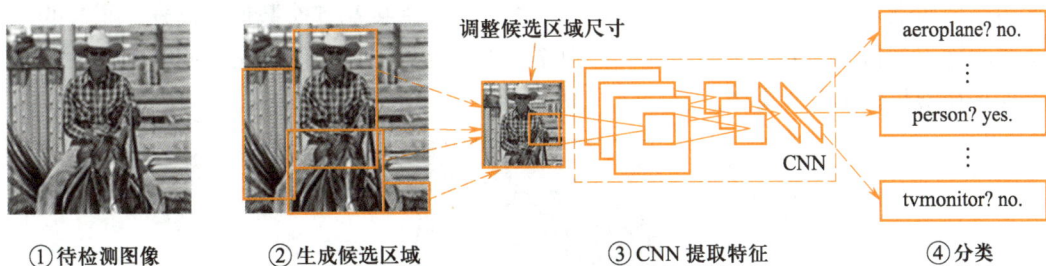

① 待检测图像　　② 生成候选区域　　③ CNN 提取特征　　④ 分类

图 8-17　R-CNN 模型示意图

整体上来看，RCNN 的工作流程与传统目标检测方法存在相似之处，主要包括以下三个步骤。

① 候选区域生成：首先，利用 Selective Search 算法从图像中提取大约 2 000 个待检测区域，这些区域被称为区域候选框。与传统的滑动窗口检测方法相比，Selective Search 算法通过贪婪的迭代分组，能生成较少但更有可能包含目标的候选区域。它通过对初始的图像区域进行多次分组，合并相似区域，从而减少重复计算，显著提升效率。

② 特征提取：在 RCNN 中，每个候选区域会被缩放至相同的尺寸，随后利用卷积神经网络对这些图像块进行特征提取。具体来说，神经网络的最后一层全连接层输出被视为该候选区域的特征。

③ 分类与边框回归：每个候选区域的特征会被输入到分类器中以确定目标的类别，并通过边框回归调整候选区域的位置和大小，以提高目标定位的准确性。

RCNN 系列方法的提出，不仅显著提升了目标检测的精度，还开辟了深度学习在目标检测领域的广泛应用。其后续的改进版本，如 Fast RCNN、Faster RCNN 和 Mask RCNN，通过引入更高效的候选区域生成方法、端到端的特征提取过程以及多任务学习策略，进一步推动了目标检测算法的性能提升。

（2）YOLO

两阶段目标检测方法虽然能够获得较高的检测准确率，但其检测速度较慢，限制了实际应用的效率。为了解决这一问题，Joseph 等人在 2016 年提出了一种单阶段目标检测方法，如图 8-18 所示。

该方法无须显式地寻找可能包含目标的候选区域，而是通过神经网络直接输出目标所在区域的位置及其类别。这种方法被命名为"YOLO"（you only look once），形象地表达了该技术只需对图像进行一次处理即可得到检测结果。YOLO 的最大优势在于其出色的检测速度，在使用 GPU 的情况下，能够实现实时目标检测。其主要步骤如下。

① 图像预处理：首先，将输入图像缩放到一个固定大小，并将其划分为 $S \times S$ 个相同大小的单元格。每个单元格负责检测其中心点落在该单元格中的目标，从而避免了在图像的每

个位置进行冗余的候选区域搜索。

② 神经网络输出：将缩放后的图像输入神经网络，最终得到一个维度为 $S{\times}S{\times}(B{\times}5{+}C)$ 的三维矩阵。因为图像被分割为 $S{\times}S$ 个单元格，网络为每个单元格输出一个长度为 $B{\times}5{+}C$ 的向量，描述该单元格中的检测结果。其中，B 代表每个单元格预测的候选框数量，每个候选框由 5 个参数表示：位置、宽度、高度以及置信度，总共 $B{\times}5$ 个数值。此外，剩余的 C 个数值表示该单元格中物体属于 C 个类别的概率。通过这种方式，网络能够同时确定输入图像中可能存在的目标位置和类别。

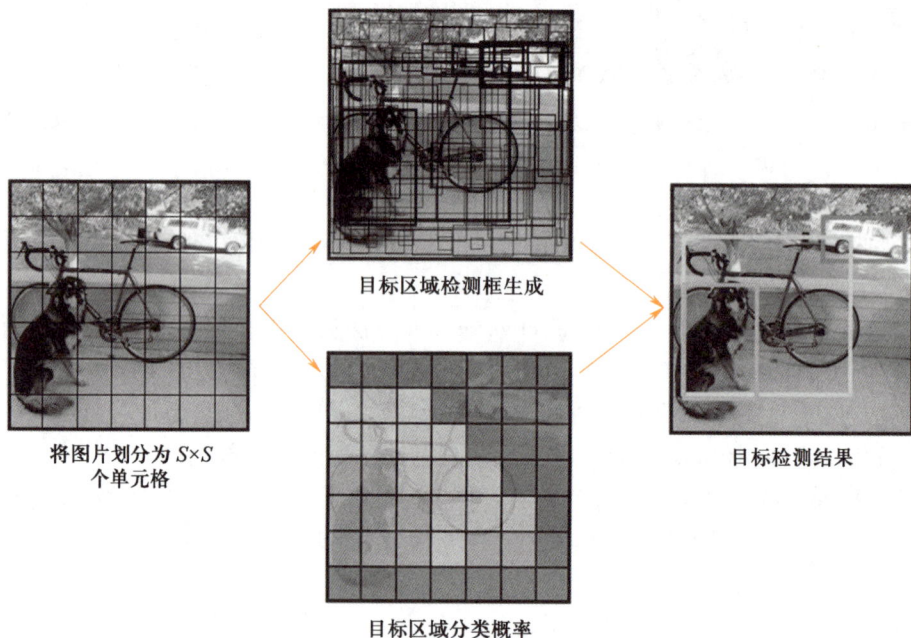

目标区域检测框生成

将图片划分为 $S{\times}S$ 个单元格

目标区域分类概率

目标检测结果

图 8-18　YOLO 框架示意图

相比于传统目标检测方法，YOLO 和其他深度学习检测方法实现了显著的性能提升。这些方法不仅提高了检测精度，还优化了运行速度，尤其在复杂场景中表现突出。

以上两类基于神经网络的目标检测方法，代表了对传统目标检测方法的显著提升。与传统方法相比，这两种方法在多个基准测试中展现出了更优异的性能，尤其在检测速度和准确性方面表现突出。然而，这些方法也各自存在一些局限性，例如对计算资源的高需求或在处理小目标时的效果欠佳。为了解决这些问题，研究者们提出了多种改进方案，旨在进一步优化模型的效率、精度以及适应性。这些改进不仅提升了目标检测的鲁棒性，还推动了该领域的持续发展。

8.2.3　语义分割

1. 语义分割的基本概念

语义分割是一种在像素级别上理解和处理图像的技术，它的目标是将输入图像中的每个像素分配一个类别标签，从而将图像划分为具有不同语义的区域。这一过程的输出是与输入图像尺寸相同的语义标签图，其中每个像素都被赋予一个类别标签，表示图像中的不同区域所具有的具体意义。

如图 8-19 所示，在语义分割任务中，图像中的每个像素都被归类为预先定义的一组类别之一（例如"猫"或"狗"）。这意味着在同一类别下的像素会被分配到图像中的一个统一的语义实体（如"猫"或"狗"）。值得注意的是，语义分割方法并不区分实例，即同一类别的像素在不同实例中也会被视为相同的类别。例如，在一张包含多个猫的图片中，所有猫的像素都被标记为"猫"，而不区分这些猫是不同的个体。

图 8-19　语义分割中图像有关狗、猫和背景的标签

语义分割任务中的语义不仅取决于数据本身，还受到具体应用场景的影响。例如，在行人检测系统中，整个身体应被分配到同一个类别中，而在行为识别系统中，身体的不同部位可能会被分割为不同的类别。此外，有些图像分割任务重点关注图像中的重要目标，而非整个图像的细节。目前，语义分割技术被广泛应用于自动驾驶、医学图像处理、行人检测、交通监控、卫星图像分析和指纹识别等多个领域。

2. 语义分割的难点

语义分割是计算机视觉领域中的一项重要任务，其目标是对图像中的每个像素进行类别预测，以实现精准的实体分割。简而言之，语义分割需要从图像的高级语义信息和局部位置信息中学习目标的轮廓、位置和类别。虽然深度卷积神经网络在图像分类和检测任务中因其强大的特征提取能力取得了显著的效果，但其在处理密集预测任务时面临着挑战，特别是在局部位置信息的丢失方面。

在深度卷积神经网络中，编码阶段的下采样操作会导致图像特征丢失大量的空间信息。尽管解码阶段的上采样操作可以恢复图像的分辨率，但由于池化和卷积过程中信息的丢失，上采样无法完全恢复这些空间信息。因此，为了提高语义分割的精确度，现有方法通常从两个方面进行改进：一是增强网络的特征提取能力，以提高像素分类的准确性；二是减少空间位置信息的丢失，以提升定位的准确度。

在语义分割任务中，像素的分类过程也面临多个挑战，包括：① 语义关系的不匹配，例如将河中的"船"错误地预测为"车"；② 相近类别目标的混淆，例如"墙"和"房子"容易混淆；③ 对于尺度差异较大的目标，识别能力不足；④ 对于同类目标表现形式不同的情况，容易将其误分类为多个类别；⑤ 对于不同类别目标具有相似特征的情况，容易将其误分类为同一类别。

在像素定位方面，主要难点在于空间位置信息的丢失，导致目标边缘分割不准确，以及小目标难以检测。

这些难点与感受野的全局信息获取、语境关系及数据集的质量密切相关。因此，使用具有适当场景全景信息的深度网络，或者依赖高质量的数据集，都可以显著提高分割能力。

3. 深度语义分割方法

（1）FCN

全卷积网络（fully convolutional networks，FCN）是一种通过端对端训练实现图像的像素级分割的算法。经过有效训练的 FCN 能够处理任意尺寸的输入图像，并输出与输入图像尺寸相同的分割图。

FCN 是基于传统分类网络结构的改进，如图 8-20 所示。传统的图像分类网络通常在卷积操作后会接上若干全连接层（fully connected layers），用于将卷积层产生的特征图转换为固定长度的特征向量。这些特征向量可以用于图像分类任务。以经典的 AlexNet 为例，该网络的最后输出是一个长度为 1 000 的向量，表示输入图像属于 1 000 个类别中的每一个类别的概率。

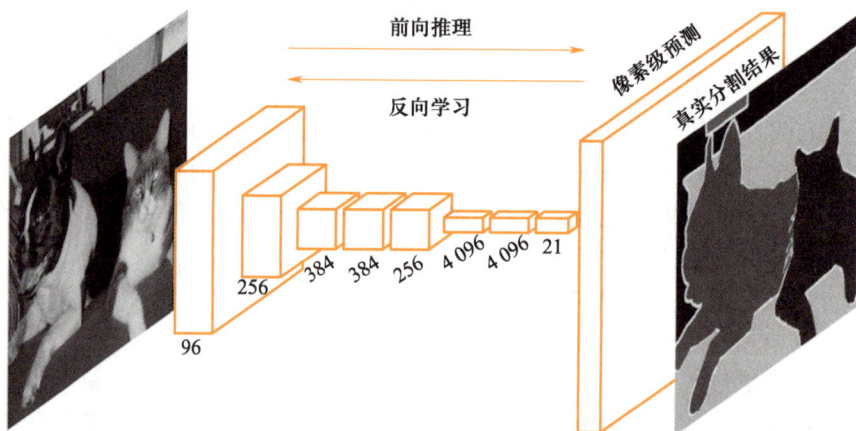

图 8-20　FCN 模型改进于图像分类模型

然而，传统 CNN 的局限在于它们只能输出图像整体的分类结果，而无法对图像中的每个像素进行细粒度的分类。为了解决这一问题，全卷积网络应运而生。FCN 通过对图像进行像素级的分类，成功解决了语义分割问题。与传统 CNN 使用全连接层得到固定长度特征向量不同，FCN 能够接收任意尺寸的输入图像，并通过反卷积（或称上采样）将最后一个卷积层的特征图恢复到与输入图像相同的尺寸。这样，FCN 不仅能够对每一个像素进行预测，还能保留原始图像中的空间信息，从而实现逐像素的分类预测。

具体而言，FCN 将传统 CNN 中的全连接层替换为卷积层。例如，传统 CNN 中的第 6 层和第 7 层是长度为 4 096 的一维向量，第 8 层是长度为 1 000 的一维向量，用于表示 1 000 个类别的分类概率。而在 FCN 中，这些层被重新表示为卷积层，其卷积核的大小分别为（4 096,7,7）、（4 096,1,1）和（1 000,1,1）。由于网络中的每一层都是卷积层，因此被称为全卷积网络。

　　首先，输入图像经过第一层池化操作（pool1），尺寸缩小到原始图像的一半；然后经过第二层池化操作（pool2），尺寸缩小为原来的 1/4；接着依次经过 pool3、pool4 和 pool5 层池化操作，图像的尺寸分别变为原始图像的 1/8、1/16 和 1/32。接下来，经过 conv6 和 conv7 卷积层，输出的特征图的尺寸保持为原图的 1/32。最后，使用反卷积操作对输出特征图进行上采样，使其恢复到与原图相同的尺寸。

　　反卷积（deconvolution）是 FCN 中的关键步骤，它通过将特征图的尺寸扩大，使得图像逐步恢复到原始输入图像的大小。在这一过程中，网络会学习如何对像素进行精确放大和分类。这种反卷积技术使得图像可以被逐层放大，并且通过逐像素的计算获得对应的类别标签，从而实现端到端的语义分割。

　　在这一过程中，FCN 还会将中间层的特征图提取出来进行融合，称之为跳跃连接（skipping connection）。例如，pool4 层的特征图会与上采样到 1/16 尺寸的 conv7 层特征图融合，接着再次上采样并与 pool3 层特征图融合，最终通过反卷积恢复到与原图相同的尺寸。跳跃连接具有以下好处。

　　① 保留高分辨率信息：跳跃连接允许网络在不同层之间直接传递特征图，从而在较深的层中保留较浅层的高分辨率信息。在语义分割任务中，这一点尤为重要，因为输出的分割图需要与输入图像具有相同的分辨率。通过跳跃连接，网络可以利用来自早期层的细节信息，帮助更精确地恢复图像的空间细节。

　　② 改善特征融合：跳跃连接通过将不同层的特征图直接相连，有助于特征的融合。这样网络可以结合低层的细节特征和高层的语义特征，从而生成更准确的分割结果。在语义分割中，低层特征通常包含详细的边缘和纹理信息，而高层特征则包含更抽象的语义信息。跳跃连接可以使这些特征有效地结合在一起。

　　③ 提高模型的收敛速度：跳跃连接能够加快模型的收敛速度，因为它们提供了更直接的信息流，使得网络能够更快地学习到有效的特征。通过减少信息在深层网络中的衰减，跳跃连接使得训练过程更加高效。

　　从 FCN 的结构可以看出，它在前几层的设计与经典的 VGG16 网络相似：前两组为两个卷积层接一个池化层，后面三组为三个卷积层接一个池化层。不同之处在于，FCN 将 VGG16 网络中的全连接层替换为全卷积层，并通过反卷积操作逐步恢复图像尺寸，实现像素级的分类。

　　（2）U-Net

　　U-Net 网络架构由两个主要路径组成：收缩路径（下采样路径）和扩展路径（上采样路径），它们通过跳跃连接进行连接。

　　收缩路径用于逐步提取图像特征，并通过下采样操作逐渐减少空间分辨率，同时增加特征通道的数量。每个收缩路径的网络层生成不同级别的特征图，这些特征图包含了逐步细化的图像信息。

　　扩展路径则负责逐步恢复图像的空间分辨率，同时减少特征通道的数量。每个扩展路径的网络层通过上采样操作生成具有不同语义丰富度的特征图。这些特征图不仅增强了图像的空间细节，而且提高了语义信息的表达能力。扩展路径通过跳跃连接将来自收缩路径的特征图与当前层的上采样特征图进行融合，这种设计可以有效地结合包含详细位置信息的特征图与富含语义信息的特征图，从而实现更高精度的像素分类和定位。

U-Net 的网络架构如图 8-21 所示。U-Net 网络架构的左侧就是收缩路径，右侧则是扩展路径。收缩路径模仿了经典的卷积网络结构，由重复的 3×3 卷积层构成，每个卷积层后接一个 ReLU 和步长为 2 的 2×2 最大池化层，负责图像的下采样，并在每次下采样步骤中将特征通道数量翻倍。在扩展路径中，每个上采样模块包括一个 2×2 上采样层，接着是一个级联层，后跟两个 3×3 卷积层和两个 ReLU 激活层。级联层就是跳跃连接操作，将上采样层的输出与来自收缩路径的相应特征图进行合并。跳跃连接将低层次的细节信息与高层次的语义信息进行融合，这样不仅能够保持图像的细节，还能够增强语义分割的效果。网络的最后一层是一个 1×1 卷积层，用于将每个包含 64 个分量的特征向量映射到对应的像素类别标签，从而实现像素级别的分类预测。

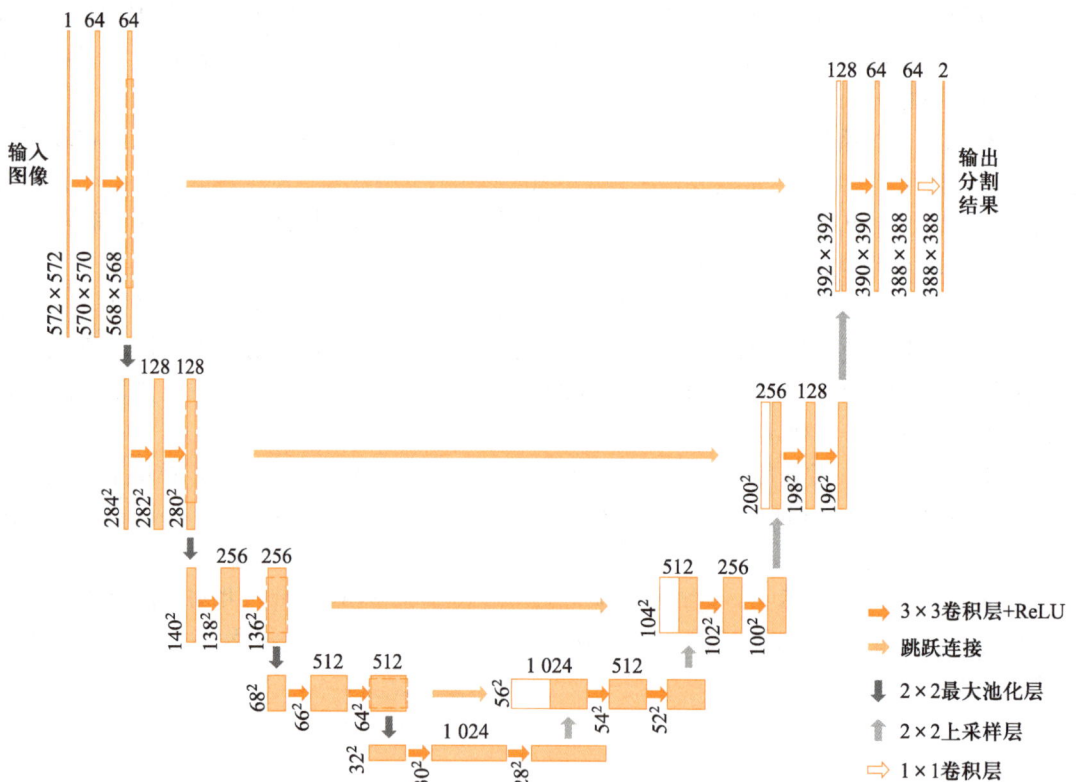

图 8-21 U-Net 模型示意图

U-Net 在解决目标图像尺寸不一致、小尺寸目标图像上下文信息不足以及池化层导致的目标位置信息丢失等问题方面取得了显著的进展。首先，U-Net 通过其对称的收缩-拓展结构，有效地改善了定位精确度与上下文信息之间的不平衡。具体而言，编码部分逐渐提取特征并进行降维，从而捕捉图像的全局上下文信息；而解码部分则通过上采样和跳跃连接，逐步恢复图像的细节信息，补充了目标位置信息。跳跃连接在 U-Net 中起到了关键作用，它允许模型在解码过程中直接访问收缩路径的特征图，从而有效地保留了图像中的细节和目标位置信息。

语义分割是计算机视觉领域中的一项关键任务，其目标是为图像中的每个像素分配语义标签，从而识别图像中各个区域的类别信息，并生成一幅包含像素级语义标注的图像。该技术在许多实际应用中具有广泛的意义，包括自动驾驶、医学图像分析和场景理解等。本节主要介绍了语义分割中的经典模型 FCN 和 U-Net，还有许多后续改进的模型，能够更高效率地准确分割图像中的目标。未来的研究趋势将继续致力于提高分割精度，缩短计算时间，并解决更复杂的应用挑战，以满足不断增长的实际需求。

8.3　计算机视觉任务实践

8.3.1　百度 AI 开放平台简介

百度 AI 开放平台是由百度公司推出的一项创新技术平台，旨在为开发者、企业和教育机构提供丰富的人工智能技术服务。该平台包含了自然语言处理、计算机视觉、语音识别、机器学习等多种 AI 能力，允许用户通过简单的接口调用，快速构建智能应用。平台提供了多个易于使用的 API 接口，开发者可以通过这些接口快速接入 AI 功能，例如语音识别、图像识别、情感分析等，从而将更多的精力放在应用场景的创新和优化上，而无须从零开始开发复杂的 AI 算法。此外，平台还提供了丰富的开发者文档和学习资源，帮助开发者更好地理解 AI 技术背后的原理，并能够应用到具体的项目。

平台开放的 AI 能力具体包括以下几种。

① 语音技术：平台提供语音识别、语音合成、语音翻译等服务，能够将语音转化为文字、生成自然流畅的语音等。这些能力可以应用于智能客服、语音助手、语音翻译等多个领域。

② 文字识别：通过 OCR（光学字符识别）技术，平台可以高效识别不同应用场景下的图像中的文字内容，比如财务票据、医疗票据、学生试卷等。这项技术在文档自动化处理、票据扫描、身份证识别等方面具有广泛应用前景。

③ 人脸与人体：平台搭载了人脸对比、活体检测、人脸检测等人脸识别相关的技术，以及人体行为的检测、跟踪、分析等相关的技术，可以用于安防、门禁系统、智能家居、健康监测等场景。

④ 图像技术：平台提供图像识别、图像搜索、图像增强等功能，帮助开发者从图像中提取有价值的信息并进行智能分析。例如，智能安防系统可以通过实时图像识别技术检测监控视频中的异常行为，识别出可疑人物或物体，从而提高安全性。在电商平台，用户可以通过拍摄商品图片来搜索相似商品，提高购物体验，帮助用户更便捷地找到自己喜欢的商品。

⑤ 语言模型：百度的语言模型基于大规模预训练，可以理解和生成自然语言文本，具备强大的文本生成、情感分析、机器翻译等功能。开发者可以利用这些模型进行智能问答、文章摘要、自动写作等应用的开发。

⑥ 视频模型：平台目前仅提供部分视频分析功能，包括视频内容安全审核、视频生成等。相关模型可以实时分析视频内容并提取关键信息，在安防监控、视频内容管理、智能教育等领域具有重要意义。

8.3.2 图像分类实践

在百度 AI 开放平台中，可以利用动物识别模型帮助我们识别图像中的动物，具体功能入口如图 8-22 所示。通过这个功能，能够利用 AI 技术自动地识别图像中的动物种类，比如分辨出猫、狗、鸟等。

图 8-22 动物识别 AI 功能入口

使用该功能需要申请一个 API 接口的使用权限。API 是应用程序与平台之间进行数据交换的接口，简而言之，它就是一个桥梁，让你能够通过发送请求来调用平台上的 AI 功能。申请 API 接口后，可以在自己开发的应用或者程序中将符合要求的内容（例如一张图片）作为输入，发送给 API。

当你发送请求后，API 会经过一段时间的处理，最终返回 AI 模型的识别结果。例如，如果输入了一张猫的图片，平台的 AI 模型会识别并返回结果"猫"。这个过程实际上就是 AI 通过分析图像中的特征，判断出图像所包含的内容。

为了更直观地体验动物识别功能，可以使用百度 AI 开放平台提供的功能体验模块进行动物识别。该模块允许通过上传图像或输入图像网址来进行操作，如图 8-23 所示。在该模块中，可以选择输入图像的网址，或是上传本地图像文件。系统识别结果将会显示在图像的左上角区域。在识别结果的右侧区域，系统会返回以下详细的数据。

（1）name：表示识别出的动物类别，例如"国宝大熊猫"。

（2）score：表示 AI 模型判断该图像属于该类别的概率值。

在应用或程序中，可以直接利用返回的信息进行下一步的业务处理。

功能介绍　　**功能体验**　　应用场景　　产品价格　　使用方式　　相关推荐

功能体验

识别结果

国宝大熊猫　　　　　　　　0.973

秦岭四宝　　　　　　　　　0.018

团团圆圆　　　　　　　　　0.002

圆仔　　　　　　　　　　　0.002

棕色大熊猫　　　　　　　　0.001

小熊猫　　　　　　　　　　0.001

请输入网络图片 URL　　　　检测　　或　　本地上传

此处仅供功能展示，图片类型支持 PNG、JPG、JPEG、BMP，大小不超过 4M。该接口实际能力的图片格式及大小要求以接口文档为准

Request

Response

查看接口文档 >

{

　"log_id": 1863762771473437000,

　"result": [

　　{

　　　"score": "0.972855",

　　　"name": "国宝大熊猫"

　　},

　　{

　　　"score": "0.0183829",

　　　"name": "秦岭四宝"

　　},

　　{

　　　"score": "0.00248046",

　　　"name": "团团圆圆"

　　},

　　{

　　　"score": "0.0019389"

图 8-23　动物识别体验模块

以图 8-24 作为测试图像，在功能体验模块直接上传测试图像，识别结果如图 8-25 所示。AI 模型的识别结果为：该图像中的目标有 91.4% 的概率是哈士奇犬，5.8% 的概率是阿拉斯加雪橇犬，以及更小的概率是其他犬类。这些概率值表示了 AI 模型对每种分类的信心程度。一般来说，score 越高，表示 AI 对该分类的识别越有把握。

图 8-24　哈士奇犬的测试图像

图 8-25　测试图像的识别结果

8.3.3　目标检测实践

百度 AI 开放平台提供了目标检测相关任务的功能入口。其中车辆检测功能可以帮助我们识别图像中的各类车辆，并返回每辆车的位置信息和类型，如图 8-26 所示。通过这个功能，可以更方便地进行交通监控、智能停车等应用。

图 8-26　车辆检测 AI 功能入口

假设测试图像是某一时刻道路上的交通图像，包含了小汽车、摩托车、卡车等交通工具，如图 8-27 所示。当图像上传后，AI 模型将分析图像，并标出检测到的所有车辆的位置。检测结果如图 8-28 所示，图像中每辆车周围都会显示一个矩形框，表示检测到的车辆。

图 8-27　测试图像

图 8-28　测试图像的检测结果

在图 8-28 的右侧，以文本的形式返回了车辆检测的结果，主要包括两个部分。

① vehicle_num：表示图像中检测到的车辆总数。返回结果显示了图像中不同类型车辆的数量。例如：

a."car"（轿车）：59

b."tricycle"（三轮车）：0

c."motorbike"（摩托车）：0

d."bus"（公交车）：3

e."truck"（卡车）：5

f."carplate"（车牌检测）：0（表示该图像中没有检测到车牌）

② vehicle_info：表示每个检测框的详细信息。

a. type：表示该车辆的类型（如 "car" 表示轿车）。

b. location：车辆在图像中的位置，具体由矩形框的坐标和大小表示，包括 top、left、height、width 四个属性，分别表示矩形框的顶部位置、矩形框的左侧位置、矩形框的高度和矩形框的宽度。

c. probability：表示 AI 模型对该车辆类型的预测置信度，例如，该车辆为轿车的概率是 98%。

通过车辆检测功能，我们可以将返回的检测结果应用到不同的实际场景，例如交通监控系统中，通过实时检测交通流中的车辆，系统可以自动统计车辆数量、识别不同类型的车辆（如轿车、卡车、公交车等），并进行交通管理和流量预测。在自动驾驶系统中，车辆检测技术可以实时识别周围的车辆，帮助自动驾驶系统做出更精确的决策，确保行车安全。

本章小结

本章介绍了计算机视觉的起源、发展历程以及核心任务，阐述了计算机视觉的三大主要任务。图像分类任务，其目标是将图像分配到预定义的类别中。通过训练深度神经网络模型，计算机可以从大量的标注数据中学习到不同类别的特征，从而实现对新图像的准确分类。目标检测任务不仅要求计算机识别图像中的物体，还要确定它们的位置。语义分割任务旨在将图像中的每一个像素标注为不同的类别，从而实现对图像中各个区域的详细分析。最后介绍了如何利用百度 AI 开放平台快速开发与计算机视觉相关的应用，轻松地实现图像识别、目标检测等计算机视觉任务。

计算机视觉技术的不断发展带来了许多新的可能性和挑战。未来，计算机视觉将与其他技术领域融合，例如，增强现实、虚拟现实和智能家居。随着数据量的激增和计算能力的提升，计算机视觉在更复杂的应用场景中将发挥更加重要的作用。

习题 8

一、简答题

（1）简述计算机视觉的基本任务及其应用场景。

（2）VGG 模型的主要特点是什么？与 AlexNet 相比有哪些不同？

（3）目标检测与图像分类有什么不同？

（4）语义分割与目标检测的区别是什么？

（5）简述 FCN 和 U-Net 中跳跃连接对于语义分割的重要性。

二、思考题

（1）AlexNet 是第一个在大型图像分类比赛（ImageNet）中取得突破性成果的深度学习模型。请结合实际生活中的应用，举例说明图像分类技术可以在哪些场景中使用，并说明其可能带来的社会影响。

（2）YOLO 是一种非常快速的目标检测算法，它在实际应用中有很多场景，如自动驾驶和视频监控。请举例说明目标检测技术在你日常生活中可能发挥作用的地方，并讨论其潜在的优势和挑战。

（3）假设你正在开发一款自动驾驶汽车的视觉系统，如何利用语义分割技术来帮助汽车识别道路上的不同区域（如车道、行人和障碍物）？请简要描述语义分割在此类系统中的作用。

（4）计算机视觉技术已经广泛应用于很多领域。请结合你所学到的知识，讨论计算机视觉在以下一个具体场景中的应用：智能安防系统、医疗影像分析或电子商务中的图像搜索。描述计算机视觉在这些领域中的作用，并讨论可能遇到的技术挑战。

第 9 章
自然语言处理

　　本章将探索计算机如何理解和生成人类语言。自然语言处理
（natural language processing，NLP）领域结合了计算机科学、人工
智能和语言学的知识，旨在使机器能够以人类可理解的方式进行
沟通。本章内容涵盖自然语言处理的基础，介绍 NLP 的基本概念
和发展历史，探讨 NLP 的基本任务和处理方法，其中基本任务包
括分词、词性标注、句法分析和语义分析等；基本处理方法包括
基于规则的方法、基于机器学习的方法以及基于深度学习的方法。
应用场景部分探讨 NLP 在现实世界中的应用，包括信息抽取、机
器翻译、情感分析、机器问答和文本生成等，并通过案例展示
NLP 在不同领域的创新应用。

9.1 概述

9.1.1 自然语言处理基本概念

自然语言通常指的是人类语言，是人类思维的载体和交流的基本工具，也是人类区别于动物的根本标志，更是人类能发展的外在体现形式之一。自然语言处理（natural language processing，NLP）主要研究用计算机理解和生成自然语言的各种理论和方法，属于人工智能领域的一个重要甚至核心分支，是计算机科学与语言学的交叉学科，又常被称为计算语言学（computational linguistics，CL）。通常，数据是在文本语料库中收集的，在机器学习和深度学习中使用基于规则、统计或基于神经网络的方法。在处理自然语言时，NLP 需要考虑语言的多个层次，包括词汇、语法、语义和语用等，以确保计算机能够准确地理解文本内容，并根据需要生成恰当的回应。

目前，人们普遍认为人工智能的发展经历了从运算智能到感知智能，再到认知智能三个发展阶段。运算智能关注的是机器的基础运算和存储能力，在这方面机器已经完胜人类。感知智能则强调机器的模式识别能力，如语音的识别以及图像的识别，目前机器在感知智能上的水平基本达到甚至超过了人类的水平。然而在涉及自然语言处理以及常识建模和推理等研究的认知智能上，机器与人类还有很大的差距。

NLP 技术应用旨在开发算法和模型，使计算机能够处理、理解以及使用自然语言与人类进行有效的交流。具体来说，NLP 的研究内容涵盖了文本分类、情感分析、信息抽取、机器翻译、对话系统等多个方面。这些技术使得计算机可以自动分析文本内容、识别情感倾向、从非结构化文本中提取结构化信息、进行语言间的自动翻译以及构建能够与人类自然对话的计算机系统等。随着深度学习技术的发展，NLP 领域已经取得了显著的进步。尤其是近年来，大语言模型如 ChatGPT、文心一言和通义千问等通过在大量数据上进行预训练，然后在特定任务上微调，极大地推动了 NLP 领域的发展，提升了诸如文本生成、翻译和对话系统的性能。

9.1.2 自然语言处理简史

自然语言处理简史如图 9-1 所示。自然语言处理始于 20 世纪 40 年代，受第二次世界大战后的语言翻译需求推动。1950 年，Alan Turing 在《计算机器与智能》中提出图灵测试，涉及自然语言的自动解释和生成。

20 世纪 50 年代末至 60 年代初，学界分为符号学派和随机学派。符号学派的研究包括 Chomsky 的形式语言理论和生成句法。1956 年，John McCarthy 等人在达特茅斯会议上探讨人工智能，尽管部分研究者关注随机算法，但大多数仍集中于推理与逻辑，如 Newell 和 Simon 的"逻辑理论家"。随机学派研究者多来自统计学和电子学领域。1950 年，Bledsoe 和 Browning 建立了首个贝叶斯文本识别系统。

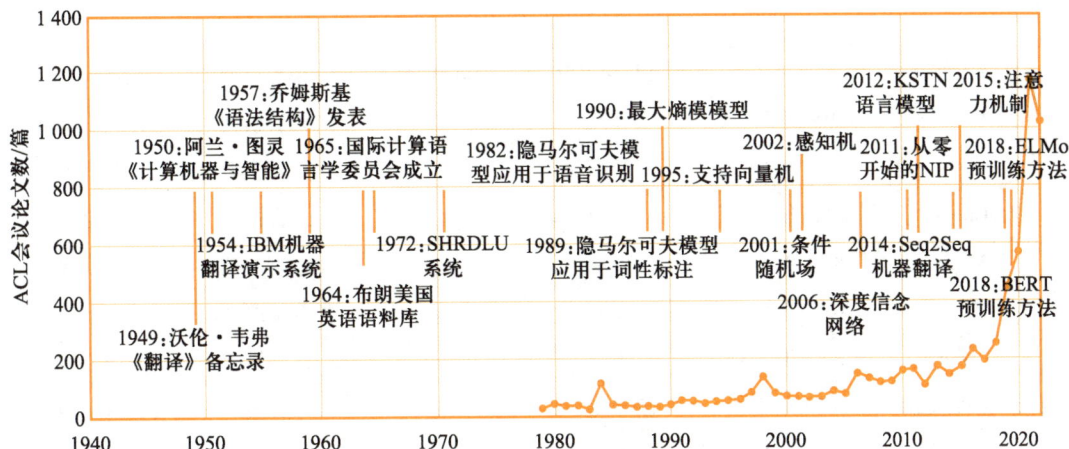

图 9-1　自然语言处理简史

20 世纪 70 至 80 年代，自然语言处理出现了 4 个主导研究范式：随机范式、基于逻辑的范式、基于规则的范式和话语模型范式，当时提出了自然语言理解的概念。20 世纪 90 年代开始，自然语言处理领域发生巨大变化，重新关注有限状态和经验主义模型，概率和数据驱动的方法成为标准。

进入 21 世纪，得益于大规模数据库和机器学习算法的进步，经验主义主导了 NLP 研究。2006 年，加拿大多伦多大学的 Geoffery Hinton 及其学生提出基于深度信念网络的研究，重新引起了对神经网络的关注。2010 年起，深度学习开始在 NLP 中崭露头角，递归神经网络（RNN）和卷积神经网络（CNN）相继被应用于序列数据和文本分类。2013 年，Google 的 Word2Vec 通过词嵌入技术实现了词语语义关系的有效捕捉，标志着无监督学习的重要突破。2014 年，Seq2Seq 模型为机器翻译奠定了基础，并通过注意力机制提升了处理长文本的能力。2017 年，Google 提出 Transformer 模型，基于自注意力机制，解决了 RNN 在长序列处理中的局限性。2018 年，BERT 的推出引入了预训练-微调的范式，极大提升了多项 NLP 任务的性能。

2019 年，OpenAI 发布 GPT-2，参数量达到 1.5 亿，显著提高了文本生成的连贯性。2020 年，OpenAI 推出 GPT-3，参数量扩展至 1 750 亿，随后国内也推出了多个大语言模型，如清华的 ChatGLM 和百度的 ERNIE。此阶段的研究集中在语言模型本身，各种模型结构相继被提出。

由于大语言模型难以微调，研究者们探索在不针对单一任务进行微调的情况下如何发挥其能力。2019 年，Radford 等人使用 GPT-2 研究了大语言模型在零样本情况下的能力。2022 年，Ouyang 等人提出 InstructGPT 算法，结合少量有监督数据提升大语言模型的指令遵从性。

2022 年 11 月，ChatGPT 发布，通过简单对话框实现了多种自然语言处理能力。2023 年 3 月，GPT-4 发布，具备多模态理解能力，并在多项基准考试中表现优异，展现出近乎"通用人工智能"的潜力。随后，各大公司和研究机构相继推出类似系统，包括 Google 的 Bard 和百度的文心一言，显示出大语言模型的快速发展和广泛应用。表 9-1 给出了截至 2023 年 6 月典型开源和未开源大语言模型的基本情况。可以看到从 2022 年开始大语言模型呈现爆发式的增长，各大公司和研究机构都在发布各种不同类型的大语言模型。参数规模都越来越大，并且为了适配下游任务都对基础模型进一步进行指令微调。

表 9-1 开源大语言模型汇总

模型名称	发布时间	模型参数量	基础模型	模型类型	预训练数据量
T5	2019 年 10 月	110 亿		语言模型	1 万亿 Token
mT5	2020 年 10 月	130 亿		语言模型	1 亿 Token
PanGu-α	2021 年 4 月	130 亿		语言模型	1.1 万亿 Token
CPM-2	2021 年 6 月	1 980 亿		语言模型	2.6 万亿 Token
T0	2021 年 10 月	110 亿	T5	指令微调模型	
CodeGen	2022 年 3 月	160 亿		语言模型	5 770 亿 Token
GPT-NeoX-20B	2022 年 4 月	200 亿		语言模型	825 GB 数据
OPT	2022 年 5 月	1 750 亿		语言模型	1 800 亿 Token
GLM	2022 年 10 月	1 300 亿		语言模型	4 000 亿 Token
Flan-T5	2022 年 10 月	110 亿	T5	指令微调模型	
BLOOM	2022 年 11 月	1 760 亿		语言模型	3 660 亿 Token
Galactica	2022 年 11 月	1 200 亿		语言模型	1 060 亿 Token
BLOOMZ	2022 年 11 月	1 760 亿	BLOOM	指令微调模型	-
OPT-IML	2022 年 12 月	1 750 亿	OPT	指令微调模型	-
LLaMA	2023 年 2 月	652 亿		语言模型	1.4 万亿 Token
MOSS	2023 年 2 月	160 亿	Codegen	指令微调模型	
ChatGLM-6B	2023 年 4 月	62 亿	GLM	指令微调模型	
Alpaca	2023 年 4 月	130 亿	LLaMA	指令微调模型	
Vicuna	2023 年 4 月	130 亿	LLaMA	指令微调模型	
Koala	2023 年 4 月	130 亿	LLaMA	指令微调模型	
Baize	2023 年 4 月	67 亿	LLaMA	指令微调模型	
Robin-65B	2023 年 4 月	652 亿	LLaMA	语言模型	
BenTsao	2023 年 4 月	67 亿	LLaMA	指令微调模型	
StableLM	2023 年 4 月	67 亿	LLaMA	语言模型	1.4 万亿 Token
GPT4All	2023 年 5 月	67 亿	LLaMA	指令微调模型	
MPT-7B	2023 年 5 月	67 亿		语言模型	1 万亿 Token
Falcon	2023 年 5 月	400 亿		语言模型	1 万亿 Token
OpenLLaMA	2023 年 5 月	130 亿		语言模型	1 万亿 Token
Gorilla	2023 年 5 月	67 亿	MPT/Falcon	指令微调模型	
RedPajama-INCITE	2023 年 5 月	67 亿		语言模型	1 万亿 Token
TigerBot-7b-base	2023 年 6 月	70 亿		语言模型	100 GB 语料

续表

模型名称	发布时间	模型参数量	基础模型	模型类型	预训练数据量
悟道天鹰	2023 年 6 月	330 亿		语言模型和指令微调模型	
Baichuan-7B	2023 年 6 月	70 亿		语言模型	1.2 万亿 Token
Baichuan-13B	2023 年 7 月	130 亿		语言模型	1.4 万亿 Token
Baichuan-Chat-13B	2023 年 7 月	130 亿	Baichuan-13B	指令微调模型	
LLaMA2	2023 年 7 月	700 亿		语言模型和指令微调模型	2.0 万亿 Token
OpenAI GPT-4 Turbo	2023 年 8 月	1 750 亿	GPT-4	语言模型和指令微调模型	
Falcon 40B	2023 年 9 月	400 亿		语言模型	1 万亿 Token
LongLLaMA	2023 年 10 月	70 亿	OpenLLaMA	语言模型和指令微调模型	1 万亿 Token
LLaMA-Pro-8B	2024 年 1 月	83 亿	LLaMA2-7B	语言模型和指令微调模型	
TinyLlama-1.1B	2024 年 4 月	11 亿	LLaMA1.1B	语言模型和指令微调模型	3 万亿 Token
DeepSeek-Coder	2024 年 6 月	330 亿		语言模型	2 万亿 Token
Qwen2-72B	2024 年	720 亿		语言模型	7 万亿 Token

注：在模型训练中，Token 是数据的基本单位，中文可译为词元。

　　截至 2023 年，国内外有超过百种大模型相继发布。中国人民大学赵鑫教授团队按照时间线给出 2019 年至 2023 年 5 月比较有影响力并且模型参数量超过 100 亿的大语言模型，如图 9-2 所示。

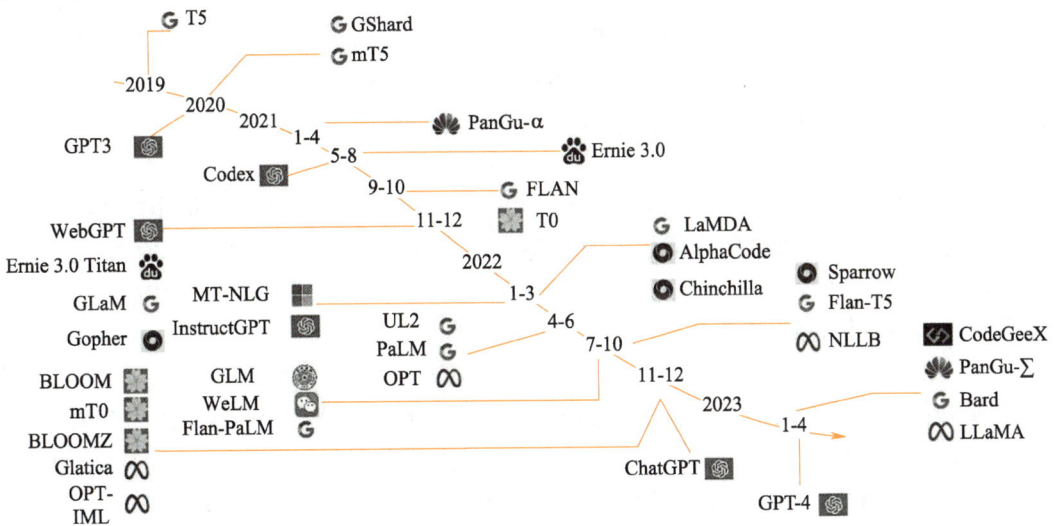

图 9-2　大语言模型发展时间线

9.2 自然语言处理的基本任务

9.2.1 自然语言处理的难点

1. 抽象性

语言是由一系列抽象符号组成的，每一个符号都代表了现实世界或人类思维中的复杂概念。例如，"车"这个词可能指代任何类型的交通工具，包括但不限于汽车、火车或是自行车，它们共享某些特征，比如有轮子、能够运载人或物品等。

2. 组合性

尽管每种语言的基本符号数量是有限的，例如英语仅由 26 个字母构成，而中文国标 GB 2312 收录了大约 6 763 个常用汉字，但是这些有限的符号却能够创造出无限丰富的意义。即使相同的词汇，只要排列顺序不同，就能产生截然不同的含义。因此，不可能通过穷尽所有可能的方式来完全掌握自然语言。

3. 歧义性

无论是自然语言的理解还是生成，其面临的主要挑战都是自然语言在各个层次上普遍存在各种形式的模糊性和多义性。文本本质上是由字符（汉字、字母、符号）组成的序列。这些字符可以形成词语，词语又可以组合成短语，进而形成句子、段落乃至文章。不论是在何种规模的语言单位层面，或是从较低层次向较高层次过渡的过程中，都会出现多重解释的可能性。例如，Joseph F. Kess 和 Ronald A. Hoppe 提出了"语言无处不模糊"的观点，表明解决歧义性问题是自然语言处理的核心任务之一。

4. 进化性

语言作为一种活生生的交流工具，始终处于不断地演化之中，这体现了语言的创造性和动态性。一方面，新词汇不断涌现以适应社会和技术的变化，例如"超女""非典"和"新冠"等术语；另一方面，原有的词汇也会随着时间推移获得新的意义，如"腐败"和"杯具"。此外，语言的结构规则也在持续变化，新的表达方式层出不穷。

5. 非规范性

随着互联网的发展，尤其是社交媒体上的用户生成的内容，出现了大量非标准的语言使用情况，这对自然语言处理构成了额外的障碍。这包括同音字（如"为什么"变成"为森么"），单词的缩写或变体（如"please"简化为"pls"），以及新造词汇（如"喜大普奔""不明觉厉"）和拼写错误等现象。

6. 主观性

与感知智能问题不同，自然语言处理作为认知智能的一部分，带有较强的主观色彩。这一点不仅增加了数据标注工作的难度，同时也使得评估系统的性能变得复杂。例如，在中文分词这一基本任务中，对于"词"的界定尚未达成一致意见，如"打篮球"是否应该作为一个整体词汇处理？因此，在创建用于自然语言处理的数据集时，往往需要对标注员进行专门培训，这限制了通过众包来扩大标注规模的可能性。此外，由于不同分词系统所采用的标准各异，直接通过客观指标来比较这些系统的有效性并不合理。这一难题在人机对话系统评估中表现得尤为突出，因为对话的多样性使得不存在所谓的唯一正确回应。

7. 知识性

理解自然语言通常需要背景知识以及基于这些知识的推理能力。例如，在句子"小明把桌子上的杯子挪到了窗台上，然后它掉了下来"中，"它"指的是哪个物体？如果我们知道"杯子"是被移动的对象，并且通常情况下"窗台"相对于"桌子"更高，那么我们可以推断"它"指的是"杯子"。但是，如果情境改变为"小明把桌子上的杯子挪到了窗台上，然后它摇晃了几下"，那么"它"很可能还是指"杯子"，因为窗台通常不会摇晃。不过，如何有效地表示、获取并利用这些背景知识，依然是当前自然语言处理技术需要解决的问题。

8. 难移植性

自然语言处理任务涵盖多个层面和领域，它们之间存在着显著差异，导致了解决方案难以直接迁移。这些任务可以是从基础的分词、词性标注到高级的信息抽取、问答系统和对话系统等。由于各项任务的具体目标及其所需数据类型各异，很难找到一种通用的技术或模型来同时满足所有需求，因而需要为不同任务定制专门的算法或训练不同的模型。加之不同领域内的专业术语和表达习惯也有区别，这进一步提高了提升自然语言处理系统跨域适用性的难度。

总结而言，自然语言处理面临的挑战源自多个方面，既有语言本身固有的根本性难题，也缺乏一套普遍适用的语义表示方法和语言意义的理论框架。此外，当前 NLP 算法所依赖的机器学习技术还面临着诸多局限，例如需要大量的标记数据、在不同领域间迁移效果不佳、泛化能力和鲁棒性较弱以及模型的可解释性不足等问题。正因为这些原因，NLP 的研究极其富有挑战性，被誉为"人工智能皇冠上的明珠"。

9.2.2　任务层级

自然语言处理的一个重要特性是其涵盖了一系列从底层到顶层的任务。按照从低层到高层的方式，这些任务可以大致分为资源建设、基础任务、应用任务以及应用系统四大类别。

① 资源建设主要包括语言学知识库建设和语料库资源建设两大类。语言学知识库通常包含词典、规则库等工具。词典或辞典不仅提供了词汇的发音、句法功能和语义解释，还包括示例用法以及词汇间的关系信息，如上下位关系、同义词与反义词等。语料库资源则是针对特定 NLP 任务而标注的数据集合。无论是语言学资源还是语料库的构建，都是后续 NLP 技术发展的基石，其建立往往需要耗费大量的人力和物力。

② 基础任务涵盖了诸如分词、词性标注、句法分析和语义分析等领域。这些任务通常不直接面向最终用户，但在语言学研究中具有重要价值，并为高层次的应用任务提供必要的特征支持。

③ 应用任务则包括信息抽取、情感分析、问答系统、机器翻译和对话系统等，这些任务可以直接作为产品服务于终端用户。

④ 应用系统特指 NLP 技术在特定领域的综合应用，有时也被称为"NLP+"，即自然语言处理技术结合具体的行业应用。例如，在智能教育领域，可以运用文本分类和回归技术实

现主观题目的自动化评分，从而帮助教师减轻负担，提高教学效率；在智慧医疗领域，NLP 技术可以辅助医生追踪最新的医学文献，并支持患者进行初步的自我诊断；而在智能司法领域，NLP 技术可以通过阅读理解和文本匹配等手段实现自动判决、案例检索以及法律条款推荐等功能。总的来说，任何涉及文本理解和生成的领域，自然语言处理技术都能发挥重要作用。

9.2.3 任务类别

尽管自然语言处理任务种类繁多，初学者或许会觉得难以把握其脉络，但实际上，这些看似复杂的任务基本上可以归纳为回归、分类、匹配、解析或生成五大类问题之一。

1. 回归问题

此类问题涉及将输入文本映射到一个连续值域。例如，在学术论文质量评估中，可以将论文的质量量化为一个分数；或者在房地产市场分析中，根据房源描述预测房产的价格区间。

2. 分类问题

又称文本分类，其核心在于判定输入文本所属的类别。例如，在新闻分类任务中，可以将一篇报道归类为"国际""科技"或"体育"等类别；而在客户满意度调查中，客户的反馈可以被分为"满意""不满意"或"中立"三种态度。

3. 匹配问题

这类问题关注的是判断两段输入文本之间的关系。例如，可以判断两篇科技论文是否讨论了相同的研究主题，或者是否属于"重复"与"非重复"两类；此外，还可以评估两者间的逻辑关系，如是否"支持""反驳"或"无关"。另外，识别两段文本的相似程度（通常用 0 到 1 之间的数值表示）也属于匹配问题的范畴。

4. 解析问题

特指对文本中的词汇进行标注或识别词汇间的关系。典型的解析问题包括词性标注、句法分析等。此外，还有许多任务如分词、命名实体识别等，也可以被视为解析问题的不同表现形式。

自然语言处理主要包括以下任务。

（1）分词

示例：

- 输入句子：`"我爱自然语言处理。"`
- 分词结果：`["我","爱","自然","语言","处理"]`

分词是将文本划分为单独的词语或标记。对于中文，由于缺乏空格分隔，分词的准确性依赖于算法，如基于字典的最长匹配法或统计方法。

（2）词性标注

示例：

输入句子：`"我爱自然语言处理。"`

- 词性标注结果：`[("我","代词"),("爱","动词"),("自然","形容词"),("语言","名词"),("处理","动词")]`

词性标注是为每个词分配其对应的词性标记。常用的标记包括名词、动词、形容词等，这对理解句子结构和语义非常重要。

（3）消歧

示例：

输入句子："姚明的粉丝都喜欢看他打球。"

消歧结果："球"→"篮球"

> **说明：** 在这个例子中，"球"可以指篮球、足球、排球等多种含义，但通过上下文"姚明"可以判断其含义为"篮球"。

（4）命名实体识别

示例：

－输入句子：`"苹果公司在美国加州成立。"`

－NER 结果：`[("苹果公司","ORG"),("美国","GPE"),("加州","GPE")]`

命名实体识别是识别文本中具有特定意义的实体，如人名、地名、组织名等。在该例中，识别出"苹果公司"为组织名（ORG），"美国"和"加州"为地理位置（GPE）。

（5）句法分析

示例：

－输入句子：`"我爱自然语言处理。"`

－句法分析结果：

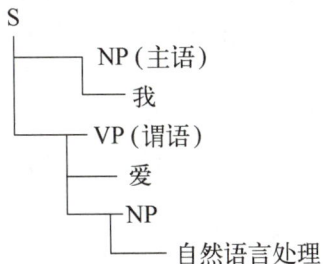

```
S
├── NP（主语）
│    └── 我
└── VP（谓语）
     ├── 爱
     └── NP
          └── 自然语言处理
```

句法分析是分析句子的结构，确定词语之间的关系。它可以生成树状结构，展示主语、谓语、宾语等成分的层次关系。这在理解句子意义和进行后续处理时非常重要。

（6）生成问题

此类任务专注于依据输入（输入可以是文本，也可以是图片、表格等形式的数据）生成一段自然语言。例如，将一份天气预报数据转换为自然语言描述；或者在旅游景点介绍中，根据景点的照片自动生成景点描述等，均属典型的文本生成类任务。

通过这样的分类体系，我们可以更加清晰地理解并解决自然语言处理中的各种复杂问题，促进该领域技术的持续进步与发展。

9.2.4　任务总结

自然语言处理的研究可以分为基础算法研究和应用技术研究两大类。前者进一步细分为自然语言理解和自然语言生成两大方向。从处理的语言单位角度来看，涵盖了从单个字符、词汇、短语、句子、段落到整个篇章的不同粒度，如图 9-3 所示。而从语言学的研究角度来看，则涉及了形态学、语法学、语义学、语用学等多个层面。鉴于当前大多数 NLP 算法采用了基于机器学习的方法，因此在特定的 NLP 任务中，往往会采用有监督学习、无监督学习、半监督学习或强化学习等不同的机器学习策略来进行构建。因此，NLP 研究不仅与语言学紧密相关，也与机器学习领域交织在一起，导致其研究内容广泛且学科交叉性强。

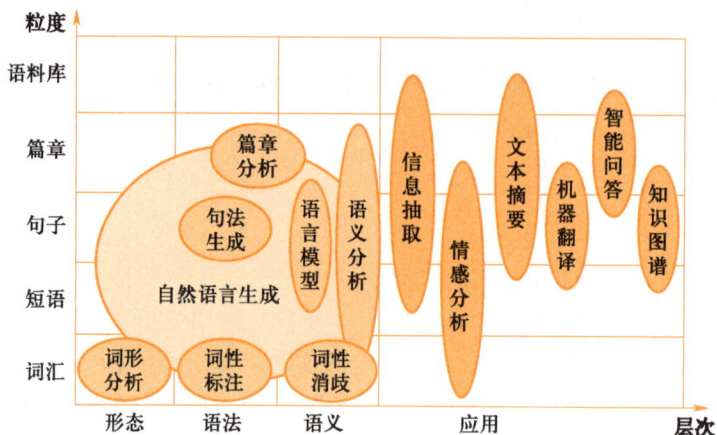

图 9-3 自然语言处理层次与粒度

自然语言处理与语言学有着密不可分的联系，语言学的研究可以划分为形态学、语法、语义和语用等多个层面。形态学主要探讨单词的内部结构及其构成方式；语法则侧重于研究句子、短语和词汇等语法单位的结构规律及其语法意义；语义学关注语言的意义，旨在揭示有关意义的知识体系；而语用学则从使用者的角度出发，探讨在特定上下文中语言是如何被理解和使用的。在实际的 NLP 任务中，这几个层面的问题通常是相互关联的，无法完全割裂开来。例如，语法结构的分析需要词汇形态学的支持，同时语法结构也会影响词汇的形式；语法结构与语义之间也相互交织，而上下文环境则对语义的理解至关重要。因此，许多 NLP 任务并不是孤立存在的，但由于任务处理难度的考虑，通常在处理不同层面的任务时会采取独立处理的方法。

从 NLP 研究内容的复杂度来看，形态学、语法学、语义学到语用学的难度是逐步增加的。当前基于机器学习特别是深度学习的 NLP 算法主要聚焦于形态学、语法和语义三个层面。尽管如此，在现有处理框架下，语义层面的一些任务仍然较为难以突破，而语用层面的任务更是复杂，相关研究相对较少。这些现状反映了 NLP 研究领域面临的挑战及其未来发展的方向。

自然语言处理在词汇粒度下的研究内容主要包括词形分析、词性标注以及词义消歧，这些研究分别针对单词的形态、语法属性及其语义展开。词形分析关注词汇的形态变化，如单数与复数、动词时态等；词性标注则是确定词汇在句子中的语法功能，如名词、动词等；而词义消歧则致力于解决一词多义的问题，确保在特定上下文中词汇的确切含义。

句法分析则主要针对句子层面，依据语法规则对句子进行结构分解，以识别句子中各成分之间的关系，包括主谓宾结构、修饰关系等。篇章分析的核心在于考察篇章的连贯性和衔接性，它不仅涉及篇章级别的语法结构，还包含了对篇章整体语义的理解。

语义分析则是一个更为综合的任务，它涵盖了从词汇、短语、句子到整篇文章各个层次上的意义理解。语义分析的目的在于捕捉语言表达的真实含义，确保机器能够准确理解人类语言的意图。

语言模型则主要关注句子级别的语言生成与理解，但也包含了对短语乃至篇章级别的研究。语言模型的任务是预测给定上下文后一个词汇出现的概率，从而帮助理解或生成连贯的文本。

自然语言生成研究则致力于利用常识、逻辑和语法规则来自动生成文本，它同样覆盖了形态、语法和语义层面，并且涵盖了从短语到篇章等多个层次的任务。自然语言生成不仅需要考虑语法正确性，还要确保生成的文本符合逻辑，易于理解。

在自然语言处理的基础研究之上，诸如信息抽取、情感分析、文本摘要、机器翻译、智能问答、对话系统等应用任务则围绕着 NLP 的应用展开。这些任务处理的语言单元根据各自的特点有所不同，信息抽取可能关注关键词汇或短语；情感分析则侧重于理解文本中的情感倾向；文本摘要有赖于对整篇文章的理解；机器翻译需跨越语言边界传递意义；智能问答系统需要准确回答问题；而对话系统则需维持对话的连贯性和自然性。

通过这些多层次、多角度的研究与应用，自然语言处理技术得以不断发展，为实现更高效、更智能的人机交互奠定了坚实的基础。

9.2.5　自然语言处理的基本范式

自然语言处理的基本范式经历了从理性主义到经验主义，再到深度学习的三个重要历史阶段，如图 9-4 所示。在这个过程中，逐渐形成了几种主要的研究范式：基于规则的方法、基于机器学习的方法以及基于深度学习的方法。这些范式大致对应了 NLP 不同发展阶段的重点。

图 9-4　自然语言处理范式历史演进

基于规则的方法是在早期理性主义阶段的产物。这种方法依赖专家手工编写规则来处理语言，适用于那些规则明确、结构清晰的语言任务。其优点在于逻辑清晰、可解释性强，但缺点是扩展性和灵活性较差，难以应对复杂多变的语言现象。基于机器学习的方法随着经验主义的兴起而得到广泛应用。这种方法通过统计模型从大量标注过的数据中学习规律，适用于处理那些规则不够明确或过于复杂的任务。相较于基于规则的方法，基于机器学习的方法在灵活性和泛化能力上有显著优势，但其模型的可解释性相对较弱，并且需要大量的标注数据来训练。基于深度学习的方法近年来成为 NLP 研究与应用的主要趋势。这种方法利用深层神经网络的强大表征学习能力，能够在不需人工特征工程的情况下处理复杂的语言任务。深度学习模型在许多 NLP 任务的标准评测集中的表现超越了传统的机器学习模型，甚至达到了或接近人类的水平。然而，深度学习模型也存在一些缺点，如对大量数据和计算资源的需求较高，以及模型的可解释性较差等。

需要注意的是，尽管上述三种范式按时间顺序发展，且在多数情况下基于深度学习的方法在标准评测集中的表现优于基于机器学习的方法，而后者又优于基于规则的方法，但这并不意味着在所有应用场景中都是如此。实际上，在选择具体方法时，需要根据任务的特点、计算资源的限制、对模型可控性的需求以及对结果可解释性的要求等因素进行综合考量。在某些情况下，混合使用多种范式的方法可能会取得更好的效果。

上述三种范式虽然在方法论上存在很大差异，但它们都有一个共同点：即需要针对特定任务进行定制化的构建。无论是基于规则的方法、基于机器学习的方法还是基于深度学习的方法，面向不同的任务，都需要按照各自的范式来构建数据集、设计模型架构等。由此构建的算法或系统往往只能处理特定的任务，即便是在机器学习和深度学习范式下，哪怕只是对模型的预测目标进行细微调整，通常也需要重新训练整个模型。在机器学习和深度学习范式中，对于未知任务的零样本学习（zero-shot learning）能力鲜有讨论和研究。这意味着现有的模型在面对未见过的任务时，难以实现有效的泛化。随着 2022 年 11 月 ChatGPT 的发布，大模型展示出的强大的文本生成能力和对未知任务的泛化能力，预示着未来的自然语言处理研究范式可能会经历重大的变革。在这种背景下，大模型研究范式逐渐浮出水面，展现出其独特的潜力。大模型通过预先在海量数据上进行预训练，获得了广泛的语言理解和生成能力。这种预训练模型可以在不进行额外任务特定训练的情况下，适应多种不同的下游任务，表现出一定程度的零样本学习能力。大模型不仅能够处理已知的任务，而且在面对新任务时，通过少量示例或提示，就能够生成合理的输出。大模型的研究范式正在成为 NLP 领域的一个重要发展方向，其特点是通过大规模预训练来获取通用的语言能力，然后通过微调或提示工程来适应特定任务。这不仅提高了模型的泛化能力，还减少了针对每个新任务重新训练模型的需要，从而降低了成本和时间消耗。随着技术的进步，大模型有望进一步推动自然语言处理领域的创新和发展。

1. 基于规则的方法

基于规则的自然语言处理方法的核心思想是通过制定详尽的规则来引入语言学知识，以完成相应的自然语言处理任务。这种方法在自然语言处理的早期阶段受到了极大关注，包括机器翻译在内的许多任务都是通过这种方式来实现的。即便在今天，仍有大量的系统在使用基于规则的方法。

基于规则的方法的基本流程如图 9-5 所示，主要包括以下几个步骤。

① 数据构建：收集和整理用于规则构建和验证的数据集。这些数据集通常需要反映语言使用的实际情况，以便从中提取有效的规则。

② 规则构建：根据语言学原理，由专家设计和编写规则。这些规则需要详细描述语言结构、词汇用法等方面的特点。理想情况下，规则应当具有足够的灵活性，以便语言学家在不熟悉编程的情况下也能方便地将其知识转化为计算机可以执行的形式。

③ 规则使用：通过规则引擎来解释和执行这些规则。规则引擎负责高效地解析大量人工定义的规则，并针对输入数据进行解释执行，以完成特定任务。这种方式使得语言学家无须编写复杂的代码即可实现规则库的构建和应用。

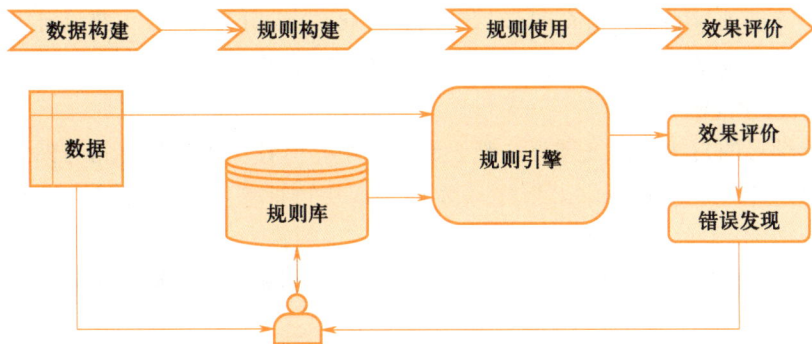

图 9-5　基于规则的自然语言处理算法基本流程

④ 效果评价：评估规则系统的效果，包括准确性、覆盖率等指标。根据评估结果，可以对规则进行调整和优化，以提高系统的性能。

基于规则的方法的关键在于规则的形式定义，其目标是让语言学家能够在不了解计算机程序设计的情况下，也能轻松地将专业知识转换为规则。这就要求规则描述不仅要详细，而且要足够灵活，易于理解和使用。规则引擎的设计目的是高效地处理这些人工定义的规则集，使其能够针对输入数据进行准确的解释和执行，从而完成指定的任务。通过这种方式，语言学家可以专注于规则的设计与完善，而无须过多关注技术实现细节。

常见的规则形式包括产生式、框架、自动机、谓词逻辑、语义网等。例如，产生式规则通常以 "IF-THEN" 形式构造，表示如果满足一定条件，则执行相应的操作。以一个简单的文本处理任务为例，可以构造如下规则库。

IF 输入文本中包含 "明天" THEN 输出文本为 "Tomorrow"。

IF 输出文本为 "Tomorrow" THEN 使用 "will" 作为助动词。

IF 输入文本中包含 "苹果" AND 没有量词修饰 THEN 输出文本为 "apples"。

在条件判断中，还可以结合正则表达式来增强规则的泛化能力。例如，可以构造如下的规则来处理日期转换。

IF 输入文本中包含模式 "2024 年 10 月 16 日" THEN 输出文本为 "October 16, 2024"。

IF 输入文本中包含模式 "2024 年 10 月" THEN 输出文本为 "October 2024"。

基于规则的方法在某种程度上是在尝试模拟人类完成某个任务时的思维过程。这类方法的主要优点是直观、可解释、不依赖大规模数据。利用规则所表达的语言知识具有一定的可读性，不同的人之间可以相互理解。规则分析引擎通过规则库所得到的分析结果也具有良好的解释性。所使用的规则可以作为系统做出判断的依据。规则库的构建可以完全不依赖于大规模的有标注数据，而是基于人类的背景知识进行构建。

然而，基于规则的方法也有明显的缺点，主要包括覆盖率低、大规模规则构建代价大以及难度高等。人工构建规则可以较为容易地处理常见现象，但对于复杂的语言现象难以全面描述。由于语言现象的复杂性，使得基于规则的方法整体覆盖率难以达到很高的水平。当规则库达到一定规模后，维护变得困难，新增加的规则与已有规则容易发生冲突。不同人在解决同一问题时可能存在不同的思路，这也导致了大规模规则库中规则的不一致性，进一步增加了维护难度。尽管基于规则的方法因其直观性和可解释性在某些场景下仍然有用武之地，但它也面临着在处理复杂语言现象时的局限性。这些局限性促使研究人员转向其他范式，如基于机器学习和深度学习的方法，以寻求更高效的解决方案。

2. 基于机器学习的方法

基于机器学习的自然语言处理算法绝大部分采用有监督分类算法，将自然语言处理任务转化为某种分类任务，在此基础上根据任务特性构建特征表示，并构建大规模的有标注语料，完成模型训练。

它的基本流程如图9-6所示，通常分为四个步骤：数据构建、数据预处理、特征构建以及模型学习。

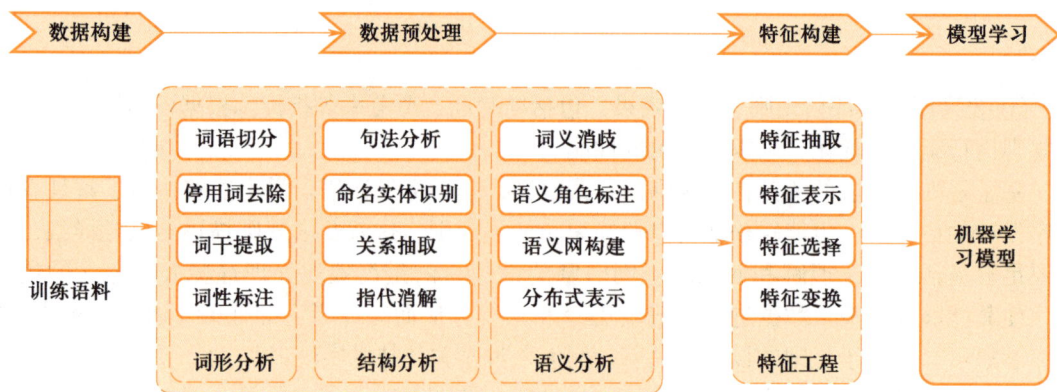

图9-6　基于机器学习的自然语言处理算法基本流程

① 数据构建阶段：数据构建阶段的主要工作是根据任务需求构建训练语料，即构建语料库。随着自然语言处理研究的不断进展，很多任务已经有了公开的基准测试集合，可以方便地用于模型训练及模型间的横向对比。对于那些没有公开数据的任务，可以采用人工标注的方法来构建训练语料。

② 数据预处理阶段：数据预处理阶段的主要工作是利用自然语言处理的基础算法对原始输入进行处理，从词汇、句法、结构、语义等多个层面进行分析，为特征构建提供基础。根据不同语言和任务的特点，采用不同的模块和流程。例如，对于汉语，通常需要进行分词；而对于英语，则通常需要进行词干提取和单词的规范化。在此基础上，还可能需要进行词性标注、句法分析、语义角色标注等工作。

③ 特征构建阶段：特征构建阶段的主要工作是针对不同任务从原始输入、词性标注、句法分析、语义分析等结果和数据中提取对机器学习模型有用的特征。例如，在属性级情感倾向分析任务中，需要根据目标属性，从句法分析结果中提取该属性在对应句子中的评价词等信息。特征定义通常由人工完成，根据经验选取适合的特征，这项工作被称为特征工程。由于针对自然语言任务构建的特征通常具有高维度且非常稀疏，因此还需利用特征选择算法来降低特征维度。此外，也可以通过特征变换，如主成分分析（PCA）、线性判别分析（LDA）、独立成分分析（ICA）等方法，根据人工设计的准则进行有效特征提取。

④ 模型学习阶段：模型学习阶段的主要工作是根据任务选择合适的机器学习模型，确定学习准则，并采用相应的优化算法来训练模型参数。机器学习模型种类繁多，可以从不同维

度分为：分类模型、回归模型、排序模型、生成式模型、判别式模型、有监督模型、无监督模型、半监督模型、弱监督模型等。根据任务目标及特性选择适合的模型。

学习准则是机器学习模型中非常重要的一部分，它帮助模型评估自己的表现。常见的学习准则有以下几种。

① 0-1 损失函数：这是最简单的损失函数。它只关心模型的预测是否正确。如果预测正确，损失为 0；如果预测错误，损失为 1。适用于二分类问题。例如，在判断一封邮件是否是垃圾邮件时，如果模型判断正确，损失为 0；如果判断错误，损失为 1。

② 平方损失：平方损失函数计算预测值与实际值之间差异的平方。差异越大，损失越高。这种方法对较大的错误给予了更高的惩罚。常用在回归问题中，比如预测房价时，预测价格与实际价格的差异越大，损失越高。

③ 交叉熵损失：交叉熵损失用于评估分类模型的表现，特别是在多类别分类中。它衡量的是模型预测的概率分布与真实分布之间的差异，值越小表示模型越准确。在图像分类中，比如识别猫和狗，如果模型预测猫的概率为 0.8，狗的概率为 0.2，而实际是猫，那么交叉熵会惩罚模型。

④ Hinge 损失：常用于支持向量机（SVM）。Hinge 损失关注的是预测结果是否在正确的"边界"之外。它会惩罚那些不在正确边界的预测，尤其是错误分类的样本。在二分类问题中，如果一个样本被错误分类，Hinge 损失会给予更大的惩罚，从而推动模型更好地学习。

为了让模型学习得更好，还需要选择合适的优化算法来调整模型参数。常见的优化算法包括以下几种。

① 梯度下降：梯度下降是一种优化算法，通过计算损失函数相对于模型参数的梯度（即变化率），来逐步调整参数以最小化损失。简单来说，就是朝着损失最小的方向前进。在训练神经网络时，模型会根据当前参数的梯度不断调整权重，直到找到最佳参数。

② 牛顿法：牛顿法是一种利用二阶导数（Hessian 矩阵）来寻找函数最小值的优化方法。它比梯度下降收敛更快，因为它考虑了曲率信息。通常用于需要高精度优化的问题，但计算复杂度较高，适合小规模数据。

③ 拟牛顿法：拟牛顿法是牛顿法的一种改进，旨在减少计算 Hessian 矩阵的复杂度。它通过近似 Hessian 矩阵来加速优化过程。适用于中等规模问题，能够在保持较快收敛的同时降低计算成本。

④ 随机梯度下降：随机梯度下降是梯度下降的一种变体，每次迭代只使用一小部分数据（一个样本或一个小批量）来更新模型参数。这种方法计算速度更快，可以更快找到最优解。在大规模数据集上训练模型时非常有效，因为它减少了每次更新所需的计算量，使得模型能够快速学习。

从图 9-6 可看出，基于机器学习方法的自然语言处理算法需要针对任务构建大规模训练语料，以人工特征构建为核心，利用自然语言处理基础算法对原始数据进行预处理，并选择合适的机器学习模型、确定学习准则以及采用相应的优化算法。在整个流程中，需要人工参与和选择的环节较多，从特征设计到模型选择、优化方法以及超参数的设置，这些选择非常依赖经验和直觉，缺乏有效的理论支持。因此，基于机器学习的方法需要在特征工程上投入大量的时间和工作。开发一个自然语言处理算法的主要时间消耗在数据预处理、特征构建以及模型选择和实验上。

3. 基于深度学习的方法

深度学习方法通过构建具有一定"深度"的模型，将特征学习与预测模型融合起来，通过优化算法使模型自动学习出良好的特征表示，并基于此进行结果预测。基于深度学习的自然语言处理算法基本流程如图 9-7 所示。与传统机器学习算法的流程相比，基于深度学习的方法流程大大简化，通常仅包含数据构建、数据预处理和模型学习三个部分。同时，在数据预处理方面也大幅简化，只需要非常少量的模块。甚至目前很多基于深度学习的自然语言处理算法可以完全省略数据预处理阶段，对于汉语可以直接使用汉字作为输入，无须提前进行分词；对于英语也可以省略单词的规范化步骤。

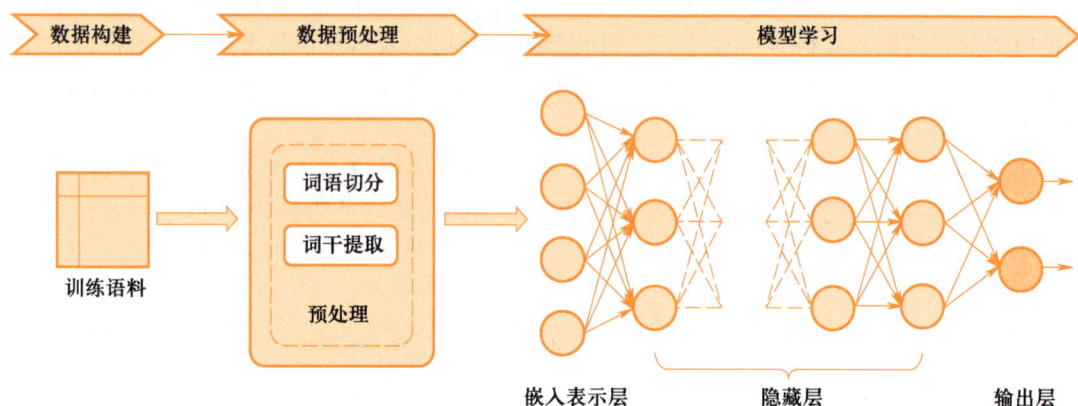

图 9-7　基于深度学习的自然语言处理算法基本流程

深度学习通过多层的特征转换，将原始数据转换为更抽象的表示。这些学习到的表示可以在一定程度上完全替代人工设计的特征，这一过程被称为表示学习。与基于特征工程的方法通常采用的离散稀疏表示不同，表示学习的关键在于构建具有一定深度的多层次特征表示。随着深度学习研究的不断深入和计算能力的快速发展，模型的深度从早期的 5 到 10 层增加到如今的数百层。随着模型深度的不断增加，其特征表示能力也不断增强，从而使得深度学习模型中的预测部分更加简单，预测也更加容易。

自 2018 年 ELMo 模型提出之后，基于深度学习的自然语言处理范式进一步演进为预训练与微调相结合的范式。首先利用自监督任务对模型进行预训练，通过海量语料学习到更为通用的语言表示，然后根据下游任务对预训练网络进行调整。这种预训练范式在几乎所有自然语言处理任务上都表现非常出色。预训练模型在模型网络架构上可以采用 LSTM、Transformer 等具有较好序列建模能力的模型，预训练任务可以采用语言模型、掩码语言模型（masked language model）、机器翻译等自监督或有监督的方式，还可以引入知识图谱、多语言、多模态等扩展任务。

4. 基于大语言模型的方法

大规模语言模型（large language models，简称大模型）是指拥有庞大参数量的语言模型。自 2018 年起，以 BERT、GPT 为代表的预训练语言模型相继推出，并在各种自然语言处理任务上取得了卓越的成果。此后，语言模型的规模持续扩大，例如，2020 年 OpenAI 发布的 GPT-3 模型的参数量达到了 1 750 亿，而 Google 发布的 PaLM 模型的参数量更是达到了 5 400 亿。这种规模的语言模型难以再沿用先前针对不同任务进行预训练后再微调的范式。因此，研究人员开始探索使用提示词（prompt）模式来完成各类自然语言处理任务。随后又提出了指令微调（instruction fine tuning）方案，将多种不同类型的任务统一到一个生成式的自然语言理解框架，并构造相应的训练语料进行微调。2022 年，ChatGPT 所展现出来的通用任务理解和未知任务泛化能力，预示着未来自然语言处理的研究范式可能会发生进一步的变化。

如图 9-8 所示，基于大模型的自然语言处理流程转换为三个主要步骤：大规模语言模型构建、通用任务能力注入以及特定任务使用。

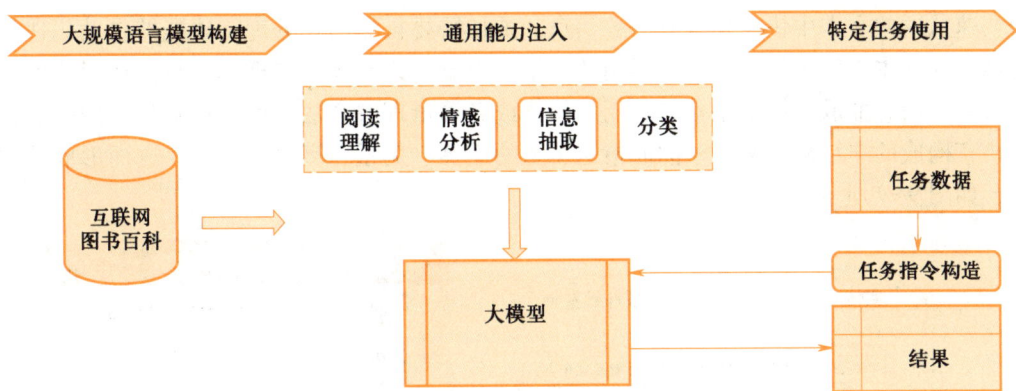

图 9-8　基于大模型的自然语言处理算法基本流程

① 大规模语言模型构建阶段：通过大量的文本内容训练模型，使其具备处理长文本的能力，从而使模型具备语言生成能力，并获得隐式的世界知识。由于模型参数量和训练数据量都非常庞大，普通服务器单机无法完成训练过程，因此需要解决大模型的稳定分布式架构和训练问题。

② 通用能力注入阶段：利用包括阅读理解、情感分析、信息抽取等现有任务的标注数据，结合人工设计的指令词对模型进行多任务训练，从而使模型具备较好的任务泛化能力，能够通过指令完成未知任务。

③ 特定任务使用阶段：由于模型已经具备了通用任务能力，因此只需根据任务需求设计任务指令，并将任务中需要处理的文本内容与指令相结合，就可以利用大模型得到所需的结果。

如果这种范式在多种任务上都能达到目前基于预训练微调范式的效果，那么这将使自然语言处理产生质的飞跃。它突破了传统自然语言处理需要针对不同任务进行设计和训练的瓶颈，使得任务可以不需要预先给定，仅依赖少量任务特定的标注数据，甚至完全不依赖任何任务的有监督数据就能得到相应结果。

9.3　自然语言处理的应用

9.3.1　信息抽取

信息抽取的目标就是从非结构化的文本内容中提取特定的信息。信息抽取并不试图对全文进行理解，仅针对任务需求从篇章中抽取特定信息。信息抽取的应用广泛，在阅读理解、机器翻译、知识图谱等任务中都发挥着非常基础和重要的作用。

海量的文本内容提供了人们丰富的信息获取的可能，但是面对如此众多的内容，人们也难以快速从这些文本中快速发现所需的信息。迫切需要自然语言处理算法能够自动化地从这些无结构的文本中发现特定信息。通用的句子和篇章的语义表示和理解，目前还远达不到实用的阶段。信息抽取目标不是构建通用的句子或者篇章理解方法，而是针对特定的需求，从自然语言构成的非结构化文本中抽取指定类型的实体、关系、事件等信息，进而形成结构化数据，如图 9-9 所示。

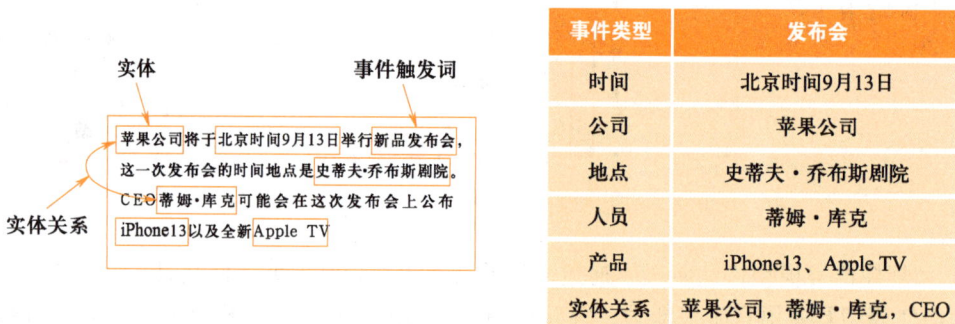

事件类型	发布会
时间	北京时间9月13日
公司	苹果公司
地点	史蒂夫·乔布斯剧院
人员	蒂姆·库克
产品	iPhone13、Apple TV
实体关系	苹果公司，蒂姆·库克，CEO

图 9-9　非结构化文本信息抽取样例

信息抽取技术属于知识技术中知识发现的范畴，它突破了信息检索中必须由人来阅读、理解、抽取信息的局限性，实现了信息的自动查找、理解和抽取。信息抽取模型可以极大地促进下游自然语言处理任务性能的提高。实体、关系、事件作为文本中重要的语义知识，可以为信息检索、知识图谱、问答系统等提供基础支撑。例如，实体及关系可以改善系统检索文档的相关度，并提高检索系统的召回率和准确率；实体、关系及事件等是知识图谱的基本元素；实体与关系可以支持问答系统对文本中的关键信息做出更准确的分析，给出更精确、更简洁的短语级的答案。因此信息抽取也是自然语言处理任务中重要的研究方向和底层任务。

一般来说，信息抽取系统的处理对象是自然语言文本，尤其是非结构化文本。但从广义上讲，除了电子文本以外，信息抽取系统的处理对象还可以是语音、图像、视频等其他媒体类型的数据。

信息抽取主要聚焦三个任务：命名实体识别、关系抽取和事件抽取。

1. 命名实体识别

命名实体是指具有特定意义的实体，主要包括人名、地名、机构名、专有名词等。命名实体识别的目标就是从文本中抽取出这些具有特定意义的实体词。命名实体识别一般包含两个步骤，分别是实体边界判断和实体类别判断。其中实体边界判断是为了确定实体字符串在非结构化文本中的开始位置和结束位置，而实体类别的判断则是为了判断该字符串对应的实体类型。

例如：两江师范学堂诞生于 1906 年，是清朝两江总督在南京地区所办的一所师范学堂。

其中"两江师范学堂"是机构名，"南京"是地名，"1906"是时间。

命名实体识别算法的主要难度在于处理歧义和未登录词问题。歧义问题是指同一个名称可以指代不同类型的实体。

例如：南京市长江大桥欢迎您。

上句中主语是南京市长（江大桥）还是南京市长江大桥存在歧义，需要根据上下文对实体的类别进行判断。未登录词问题与中文分词中定义一致，也是指在训练语料中没有出现或者词典当中没有，但是在测试数据中出现的实体。命名实体在语言中通常表现出表达随意、用法复杂、形式多变等特点，未登录词问题相较于中文分词更加严重。

命名实体从表现形式还可以进一步分为两种类型：非嵌套命名实体和嵌套命名实体。非嵌套命名实体就是普通的命名实体，每个单词只对应一个标签。嵌套命名实体是指实体中存在嵌套的情况，每个单词可能对应若干标签。

2. 关系抽取

关系抽取旨在从无结构文本中识别两个或多个实体之间的语义关系，是信息检索、智能问答、人机对话等应用系统中不可或缺的基础任务，也是知识图谱构建所依赖的关键技术之一。

两个实体间的关系可以用<Head, Relation, Tail >三元组进行表示，其中 Head 和 Tail 分别表示头实体和尾实体，Relation 表示实体之间的关系类型。如果考虑多实体关系以及关系之间的重叠，关系类型将更加复杂。面对如此庞大且不断增长的关系类型，目前大多数基于有监督方法的关系抽取任务通常根据应用的不同，构建特定领域的关系抽取模型，从而大幅度降低了模型的复杂程度。但是在处理不同领域任务时，需要重复进行关系类型定义、标注数据收集、模型训练等环节，这在一定程度上制约了关系抽取算法的通用性。此外，描述实体之间关系的语言丰富，形式也多种多样，进一步增加了关系抽取任务的难度。

例如：

① 天安门位于北京。

② 北京热门景点含：天安门、天坛、奥体公园等。

上述两个句子都表明了"天安门"和"北京"之间存在"位于"关系，但是其表达形式之间的差别却非常大，如何能够建模这种长距离、丰富内容且形式变化多样的语义关系是关系抽取算法迫切需要解决的难题。

3. 事件抽取

事件抽取的目标是从文本中发现特定类型事件，并抽取该事件所涉及的时间、地点、人物等元素。事件抽取任务可以为问答系统、文本摘要以及各类语言理解任务提供有效的结构化信息。根据美国国家标准技术研究所（NIST）组织的 ACE（automatic content extraction）项目给出的定义，事件由事件触发词（trigger）以及事件论元（argument，也称事件元素）组成。

例如：2024 年巴黎奥运会（Olympic Games Paris 2024）是第三十三届夏季奥林匹克运动会，将于 2024 年 7 月 26 日至 8 月 11 日在法国巴黎的多座场馆举行。

事件类型：体育赛事

触发词：举行

赛事名称：第三十三届夏季奥林匹克运动会

时间：2024 年 7 月 26 日至 8 月 11 日

地点：法国巴黎

上例中，触发词为"举行"，赛事名称、时间、地点等都是"体育赛事"事件的事件论元。根据事件信息是否预先定义，事件抽取可分为限定域事件抽取和开放域事件抽取两种类型。

9.3.2　机器翻译

机器翻译（machine translation，MT）就是利用计算机程序实现语言间自动化、程序化转换的一种技术形式。这一领域不仅触及语言结构的表层对应，更深入触及文化语境、情感表达及人类创造力的多维度映射，尤其在文学与诗歌翻译中，其复杂性和艺术性尤为凸显，体现了人文精神的深邃与多元。然而，当前机器翻译的主流研究方向与实践应用，更多聚焦于满足日常交流、商务沟通、信息检索等实用性需求。

机器翻译的发展轨迹深刻地映射了自然语言处理领域的演进历程，其研究与实践大致经历了三个关键性的转型阶段：基于规则的机器翻译、基于统计的机器翻译以及基于神经网络的机器翻译。

机器翻译历经数十载的演进，特别是在深度神经网络的赋能下，其性能已显著提升，在特定情境下，机器翻译的效果已趋近于人工翻译的水准。然而，在开放且多变的现实环境中，机器翻译的表现仍不足以直接取代人工翻译。据机器翻译权威评测 WMT21 的数据，即便是在新闻翻译这一相对规范的领域，最优的中文至英文翻译系统也仅获得了约 75 分（满分 100 分）的评分，彰显了机器翻译全面超越人工翻译之路的漫长与艰辛。

以张爱玲女士对某经典文学片段的译文为例，原文如下（此处为示例文本，非张爱玲实际译文）：

原文：Life is not a journey to the grave with the intention of arriving safely in a pretty and well-preserved body, but rather to skid in broadside, thoroughly used up, worn out, and proclaiming loudly that I have lived.

机器翻译结果：生活不是一场安全抵达美丽且完好身体的坟墓之旅，而是一次彻底耗尽、磨损殆尽、大声宣告我曾活过的侧翻之旅。

张爱玲风格译文（模拟）：生活不是为了安全抵达那装饰华美的坟墓，而是在旅途中尽情驰骋，直至精疲力竭、满身伤痕，依然大声宣告——我曾热烈地活过。

对比可见，机器翻译虽在词汇与语法层面展现出了一定的准确性，甚至能处理某些较为复杂的句式结构，但其在整体意义的连贯性、词汇的精准搭配以及风格的传达上，仍与人工翻译的"信、达、雅"标准相去甚远。在上述例子中，机器翻译的句子虽语法无误，但语义的流畅性与表达的深度显然不足。当然，此例难度较大，多数人工翻译亦难以企及。相比之下，新闻翻译则相对简单，机器翻译在处理互联网上海量的新闻与短消息时，展现出了无可比拟的高效性。

尽管机器翻译在特定场景下已取得了显著成效，但仍面临诸多挑战。

① 自然语言的高度复杂性。自然语言以其高度的复杂性、概括性及动态性著称，且持续演化。即便深度神经网络模型的参数量已高达 1.75 万亿，相较于自然语言的复杂程度，仍显不足。以语言模型为例，若以《新华字典》的词条数为基础（假设为 10 万词条），句子长度设为 20 词，则所需参数量将是一个天文数字。此外，语言的动态发展，如"AI"一词从最初指代人工智能领域的技术概念，到逐渐融入日常语境，均对模型的大规模参数空间建模与持续学习能力提出了严峻挑战。

② 翻译结果的可解释性缺失。当前机器翻译算法多采用数据驱动的方法，模型通常不具备可解释性。这意味着，尽管机器翻译能给出翻译结果，甚至效果良好，但其翻译过程与人的理解过程大相径庭。机器翻译的目标仅在于优化人工定义的目标函数，导致人们难以理解其翻译过程，无法对算法进行解释。

③ 翻译结果评测的难题。语言具有极大的灵活性与多样性，同一句话可能存在多种翻译方式。机器翻译性能的评测可采用人工评测与半自动评测方法。人工评测虽准确，但成本高昂。半自动评测虽能快速给出结果，但其与人工评测的一致性尚待提升。对于语义相同但用词差异较大的句子，其判断本身就是自然语言处理领域的难题。如何有效评测翻译结果，是机器翻译任务面临的又一挑战。

9.3.3　情感分析

情感分析又称观点挖掘，其目标在于从文本中提取和分析人们对某个主题或对象的评价、意见或态度，也包括分析文本所表达的情绪信息。情感分析涉及多个研究领域，包括自然语言处理、数据挖掘和机器学习等。这一任务引起了大量研究者的兴趣，但相关术语较为复杂，因为不同研究方向虽有相似内容，但细微区别较多。

情感分类的目标是根据给定文本内容，识别文本所蕴含的情感或观点，并确定情感的类别或观点倾向性。例如：

① 这次活动真是令人印象深刻！主办方非常用心。

② 这座博物馆开放时间为上午 9 点至下午 5 点。

例句①是主观性句子，表达了观点；而句子②为客观性句子，没有表达任何情感或观点。

正负面情感分类，即判断情感是正面（褒义）、负面（贬义）或中性。例如：

① 这家商店的服务态度很好，环境也很舒适。

② 这个产品质量不佳，不值得购买。

③ 这个地方的交通情况一般。

句子①表达了正面情感，句子②表达了负面情感，句子③则为中性评价。值得注意的是，中性评价不等同于客观性文本，而是指情感既不明确倾向于正面也不倾向于负面。

情绪分类目标是根据文本内容判断其中表达的情绪类型，如快乐、愤怒、悲伤等情绪。例如：

① 她的微笑像阳光一样温暖人心。

② 他独自站在窗前，神情黯然。

句子①表达了愉悦的情绪，句子②则表达了悲伤的情绪。

情感信息抽取也称评价要素抽取，是指从文本中提取与情感相关的核心要素，如评价词、评价对象、观点持有者等。与情感分类任务相比，情感信息抽取能获得结构化的情感信息，并且与属性级情感分类密切相关。例如：

旅游点评：这个景点的风景非常美丽，但服务人员的态度有待提高。

① 评价对象抽取：评价对象抽取的目标是提取被评价的对象。本例中，"景点"和"服务人员"属于评价对象。

② 评价词抽取：评价词抽取是指从文本中提取用于表达评价的词汇。本例中，"美丽"和"有待提高"是评价词。

③ 评价搭配抽取：评价搭配抽取旨在识别评价对象和对应的评价词。本例中，<景点，美丽>和<服务人员，有待提高>是评价搭配。

④ 评价搭配极性判别：评价搭配极性判别的目标是判断评价搭配的情感极性。本例中，"景点"与"美丽"构成正面评价，"服务人员"与"有待提高"构成负面评价。

⑤ 观点持有者抽取：观点持有者抽取就是从文本中提取观点的持有者。本例中，点评的作者作为观点的持有者给出了上述评价。大多数情况下，观点持有者为文章的作者，尽管未必直接体现在文本中。如果文本引用了他人的观点，持有者则为引用的原作者。

9.3.4 问答系统

问答系统也称为 QA，致力于自动回应用户用自然语言提出的问题。自从 1950 年图灵测试被提出，实现自然语言的人机对话就成为一个持续追求的目标。在这一领域中，自动回答问题成为自然语言处理的关键研究领域，同时也是一个挑战。由于当前技术的限制，问答系统采用的技术策略因候选答案的来源和问题类型的不同而有所差异。近年来，随着深度学习技术的快速发展，尤其是大规模预训练模型的兴起，智能问答的研究取得了显著进展，对各种问题的回答能力也在不断提升。智能问答已经成为对话助手、智能客服、搜索引擎等系统中的关键组成部分。

智能问答系统旨在自动为用户提供他们用自然语言提出的问题的答案。例如，当用户在搜索引擎中询问"珠穆朗玛峰的海拔是多少？"时，系统能够直接提供"8848.86 米"的答案。随着智能设备的普及和语音识别技术的进步，智能对话助手已经成为人们日常生活中的一部分，这涉及用户使用自然语言提出的各种问题，对智能问答技术的需求也变得更加迫切。同时，得益于互联网尤其是 Web 2.0 的快速发展，大量的问答知识以文本、表格、问答对等形式存在于网络中。作为搜索引擎、对话助手、智能客服等系统的核心组件，智能问答受到了学术界和企业界的广泛关注。

2017 年，搜狗问答机器人汪仔在江苏卫视的问答节目《一站到底》中取得了成功，所使用的问答系统框架展示了非端到端问答系统的典型结构，如图 9-10 所示。

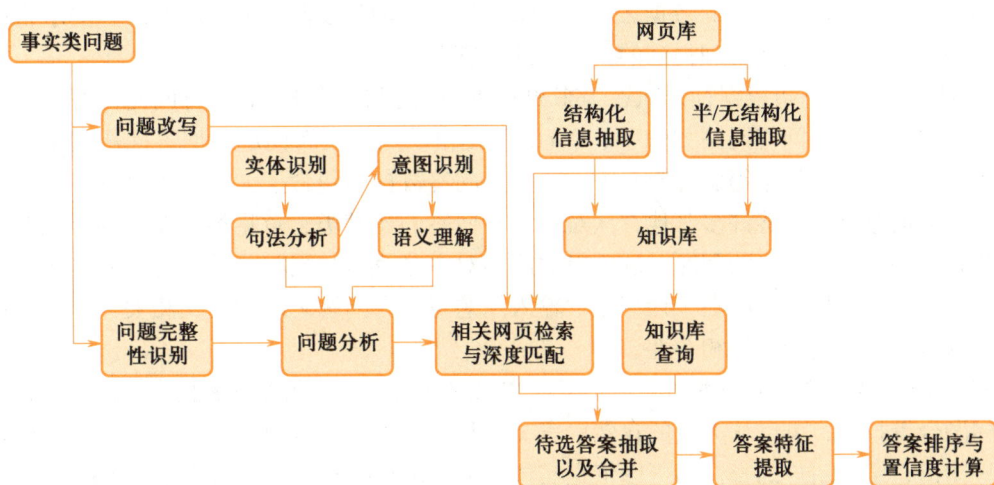

图 9-10　搜狗问答机器人汪仔问答系统结构图

根据不同的问题类型和答案来源，需要采取不同的策略来解决。问题大致可以分为以下七种类型：事实类、是非类、定义类、列表类、比较类、意见类和指导类。每种类型的问题都有其特定的问答示例，如表 9-2 所示。

表 9-2　各问题类型问答样例

问题类型	问　　题	答　　案
事实类	新中国成立于哪一年？	1949 年
是非类	北京是中国首都吗？	是
定义类	什么是人工智能？	人工智能是指通过计算机程序或机器来模拟、实现人类智能的技术和方法
列表类	彩虹有几种颜色？	红、橙、黄、绿、蓝、靛、紫
比较类	是 6 寸披萨大还是 8 寸披萨大？	根据面积的计算公式，8 寸披萨的面积大约是 6 寸披萨面积的 2 倍。因此，从面积上来看，8 寸披萨明显比 6 寸披萨大
意见类	你觉得仙林哪家烤肉比较好吃？	金鹰的西塔老太太和花味烤肉都很不错
指导类	如何把大象放进冰箱？	第一步把冰箱门打开，第二步把大象放进去，第三步把冰箱门关上

根据答案的来源，智能问答系统又可分为五大类：阅读理解、表格问答、社区问答、知识图谱问答和开放领域问答。

① 阅读理解，也称为机器阅读理解，是指根据一篇或多篇给定的文本内容回答特定问题。根据答案的类型，它可以进一步细分为完形填空、多项选择、片段抽取和自由作答 4 种形式。

② 表格问答，是指根据给定的表格数据生成问题的答案。表格通常由 M 行 N 列的数据

组成，第一行包含 N 个单元格作为表头信息。2015 年斯坦福大学发布的 WikiTableQuestions 数据集提供了问题及其对应的数据表格。2022 年，FeTaQA 数据集进一步升级，要求根据表格和问题生成需要归纳和推理得到的句子形式的答案。

③ 社区问答，是指根据社区问答等来源获得的<问题，答案>对进行问题回答。随着社交媒体的快速发展，问答网站如知乎、Quora 等提供了用户发布问题和回答问题的平台，并提供了点赞、关注、评论等多种交互方式。这些问答数据中包含了大量人工凝练和总结的高质量答案，能够有效回答许多其他方法难以自动回答的比较类、意见类以及指导类问题。社区问答系统根据用户输入的问题，从已有的问答对中寻找语义最相关的问答，并将相应的答案返回给用户。其核心问题在于计算用户输入问题与已有问题之间的语义相关性，以及用户输入问题与答案之间的语义相关性。

④ 知识图谱问答，是一种基于预定义的知识图谱来生成问题答案的技术。通过信息抽取和实体融合等技术，可以从大量的自然语言文本和表格数据中构建出大规模的知识图谱。利用这些图谱，结合用户的查询，可以依据实体和关系进行推理，从而回答相关问题。

⑤ 开放领域问答，则是指在不限定特定领域的情况下，通过大规模文档集合来回应事实性问题。这种问答系统通常包括两个主要环节：答案段落检索和答案抽取。IBM 的 Watson 系统就是一个采用开放领域问答架构的例子。它通过解析问题来生成检索词，然后根据这些词检索到相关的文档段落，对这些段落进行评估，并最终通过抽取技术确定答案。当前的开放领域问答系统往往结合了搜索和阅读理解技术，在通过传统搜索或语义搜索获得候选文档后，再利用阅读理解技术来提取最终的答案。这种技术在现代搜索引擎中得到了广泛应用，极大地提升了用户的搜索体验。

9.3.5 智能代理

以 ChatGPT 为代表的大规模语言模型在回答问题、撰写文章、生成代码和解决数学问题等领域展现了显著的能力。这引发了研究者们深入思考如何将这些模型应用于多种场景，并提升它们在推理能力、外部知识获取、工具使用和复杂任务执行方面的不足。同时，研究者们还关注如何整合文本、图像、视频和音频等多种信息，推动多模态大模型的研究，这一领域正变得日益热门。考虑到大语言模型的庞大参数量及其对每个输入的高计算时间，优化模型在推理阶段的速度和用户响应时间显得尤为重要。

在这一背景下，智能代理（agent）的概念应运而生。早期的智能代理主要依赖强化学习技术，其计算成本高昂且需要大量数据进行训练，同时在知识迁移方面也面临挑战。随着大语言模型的不断进步，结合这些模型的智能代理取得了显著的突破，逐渐成为主流，吸引了众多研究者的关注。

简单来说，智能代理可以被看作一个独立的实体，它能够接收和处理外部信息，并做出相应的反应。在这个框架中，大语言模型充当智能代理的"核心大脑"。单个智能代理的结构可以分为几个关键模块：思考模块、记忆模块和工具调用模块。

对于外部输入，智能代理利用其多模态能力，将文字、音频和图像等多种信息形式转化为机器可理解的格式。随后，规划模块会处理这些信息，并结合记忆模块完成推理和规划等复杂任务。最后，智能代理通过工具调用模块执行相应的操作，以便对外部输入做出有效响应。单个智能代理的组成如图 9-11 所示。

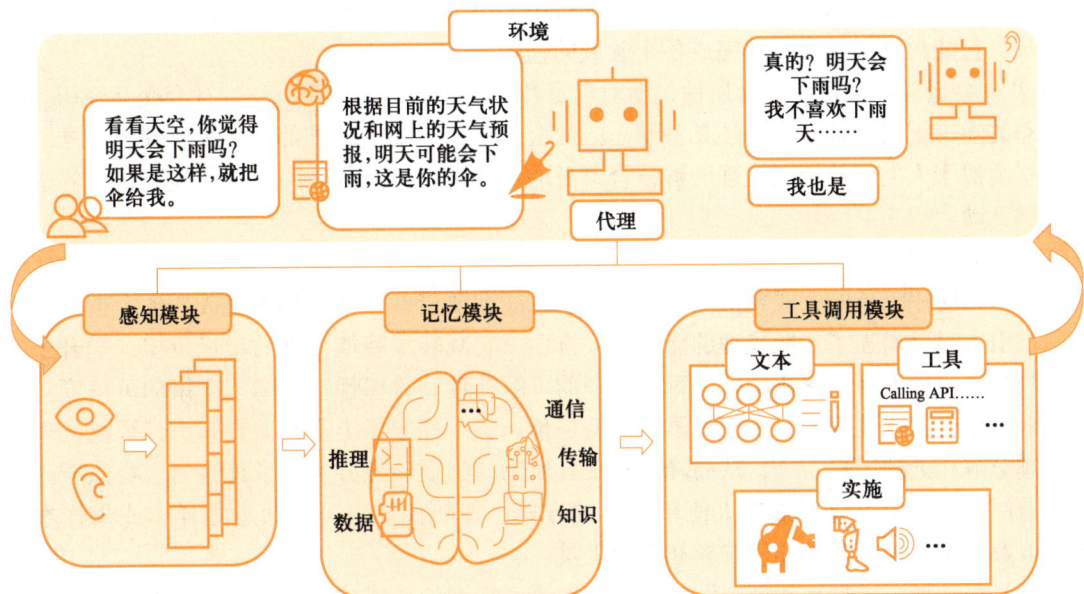

图 9-11　单个智能代理的组成示意图

1. 感知模块

感知模块的主要功能是处理输入信息、进行分析和推理，从而生成输出。它不仅能识别和分解任务，还具备自我反思和改进的能力。具体而言，智能代理的思考模块具备以下基本能力。

① 自然语言理解与生成能力：语言是交流的主要工具，蕴含了丰富的信息。除了直接传达的内容外，语言背后还可能隐含说话者的意图和情感。借助大语言模型强大的语言处理能力，智能代理能够解析自然语言，理解潜在的含义，从而明确任务指令。

② 推理与规划能力：在传统的人工智能研究中，推理和规划通常被视为两个独立的领域。推理能力通常通过大量示例进行学习，而规划能力则是根据初始状态和目标状态制定具体策略。随着思维链等方法的引入，这两者的概念逐渐交织并融合。智能代理能够根据提示逐步生成思考过程，利用大语言模型的推理与规划能力有效地分解任务。

③ 反思与学习能力：类似于人类，智能代理需要具备自我反思和学习新知识的能力。它不仅可以根据外部反馈进行反思，修正过去的错误和优化决策，还能在没有明确提示或仅有少量提示的情况下，遵循指令完成未曾遇到过的任务。

2. 记忆模块

正如人类大脑依赖记忆系统回顾和利用已有经验来制定策略和做出决策，智能代理同样需要特定的记忆机制，以存储世界知识、社会认知和历史交互等信息。不过，与人类不同，大语言模型的记忆具有非特异性和参数不变性，其内部记忆可以看作是一个知识库，缺乏独立的自我认知和对过去交互的记录。因此，智能代理的记忆模块还需要额外的外部记忆，来存储其身份信息和过去的经历，使其能够作为独立个体存在。

① 世界知识的记忆：大语言模型通过大量数据训练，具备了相对完善的世界知识。这些知识通过编码等方式隐含地存储在模型的参数中，可以视为一个知识库。借助这一强大的世界知识，智能代理能够高效地完成各个领域的任务。

② 社会属性的记忆：社会属性包括对自身社会身份的认知以及以往的社会交互经历。除了静态的知识记忆，智能代理还具备动态的社会记忆，主要依赖外部记忆来实现。这样的社会记忆类似于人类，使智能代理能够结合自身的社会身份，充分利用过去的经验与外界进行有效的互动。

3. 工具调用模块

与人类使用工具的方式相似，智能代理也可能需要借助外部工具来完成任务。工具调用模块的引入显著增强了智能代理的能力。一方面，它减轻了智能代理的记忆负担，提升了其专业技能；另一方面，它还增强了智能代理的可解释性和鲁棒性，提高了决策的可信度，并更有效地抵御对抗性攻击。由于大语言模型在预训练中积累了丰富的世界知识，智能代理能够合理分解和处理用户指令，从而降低了工具使用的门槛，充分发挥了其潜力。类似于人类通过查阅工具说明书或观察他人使用工具的方式，智能代理也可以通过零样本或少样本提示，以及人类反馈，学习如何选择和调用工具。

工具并不局限于特定环境，而是旨在扩展语言模型的功能接口。通过工具的使用，智能代理的输出不再仅限于文本，其行动范围也拓展至多模态。然而，目前的工具多为人类设计，可能并不是智能代理的最佳选择。因此，未来需要开发模块化程度更高、更加符合智能代理需求的专用工具。同时，智能代理本身也具备创造工具的能力，例如自动编写 API 调用代码或将现有工具整合成更强大的工具。

尽管智能代理在多种任务中展现出惊人的能力，但它们本质上仍作为孤立的实体运行，未能体现沟通的价值。孤立的智能代理无法通过与其他智能代理的协作获得知识，既不能实现信息共享，也无法通过多轮反馈来提升自身能力。这一固有缺陷显著限制了智能代理的发展。因此，越来越多的研究开始探索智能代理之间的互动，以激发其合作潜力，构建多智能代理系统。在现有的多智能代理系统中，智能代理之间几乎全通过自然语言进行沟通，这被认为是最自然、易于人类理解和解释的交流形式。相较于单个智能代理，这种多智能代理系统具有明显优势。

① 数量优势：基于分工原则，每个智能代理专注于特定任务。通过结合多个智能代理的技能和领域知识，可以有效提升系统的效率和通用性。

② 质量优势：当多个智能代理共同面对同一问题时，可能会产生不同的观点。通过相互反馈和整合自身知识，智能代理可以不断更新答案，从而有效减少幻觉和虚假信息的产生，提高回复的可靠性和准确性。

本章小结

本章介绍了自然语言处理的基本概念、发展历程及其应用领域，它在人工智能领域中占据核心地位。NLP 的基本任务包括分词、词性标注、句法分析和语义分析等；NLP 的基本处理方法包括基于规则的方法、基于机器学习的方法以及基于深度学习的方法，每种方法都有其独特的优势和局限性，特别是在处理大规模数据和复杂语言现象方面，深度学习模型展现出了显著的效果。本章还介绍了 NLP 在多个领域的实际应用，包括信息抽取、机器翻译、情感分析、问答系统和智能代理等，每个应用领域不仅展示了 NLP 技术的实际价值，也反映了其在社会生活中的广泛影响。

习题 9

一、选择题

（1）在自然语言处理中，命名实体识别（NER）的主要目标是（　　）。

A. 识别文本中的实体，如人名、地名、组织名等

B. 识别文本中的情感倾向

C. 识别文本的主题

D. 识别文本的语法结构

（2）以下（　　）深度学习模型在机器翻译任务中取得了重大突破。

A. 卷积神经网络（CNN）

B. 长短期记忆网络（LSTM）

C. 生成对抗网络（GAN）

D. Transformer

（3）在自然语言处理中，情感分析的主要目标是（　　）。

A. 识别文本中的实体关系

B. 确定文本的情感倾向，如正面、负面或中性

C. 生成与输入文本相关的全新文本

D. 识别文本的主题

（4）在自然语言处理中，语义解析的主要目的是（　　）。

A. 确定句子的语法结构

B. 识别文本中的实体和关系

C. 理解句子的深层含义和结构

D. 生成与输入文本相关的全新文本

（5）在自然语言处理中，（　　）技术用于识别文本中的事件，如婚礼、罢工或地震。

A. 语义角色标注

B. 事件抽取

C. 情感分析

D. 关系抽取

二、填空题

（1）在自然语言处理中，词嵌入如 Word2Vec 或 GloVe 可以将单词转换为向量，使得语义相似的单词在向量空间中具有_____的距离。

（2）在情感分析中，中性情感通常表示文本不包含_____或_____的情绪倾向。

（3）在文本生成任务中，_____模型能够从头开始生成连贯的文本，而不仅仅是基于给定的输入进行扩展。

（4）智能代理通常由_____、记忆、工具调用三大模块组成。

第 10 章
云计算与大数据

　　随着移动互联网、物联网和 5G 等技术的快速发展，计算机在各行各业中的应用变得越来越广泛，人类社会进入了一个"无处不网、无时不网"的信息时代。我们每天使用的手机、计算机等电子设备，时刻都在互联网上运行。随着设备数量的激增，产生的大量数据对数据存储能力和数据处理能力的要求也在不断增加，研究相关的数据处理技术变得愈发重要。在这种背景下，云计算和大数据已经成为支撑社会高速发展的关键基础设施。云计算通过提供灵活、可扩展的计算和存储资源，使得用户可以随时随地访问、处理和存储海量数据。无论是个人用户还是企业，借助云计算平台，数据处理的能力不再受限于本地硬件设备，而是可以通过云端的强大计算力进行高效运算和存储，极大地提高了数据处理的灵活性和可扩展性。

　　与此同时，大数据技术使得人们能够从海量的、复杂的数据中提取出有价值的信息。通过高效的数据分析和挖掘，大数据技术能够发现潜在的模式、趋势和关系，为决策提供科学依据。在面对数据量巨大且结构多样的情况时，大数据平台结合云计算的弹性资源，可以高效地处理并分析这些信息，进而帮助企业和政府做出更加精准的决策。

　　本章将简要介绍云计算和大数据的基本概念及其应用，了解这些技术如何在人们的日常生活和工作中发挥作用。

10.1　云计算概述

想象一下如果我们想要玩一个高品质的电脑游戏，那么需要购买一台高性能的计算机。在玩的过程中，你的游戏、数据和软件等都存储在这台计算机里，计算和图像处理也都是由这台计算机完成的。但是这种做法可能面临以下几个问题。

① 成本高昂：购买一台高性能游戏计算机需要支付较高的费用，而且个人通常只能买到性能有限的设备。

② 算力固定：为了玩更高品质的游戏，可能需要额外花费来升级设备；但如果只是处理日常简单的任务，那么高性能设备的性价比就不高了。

如果可以按照需求"租用"高性能的计算机，我们只需在使用时支付租赁费用，而计算机设备的更新和维护、游戏数据的保存等都由租赁公司负责，这样我们就可以享受高质量的游戏体验，而不必承担高昂的设备成本，这可以理解为云计算的基本理念。

云计算（cloud computing）是一种通过互联网提供计算资源和服务的技术。它允许用户根据实际需要获取计算资源，并按使用量付费。这些资源包括计算能力、存储空间、网络服务、数据库、大数据处理以及大规模模型等。

云计算有多种定义，当前广泛接受的定义是：云计算是一种基于互联网的计算模式，通过网络共享计算资源、软件和信息，提供计算和存储等服务，用户无须拥有庞大的硬件设施，按使用量付费，用户可以快速获取可配置的计算资源（如网络、服务器、存储、应用软件和服务）。也可以认为，云计算将硬件基础设施、软件平台等资源抽象为服务，并通过互联网以按需使用和按量计费的方式提供，为用户提供动态、高性价比、可扩展的计算、存储和网络服务。

图 10-1 展示了云计算的基本架构，其中包括基本功能、服务模型和部署模型。这三者相互依赖，共同构成了云计算的整体框架。

① 基本功能为云计算提供了技术支撑，所有的服务模型都依赖于这些基础功能的实现。基本功能包括网络资源访问、弹性使用资源、虚拟化资源池等，确保云计算能够灵活、可靠地为用户提供服务。

② 服务模型定义了云计算的服务层级和交付方式。它决定了用户能够使用哪种类型的云服务，并规定了这些服务的交付方式。服务模型的实现依赖于云计算的基本功能，如资源管理和自动化调度。

③ 部署模型决定了云计算服务的部署和管理方式。它分为公有云、私有云和混合云等不同类型，其中不同的部署模型会影响服务模型的具体实现和资源的交付方式。例如，在私有云环境中，组织可以根据自身需求部署不同的服务，而在公有云环境中，服务通常是共享的，用户按需获取。部署模型不仅影响云服务的交付形式，也决定了资源管理和安全性要求。

可以认为，基本功能为服务模型的实施提供了技术保障，服务模型决定了云服务的类型和交付方式，而部署模型则规定了这些服务的具体部署形式和资源管理方式。不同的部署模型可能会影响基础功能的实现方式，从而进一步影响云服务的效果和体验。

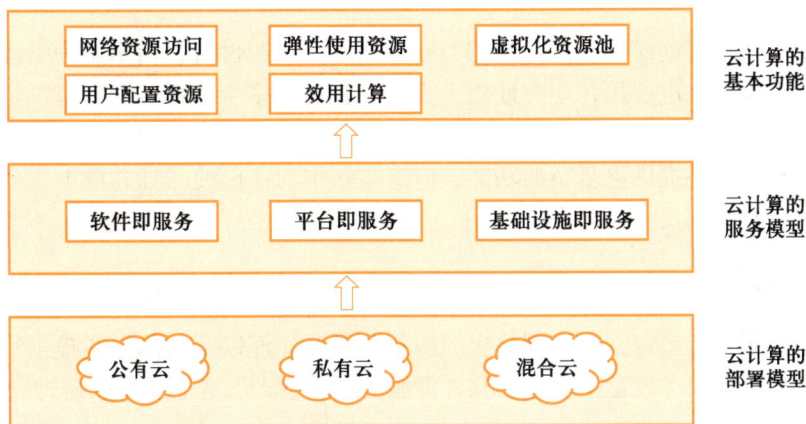

图 10-1　云计算的基本功能、服务模型和部署模型

10.1.1　基本功能

云计算在向用户提供服务时，通常具有以下基本功能或特性。

1. 网络资源访问

提供资源的网络访问，用户可以随时随地使用计算机、智能手机或其他设备，通过网络连接到云计算平台以获取所需的资源。例如使用云盘时，只要设备能够连接互联网，就可以在任何地点用手机或计算机访问存储在云盘中的文件。

2. 弹性使用资源

支持用户申请扩容和释放资源，允许用户根据需求动态调整所需的计算资源。例如，当用户的需求增加时，可以快速增加计算能力或存储空间；当需求减少时，可以减少资源使用。这种灵活性使用户能够高效管理资源和成本，实现资源的最优化使用。例如在开设网店时，云计算允许在高峰时段增加资源（例如服务器）以应对更多的访问请求和订单，在低峰时段则使用更少的资源。

3. 虚拟化资源池

物理资源（如服务器、存储设备等）通过虚拟化技术抽象成虚拟资源池，从而可以被多个用户共享和动态分配。虚拟化资源池类比于共享车库，其中有很多汽车且每个人都可以根据需要借用。这些汽车就是"虚拟资源"，即使它们是由不同的人拥有，大家都可以根据需求灵活使用。云计算通过虚拟化技术将硬件资源（如服务器和存储）变成一个可以灵活使用和管理的资源池。

4. 用户配置资源

用户可以根据自己的需求自行配置和管理申请到的资源，此过程不受服务提供商的干预，实现通过云服务的管理界面轻松地创建、修改或删除资源的功能。在云服务平台中，用户可以像在网上购物时挑选商品一样，根据自己的需求选择虚拟服务器的配置，比如选择不同的 CPU 性能、内存大小等，而这一切都可以通过简单的界面进行设置，完全不需要技术人员的帮助。

5. 效用计算

采用按使用量付费的模式。用户只需为实际使用的资源付费，而不是为资源的总容量支付固定费用，类似于水电费用，用户使用多少水电就支付多少费用，而不是固定缴纳一个大额费用。

一些云计算平台还提供更复杂的功能，但这些基本功能已使云计算能够高效、灵活地提供计算服务，满足不同用户的需求。

10.1.2　服务模型

云计算中的服务模型定义了不同层次的服务和资源如何以不同的方式提供给用户，从用户体验的角度出发，服务模型主要分为软件即服务、平台即服务和基础设施即服务。

1. 软件即服务

软件即服务（software as a service，SaaS）是一种通过网络提供软件的服务模式，用户无须购买软件，而是向提供商租用基于 Web 的软件来管理企业经营活动。相对于传统的软件，SaaS 解决方案有明显的优势，包括较低的前期成本、便于维护、快速展开使用、由服务提供商维护和管理软件，并且提供软件运行的硬件设施，用户只需拥有接入互联网的终端即可随时随地使用软件。SaaS 被认为是云计算的典型应用之一。

SaaS 具有以下主要功能。

（1）随时随地访问

SaaS 应用程序通过互联网提供服务，用户只需连接网络即可从任何地点、任何设备访问这些应用。这种无缝的访问功能使用户能够灵活地工作，不受地理位置的限制。例如，腾讯文档就是一个 SaaS 应用，用户只需联网，就能在家里的电脑上编辑文档，也可以用手机或平板进行编辑，完全不受设备或地点的限制。

（2）支持公开协议

SaaS 应用通常采用标准化的公开协议（如 HTTP、HTML 等）来确保与其他系统的兼容性。这种开放性使得 SaaS 应用能够与其他软件系统和平台无缝集成，便于数据交换和功能扩展。举例来说，假设你使用的是一个云端存储服务来保存文件，并希望与朋友分享这些文件。SaaS 应用采用标准协议，使得文件可以轻松地在不同的应用之间流动。你可以将百度云中的文件链接复制并粘贴到电子邮件中，确保无论收件人使用什么邮件客户端，都能顺利打开文件。

（3）安全保障

SaaS 提供商通常会采取各种安全措施来保护用户的数据，包括数据加密、身份验证、访问控制等，从而确保存储在云端的用户数据得到充分保护。例如，像支付宝这样的支付平台会通过加密传输和双重身份验证来保障账户安全，确保用户的个人和财务数据不被泄露或篡改。

（4）多租户

SaaS 使多个用户能够共享同一个应用程序实例，但每个用户的数据和应用配置仍然保持独立。这样，SaaS 提供商能够高效地管理和维护应用，从而支持大规模的用户群体，并且通过定制化满足用户的个性化需求。想象你和其他许多人一起使用一个在线项目管理工具。尽管所有用户都在同一个平台上管理项目，但每个用户的项目和数据是独立且隔离的。这就像在一个公寓楼里住着不同的家庭，虽然大家共用同一个建筑，但每个家庭的空间是私密的，互不干扰。

一些知名的 SaaS 公司包括国内的钉钉、金蝶、用友、北森等，国外的 Salesforce、HubSpot、Zoom 等。

2. 平台即服务

如果将服务器平台或开发环境作为服务，则称之为平台即服务（platform as a service，PaaS）。PaaS 的核心是提供一个完整的平台环境，涵盖操作系统、编程环境、数据库、中间件和 Web 服务器等，为用户提供开发、部署和运行应用程序的支持。其中，中间件是位于操作系统和应用程序之间的一类软件，用来帮助不同的应用程序或服务之间进行通信和数据交换。用户可以在这一平台上开发各种应用程序，且无须关注底层的硬件问题。通常情况下，PaaS 被视为 SaaS 的一种特定应用。

在云计算的广泛应用背景下，PaaS 具有以下主要优势。

（1）开发简单

开发人员可以在平台上选择并配置操作系统、中间件和数据库的版本，从而减少开发和测试的时间和复杂度。例如，在云平台上开发网站时，只需选择合适的操作系统和数据库，就能迅速开始开发，就像在做拼图游戏，平台为用户准备好了拼图块，用户只需要选择并拼接，就能快速启动项目。

（2）部署简单

借助虚拟化技术，应用程序的部署变得极为迅速，原本需要数天的工作流程可以在几分钟内完成。平台自动处理扩展和负载均衡等任务。举个例子，当开发者开发了一个手机应用并准备上线时，传统方法可能需要几天来配置服务器，而在云平台上，你只需点击几下，平台会自动处理所有复杂任务，确保应用顺利发布。

（3）维护简单

整个平台环境由单一供应商提供和维护，所有软件的升级和技术支持由该供应商统一负责，减少了沟通失误，简化了维护流程。例如，使用在线商店平台时，所有库存管理和系统维护都由平台自动处理，用户只需上架商品和设置价格，平台会根据需求调整库存，确保商店运营顺利。

PaaS 具有以下 4 个主要功能。

（1）良好的开发环境

PaaS 提供软件开发工具包（software development kit，SDK）和集成开发环境（integrated development environment，IDE）等工具，使用户能够在本地方便地进行应用开发和测试。SDK 是为开发特定平台或软件产品提供的工具集合，例如 Android SDK，它提供了开发 Android 应用所需的所有工具和资源，包括 Android 模拟器和调试工具等。IDE 是一个软件应用，提供全面的开发工具集成环境，用于编写、调试和编译代码。

（2）丰富的服务

PaaS 平台会以应用程序编程接口（application programming interface，API）的形式将各种

各样的服务提供给上层应用。API 是一组规则和定义，用于使不同的软件应用程序能够相互通信。API 提供了访问某个软件、平台或服务的功能的接口，例如，一个地图服务 API 允许开发人员在他们的应用中集成地图功能，而无须自己编写地图处理的底层代码。

（3）自动资源调度

这一特性指的是系统的可伸缩性，它不仅能够优化系统资源，还能动态调整资源，以帮助应用程序更好地应对突发的流量增长。

（4）精细的管理和监控

PaaS 平台提供对应用层的全面管理和监控能力，包括应用运行的具体指标（如吞吐量和响应时间），以便更好地评估应用性能。同时，还能通过精准计量应用所消耗的资源来确保准确的计费。

国内的知名 PaaS 提供商有阿里云、华为云、金山云等，国外的知名 PaaS 提供商有谷歌、微软、Salesforce 等。

3. 基础设施即服务

基础设施即服务（infrastructure as a service，IaaS）是一种通过互联网提供计算基础设施的服务模式。用户无须自行购买或维护硬件设备，而是通过互联网按需租用服务提供商提供的计算资源，如服务器、存储、网络和计算能力等。这种模式的优势在于用户可以灵活调整资源规模，只需按使用量付费，降低了硬件投入成本。

IaaS 具有以下主要功能。

（1）资源抽象

IaaS 将物理资源抽象为虚拟资源，提高系统调度和管理的效率。用户无须关心底层硬件，只需选择适合自己的虚拟资源。比如，当你租赁云平台的虚拟服务器来运行网站时，IaaS 平台自动处理硬件细节，就像租房时只需关注房屋的大小和位置，而不需要关心建筑结构。

（2）负载管理

IaaS 通过动态调节资源分配，确保应用在负载高峰时仍保持稳定运行。例如，当你的网站访问量激增时，IaaS 平台会自动增加计算资源，确保流畅运行。这就像餐厅在客流量大时增加服务员，以保证顾客得到及时服务。

（3）数据管理

IaaS 平台保障数据的完整性、可靠性和可管理性，通过存储、备份和恢复功能确保数据安全。例如，你将财务数据存储在平台上，IaaS 平台定期备份并确保在数据丢失时可以恢复，像把重要文件放在保险箱里并定期备份。

（4）资源部署

IaaS 通过自动化流程简化资源的创建、配置和部署，帮助用户快速启动应用。比如，当你开发一款手机应用并需要部署时，平台会自动配置服务器和存储空间，节省手动配置的时间，就像开店时平台自动安排店铺设施和库存。

（5）安全管理

IaaS 平台采用多种安全措施保障资源安全，包括防火墙、加密技术等，防止未经授权的访问。例如，就像银行账户需要密码和短信验证，IaaS 平台确保只有授权用户才能访问存储的数据和应用。

（6）计费管理

IaaS 采用按需付费模式，根据用户实际使用的资源计费。例如，你只在高流量时段租用更多计算资源，其他时间减少使用，类似于按小时收费的租车服务，而不是固定月租。

一些知名的 IaaS 提供商包括亚马逊、微软、VMware、Rackspace 和 Red Hat 等。

4. 三种服务模型的比较

SaaS、PaaS 和 IaaS 是云计算中三种不同的服务模型，它们虽然都基于互联网技术，并采用按需付费的方式，类似于水、电、煤气等公共服务，但它们的功能和面向的用户不同。

（1）用户体验

从用户的角度来看，这三种服务模型是独立的，因为它们服务于不同的需求。SaaS 提供了现成的软件应用，用户可以直接使用；PaaS 提供了一个开发平台，供程序开发者创建和部署应用；IaaS 则提供了基础计算资源，如虚拟机和存储空间，供需要硬件资源的用户使用。

（2）应用技术

从技术上看，这三种模型并不是简单的继承关系。SaaS 可以建立在 PaaS 平台上，或者直接在 IaaS 基础设施上运行；同样，PaaS 可以构建在 IaaS 之上，也可以直接建立在物理硬件上。

表 10-1 对这三种服务模型进行了比较。

表 10-1　三种服务模型的比较

服务模型	服务对象	使用方式	关键技术	用户的权限
SaaS	企业和终端用户	上传数据	Web 服务技术、互联网应用开发技术等	完全的管理控制
PaaS	应用开发者	上传数据、程序代码	云平台技术、数据管理技术等	有限的管理控制
IaaS	需要硬件资源的用户	上传数据、程序代码、环境配置	虚拟化技术、分布式存储等	仅限使用和配置

这三种服务模式都通过外包的方式，减轻了用户在硬件、网络、基础架构软件和应用软件管理与维护上的负担。这些服务模型都旨在通过尽可能少的资本支出来获得功能、扩展能力和商业价值。

10.1.3　部署模型

在云计算中，主要有三种部署模式：公有云、私有云和混合云，如图 10-2 所示。公有云是由云计算服务提供商向公众提供的服务平台。理论上，任何人都可以通过授权访问这些平台。公有云充分利用了云计算系统的规模经济效益，因此可以提供成本较低的服务。然而，由于其开放性，公有云也存在一定的安全风险。

与公有云不同，私有云是由服务提供商专为单一组织建设的云计算系统。这些系统位于组织内部的防火墙之内，仅供该组织内部使用。尽管私有云在安全性上优于公有云，但其管理复杂度较高，且云计算的规模经济效益也受到限制，因此基础设施的利用率通常低于公有云。

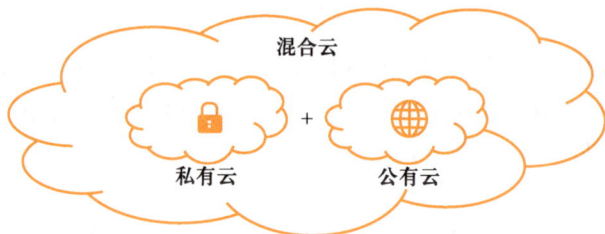

图 10-2 云部署模型关系示意图

混合云模型结合了公有云和私有云的特点。它提供了两者的优点，使组织可以在公有云上处理某些需求，同时将敏感数据和应用保持在私有云中。混合云是公有云和私有云之间的一种折中方案。

1. 公有云

公有云（public clouds）是指由第三方提供商提供的云服务，面向外部客户开放。在这种模式下，所有应用程序、存储和其他服务都由云服务供应商提供和管理，用户无须自己购买或维护这些资源。大部分公有云服务是需要付费的，但也有一些为了推广和市场占有率而提供的免费服务。公有云服务只能通过互联网进行访问和使用。

公有云的一个主要优点是它能提供可扩展和高效的服务，用户不需要进行大量的基础设施投资和建设。然而，由于数据存储在云服务提供商的服务器上，用户对数据的安全性和隐私保护可能存在一定的担忧。此外，公有云的服务可用性也不完全由用户控制，这可能会带来一定的不确定性。

目前一些典型的公有云服务提供商包括微软的 Azure、亚马逊的 AWS，以及国内的阿里云、用友、伟库等。对于用户而言，公有云的主要优势是可以避免自己投资和维护硬件设施，同时享受灵活的云服务。然而，用户需要注意数据安全和服务可靠性的问题。

2. 私有云

私有云（private clouds）是指由企业或组织内部专用的云计算环境，这些云资源和服务仅供企业内部人员或其分支机构使用。无论是企业自己管理，还是委托第三方进行管理，私有云的基础设施都专门为某个企业提供服务，不对外开放。

私有云特别适合于拥有众多分支机构的大型企业或政府部门。随着这些大型机构数据中心的集中化，私有云有望成为它们部署 IT 系统的主要模式。与公有云不同，私有云部署在企业内部，这使得企业可以更好地控制数据安全性和系统可用性。然而，私有云的建设和维护成本较高，特别是初期的一次性投资较大。

3. 混合云

混合云（hybrid clouds）是一种结合了多种云计算模式的云服务类型。它允许用户在同一个环境中同时使用公有云和私有云服务。这种模式不仅可以供企业自身使用，还可以提供给客户使用。混合云的主要优势在于它能够结合公有云和私有云的优点，既能享受公有云的弹性和资源丰富性，又能保证私有云的安全性和控制性。

具体来说，混合云系统通常包括两个或多个独立的云环境，但它们之间通过标准的技术手段实现互联互通。这样的配置使得组织能够根据需要，将部分数据和应用托管在公有云上，而将其他敏感数据和应用保留在私有云中。

然而，混合云的部署和管理对服务提供商提出了更高的要求，因为它需要高效地协调和整合不同的云计算资源，以实现最佳的性能和安全性。

10.2　云计算平台

云计算的资源规模非常庞大，服务器数量众多，并且这些服务器分布在世界各地。为了保证这些服务器能够同时运行数百种应用，并且提供稳定、不间断的服务，如何高效管理这些资源成为一项巨大的挑战。

作为一种新型的计算模式，云计算仍处于发展的初期阶段。现有的云计算服务提供商，例如阿里云、华为云和腾讯云，都提供了基于云计算的不同应用服务。通常，"云应用"是云计算技术在应用层的具体体现。简言之，云应用是传统软件的一种升级形式，它不再依赖于用户的本地安装和运行，而是通过互联网或局域网与远程服务器集群连接，在远程完成计算任务或业务处理。

这种新型的应用模式称为"即取即用"服务，用户可以随时随地通过浏览器或其他客户端工具（如瘦客户端或智能客户端）访问应用。这些客户端的界面通常是通过 HTML5、CSS3 JavaScript 等互联网技术构建的。相比传统的软件模式，云应用不仅能够帮助用户大幅降低 IT 成本，还能显著提高工作效率。因此，传统软件向云应用转型的趋势已经不可逆转。例如，日常使用的云存储（如百度网盘、阿里云盘）或在线办公软件（如腾讯文档、石墨文档）就是云应用的典型例子。

本节主要介绍阿里云所提供的服务和功能。除了阿里云，国内还有其他知名的云计算服务提供商，如腾讯云和华为云。它们都在推动云计算技术的发展，并广泛应用于日常生活和各行业的生产运营中。例如，腾讯云为微信等应用提供了稳定的后端支持，华为云则广泛服务于通信和能源领域。这些平台都在利用云计算和人工智能技术，帮助企业提升效率，降低成本，推动创新。感兴趣的同学可以自行了解。

10.2.1　阿里云：全球领先的云计算平台

阿里云成立于 2009 年，是阿里巴巴集团旗下的云计算品牌，致力于为全球用户提供卓越的云计算技术和服务，其界面如图 10-3 所示。目前，阿里云的服务已覆盖全球 200 多个国家和地区，成为各行业企业及机构的首选云计算平台之一。云计算是一种通过互联网提供计算资源（如存储、处理能力和人工智能工具）的技术，它使得企业和个人可以按需使用计算资源，而不需要自行购买和维护昂贵的硬件设备。

阿里云的客户群体涵盖了制造、金融、政务、交通、医疗等多个领域，代表性的客户包括中国联通、12306（中国铁路客户服务中心）、中国石化和中国石油等大型企业。此外，一些知名的互联网公司如微博、知乎、魅族等也依托阿里云的服务来支撑其业务发展。

阿里云在安全性方面也表现突出。2014 年，阿里云曾成功帮助用户抵御了全球互联网史上最大规模的 DDoS 攻击，峰值流量达到 453.8 Gb/s。这一壮举展示了阿里云在提供安全、稳定服务方面的强大实力。

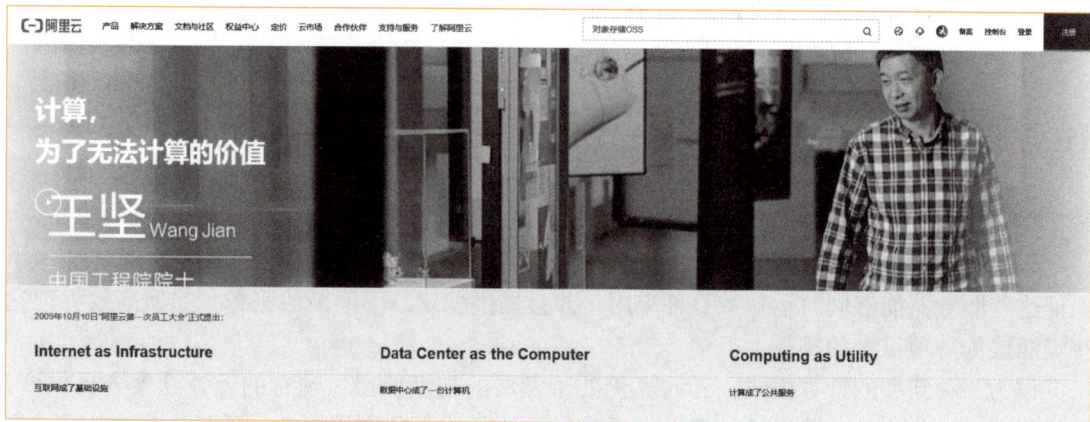

图 10-3　阿里云主界面

在云计算的技术竞赛中，阿里云也屡屡创下佳绩。例如，在 2016 年 Sort Benchmark 排序竞赛的 CloudSort 项目中，阿里云以每 TB 1.44 美元的成本完成了数据排序，打破了此前由亚马逊云服务保持的纪录。在 2015 年，阿里云利用自主研发的分布式计算平台 ODPS，仅用 377 s 完成了 100 TB 数据的排序任务，刷新了全球纪录。

阿里云的成功也得到了国际认可。2019 年，阿里云入选了《福布斯》中国最具创新力企业榜单，进一步证明了其在技术创新和行业应用中的重要地位。

10.2.2　阿里云的主要产品

阿里云的产品专注于提高运维效率，降低总拥有成本，使用户能够将更多精力集中于核心业务的发展。

1. 底层技术平台

阿里云自主研发的飞天开放平台（Apsara）通过管理数据中心中成千上万台 Linux 集群服务器，将这些服务器整合为一台"超级计算机"。该平台隐藏了底层的故障恢复和数据冗余等复杂细节，并以公共服务的形式将计算和存储资源提供给互联网用户。这种技术大幅度提高了资源的利用效率，并为各类互联网应用提供了强大的支撑。像淘宝和支付宝这样的大型互联网应用，都依赖于阿里云的技术平台来保证其稳定性和高效性。

2. 弹性计算

阿里云的弹性计算服务提供灵活的资源调度能力，帮助企业根据实际需求动态调整计算资源。

（1）云服务器

云服务器是一种简单、高效且具备弹性伸缩能力的计算服务。它可以根据用户需求灵活调整计算资源，无须购买昂贵的物理服务器，适合企业快速部署和扩展业务。

（2）云引擎

云引擎是一个支持多语言环境（如 Java、PHP、Python、Node.js 等）的弹性、分布式应用托管平台。它帮助开发者快速开发、部署和维护服务端应用程序，并为应用提供了丰富的扩展服务，如分布式负载均衡和弹性伸缩。例如，阿里巴巴的"双十一"购物节期间，服务器访问量激增，云引擎和云服务器帮助应对大规模并发访问，保证系统的稳定性和用户体验。

（3）弹性伸缩

弹性伸缩服务可以根据业务的实际需求和预设策略，自动增加或减少计算资源。当业务需求增长时，它会自动增加云服务器实例；当需求下降时，则自动减少云服务器实例，确保资源的高效利用。例如，在一些在线教育平台上，在学生人数增多时，弹性伸缩功能可以自动增加计算资源，确保课程的流畅运行。

3. 云数据库

云数据库是一种即开即用、稳定可靠且具备弹性伸缩能力的在线数据库服务，主要用于管理和存储数据。阿里云的 RDS（relational database service）服务基于飞天分布式系统和高性能存储架构，支持多种数据库引擎，包括 MySQL、SQL Server、PostgreSQL 以及高度兼容Oracle 的 PPAS 引擎。RDS 还提供全面的数据管理功能，如容灾、备份、恢复、监控和迁移，确保数据安全与服务的高可用性。阿里云的 RDS 服务在企业级应用中被广泛使用，可以快速部署数据库实例，支持海量并发访问，满足大规模业务的需求。

（1）开放结构化数据服务

阿里云的开放结构化数据服务（open table service，OTS）是基于飞天分布式系统的NoSQL 数据库，主要用于处理海量结构化数据的存储和实时访问。通过数据分片和负载均衡技术，OTS 能够实现大规模扩展，用户可以通过 API/SDK 或控制台操作轻松管理数据。与传统的关系型数据库不同，OTS 更适合需要高扩展性和低延迟的场景，如物联网设备数据的存储与查询。

（2）开放缓存服务

开放缓存服务（open cache service，OCS）是用于处理热点数据的高性能缓存服务。它可以为频繁访问的数据提供快速响应，通常用于加速 Web 应用程序的访问速度，减少数据库的负载。例如，在电商平台的秒杀活动中，OCS 可以大幅提高用户访问的响应速度，确保流畅的购物体验。

（3）键值存储

键值存储（key-value store for redis）是一种兼容开源 Redis 协议的键值对存储服务。它支持多种数据类型，如字符串、链表、集合和有序集合，并且提供事务处理和消息订阅与发布功能（pub/sub）。键值存储通过内存与硬盘结合的方式存储数据，既能保证高速读写性能，也支持数据持久化。这类服务广泛用于游戏排行系统、实时聊天系统等场景。

（4）数据传输服务

数据传输服务支持数据库之间的结构化数据迁移和实时同步。这项服务集成了数据迁移、订阅和同步功能，确保数据能够在不同系统之间快速、稳定地传输。阿里云的数据传输服务已经在数千个应用中实现了大规模的数据流转，为企业提供了稳定可靠的实时数据同步解决方案。例如，跨区域的在线支付系统可以通过该服务确保交易数据的即时同步。

4. 存储与内容分发网络

（1）对象存储

对象存储服务提供了一种海量、安全且高可靠的云存储方式，用户可以方便地存储和管理各种类型的数据文件。这种存储方式适合于需要大规模存储的场景，如企业数据备份、图片和视频等多媒体文件的存储。它不仅具有极高的扩展性，还能够为用户提供灵活的访问控制和安全保障。

（2）归档存储

归档存储是云计算中专为长期数据存储设计的低成本、高可靠解决方案。阿里云的归档存储服务尤其适用于海量数据的长期归档和备份需求，如企业历史数据、法律文件或科学研究数据。与传统存储方式相比，归档存储以更低的费用提供相似的高可用性和数据恢复能力。

（3）消息服务

消息服务是一种分布式消息队列系统，能够在应用的分布式组件之间高效、安全、可靠地传递数据。在阿里云的消息服务中，开发者可以实现应用程序的异步通信和系统解耦。这意味着应用程序的不同部分可以独立运行并通过消息进行通信，从而提高系统的稳定性和扩展性。例如，在电子商务网站中，当用户下单后，订单系统可以通过消息服务通知库存系统更新库存信息。

（4）内容分发网络

内容分发网络是一种将网站或应用的静态资源（如图片、视频、网页等）分发到全国甚至全球各地的节点上，从而加速用户的访问体验。阿里云的内容分发服务能够大幅减少用户在访问网站时的等待时间，特别是当网站用户量大或网络分布不均时。这对于视频流媒体、在线教育或电子商务等需要快速加载大量内容的网站至关重要，能有效解决带宽限制、访问量高等挑战，提升网站的响应速度和可用性。

5. 网络服务

（1）负载均衡

负载均衡（load balancing）是云计算中一种关键的服务，用于将网络流量分配到多台云服务器上，以确保系统高效运行。通过合理分配流量，负载均衡可以提升应用系统的服务能力，避免某一台服务器因为过载而出现性能瓶颈或故障。

此外，它还能通过自动切换故障节点，消除单点故障，从而提高系统的可用性和可靠性。例如，阿里云的负载均衡服务能够有效支持电商网站在促销高峰期应对大量用户访问，同时保证网站的稳定运行。

（2）专有网络

专有网络（virtual private cloud，VPC）是云计算提供的网络隔离服务，它允许用户在公有云上创建一个完全自主控制的虚拟网络环境。在这个虚拟网络中，用户可以自由选择和管理 IP 地址范围、划分子网、配置路由表和网关等。

VPC 的核心优势是其灵活性和安全性，用户可以通过专线、VPN 等方式将 VPC 与自己现有的传统数据中心连接起来，创建一个混合云架构。用户能够按需扩展网络规模，并实现应用系统从本地数据中心向云端的平滑迁移。例如，阿里云的 VPC 服务允许用户定制自己的网络结构，确保业务运行的安全性和稳定性，同时支持与现有网络的无缝对接。

6. 大规模计算

大规模计算是云计算平台的重要组成部分，它能够处理和分析大规模数据集，支持企业和组织高效地从海量数据中获取有价值的洞察。

（1）开放数据处理服务

阿里云的开放数据处理服务（open data processing service，ODPS）是一种自主研发的大规模分布式数据处理平台，专为 TB 和 PB 级的数据设计。它可以在处理实时性要求不高的大数据时，提供强大的分布式计算能力，广泛应用于数据分析、数据挖掘、商业智能等领域。阿里巴巴的许多离线数据业务（如用户行为分析和商品推荐）都依赖于 ODPS 运行。通过 ODPS，企业能够快速、高效地处理海量数据，从而做出更精准的商业决策。

（2）采云间

基于 ODPS 的采云间（data process center，DPC）是一个数据仓库/商业智能的工具解决方案，旨在为用户提供易于使用的全链路数据处理工具。DPC 集成了数据开发环境、任务调度、数据分析、报表制作和元数据管理等功能。这种工具大大简化了企业在大数据处理上的操作流程，降低了实施数据仓库和商业智能的成本。使用 DPC，企业无须深厚的技术背景即可高效构建和管理自己的数据分析系统。

例如，天弘基金（知名的金融服务机构）和高德地图（地图与导航服务商）都使用采云间的工具完成其大数据处理需求，实现了高效的数据分析和决策支持。

（3）批量计算

批量计算是一种专为大规模并行批处理任务设计的分布式云服务。它能够同时处理海量的作业，自动进行资源管理、任务调度和数据加载，并根据用户的实际使用量进行计费。批量计算特别适合需要高计算能力的场景，例如电影动画的渲染、基因数据的分析、多媒体文件的转码以及金融和保险行业的风险评估。通过批量计算，企业能够在短时间内完成以前需要数周甚至数月的大规模任务。

例如，在电影制作中，动画渲染通常需要大量计算资源，批量计算可以帮助电影公司快速完成这一过程。类似地，在生物医学研究中，基因数据分析需要处理巨量数据，批量计算为此类任务提供了强大的支持。

（4）数据集成

阿里集团的数据集成平台是一个高效、稳定并且具有弹性伸缩功能的数据同步工具，能够为阿里云的各种大数据计算引擎（如 ODPS、分析型数据库和 OSPS）提供数据的进出通道。该平台支持离线（批量）和实时（流式）的数据同步，确保数据能够顺畅地在不同的系统和数据库之间传输。数据集成使企业能够实现跨系统的数据管理，并大大提升了数据处理的灵活性。

例如，电商平台可以使用数据集成工具实时同步用户购买行为数据，并与后端分析引擎连接，帮助公司更好地优化库存管理和个性化推荐系统。

7. 云盾

（1）DDoS 防护服务

分布式拒绝服务（distributed denial of service，DDoS）是一种通过大量虚假的请求淹没目标服务器，导致其无法正常服务的网络攻击手段。为了应对这种攻击，阿里云推出了 DDoS 防护服务。这项付费增值服务允许用户通过配置将攻击流量引导至专门防御该类攻击的高防 IP 地址，从而保护源站点的稳定性和可靠性。阿里云还为其客户提供了最高 5 GB 的免费 DDoS 防护能力，以应对小型攻击产生的威胁。

（2）安骑士

安骑士是阿里云推出的一款免费的云服务器安全管理工具。它主要功能包括木马病毒查杀、防止密码暴力破解、修复高危漏洞等，旨在提供全面的服务器安全防护，帮助用户确保服务器的安全性和稳定性。

（3）阿里绿网

阿里绿网运用了深度学习技术，并结合了阿里巴巴集团多年积累的大数据，为用户提供多样化的内容识别服务。这项服务有效降低了内容违规风险，确保用户在云端环境中遵循相关政策和法规。

（4）安全网络及专家服务

安全网络是一款集安全防护、加速和个性化负载均衡于一体的网络接入产品。通过使用安全网络，用户可以缓解各种网络攻击对业务的影响，并提供就近访问的动态加速功能，提升业务的访问速度和稳定性。网络安全专家服务由阿里云的 DDoS 专家团队提供，为企业客户定制 DDoS 防护策略，保障重大活动的安全。

（5）服务器安全托管

服务器安全托管服务为云服务器提供量身定制的安全防护策略，包括木马文件检测和高危漏洞检测与修复。当发生安全事件时，阿里云的安全团队将进行详细的事件分析、响应处理，并优化系统防护策略，以确保系统安全。

（6）渗透测试服务

渗透测试服务通过模拟黑客攻击的方式，对用户的网站或业务系统进行专业的入侵尝试，以发现潜在的安全漏洞和隐患。这项增值服务帮助用户评估系统的安全性，提前防范可能的安全威胁。

10.3　大数据

大数据（big data）是一个快速发展的概念，通常指那些体量巨大或复杂度高，以至于超出传统数据处理方法所能应对的数据。随着物联网技术和可穿戴设备的飞速普及，数据的规模、复杂性和生成速度均呈现爆炸式增长。大数据已经成为推动产业升级和培育新兴产业的重要力量。

数据类型多种多样，可以是结构化、半结构化甚至非结构化的。结构化数据包括传统的数据库表格形式，而非结构化数据则可能是图像、视频或社交媒体数据等。举例来说，日常生活中，我们通过智能手机、传感器、社交平台生成的海量数据，正不断丰富着大数据的范畴。

数据的整体体系可以用数据–信息–知识–智慧体系（data-information-knowledge-wisdom，DIKW）来描述，这是一种关于数据、信息、知识和智慧的模型，如图 10-4 所示。这个体系将数据、信息、知识和智慧以金字塔的形式组织起来，帮助人们理解这些概念之间的层次关系和相互作用。

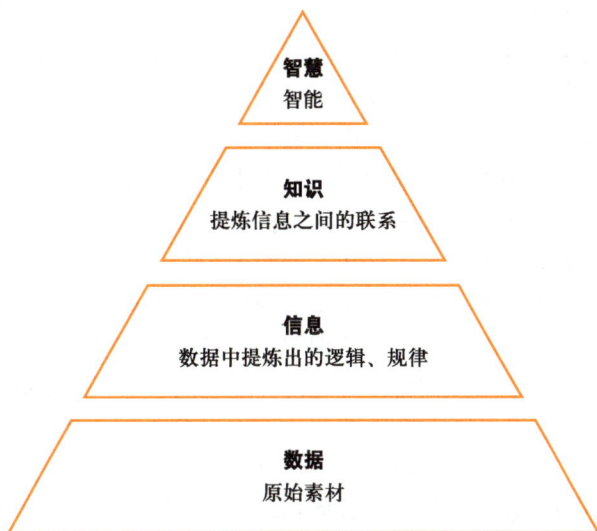

图 10-4　DIKW 体系示意图

数据（data）是指对客观事件进行记录并能被识别的符号，是对事物性质、状态及其相互关系的记载，是 DIKW 金字塔的基础。数据是原始的、未经处理的事实，它们通常是孤立的、不具备直接意义的。例如，电子商务平台上的用户购买记录、社交媒体上的帖子内容、天气传感器收集的气温数据等都属于数据的范畴。数据不仅包括数字，还可以是文字、字母、符号的组合，如图形、图像、视频、音频等。这些数据可以表示客观事物的属性、数量、位置及其关系。简单来说，数据是以某种方式观察世界所得到的基本信息表现形式，以各种方式被感知、表示和存储。

信息（information）是从数据中提取出的、经过组织和处理的有意义的内容。信息具备在不同位置、主体和形态之间传递和转换的能力。只有在传递过程中，数据才会变成信息。例如，存储在计算机中的数据，当需要时会被传递到用户的认知系统中，成为对用户有用的信息。数据的可传递性是普遍的，现实世界中的大多数数据在特定条件下都能转化为信息。可以说，信息集合是数据集合的动态子集，所有信息都是数据，但并非所有数据在任何时刻都是信息。

信息和数据之间既有联系也有区别。数据是信息的表现形式和载体，可以是符号、文字、数字、语音、图像或视频等。信息则是对数据的有意义解释，是数据的内涵。数据本身没有意义，只有当数据对实际情况产生影响时，才成为信息。例如，中国天气预报系统中的气温数据，在预测和记录天气时转化为对用户有用的信息。

信息的时效性对其使用和传递至关重要。失去时效性的信息可能变得毫无意义。例如，北京 7 月 1 日的气温数据为 30℃，而 12 月 1 日的气温为 3℃，这些信息在时间效用失效后会变得不再有用。但是，通过对这些信息进行归纳和对比，我们可以总结出北京的四季变化规律，得出"夏季气温较高，冬季气温较低"的结论，从而形成有价值的知识。

知识（knowledge）是 DIKW 金字塔中的第三层，它代表了从信息中提炼出的深层次的理解和洞察。知识不仅仅是信息的简单积累，而是对信息的深入分析和综合，形成对特定领域或问题的理解和见解。知识的形成过程包括三个阶段：首先，通过将多个信息源整合在一起，形成对某一领域或问题的全面了解。例如，金融分析师通过整合财务报告、市场趋势和经济数据，形成对某公司财务状况的全面分析。然后，在整合信息的过程中识别出模式和规律。例如，通过分析大量的消费者购买数据，发现某种消费行为的普遍趋势，从而形成对消费者行为的认识。最后，在识别模式和规律的基础上，建立起理论模型。例如，心理学家通过对大量心理实验数据的分析，形成了关于人类行为的理论模型。

智慧（wisdom）是指人类基于已有知识，对物质世界的问题进行分析、对比和演绎，以找到解决方案的能力。也可认为，智慧是在知识的基础上，运用经验和判断力进行决策的能力。或者认为智慧不仅仅是对数据和信息的理解，更是一种综合运用知识进行有效决策的能力。这种能力能够将有价值的信息挖掘出来并使其成为已有知识体系的一部分。

DIKW 体系可以帮助我们更好地理解四者之间的关系，而大数据技术的核心则在于如何通过将数据转化为信息，再进一步形成知识，并最终应用于智慧决策。现代企业和组织正在利用大数据技术提升决策质量、优化运营效率和推动创新。

从狭义上讲，大数据通常指的是处理海量、多样化数据的关键技术及其在各个领域的应用。这不仅仅关乎数据的规模，还包括从海量的、多样化的数据源中挖掘出有价值信息的能力。狭义的大数据强调数据量之大，以至于传统的数据库系统难以在合理的时间内完成数据的存储、管理和分析。

例如，在电子商务平台如阿里巴巴的"双十一"购物节中，短短几小时内的交易记录数以亿计，传统数据库根本无法处理如此海量的数据。这时，大数据技术能够在分布式环境下，通过多台服务器并行处理，实现对这些交易记录的快速计算与分析，保障系统的高效运转。

从广义上讲，大数据不仅仅是一项技术，更是涉及大数据技术、大数据工程、大数据科学和大数据应用的一个综合领域。它包括了大数据生命周期的各个方面，形成了一个系统化的技术与管理体系。

大数据的核心价值在于其对现实世界的深刻洞察，通过有效分析和处理，能够帮助企业和政府优化决策，提高效率并创造新的价值。因此，理解大数据的概念及其技术体系，不仅对计算机领域的研究者至关重要，也会对各行各业的从业者产生深远的影响。

10.3.1 大数据的定义

在信息高速发展的今天，我们正身处一场前所未有的科技革命中。技术创新已经成为推动经济增长和重塑产业模式的核心动力，而大数据无疑是这一变革中的关键力量之一。之所以大数据备受关注，主要源自互联网、云计算、移动互联网以及物联网等技术的飞速发展。无处不在的移动设备、射频识别技术、无线传感器网络每天每时都在产生海量数据，同时数以亿计的互联网用户通过社交媒体、电子商务等平台不断生成新的数据。这种海量、快速增长、实时性要求高的数据流，传统的数据处理方法和技术已经无法应对。

大数据这个词经常被用来描述在信息爆炸的时代中所产生的庞大信息量。研究大数据的意义在于挖掘数据中的潜在价值，理解信息之间的联系，从而为决策提供有力支持。要掌握大数据，首先要理解它的核心特点和基本概念。

大数据具有几个显著的特征，通常被总结为"4V"模型。

① 数据量（volume）：数据规模庞大，起始计量单位是 PB（1 024 TB）、EB（1 024 PB，约 100 万 TB）或 ZB（1 024 EB，约 10 亿 TB），未来甚至会达到 YB 级（1 024 ZB）。

② 数据种类（variety）：数据类型多样，包括结构化数据（如表格数据）、非结构化数据（如视频、图像、文本）和半结构化数据（如日志文件）。

③ 产生和处理的速度（velocity）：大数据的智能化和实时性要求越来越高，对处理速度也有极严格的要求，一般要在秒级时间范围内给出分析结果，超出这个时间数据就可能失去价值。

④ 价值（value）：大数据虽然数据总量很大，但是发挥价值的仅是其中非常小的部分，因此需要有效的算法挖掘其中潜藏着巨大价值的规律或知识。

而不同机构和企业对大数据的定义有些许差异。IDC 认为，大数据是为了经济高效地从海量、快速生成且结构复杂的数据中获取价值，进而设计的新一代架构和技术。Amazon 的科学家将大数据定义为超出单台计算机处理能力的庞大数据集。Gartner 则指出，大数据是需要全新处理模式，才能从海量、多样化的数据信息中提升决策能力、洞察力和优化业务流程的信息资产。在中国，百度百科对大数据的定义更加贴近实际应用：大数据指的是无法用常规工具在合理时间内处理的庞大数据集，需要新的处理模式才能挖掘出更有价值的洞察与决策支持。

基于大数据的特点和以上定义，我们将大数据概括为：数据规模庞大、类型复杂，信息维度高且全面，传统技术难以在有效时间内完成采集、存储、分析、处理和展示的复杂数据集合。处理这些数据集合可以揭示事物的真相，预测趋势，并支持更合理的判断和决策。

为了更好地理解大数据的实际应用，以下举一些与人们生活息息相关的例子。

每年的"双十一"是全球最大的在线购物狂欢，数以亿计的订单在短短 24 小时内生成，传统数据库根本无法应对如此庞大的交易数据。阿里巴巴通过自研的大数据处理平台 Max-Compute 对这些订单进行实时处理，确保系统的稳定性，并通过数据分析进行精准推荐和库存管理。

在微信、QQ 等平台，用户的每一次互动、浏览、消费行为都会生成数据。腾讯云通过大数据技术分析这些数据，生成个性化推荐，从而提高用户粘性和平台盈利能力。

滴滴打车软件通过实时分析数百万的出行数据，使用大数据技术优化打车路径、降低空驶率，并预测高峰时段的出行需求，提升服务质量。

10.3.2　大数据的生命周期

大数据的本质在于从海量的、多样化的数据中挖掘出有价值的信息。虽然数据的价值往往在被使用时显现，但有时其潜在的价值只有在未来才能被充分挖掘。大数据不仅包含数据本身，还包括在数据生命周期中的每一个环节及其所伴随的成本和风险。只有当数据进入使用阶段时，它才能真正带来价值。

大数据的生命周期可以分为多个重要阶段。首先，数据的创建通常来源于多种渠道，如用户行为、传感器、社交媒体、企业业务等。接着，数据被存储和维护，以确保其完整性和可用性。随后，在实际应用中，数据被分析和处理，产生洞察或指导决策。最后，数据在失去使用价值后被删除或归档，以节省存储成本和管理资源。

在数据的整个生命周期中，数据可能经历一系列操作，如提取、导入、导出、迁移、验证、编辑、更新等，确保数据质量并为后续的处理做准备。这些操作既有助于数据的规范化，也为大规模数据的分析打下基础。最终，经过备份、归档等操作后，数据在生命周期结束时可能会被销毁或保存以备将来使用。

从数据采集到最终展示，大数据的处理流程通常可分为五个主要阶段，如图 10-5 所示。本节主要介绍数据采集、数据预处理和数据处理三个阶段。

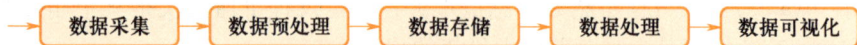

图 10-5　大数据的生命周期中的五个主要阶段

10.3.3　数据采集

1. 数据采集的概念

如前文所述，在大数据的生命周期中，数据采集是最初也是最关键的阶段。数据采集又称为数据收集、数据获取或数据抓取，是数据分析的前提。它指的是通过各种技术手段实时或非实时地从不同的数据源中获取数据。这些数据源可以是各种设备、系统或平台，数据采集的目标是获取尽可能多的信息，以供后续分析和处理。

数据采集的对象类型可以分为三类。

（1）结构化数据

结构化数据是指具有统一、规范的数据结构的数据。最常见的例子是传统的关系数据库，如 MySQL 或 Oracle。这些数据库中的数据通常以二维表格的形式存在，每一行代表一条记录，每一列代表一个字段。例如，淘宝网的用户数据库就是一个典型的结构化数据存储方式，其中用户的信息如姓名、联系方式、购买记录等都被组织在结构化的表格中。

（2）非结构化数据

非结构化数据的特点是数据结构不规整或不完整，通常没有预定义的数据模型。这类数据包括各种格式的传感器数据、文档、图像、声音、视频等。例如，微信用户发布的聊天记录、图片、视频以及语音消息都属于非结构化数据。这些数据形式多样，不易用传统的表格形式进行存储和管理。

（3）半结构化数据

半结构化数据介于结构化数据和非结构化数据之间。它们通常包含一定的结构化信息，但格式不固定。例如，XML 和 HTML 文档就是半结构化数据的典型代表。京东商城的商品描述信息可能以 HTML 格式存储，其中包含了结构化的标签（如商品名称、价格）和非结构化的文本内容。虽然这些数据有一定的结构，但格式和内容可能会有所变化。

2. 数据采集的性能要求

在大数据时代，数据采集是一个至关重要的环节，其基本性能要求主要包括以下三个方面。

（1）全面性

数据采集需要具有全面性，以保证所采集的数据能够支撑深入的分析。例如，在进行网络舆情分析时，我们需要全面了解公众对某一事件或话题的观点、情感和倾向。假设我们想分析公众对某款新发布的智能手机的看法，我们不仅需要采集用户在微博、微信等社交平台上的评论，还要考虑到相关论坛和购物网站上的讨论。中国的智能手机品牌如华为、小米和OPPO 经常在推出新产品时进行这样的分析，以了解市场反馈和消费者需求，从而调整营销策略。

（2）多维性

数据采集的多维性意味着采集的数据应覆盖多个属性，以满足不同分析目标的需求。例如，在电商平台分析中，除了基本的商品信息如名称、型号、价格和销量外，还需要获取用户的浏览量、购买评价以及产品的评分等。以京东和淘宝为例，这些电商平台不仅提供产品的详细信息，还包括用户的详细评论和评分，帮助商家了解产品在市场上的表现及消费者的真实反馈。

（3）高效性

高效的数据采集要求采集过程和结果都能达到高效率。这包括快速的数据采集速度、低成本的开销，以及数据的针对性和质量。例如，在处理社交媒体数据时，数据采集系统需要能够迅速抓取大量数据，同时避免重复和冗余信息，以保证后续分析的准确性。中国的社交媒体平台如微信和微博，通过高效的数据采集和处理系统，可以实时跟踪用户的互动和反馈，以支持企业和研究机构进行精准分析。

3. 基于网络爬虫的数据采集

互联网已成为数据信息发布和存储的最大平台，蕴含着巨大的价值。为了最大化数据的价值，需要根据实际需求从互联网中获取相关数据。这就需要借助网络数据采集技术和工具。网络数据采集技术主要用于从互联网及其他网络平台上获取数据，涵盖广泛的或有针对性的抓取任务。数据采集的过程包括按照一定的规则和筛选标准对数据进行处理、分类，并将其存入数据库中。

网络数据采集是搜索引擎和其他信息系统的核心组成部分。常用的网络数据采集工具是网络爬虫。网络爬虫，又称为网络蜘蛛或网络机器人，是一种自动按照特定规则抓取网页数据的程序或脚本。网络爬虫从一个或多个初始页面的统一资源定位符（uniform resource locator，URL）开始，获取这些页面上的数据，并在抓取过程中不断提取新的 URL 并将其放入 URL 队列，直到达到预设的停止条件。其详细工作流程如下。

（1）选择种子 URL

爬虫首先选择一部分初始的网页地址（种子 URL），这些地址将作为数据抓取的起点。

（2）URL 队列管理

将这些种子 URL 放入待抓取 URL 队列中。

（3）下载页面数据

从待抓取 URL 队列中取出 URL，通过域名解析获得主机的地址，并下载相应的网页内容，将其存储到已下载页面库中。

（4）更新 URL 队列

将新提取的 URL 放入已抓取 URL 队列，并分析这些 URL 以提取新的页面地址，将它们放入待抓取 URL 队列，进入下一轮抓取。

（5）循环处理

重复以上步骤，直到满足预设的停止条件。

4. 基于传感器的数据采集

除了在网络上使用网络爬虫采集数据，基于物理设备的数据采集方式也很常见。感知设备的数据采集指的就是通过各种传感器、摄像头和智能终端自动获取信号、图像或视频等数据。随着物联网和无线传感器网络的广泛应用，成千上万的传感器节点能够通过无线通信技术连接到信息系统。这些感知设备提供的数据是进行后续分析和环境控制的基础。

所谓的传感器，是能够感知特定被测量信息并将其转换为可用输出信号的设备。根据应用领域的不同，传感器也被称为敏感元件、检测器件或转换器件。例如，电子技术中的热敏元件（用于测量温度）、磁敏元件（用于测量磁场）和光敏元件（用于测量光强）都是常见的传感器。在机械测量中，转矩和转速测量装置可以提供机械部件的运行数据。在超声波技术中，压电式换能器能够将声波信号转化为电信号。

传感器技术作为获取数据的重要手段，与通信技术和计算机技术共同构成了信息技术的三大支柱，现已成为智慧城市服务和应用的基础。传感器网络是实现各种传感器节点之间互联互通、完成多源数据快速采集的重要技术。智能手机的普及极大地推动了这一技术的发展。除了智能手机，各种具有通信和感知能力的移动设备，如智能手环、智能家居传感器等，均能作为感知节点参与数据采集。

群体感知（crowd sensing）则是一种结合了众包思想和移动设备感知能力的数据获取模式。通过人们手中的移动设备形成一个互动式、参与式的感知网络，将感知任务发布给网络中的个体或群体，从而大规模地收集数据、进行信息分析和知识共享。例如，通过分析大量智能手机的定位数据，可以了解城市的人口流动规律，这对于城市规划和交通管理具有重要意义。

10.3.4 数据预处理

随着信息技术在各行各业的广泛应用，数据已经成为一种重要的资源，并不断地被采集和处理。数据的产生量急剧增加，给各类分析和应用带来了挑战。然而，采集到的数据往往会存在一些问题，比如数据属性命名不一致、数据重复、数据缺失以及数据无效等，这些问题使得数据质量无法满足实际需求。

数据质量主要包括完整性、可靠性、一致性和正确性等方面。这些数据质量问题会对数据挖掘过程产生不良影响，可能导致挖掘出的模式或规则不准确，从而影响科学研究和生产决策，造成误导和损失。例如，在金融领域，如果数据存在缺失或错误，可能会导致对市场趋势的错误预测，从而引发投资决策的失误。

为了确保后续数据处理操作能够得到可靠的结果，需要对数据集进行预处理。预处理的目的是将数据集转换为符合数据挖掘算法要求的格式，提高数据的质量和有效性。具体来说，数据预处理包括数据清洗、数据集成、数据转换和数据规约等步骤。

1. 数据清洗

数据清洗是指对数据进行重新审查和校验的过程，其目的是删除重复数据、纠正数据中的错误，并确保数据的一致性和准确性。在现实生活中，由于多种因素，数据集中的数据往往存在不一致和不完整的问题。为了提高数据的质量，需要对数据集进行清洗，以去除残缺、错误和重复的数据对象，从而改善数据的完整性。数据清洗的常用方法包括缺失值处理、离群点检测、不一致数据处理和冗余数据处理等，其中缺失值处理和离群点检测是两个典型的方法。

（1）缺失值处理

缺失值指的是在数据集中某些属性的值缺失或不完整的情况，如图 10-6 所示。其中第三个顾客可能考虑到年薪和家庭住址涉及隐私，所以并未提供给商场。

顾客ID	年龄(岁)	年薪(万)	性别	家庭住址
10001	25	18	男	A市B小区
10002	31	24	女	A市C小区
10003	28	缺失！	男	缺失！
...	...	...	...	...

图 10-6　商场采集到的数据中存在缺失值

缺失值对数据集的完整性和准确性产生了重要影响。由于数据无法获取、数据遗漏或人为操作等原因，数据集中的部分数据可能会丢失。这些不完整的数据会对数据挖掘和分析结果产生负面影响，甚至可能导致建立错误的模型，从而使数据中总结出的结果与实际情况偏离。

由于目前大部分算法缺乏处理缺失数据的有效能力，因此在面对包含缺失数据的数据集时，这些算法可能无法使用。此外，对于缺失数据通常采用丢弃的做法，这会使数据集的规模缩小，可能得到错误的结论。因此，在进行数据挖掘、分析和处理时，对包含缺失数据的数据集进行有效处理是至关重要的，以便充分利用已采集的数据。

数据集中缺失值的处理主要有以下两种方式。

① 直接删除数据集中包含缺失数据的记录，从而使数据集中不再存在缺失数据。这种方法操作简单，特别是在缺失数据占数据集比例较小的情况下。然而，若缺失数据比例较高，删除这些记录可能会丢失重要数据，导致数据集变小，从而影响数据挖掘结果的准确性。对于缺失值既可以按照记录删除，如图 10-7 所示，也可以按照属性删除，如图 10-8 所示。

顾客ID	年龄(岁)	年薪(万)	性别	家庭住址
10001	25	18	男	A市B小区
10002	31	24	女	A市C小区
~~10003~~	~~28~~		~~男~~	
...	...	...	...	...

图 10-7　按照记录删除

顾客ID	年龄(岁)	年薪(万)	性别	家庭住址
10001	25		男	A市B小区
10002	31	24	女	A市C小区
10003	28		男	A市B小区
...	...		...	...

图 10-8　按照属性删除

② 用合理的方法填充数据中的缺失部分。填充的方法可以有多种，如用均值、中位数、众数或通过预测模型来填充，如图 10-9 所示。相较于第一种做法，填充法可以保留数据的完整性，且不会破坏数据集的原有特征。然而，由于缺失值的填充都是存在误差的，所以可能会影响后续数据分析的准确性。

顾客ID	年龄(岁)	年薪(万)	性别	家庭住址
10001	25	18	男	A市B小区
10002	31	24	女	A市C小区
10003	28	21	男	A市B小区
...	...	填充	...	填充

图 10-9　对年薪属性使用均值填充，对家庭住址属性使用众数填充

（2）离群点检测

离群点，即数据集中与大部分数据显著不同的异常数据，其形成原因多种多样。离群点可能源于数据来自不同类别、分布，从而偏离主流数据模式。也可能由于数据采集和测量中的误差导致，例如人为操作失误或者设备故障产生的错误数据。这类离群点会降低数据质量，影响分析结果的准确性。比如，在企业使用传感器采集工业设备数据时，某个传感器失灵可能会导致异常的温度读数，这样的离群点如果不处理，将影响设备运行状态的评估。

离群点的分类方法如下。

从位置来看，可以分为全局离群点和局部离群点。全局离群点指的是在整个数据集中，该数据对象始终表现为异常。例如，某用户在电商平台上的购买金额远高于其他用户，这个数据可能被认为是全局离群点。如果某数据对象在整体上并非异常，但与其邻域内的其他数据相比，存在显著差异，这样的数据称为局部离群点。例如，在某个城市中，某个地区的房价显著高于周边区域，即使放在全国范围内并不算特别高，这就是局部离群现象。

从数据属性来看，可以分为单属性离群点和多属性离群点。单属性离群点指的是基于某个属性的异常。例如，某位用户的年龄异常，但其他属性如收入和消费习惯正常。多属性离群点则需要综合多个属性进行判断。即使单个属性的值在合理范围内，多个属性组合起来可能表现为异常。例如，一个 150 cm 高、75 kg 重的人相对较为少见，虽然单独看身高或体重都正常。

从数据类型来看，可以分为离散型离群点和数值型离群点。离散型离群点通常涉及分类数据，比如在电商平台上，如果某个商品类别的订单量显著低于其他类别，并且偏离整体购买趋势，则该商品类别可以视为离散型离群点。数值型离群点则涉及数值数据，例如温度、收入等属性上的异常值。

从数据库的类型来看，可以分为传统数据库中的离群点和空间数据库中的离群点。传统

数据库中的离群点通常不涉及空间属性，只需基于常规属性检测。例如，某电信公司客户通话时长的数据异常。空间数据库中的离群点则需考虑地理或空间属性。例如，在百度地图等应用中，某区域内的用户行为显著偏离周边地区，这种空间离群点可以帮助检测异常的地理事件，如交通事故或自然灾害的影响。

离群点检测是指从数据集中识别那些与正常模式明显不同的异常数据。它的主要目的是发现数据集中的噪声或潜在的有价值信息，这些离群点在某些情况下可能代表重要的异常情况。例如，在金融数据分析中，离群点可能意味着异常交易或潜在的欺诈行为；在工业设备的监控中，离群点可能预示设备的故障风险。

常用的离群点检测方法包括以下几类。

① 基于统计学的离群点检测：通过对数据的分布进行建模，来识别远离常规分布范围的数据点。例如，在正态分布中，远离均值几个标准差的数据点通常被视为离群点。

② 基于密度的离群点检测：这一方法通过计算数据点周围的密度来识别离群点，密度较低的点往往被视为异常。例如，DBSCAN（基于密度的聚类算法）不仅可以用于聚类，还能通过识别密度较低的孤立点来进行离群点检测。

③ 基于距离的离群点检测：通过计算数据点与其他数据点的距离来检测异常。如果一个数据点与其他点的距离远远大于平均距离，则可能是离群点。

④ 基于聚类的离群点检测：通过将数据点聚类，未能很好归入任何一个簇的数据点可能被视为离群点。例如，K-means 聚类算法在处理大规模数据集时，经常被用于离群点检测。

⑤ 基于深度学习的离群点检测：通过复杂的神经网络模型，能够从高维数据中自动提取特征，识别出异常点。这类方法尤其适用于处理大规模和非结构化数据。

2. 数据集成

随着大数据技术的迅速发展，全球各行业的数据量都呈爆炸式增长。无论是金融、医疗、零售还是制造业，每个行业都产生了海量的数据，如何管理这些数据并从中提取有用的信息，成了各行各业共同的挑战。不同企业、机构所使用的数据信息系统往往有所不同，如何统一和整合这些数据以便进行有效分析，便成为大数据处理中的关键问题。

在大数据的背景下，"数据集成"是指将存储在不同系统、平台甚至不同地域的数据，进行整合并合并到统一的存储介质中，使之能够在一致的框架下进行查询和分析。这对于企业来说至关重要。例如，中国的京东和阿里巴巴等电商平台，每天都要处理来自全国各地的庞大订单数据，这些数据来自不同的系统和渠道，需要进行集成和分析，以便优化物流配送和精准推荐服务。数据集成过程通常面临以下几个挑战。

（1）字段意义问题

字段意义问题是指，不同数据源中相同的字段可能代表不同的含义，或者相同的意义被不同的字段表示。例如，在整合两个数据源时，两个数据源都包含字段"salary"，但一个表示税前工资，另一个表示税后工资。又如，一个数据源使用字段"payment"来表示薪水，而另一个则使用"salary"表示相同的信息。

这种语义不一致在数据集成过程中非常常见，特别是在没有标准命名规则的情况下。为了解决这个问题，可以在集成数据之前进行详细调研，明确每个字段的实际含义。通过建立一张字段命名规则表，记录每个字段的含义与用法，并根据需要实时更新。

（2）字段结构问题

字段结构问题指的是，不同数据源在存储相同字段的数据时，采用了不同的存储格式。例如，某数据源将"salary"字段存储为数值型，而另一个数据源则使用字符型，称之为数据类型不同。一个数据源将薪水用逗号分隔表示（如"10,000"），而另一个数据源则使用科学记数法（如"1E4"），称之为数据格式不同。一个数据源的"salary"字段以人民币存储，另一个则以美元存储，称之为单位不同。某些数据源允许字段值为空（NULL），而另一些数据源则不允许，称之为取值范围不同。

这些结构差异可能会在后续数据分析过程中引发问题。

（3）字段冗余问题

字段冗余通常是由字段之间的强相关性或字段间的可推导性导致的。检测字段冗余有不同的方法。对于分类数据，可以使用卡方检验来检测字段之间的相关性。如果卡方检验的结果表明拒绝原假设，则字段之间存在显著相关性。对于数值型数据，可以使用相关系数或协方差来度量字段间的相关性。常用的 Pearson 相关系数越接近+1 或−1，说明两个字段之间的相关性越强。

（4）数据重复问题

数据重复问题是指在数据集中可能存在多条相同的数据记录。为了检测和处理重复数据，通常需要依赖表中的主键，主键用于唯一标识每条数据记录。主键可以是单个字段，也可以由多个字段组合而成。因此，在设计数据表时，通常会预先设置主键，以确保数据的唯一性。如果表中没有主键，则可能需要对数据表进行优化，以便有效地识别和删除重复数据。

3. 数据转换

在现代社会，各行各业为了更好地管理和利用数据，通常会根据自身的需求构建数据管理系统。这些系统中的数据格式往往差异巨大，可能因数据来源、采集方式和存储结构的不同而有所差别。然而，在进行数据分析时，数据格式必须满足特定的要求。为此，通常需要在数据分析前对格式不统一的数据进行转换，使其符合统一的格式要求。这一过程被称为"数据转换"，即将数据从一种表示形式转换为另一种形式，以便于后续的处理和分析。

常见的数据转换策略包括以下几种。

（1）平滑处理

平滑处理的目的是去除数据中的噪声，从而提高数据质量。这种处理方法常用于清理数据集，防止噪声干扰分析结果。常用的技术方法有以下几种。

① Bin 方法：将数据划分为多个区间，区间内的数据用同一个值代表，减少异常点的影响。

② 聚类方法：通过将相似的数据点归为一类，减少异常数据的影响。

③ 回归方法：通过拟合一个函数来预测和替换异常值。

例如，在淘宝电商平台的销售数据分析中，平滑处理可以用于去除极端异常的销售数据（如由于系统错误而导致的销量飙升），从而确保对销售趋势的分析更为准确。

（2）合计处理

合计处理是对数据进行汇总或总结的过程，常用于构建数据立方或进行多层次、多维度的分析。例如，每天的销售数据经过合计处理后，可以得到每月或每年的销售总额。在中国的美团外卖平台上，通过对每日订单数据进行合计，可以分析不同季节的用户消费习惯，为商家提供更精准的营销策略。

（3）泛化处理

泛化处理是通过用更高层次的概念替换低层次的概念，以简化数据分析的复杂性。例如，地点属性中的"城市"可以泛化为"省"或"国家"；年龄属性可以泛化为"青年""中年"和"老年"。这种处理方式能够简化数据分析中的维度，适用于大规模数据的快速分析。类似的泛化策略在百度地图的大数据分析中被广泛应用，用于从用户位置数据中提取高层次的行为模式，例如识别用户的出行路径和常用交通工具。

（4）属性构造

属性构造是指在现有数据集的基础上，生成新的属性，以帮助数据分析和挖掘。例如，电商平台可以根据用户的历史消费记录，构造一个"购买频率"或"偏好类型"的新属性，用于个性化推荐。这样的技术在京东商城的推荐系统中尤为重要，通过构造新的用户特征，可以大幅提升推荐商品的精准度。

（5）规格化处理

规格化处理是将数据按比例缩放到特定范围内，以消除不同属性间的量纲差异。常见的规格化方法有以下几种。

① 最大最小规格化：将数据按比例缩放到 $[0,1]$ 区间。

② 零均值规格化：将数据调整为均值为 0，标准差为 1 的分布。

③ 十基数变换：将数据按对数变换处理，使数据的分布更为均匀。

在阿里云的智能数据分析平台中，规格化处理是预处理环节的关键步骤，尤其是在处理金融数据时，不同变量的尺度差异极大，规格化可以有效提升分析算法的性能。

（6）数据离散化

数据离散化是将连续的数值型数据转换为离散的分类数据，方便使用只能处理分类数据的算法。例如，将用户年龄分为"18 岁以下""18~35 岁""35 岁以上"的类别，这样可以用分类算法来分析不同年龄段的消费行为。在中国银联的支付数据分析中，离散化策略被用于将消费金额划分为不同的区间，以便更好地分析不同消费层次的用户行为。

4. 数据规约

在大数据系统中，常常会出现重复数据条目或冗余属性。这些多余的元素不仅增加了数据存储和处理的复杂性，还可能影响分析结果的准确性。通过数据归约（data reduction）技术，可以有效识别并移除这些重复的数据和冗余属性，在尽可能保留数据集核心信息的前提下，缩小数据集规模。简而言之，数据归约是一种通过减少数据体量来提升分析效率的方法，同时确保数据的原貌和完整性不被破坏。

常见的数据归约策略主要包括以下几种。

（1）属性子集选择

在现实中，数据集的属性可能多达成千上万，但并非所有属性都与数据分析任务密切相关。例如，在电商平台的用户数据中，"购物频率"和"浏览历史"可能与个性化推荐有关，但"用户名"和"注册时间"则相对无关紧要。属性子集选择通过筛选出与分析任务相关的属性，从而减少数据维度。常用的属性选择方法包括逐步向前选择、逐步向后删除、向前选择和向后删除相结合等。

（2）属性值归约

属性值归约针对的是属性值本身过于复杂或数据量庞大的情况。通过减少属性值的可能取值范围，可以降低数据处理的复杂度。例如，在一个顾客年龄分布的数据集中，若精确到每一岁，数据量会非常大。此时可以使用属性值归约，将年龄分组为区间（如 18~25 岁、26~35 岁等），从而简化处理。

（3）实例归约

实例归约是通过抽样的方法减少数据集中的样本数量，而又尽量保持原数据的分布和代表性。例如，在某些大型数据集中，直接处理全部数据会消耗大量的时间和计算资源，采用实例归约可以通过抽取具有代表性的小样本集来减少数据集规模，同时不影响分析结果的准确性。

10.3.5　数据处理

为了有效地分析和利用这些数据，强大的大数据处理技术成为必不可少的工具。大数据处理技术的快速发展，使人们能够从这些海量数据中挖掘有价值的信息，为商业决策、医疗诊断、城市管理等提供支持。大数据处理的核心任务包括分类、聚类、关联分析等。

1. 分类问题

分类是大数据处理中的一个重要任务。它指的是根据数据的某些特定属性或特征，将具有相似属性的数据归类到同一类别中。分类的目标是通过构建分类器（分类模型），预测新数据属于哪个类别。比如在电子商务平台上，商家可以根据用户的历史浏览和购买数据，将用户分类为"黏性客户""潜在客户"和"非黏性客户"，并进行个性化推荐。

分类任务的核心思想是通过已知的标签数据来训练模型，进而对未知数据进行分类。整个分类过程主要包括三个步骤：训练、测试和使用。

在模型训练阶段，首先需要定义分类的类别（即不同的分类标签）。然后，通过对训练数据集中的每个样本进行标记，将其分配到预设的类别中。模型会通过这些标记数据进行学习，形成一个能够识别不同类别的分类模型。

模型训练好后则是测试阶段，通过测试样本来评估模型的性能，即让模型预测测试样本所属的类别，并与该样本的真实类别进行对比，计算模型的正确率。正确率通常通过分类正确的样本数量占总样本数的百分比来衡量。

当模型经过训练并通过测试后，就可以应用于实际分类任务。根据不同的应用需求，分类问题通常可以分为两类。

（1）二分类问题

二分类问题是最简单的分类形式，常用于"是/否"或"有/无"的决策场景。例如，在网络安全中，分类模型可以将网络流量分为"正常流量"和"异常流量"。类似地，阿里云的安骑士安全平台通过二分类模型帮助用户识别和阻止潜在的网络攻击。

（2）多分类问题

多分类问题则涉及两类以上的类别，应用场景更加复杂。比如在面部识别系统中，可以根据一个人的面部特征判断其种族是"亚洲人""欧洲人"还是"非洲人"。再比如，华为的智能手表可以通过分析佩戴者的心率、呼吸等数据来判断他们的睡眠状态是"清醒""浅度睡眠"还是"深度睡眠"。在情感识别领域，分类模型可以帮助社交媒体平台如微博分析用户的情绪是"高兴""悲伤"还是"平静"。

2. 聚类问题

聚类是一种探索性数据分析任务，旨在将数据按照相似性划分为不同的类（簇）。与分类不同，聚类在分析之前并没有预设的分类标准，而是通过算法发现数据之间的内在联系。举例来说，在社交网络分析中，聚类可以用于将具有相似兴趣爱好或社交行为的用户自动聚集在一起，从而发现潜在的用户群体。

聚类过程通常包括数据准备、特征选择与提取以及聚类或分组。对于大数据集，聚类算法需要满足以下几个要求。

（1）可扩展性

随着数据规模的增长，聚类算法必须能够有效处理数百万甚至数十亿个数据点。传统的算法如 K-means 算法在小规模数据上表现良好，但对于大规模数据，可能导致效率低下。近年来，一些大数据处理平台如百度的"飞桨"（Paddle）提供了基于分布式计算的聚类算法，能够快速处理海量数据。

（2）处理多种数据类型的能力

许多聚类算法主要针对数值型数据，但现实中的数据可能是多种类型的混合，例如二进制、符号、顺序数据等。比如在电商领域，不仅有用户的购买金额（数值型数据），还有购买偏好（符号型数据）。因此，需要能够处理多种类型数据的算法。

（3）发现任意形状聚类的能力

传统的距离度量方法（如欧氏距离和曼哈顿距离）通常只适合发现类似球形的聚类。然而，现实中的聚类可能呈现任意形状。例如，地理信息系统中的聚类分析需要识别出地形复杂的区域聚类。DBSCAN（基于密度的聚类算法）可以发现任意形状的聚类，是一个常见的解决方案。

（4）自动决定输入参数的能力

许多聚类算法需要用户提供参数，例如聚类的簇数。然而，参数选择对于非技术背景的用户来说可能是一个难题。自动化方法可以根据数据特点自动选择最佳参数，从而提高算法的易用性和结果的可靠性。

（5）处理噪声数据的能力

现实数据集通常包含噪声数据，如异常值或缺失值。这些噪声数据可能会影响聚类结果的准确性。以金融数据为例，异常交易行为可能导致偏差，因此需要具有处理噪声数据能力的聚类算法，如密度聚类算法可以有效过滤噪声数据。

（6）对输入数据顺序不敏感

某些聚类算法对输入数据的顺序敏感，这意味着相同的数据集在不同的输入顺序下可能产生不同的聚类结果。为了避免这种问题，算法应当具备对数据顺序不敏感的特性。

（7）处理高维数据的能力

随着数据维度的增加，算法的复杂度和计算成本会显著提升。高维数据（如文本数据或基因数据）往往稀疏且难以处理，要求算法能够有效地在高维空间中找到有意义的聚类。例如，华为云的 AI 平台提供了高维数据处理的优化算法，用于基因数据聚类分析。

（8）基于约束的聚类

现实中的聚类任务往往需要满足特定的约束条件。例如，在城市规划中，选择新建加油站的位置时需要考虑到河流、道路、居民区分布等限制条件。这类问题需要具备约束条件的聚类算法，例如基于约束的 K 均值算法，可以在特定的限制下寻找最佳聚类方案。

3. 关联分析

关联分析是通过分析大规模数据中各个元素之间的关系，挖掘有价值的关联信息。关联分析常用于零售行业，比如超市的"购物篮分析"，可以通过分析顾客购物时购买的不同商品，发现哪些商品经常一起被购买，从而制定更好的促销策略。关联分析的核心概念是频繁项集和关联规则，前者描述了常一起出现的事物，后者进一步描述这些事物之间的潜在因果或相关关系。

关联分析也称为关联挖掘，旨在揭示数据集中不同数据项之间的潜在关系。这种方法通过挖掘频繁出现的模式、关联性或因果关系，描述某些属性的共现规律和模式。关联分析常用于了解数据项之间的共同出现情况，从而为决策提供依据。一个经典的关联分析案例是超市中的"啤酒+尿布"现象：研究发现，约 70% 的顾客在购买啤酒的同时也会购买尿布。这种现象表明，啤酒和尿布之间存在一种强关联性。超市可以利用这一信息，通过将啤酒和尿布放在一起陈列或捆绑销售，从而提高销售额。这种做法不仅能有效提升相关产品的销量，还能增加顾客的购物满意度。

4. 开源的数据分析工具

为了处理复杂的大数据，业界开发了许多强大的工具。

（1）Weka

Weka（waikato environment for knowledge analysis）是一个基于 Java 的开源软件，专门用于机器学习和数据挖掘。Weka 包含多种算法，能完成数据预处理、分类、聚类、关联分析等任务，并提供数据可视化功能。

（2）SPSS

SPSS（statistical package for the social sciences）是一款由 IBM 公司开发的统计分析软件，广泛应用于社会科学、市场研究、医疗研究等领域。SPSS 提供了强大的数据分析和统计功能，使得用户能够轻松地进行各种统计分析，如描述性统计、推断统计、回归分析等。SPSS 采用直观的表格方式来管理数据，便于从各种数据库中导入数据，已被许多高校和企业用于统计分析和市场调研。

（3）Hive

Hive 是一个数据仓库工具，最初由 Facebook 开发，现为 Apache 开源项目的一部分。它建立在 Hadoop 之上，主要用于处理大规模的结构化数据。Hive 提供了类似 SQL 的查询语言（HiveQL），使得用户能够方便地对大数据进行查询和分析，简化了对 Hadoop 分布式存储数据的访问。

10.3.6　面向轨迹数据的大数据应用

1. 轨迹大数据概述

近年来，随着移动物联网技术、无线通信技术的飞速发展，以及空间定位和全球导航系统的不断完善，轨迹大数据的数量也在不断增加。轨迹数据来源于地理空间中物体的运动，通常由包含时间戳和经纬度的点集合来表示，如图 10-10 所示。轨迹大数据涵盖了多个领域的数据类型，包括但不限于车辆交通数据、人类运动数据、动物迁移轨迹数据以及自然现象轨迹数据。这些数据的收集、表示、检索、挖掘和应用，逐渐成为一个日益重要的研究方向。

图 10-10　北京出租车轨迹数据示意图

轨迹大数据是通过对一个或多个移动对象运动过程进行采样而形成的具有时空特征的数据。这些数据通常由记录位置的坐标值和时间戳组成，更多的轨迹大数据可能还包含运动速度和方向等高阶信息。例如，在城市交通管理中，通过 GPS 设备记录的车辆轨迹数据能够帮助分析交通流量，优化信号灯配置，减少拥堵。

轨迹大数据不仅具有大数据的四个基本特征（体量大、种类多、速度快和价值高），还具有特定的时空序列性和异频采样性，并且数据质量可能较低。轨迹大数据的最显著特征是时空序列性，它是带有时间戳的有序坐标集合，记录了运动对象的一系列时空动态特征。轨迹数据的采样是将运动对象的连续轨迹以一定时间间隔进行离散化表示。在采样过程中，由于误差的存在，数据的质量可能会受到影响，这使得基于轨迹大数据的分析变得复杂。

接下来，我们将详细介绍轨迹大数据的预处理和数据挖掘过程，包括如何处理数据中的噪声，如何进行有效的数据分析，以及如何将这些数据应用于实际场景中。通过这些过程，我们可以更好地理解轨迹大数据的潜在价值，并利用这些数据来解决实际问题。

2. 轨迹大数据的预处理

（1）轨迹滤噪

在轨迹大数据中，数据通常受到传感器噪声和其他因素（如城市环境中信号接收不良）的影响，从而导致不完全准确。这种误差虽然在某些情况下可以接受，但如果误差过大，可能会对分析结果造成严重干扰。例如，车辆的实际位置可能偏离预期道路太远，从而影响对轨迹方向和行进速度的分析。过大的误差无法提供有价值的信息，甚至可能干扰轨迹分析。

为了提高数据的准确性，需要对轨迹数据进行滤噪处理。常见的滤噪方法有以下几种。

① 均值滤波器：通过计算邻近轨迹点的均值来平滑数据。

② 中值滤波器：通过计算邻近轨迹点的中值来平滑数据。

③ 卡尔曼滤波器：基于预测和更新机制来估计真实轨迹点。

（2）停留点检测

在轨迹数据中，有些坐标点代表了人们在某些地点（如购物中心）逗留的时间，这些点被称为停留点。停留点为轨迹数据中的原始坐标和时间戳添加了额外的语义信息。这些信息对于理解数据的实际含义至关重要。

停留点可以认为是位置坐标不变或位置变化不大的空间位置。根据停留点的具体语义，可以将轨迹数据转化为有意义的行程集合。但在一些应用中，如行程时间预测，需要在预处理阶段删除停留点，以避免对结果产生不必要的影响。

（3）轨迹压缩

频繁的轨迹记录会增加存储和计算的开销。为了减少轨迹数据的规模，同时保留数据的准确性，可以使用两种主要的轨迹压缩策略：离线压缩和在线压缩。离线压缩是先记录完整的数据，然后在数据记录完成后进行压缩，这种方法适合于数据量较大但不要求实时处理的场景。在线压缩则是在记录数据的同时进行压缩，这种方法适用于需要实时处理和存储的场景。

例如，在共享单车应用中，离线压缩可以减少存储压力，而在线压缩则可以实时更新用户的骑行轨迹。

（4）轨迹分割

在轨迹聚类和分析过程中，需要将轨迹数据按段划分为多个小轨迹，以便进一步处理。轨迹分割的方法主要有三种。

① 基于时间间隔的分割，当两个轨迹点之间的时间间隔过大时，通常会在此处进行分割。

② 基于形状的分割，根据轨迹的几何形状进行分割。

③ 基于语义含义的分割，根据停留点的语义将轨迹分为多段，例如出租车在信号灯前等待的情况，这种情况下停留点的去留取决于具体应用需求。

在估计轨迹相似性时，包含语义信息的停留点应受到重视，而其他非停留点可以忽略。

（5）地图匹配

地图匹配的目的是将轨迹点坐标映射到真实世界的路网上，以获得轨迹对应的路网信息。这一过程对于理解车辆行驶的道路及其他轨迹数据服务应用至关重要。根据所使用的附加信息，地图匹配算法可以分为四类，即几何、拓扑、概率和其他高级技术，根据所考虑的采样点范围，地图匹配算法可以分为两类，即局部增量和全局方法。

3. 轨迹大数据的挖掘

在经过预处理的轨迹大数据中，我们需要通过数据挖掘技术来分析和提取其中隐藏的信息。轨迹大数据的挖掘主要包括以下 4 种类型：伴随模式、轨迹聚类、序列模式和周期模式。

（1）伴随模式挖掘

伴随模式挖掘旨在发现一组在连续多个时间点上一起移动的物体。这种挖掘可以基于轨迹的形状相似度、轨迹密度、持续时间，或是这些因素的组合。例如，在智能交通系统中，我们可以挖掘出哪些公交车在特定时间段内经常一起运行，这有助于优化公交调度和线路规划。利用百度地图的轨迹数据，可以识别出城市中的交通高峰时段及车流密集区域，从而为交通管理部门提供数据支持。

（2）轨迹聚类挖掘

轨迹聚类的目的是从多个目标轨迹中提取出共性，如常见的行驶路线或运动趋势。例如，我们可以利用共享单车的轨迹数据来规划新的自行车专用道。具体操作步骤包括将轨迹数据转化为特征向量，然后计算这些向量之间的距离，最后进行聚类分析，为每个聚类的轨迹分配标签。

（3）序列模式挖掘

序列模式挖掘涉及在一定时间范围内重复出现的轨迹模式。这意味着，如果多个移动对象的轨迹在某些时段内发生重叠，我们可以将这些重叠部分视为轨迹序列模式。在实际应用中，像高德地图可以分析用户的出行数据，识别出常见的出行路线和模式，帮助交通部门做出合理的交通规划。

（4）周期模式挖掘

许多移动对象的活动呈现周期性变化，如人们每天的上班通勤、定期购物，或动物的年际迁徙等。周期性行为有助于抽象和压缩历史轨迹数据，进而预测未来的运动状态。比如，滴滴出行可以分析用户的出行周期性，从而预测未来的出行需求，并优化车队调度。

随着移动终端的普及以及位置定位技术的飞速发展，人类社会产生了海量的轨迹数据。在基于位置的社交网络平台如微博、微信中，每天都会生成大量带有位置信息的数据，这些数据在一定程度上反映了用户的生活兴趣和行为模式。例如，利用微信的签到数据，可以分析出用户常去的地点和活动时间。在线出行服务平台如滴滴出行和共享单车，每日处理的订单数量可达千万级别，产生了海量的轨迹数据，这些数据可以帮助公司优化服务、提高用户体验。

在外卖和物流配送系统中，随着用户数量的增加，轨迹数据呈现爆炸式增长。美团外卖和顺丰快递利用轨迹数据进行精准的配送路径规划，提高了配送效率和准确性。这些数据表明，人类社会已进入轨迹大数据时代，基于交通轨迹的大数据挖掘成为重要研究领域，在交通规划、城市发展和环境监测等方面有广泛应用。

4. 基于轨迹大数据的路径规划系统

基于轨迹大数据的路径规划问题是指通过分析和利用大量历史轨迹数据，来为移动对象（如车辆、行人、物流配送等）设计最优的行驶或运动路线。该问题旨在找到一个最短或最优路径，以满足特定目标，比如节省时间、减少能耗、降低交通拥堵或提高运输效率。

在路径规划问题中，轨迹大数据提供了丰富的信息来源，包括交通流量、历史行驶路线、交通信号变化、拥堵情况等。通过挖掘这些数据，可以更精确地预测交通状态、识别高效路线，并做出动态路径调整。

路径规划问题通常可以抽象为旅行商问题（traveling salesman problem，TSP），这是一个经典的优化问题。在面对海量的轨迹大数据时，即便经过数据清洗，仍然可能存在大量的噪点或冗余数据。TSP属于NP难题，这意味着随着城市数量（即路径点）的增加，求解路径规划的计算复杂度会急剧上升，时间成本也会大幅增加。

为了解决这一问题，我们可以先对轨迹大数据进行聚类分析，选取其中的高价值点，从而减少问题的规模并提升算法效率。然后使用启发式算法，如蚁群算法、模拟退火算法等智能优化算法，在可接受的时间内求得问题的次优解。

最后，基于以上数据的处理和分析，可以设计一个基于轨迹大数据的路径规划系统，如图10-11所示。首先，系统会根据用户的位置信息和当前时间，实时确定用户的起点。然后用户可以利用搜索定位等功能确定终点。最终，系统会基于起点和重点为用户规划最优路线，并进入导航模式，帮助用户顺利抵达目的地。因为路径规划具有实时性的需求，所以系统应该以一定时间的间隔，使用数据层的数据管理系统检索并更新数据。例如，某些商场或餐饮区在午餐或晚餐时段的客流量较大，系统应该结合这些时段的历史数据给出轨迹推荐，并根据用户的位置变化，实时地更新最佳路线。

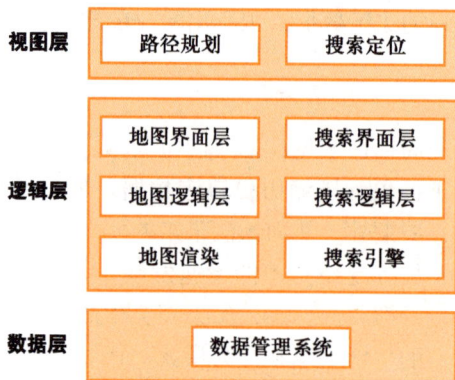

图 10-11　基于轨迹大数据的路径规划系统架构图

本章小结

本章系统地介绍了云计算的基础知识，涵盖了云计算的服务模型（如 IaaS、PaaS、SaaS）以及部署模型（公有云、私有云、混合云等）。此外，还简要讲解了阿里云的主要功能和服务，以更好地了解云计算平台的实际应用。通过本章的学习，能够对云计算形成初步认识，还能构建起更为全面的知识框架，为进一步深入学习和应用云计算打下坚实基础。

在大数据部分，本章围绕大数据的典型应用展开，结合具体场景深入讲解了大数据的关键技术，包括数据采集、存储、处理与分析等环节，展示了大数据技术如何在实际场景中发挥价值。此外，本章重点介绍了轨迹大数据这一具有代表性的大数据应用，分析了其数据特征，并针对其独特的数据特点，介绍了相关的处理技术。同时，本章还简要展示了一个轨迹大数据原型系统的设计与构建过程，以初步了解大数据系统的开发与应用实践。

习题 10

一、简答题

（1）SaaS、PaaS、IaaS 三者有哪些区别和联系？

（2）云计算面临哪些挑战？

（3）请结合一个具体的应用场景（如智慧交通、精准医疗、电子商务等），描述该场景下可能产生的大数据类型，并分析这些数据的特征（如数据量、速度、多样性、真实性等）。基于这些特征，讨论在处理这些数据时，哪些大数据技术会起到关键作用，并简要说明其应用过程。

二、选择题

（1）云计算具有的优势是（　　）。

A. 超大规模　　　　　B. 虚拟化　　　　　C. 高可靠性　　　　　D. 以上都是

（2）SaaS 的主要功能是（　　）。

A. 随时随地访问　　　B. 支持公开协议　　C. 多用户　　　　　　D. 以上都是

（3）以下（　　）是结构化数据。

A. 图片　　　　　　　B. 音频　　　　　　C. 视频　　　　　　　D. 数据库二维表

（4）以下（　　）是大数据在各行各业中的应用。

① 根据需求和库存的情况，对多种货品进行实时调价

② 分析交易及客户的特性，通过预测模型对特定用户进行动态的营销互动

③ 基于地震预测算法的变体和犯罪数据来预测犯罪发生的概率

④ 搜索引擎利用语义数据进行文本分析、机器学习和同义词挖掘等

A. ①②③④　　　　　B. ①③④　　　　　C. ①②④　　　　　　D. ①②③

参考文献

［1］吉根林，王必友．大学计算机教程［M］．3 版．北京：高等教育出版社，2023.

［2］王万良．人工智能导论［M］．5 版．北京：高等教育出版社，2020.

［3］周勇．计算思维与人工智能基础［M］．2 版．北京：人民邮电出版社，2021.

［4］袁春风．计算机组成与系统结构［M］．3 版．北京：清华大学出版社，2022.

［5］刘家瑛，杨帅，杨文瀚，等．计算机视觉理论与实践［M］．北京：高等教育出版社，2022.

［6］段先华，徐丹，陈建军．计算机视觉［M］．西安：西安电子科技大学出版社，2023.

［7］罗晓燕，白浩杰，党青青，等．计算机视觉：飞桨深度学习实战［M］．北京：清华大学出版社，2023.

［8］徐从安，李健伟，董云龙，等．深度学习时代的计算机视觉算法［M］．北京：人民邮电出版社，2022.

［9］徐小龙．云计算与大数据［M］．北京：电子工业出版社，2021.

［10］吕云翔，钟巧灵，张璐．云计算与大数据技术［M］．2 版．北京：清华大学出版社，2023.

［11］刘鹏．云计算：典藏版［M］．北京：电子工业出版社，2024.

［12］俞东进，孙笑笑，王东京．大数据：基础、技术和应用［M］．北京：科学出版社，2022.

［13］丁兆云，周鋆，杜振国．数据挖掘：原理与应用［M］．北京：机械工业出版社，2022.

［14］查鲁·C. 阿加沃尔．数据挖掘：原理与实践［M］．王晓阳，王建勇，禹晓辉，等译．北京：机械工业出版社，2021.

［15］张福炎，孙志挥．大学计算机信息技术教程［M］．6 版．南京：南京大学出版社，2013.

［16］周志华．机器学习［M］．北京：清华大学出版社，2016.

［17］李宏毅．深度学习详解［M］．北京：人民邮电出版社，2024.

［18］伊恩·古德费洛，约书亚·本吉奥，亚伦·库维尔，等．深度学习［M］．北京：人民邮电出版社，2017.

［19］斯图尔特·罗素，彼得·诺维格．人工智能：现代方法［M］.4 版．张博雅，陈

坤，田超，等译．北京：人民邮电出版社，2022.

［20］ Arkin E，Yadikar N，Xu X，et al．A survey：Object detection methods from CNN to Transformer ［J］．Multimedia Tools and Applications，2023，82（14）：21353-21383.

［21］ Chen L，Li S，Bai Q，et al．Review of image classification algorithms based on convolutional neural networks ［J］．Remote Sensing，2021，13（22）：471-495.